Klinik der Missbildungen und kongenitalen Erkrankungen des Fötus.

Von

Professor Dr. **R. Birnbaum,**
Oberarzt der Kgl. Universitäts-Frauenklinik zu Göttingen.

Mit 49 Textabbildungen und 1 Tafel.

Berlin.
Verlag von Julius Springer.
1909.

ISBN-13:978-3-642-89546-3   e-ISBN-13:978-3-642-91402-7
DOI: 10.1007/978-3-642-91402-7

Vorwort.

Die Mißbildungen und angeborenen Erkrankungen beanspruchen unser Interesse nach verschiedener Richtung hin. Sie haben vor allem eine anatomisch-pathologische, physiologische, klinische — besonders chirurgische und geburtshilfliche — und auch rechtliche Bedeutung.

Alle Tatsachen aus den erwähnten Disziplinen finden sich zerstreut in den verschiedensten Lehr- und Handbüchern, einzelnen Abhandlungen. Dadurch wird eine schnelle Orientierung in erster Linie dem Studierenden, dem beschäftigten Praktiker, überhaupt allen, die an dem Gegenstand Interesse haben, sehr schwer gemacht. Eine umfassende Bearbeitung dieser ganzen Frage fehlt noch ganz. Ich habe in folgendem versucht, diese Lücke auszufüllen. Dabei bin ich mir wohl bewußt, das Thema nicht in erschöpfender Weise behandelt zu haben. Eine derartige erschöpfende Behandlung desselben könnte nur geschehen unter gemeinsamer Mitarbeit aller in Frage kommenden Vertreter der erwähnten Disziplinen. Ein so grundlegendes Handbuch zu schaffen war jedoch weder die Absicht des Verfassers noch des Verlegers.

Ich habe mich vielmehr bemüht, selbst alles in der allgemeinen Literatur Zusammengetragene, soweit es für die vorliegende Arbeit wichtig erschien, zu sammeln und zu verwerten. Es liegt auf der Hand, daß ich als Gynäkologe in erster Linie und am ausführlichsten neben der pathologisch-anatomischen die geburtshilfliche Seite des Themas bearbeitet habe. Eine große Reihe der Mißbildungen und angeborenen Erkrankungen hat überhaupt nur oder wenigstens in erster Linie eine rein geburtshilfliche Bedeutung.

Wenn auch die Bearbeitung des vorliegenden Werkes einerseits sehr erleichtert wurde durch die zahlreichen einschlägigen Abhandlungen, ich nenne nur die Arbeiten von Schwalbe, Ahlfeld, Marchand, Kleinhans, Hohl, Ziegler, Straßmann, Kaufmann, Taruffi, St. Hilaire, Dareste, Förster, Ballantyne, Tillmanns, Küstner usw., so wurde sie auf der andern Seite doch erheblich erschwert durch die gerade auf diesem Gebiet vorhandene enorme Literatur, die in der vorliegenden Arbeit demgemäß nur zu einem kleinen Teil verwertet werden konnte. Was die chirurgische Therapie der Mißbildungen anbetrifft, so habe ich mich in der Regel mit entsprechenden Hinweisen auf die chirurgischen Lehr- und Handbücher begnügt.

Vorzügliche Dienste hat mir bei der Abfassung dieses Werkes die ältere Monographie von Hohl geleistet. Ebenso das umfassende neuere

Werk von Schwalbe, das leider bei dem Abschluß des vorliegenden Werkes noch nicht vollständig erschienen war. Die angeborenen Erkrankungen habe ich nicht sämtlich in die vorliegende Arbeit mit aufgenommen; dadurch wäre der Umfang des Werkes ganz beträchtlich vermehrt. So sind z. B. die angeborene Syphilis, bis auf kurze Andeutungen, die angeborenen Infektionskrankheiten, die Asphyxie usw. nicht bearbeitet. Ebenso nicht die angeborenen Erkrankungen und Anomalien der Eihäute und der Plazenta. Alle diese Anomalien und Erkrankungen sind in den geburtshilflichen Lehr- und Handbüchern ausführlich berücksichtigt.

Die Abbildungen sind zum größten Teil Originalaufnahmen von Präparaten der reichhaltigen Sammlung der Göttinger Frauenklinik. Meinem hochverehrten Chef, Herrn Geheimrat Runge, danke ich ganz besonders für die Bereitwilligkeit, mit der mir die Mittel der Klinik zur Herstellung der Photographien, das Material der Sammlung, die Krankenjournale usw. zur Verfügung gestellt wurden. Einige Präparate stammen aus dem anatomischen Institut. Herrn Geheimrat Merkel danke ich auch an dieser Stelle für die gütige Erlaubnis zur Benutzung der Präparate. Ebenso danke ich Herrn Medizinalpraktikanten Finger, der die große Mehrzahl der Photographien selbst hergestellt hat.

Göttingen, im Mai 1909.

Richard Birnbaum.

Inhaltsverzeichnis.

Die Ursache der Mißbildungen.[1]

Als Mißbildung bezeichnet man allgemein einen Zustand, der auf mehr oder weniger bedeutende Abweichungen vom normalen Verlauf der intrauterinen Entwicklung zurückzuführen ist. Handelt es sich dabei um sehr auffallende Abnormitäten der Form mit ausgesprochener Verunstaltung des Individuums, so spricht man von einem Monstrum (Mißgeburt), während man geringfügige Abweichungen, die sich nur auf umschriebene Körpergebiete erstrecken, als Anomalien bezeichnet (Ziegler, Schmaus usw.). Bestimmter lautet die Definition, die Schwalbe gibt (S. 1). Mißbildung ist eine während der fötalen Entwicklung zustande gekommene, also angeborene Veränderung der Morphologie eines oder mehrerer Organe oder Organsysteme oder des ganzen Körpers, welche außerhalb der Variationsbreite der Spezies gelegen ist. Der Unterschied gegenüber den angeborenen Erkrankungen, die in dem vorliegendem Werke auch eine Rolle spielen, ist nach Schwalbe (S. 2) dadurch gegeben, daß die Mißbildung eine bereits dauernd gewordene Veränderung eines Teils darstellt, also einen abnormen, dauernden Zustand, die angeborene Krankheit dagegen einen Vorgang, der sich auch nach der Geburt noch fortsetzt. Doch kann auch eine fötale Erkrankung — wenn auch sehr selten — eine bleibende Formveränderung, eine Mißbildung hervorrufen.

In der großen Mehrzahl der Fälle finden sich derartige Mißbildungen an einem Individuum, weshalb man sie auch als Einzelmißbildungen (autositäre Mißbildungen) zusammenfaßt. In einer kleinen Zahl von Fällen sind an der Mißbildung zwei Individuen beteiligt, die man dementsprechend als Doppelmißbildungen bezeichnet.

Die Ätiologie der Mißbildungen liegt entweder in inneren Ursachen oder aber in dem Einfluß äußerer Einwirkungen. Auf die sehr interessanten Fragen der Entwicklungsmechanik, experimentellen Teratologie und Regeneration gehe ich hier nicht näher ein (siehe Schwalbe, S. 28 ff. und 68 ff.). Da fast alle Mißbildungen in den ersten drei Monaten des Embryonallebens entstehen, also in einer Zeit, wo in erster Linie die Entwicklung der Form vor sich geht, so sind die sog. fötalen Erkrankungen, welche vorwiegend den mehr ausgebildeten Fötus befallen (sogen. fötale Rachitis, Endokarditis usw.), ätiologisch hier nicht mit heranzuziehen.

Zu den inneren Ursachen rechnet man die Vererbung, den Atavismus, die sog. Keimesvariation. Bei Mißbildungen durch Vererbung handelt

---

[1] Über die Geschichte der Mißbildungen siehe Hohl und Schwalbe.

es sich um Entwicklungsstörungen, wie sie bereits in der Aszendenz einmal vorgekommen sind, z. B. überzählige Finger und Zehen, überzählige Brustwarzen, abnorme Behaarung der Haut, Hasenscharte, Spina bifida, multiple Fibrome im Bereich der Nerven. Als latente Vererbung bezeichnet man denjenigen Vorgang, bei welchem ein Individuum die Mißbildung seiner Eltern auf seine Nachkommen überträgt, ohne selbst davon befallen zu sein. So können z. B. Mißbildungen der männlichen Geschlechtsorgane durch die weiblichen Glieder einer Familie auf deren Nachkommen übertragen werden. Bei der gekreuzten Vererbung finden sich Eigenschaften des Vaters bei der Tochter resp. Eigenschaften der Mutter beim Sohne. Die sog. kollaterale Vererbung findet man z. B. bei der Hämophilie: Vater und Mutter des Bluters sind gesund, aber ein Onkel ist auch Bluter.

Atavismus liegt dann vor, wenn eine Mißbildung nicht bei den Eltern des betreffenden Individuums, sondern bei weiter zurückliegenden Generationen vorhanden war, bei den Zwischengliedern aber fehlt. Schwalbe will den Ausdruck atavistische Vererbung ersetzt haben durch avitäre Vererbung.

Bei der sog. primären Keimesvariation fehlen sowohl Vererbung als auch äußere Einflüsse und die Mißbildung tritt zum ersten Male in der Familie auf. Dabei ist es möglich, daß entweder einer der beiden Zellkerne, Eikern oder Spermakern, oder sogar beide nicht normal waren, oder aber durch die Vereinigung der normalen Kerne entstand eine abnorme Varietät.

Unter den äußeren Ursachen spielen eine Rolle: mechanische Einwirkungen (Erschütterungen durch Stoß, Schlag, ferner lang andauernder Druck bei Raumbeengung z. B. durch Amnionanomalien, Anomalien des Uterus — U. bicornis. Schwangerschaft im rudimentären Nebenhorn), ferner kämen in Frage nach Analogie der experimentellen Forschung Störungen der Sauerstoff- und Ernährungszufuhr, chemische Einflüsse (Gifte), Temperaturänderungen, psychische Ursachen — Versehen der Schwangeren.

So können Erschütterungen des Unterleibs, speziell des Uterus, die Embryoanlage direkt schädlich beeinflussen, oder es entstehen dabei Blutungen zwischen Ei und Gebärmutterwand, die eine Lockerung resp. Lösung des Eies von seiner Haftfläche bewirken und so zu Ernährungsstörungen Anlaß geben. Derartige Blutungen mit konsekutiver Schädigung des Eies können übrigens noch aus verschiedenen Ursachen eintreten, z. B. bei Nephritis der Mutter durch toxische Einwirkung auf die Gefäße, Erkrankungen der Decidua, bei Myomen des Uterus, bei bestimmten Infektionskrankheiten der Mutter (Typhus z. B.) und Vergiftungen. In der großen Mehrzahl der Fälle kommt es hierbei allerdings zum Absterben der Frucht und zur vorzeitigen Ausstoßung derselben. Was die anderen erwähnten mechanischen Ursachen anbetrifft, so dürften die Temperaturänderungen, Sauerstoffmangel und die chemischen Einflüsse als schädigende Momente für das intrauterine Ei schwer nachzuweisen sein.

Die psychischen Ursachen — das erwähnte Versehen — können zwar in dem gewöhnlichen Laiensinne nicht in Frage kommen. Doch betont Schwalbe (S. 177) mit Recht, daß es sich nicht bestreiten läßt, daß heftige Gemütserregungen bei sensiblen Naturen zur vorzeitigen Ausstoßung der Frucht führen können. Damit ist dann auch die Möglichkeit der Entstehung einer Entwicklungsstörung auf diesem Wege gegeben. Im übrigen ist das Versehen eine Fabel und als völlig unwissenschaftlich zurückzuweisen.

Was schließlich die Wirkung der Gifte auf das sich entwickelnde Ei anbetrifft, so läßt sich die Möglichkeit einer derartigen Beeinflussung z. B. durch Alkoholgenuß und dauernden Gebrauch von nicht indifferenten Arzneimitteln nicht von der Hand weisen (Schwalbe). Daß den fötalen Erkrankungen eine große Bedeutung bei der Genese der Mißbildungen nicht zukommt, habe ich bereits erwähnt.

Von allen erwähnten Ursachen spielt wohl die größte Rolle der Druck des Uterus und der Eihäute infolge mangelhafter Ansammlung des Fruchtwassers (Oligohydramnie). Die dadurch bedingte Schädigung macht sich in erster Linie geltend im Bereich der Extremitäten (Klumpfuß, Verbiegungen der Extremitäten, angeborene Luxationen, Caput obstipum, Anomalien der Wirbelsäule).

Einen hervorragenden Platz in der Ätiologie der Mißbildungen nehmen, besonders nach der Ansicht einiger Autoren (z. B. v. Winckel), bestimmte Anomalien des Amnion ein. Die sog. amniotischen, amniogenen Mißbildungen, die also durch Amnionanomalien zustande kommen sollen, spielen gerade in neuerer Zeit eine große Rolle. So behaupten mehrere Autoren, daß mehr oder minder alle, wenigstens äußeren Mißbildungen, amniogener Natur sind (v. Winckel). Derartige Amnionanomalien sind: pathologische Engigkeit desselben, abnorme Verwachsungen und Strangbildungen des Amnion, Defekte desselben, Hydramnion. Die abnorme Enge des Amnion kann durch Druck auf die Embryonalanlage zu schweren Mißbildungen führen. Schwalbe gibt dafür mehrere instruktive Abbildungen. Man ist geneigt, diese Enge des Amnions auf mangelhafte Fruchtwasserbildung zurückzuführen. Bekanntlich liegt das Amnion der Embryonalanlage zuerst dicht an. Erst später wird es durch die sich einstellende Absonderung des Fruchtwassers zur Abhebung gebracht.

Auf eine derartige Enge des Amnion werden z. B. zurückgeführt: die Anenkephalie, Zyklopie, Symmelie und anderweitige schwere Störungen des Kopf- und Beckenendes, Verkrümmung der Wirbelsäule, Mißbildungen der Extremitäten usw. (Dareste, Schwalbe u. a.). Das Amnion kann ferner mehr oder minder fehlen (Dareste). Derartige Defekte können primär vorhanden sein oder aber sekundär entstehen durch Ruptur des Amnion und Chorion oder des Amnion allein. Im ersterwähnten Fall (Ruptur beider Eihäute) handelt es sich um die sog. Hydrorrhoea uteri gravidi amnialis, die sich meist im 3.—5. Monat entwickelt. In der Mehrzahl der Fälle kommt es dabei zum Abort. In seltenen Fällen geht die Schwangerschaft bis zum 6.—8. Monat weiter und die Früchte können lebend geboren werden (Stöckel).

Ein derartiger Fall ist von Fleck aus der Göttinger Frauenklinik beschrieben worden. Fast immer tritt der Fötus nach der Ruptur der Eihäute aus der Eihöhle heraus, grossesse extra-membraneuse. Die Ei-

1*

häute retrahieren sich dann zur Placenta und schrumpfen. Durch den Wassermangel ist die Bewegungsmöglichkeit des Fötus sehr eingeschränkt und so kommt es, daß die Früchte oft mit mißbildeten Extremitäten, Ankylosen u. a. geboren werden. Mehrfach ist ferner eine isolierte Ruptur des Amnion in der ersten Hälfte der Schwangerschaft beobachtet. Auch in diesem Falle retrahiert sich das Amnion zur fötalen Seite der Placenta. Die Frucht ist dann nur vom Chorion umgeben, Foetus extraamniotique.

Die Ursache dieser isolierten Amnionruptur ist nicht ganz aufgeklärt. Möglicherweise spielen die strangartigen Verbindungen, die in den meisten Fällen zwischen Fötus und Amnion nachweisbar waren, eine ätiologische Rolle. (Stoeckel, S. 1461). Nach einigen Autoren bilden sich die Stränge aber erst nach Ruptur des Amnion. Die Schwangerschaft geht hierbei gewöhnlich bis zum normalen Ende. Beim Kinde sind infolge der ausgedehnten amniotischen Verwachsungen mehrfach schwere Mißbildungen beobachtet.

Auch ein frühzeitiges Hydramnion kann durch Druck auf die Embryonalanlage Mißbildungen hervorrufen. Die auch heute noch ziemlich verbreitete Ansicht, daß das Hydramnion erst in späteren Monaten entstehe, ist durchaus irrig. In weiter vorgeschrittenen Schwangerschaften kommt das Hydramnion für die Ursache von Mißbildungen allerdings nicht mehr in Betracht. Doch ist das Hydramnion, wie wir noch sehr oft sehen werden, eine häufige Begleiterscheinung von Mißbildungen. Das gilt besonders für den Hemikephalus, Hydrokephalus, für die meisten Spaltbildungen (Hasenscharte, Spina bifida, Ectopia vesicae usw.).

Ich benutze die Gelegenheit, auf die Ursache des Hydramnion bei Mißbildungen kurz einzugehen (siehe auch Küstner, Seitz u. a.). Nach Küstner finden wir das Hydramnion bei Spina bifida und Hemikephalie nur dann, wenn die defekten Hirn- oder Rückenmarkspartien nicht von Epidermis bekleidet sind, sondern der Boden der Ventrikel resp. der Boden des Canalis spinalis frei liegt. Man könnte nun annehmen, daß die vermehrte Flüssigkeit infolge der Ruptur eines Hydrokephalus, resp. einer Spina bifida zustande komme (einige Autoren führen die Entstehung des Hemikephalus auf eine derartige Ruptur zurück, siehe unten).

Wenn diese Möglichkeit auch zugegeben werden muß, so macht Küstner doch mit Recht darauf aufmerksam, daß diese Entstehung eines Anenkephalus aus einem Hydrokephalus doch in sehr früher Embryonalperiode erfolgt, wo die Zerebralflüssigkeit nur in geringen Mengen vorhanden ist (einige Eßlöffel).

Verständlicher ist die Bildung des Hydramnion, wenn man die Erklärung von Lebedeff über die Entstehung des Anenkephalus akzeptiert. Lebedeff sieht die Ursache der Anenkephalie in einer abnorm starken Krümmung der Embryonalanlage, indem das Kopfende des Embryo abnorm in die Länge wächst. Dadurch soll die Umwandlung der Medullarplatte in ein Medullarrohr verhindert werden, oder aber das bereits gebildete Medullarrohr sich wieder öffnen (siehe Ziegler, S. 544). Das Hydramnion hat dann eine einfache Erklärung: Die Flüssigkeit stammt aus den nicht mit Epidermis bekleideten Stellen des Zentralnervensystems. Küstner hält noch folgende Möglichkeit für sehr wohl möglich: Bei dieser Mißbildung, der Anenkephalie, liegt der Boden des 4. Ventrikels entweder völlig frei, oder aber er ist der Bespülung mit Fruchtwasser zugänglich. Dadurch wird ein analoger Reiz ausgeübt, wie bei der „Picüre", wodurch bekanntlich vermehrte Urinabsonderung und Zuckerausscheidung hervorgerufen wird. Danach müßte dann also ein Teil des Hydramnion aus dem übermäßig abgesonderten fötalen Urin bestehen. Auch bei anderen, häufig mit Hydramnion komplizierten Mißbildungen, liegen Körperhöhlen usw. frei zutage (Bauchhöhle, Brusthöhle, Blase). Seitz macht ferner mit Recht darauf aufmerksam, daß eine große Zahl von Mißbildungen auf die gleich näher zu beschreibenden amniotischen Bänder zurückzuführen ist, und daß diese wiederum mit Anomalien und wohl auch in der ersten Zeit des intrauterinen Daseins mit Entzündungszuständen des Amnion zusammenhängen, weshalb die Strukturveränderungen des Amnion voraussichtlich ebenfalls eine Rolle bei der Genese des Hydramnion spielen.

Wir finden ferner Hydramnion relativ häufig bei einigen fötalen Erkrankungen und Abnormitäten, welche Zirkulationsstörungen zur Folge haben: Stenose der Nabelvene, Phlebitis und Thrombose der Nabelvene, multiple Torsionen der Nabelschnur, Leberzirrhose (dabei häufig Aszites), Herzanomalien und Erkrankungen, Pneumonia alba der Lungen u. a. Bei den Anomalien der Nabelschnur ist das Zustandekommen des Hydramnion ohne weiteres einleuchtend. Auch bei den fötalen Erkrankungen ist der Mechanismus, dessen Entstehung dabei immer der gleiche ist, leicht zu verstehen: durch die betreffende Organerkrankung ist ein Hindernis für den Abfluß derjenigen Blutmenge geschaffen, welche durch die Nabelvene dem fötalen Körper zugeführt wird. Dadurch kommt es zur Stauung im Bereich der Nabelvene und zur Transsudation von Flüssigkeit von den Verzweigungen der Nabelvene auf der Fötaloberfläche der Plazenta in die Amnionhöhle hinein. (Küstner, S. 560—561.) Auf die Pathologie und Ätiologie des meist akuten Hydramnion bei eineiigen Zwillingen gehe ich hier nicht näher ein. Siehe darüber die geburtshilflichen Lehr- und Handbücher.

Ich komme nunmehr zu den wichtigsten und häufigsten Anomalien des Amnion, zu den amniotischen Bändern und Abschnürungen. Sie spielen in der Ätiologie der Mißbildungen zweifellos eine große Rolle. Schwalbe bringt auf S. 194—201 sehr instruktive Abbildungen über amniogene Mißbildungen.

Man kann die Verwachsungen zwischen Amnion und Embryooberfläche häufig noch bei der Geburt des Kindes in Form von Membranen, Bändern und Fäden nachweisen. Ebenso ist man sehr häufig in der Lage, die ätiologische Beziehung derartiger Fäden zu den vorhandenen Mißbildungen festzustellen. Man bezeichnet diese Bänder allgemein als Simonartsche Bänder. Sind die Verwachsungen zwischen Amnion und Embryo sehr ausgedehnt, so kann es zu schweren Mißbildungen z. B. des Hirnteils oder des Gesichtsteils des Kopfes kommen. (Siehe Fig. 1.) Die Simonartschen Bänder haben ferner auch eine geburtshilfliche Bedeutung. (Siehe auch das Kapitel über angeborene Anomalien der Haut.) Es kann sogar direkt zu einer

Geburtserschwerung kommen, wenn die amniotischen Bänder zwischen Plazenta und Fötus verlaufen. Dadurch kommt es zu einer festen Ad-

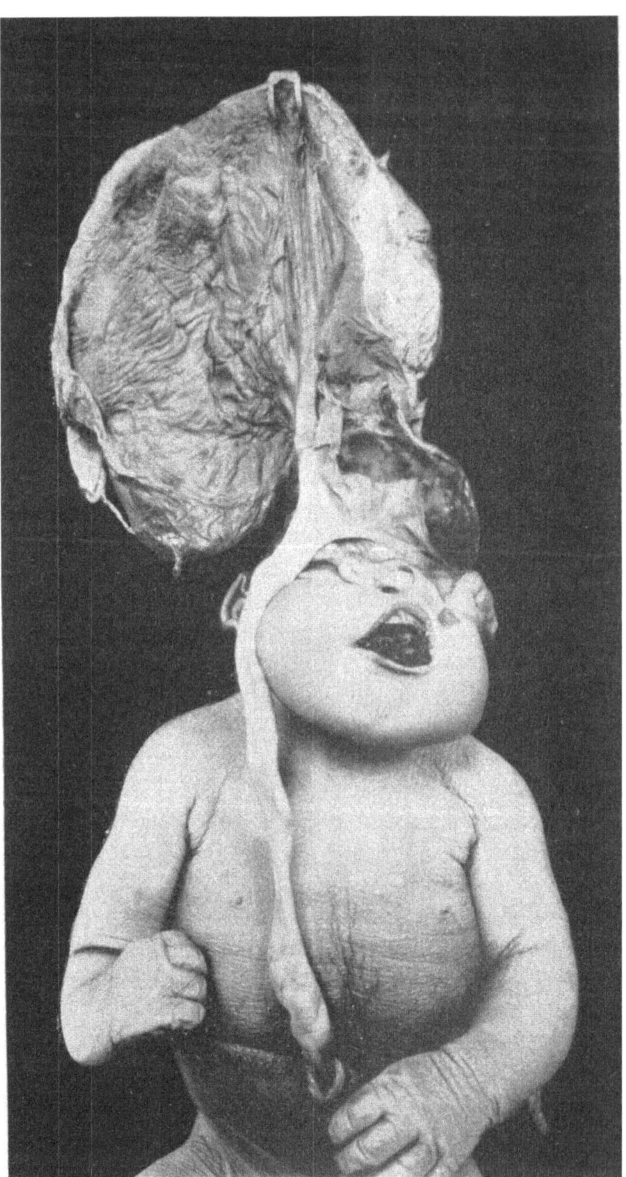

Abb. 1. Verwachsung des Amnion mit dem Kopf. Abnorm kurze Nabelschnur.
(Präperat aus der Sammlung der Göttinger Frauenklinik.)

härenz des Fötus an den Uterus. So beschreibt Hein einen Fall von bandartiger Verbindung zwischen Plazenta und der Dura mater cerebri. Das Kind wurde in Fußlage geboren. Als Hein das schreiende Kind der Hebamme übergeben wollte, bemerkte er zu seinem Erstaunen, daß der bereits geborene Kopf noch mit der Mutter fest zusammenhing. Bei der inneren Untersuchung entdeckte er am Kopf des Kindes ein breites, festes Band, das zur Nachgeburt hinführte. Die Plazenta wurde leicht nach Credé entfernt. Der Kopf ist überhaupt nach Hohl die häufigste Verbindungsstelle mit der Plazenta bei abnormen Verbindungen des Fötus mit Eiteilen. (Siehe dort die ausführliche Literatur.)

In der Göttinger Sammlung befindet sich ein nach dieser Richtung hin interessantes Präparat, über das leider nähere Aufzeichnungen fehlen. Wie aus der Abbildung 1 hervorgeht, besteht eine abnorme feste Adhärenz zwischen Plazenta und Dura mater, resp. eine breite Verwachsung des Amnion mit der Oberfläche des Kopfes. Der Schädel fehlt vollkommen, die kurze Nabelschnur inseriert in der breiten amnialen Membran, die von der Plazenta zum Schädel des Kindes zieht, und erst von hier aus verlaufen die Nabelschnurgefäße weiter zur Plazenta (velamentöse Insertion). Es besteht weiter Exenkephalie, die Augen sind erhalten, aber das linke nach außen und vorn verlagert. Die Nase ist rudimentär, mißbildet. Im übrigen ist der Knabe normal gebildet und ausgetragen. Ein ganz ähnliches Präparat bildet Stoeckel im v. Winckelschen Handbuch ab.

Sind die amniotischen Fäden fadenförmig, so können ganze Extremitäten oder Teile derselben abgeschnürt und sogar resorbiert werden, ein Vorgang, der als Spontanamputation bezeichnet wird. Oder aber die Fäden führen zu Verstümmelungen, besonders an den Fingern und Zehen (siehe Abb. 2). Zu den Simonartschen Bändern gehören auf Grund ihrer Entstehung auch jene frei flottierenden Anhängsel, welche am Fötus oder Amnion inserieren. Man muß annehmen, daß sie infolge Zerreißung Simonartscher Bänder zustande gekommen sind. Ein hierher gehörender Fall mit gleichzeitiger Spontanamputation kam vor einigen Jahren in der hiesigen Frauenklinik zur Beobachtung, J.-N. 15966. Es handelte sich um eine 23jährige, 5 p., deren frühere Schwangerschaften normal abgelaufen waren. Die Kreißende kam mit Blutungen wegen vorzeitiger Lösung der Plazenta an normaler Stelle in die Klinik. Bei der Geburt stellte sich das Kind in vollkommener Fußlage ein, wobei das rechte Bein, das unterhalb des Kniegelenks amputiert war, vorgefallen war. Der gut geheilte Amputationsstumpf mit dem darüber gelegenen Kniegelenk gab anfänglich Anlaß zur Verwechselung mit Schulterlage. Die weitere Geburt verlief in typischer Weise. Der Fötus (siehe Abb. 2) ist 35 cm lang und 1100 g

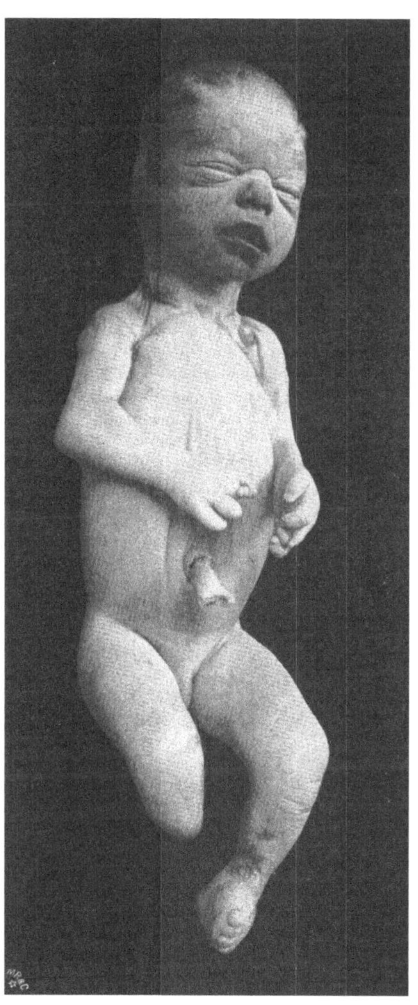

Abb. 2. Spontanamputation. Mißbildungen an den Fingern infolge amniotischer Schnürfäden.
(Präparat aus der Sammlung der Göttinger Frauenklinik.)

schwer. Außer der erwähnten Spontanamputation unterhalb des rechten Kniegelenks fehlt infolge weiterer amniotischer Abschnürungen der rechte Zeige- und Mittelfinger, auch der Zeige- und Mittelfinger der linken Hand sind leicht verkrüppelt. Von beiden Händen hängen etwa 3 cm lange Simonartsche Bänder frei herab.

Was die Entstehung derartiger fadenförmiger resp. flächenhafter Verwachsungen des Amnion mit dem Fötus anbetrifft, so hat man lebhaft darüber diskutiert, ob sie durch einfache Verklebungen oder aber infolge einer Entzündung entstanden sind. Küstner macht, meiner Ansicht nach mit Recht, darauf aufmerksam, daß man durchaus nicht gezwungen ist, entzündungserregende Momente hier heranzuziehen. Da die jungen Epithelzellen in früher Embryonalzeit noch keine Verhornung zeigen, kann sehr wohl eine Verlötung zwischen Amnion und Epidermis eintreten, wenn ihre Epithelflächen genügend lange und genügend intim einander genähert werden, eine Voraussetzung, die bei genügender Enge des Amnion, bei Fruchtwassermangel und zufälliger faltenförmiger Erhebung einer Amnionpartie erfüllt ist. Allmählich werden diese anfangs rein epithelialen Verklebungen fester, organisiert und vaskulisiert und somit persistent. Tritt später eine vermehrte Ansammlung von Fruchtwasser ein, so können die Verwachsungsflächen wieder getrennt werden und die Reste als Amnionfetzen an der Haut zurückbleiben, oder aber die verlöteten Partien werden beim Abheben des Amnion gedehnt und zu den beschriebenen Bändern und Fäden ausgezogen. War die äußere Gestalt des Embryo zur Zeit dieses Vorgangs noch in der Entwicklung begriffen, so bilden die Verklebungen ein Entwicklungshemmnis und der Embryo bleibt auf der gerade erreichten Entwicklungsstufe stehen. So entstehen z. B. die Kranioschisis, Gesichtsspalte, Hasenscharte. Andererseits begünstigen diese Verklebungen besonders die Spaltbildungen mit Ektopie innerer Organe, indem die Vereinigung der Ränder verhindert und somit eine Ektopie von Eingeweiden begünstigt wird (Eventrationen im Bereich der Bauchorgane, Ectopia cordis). Eine ausführliche Bearbeitung dieser Frage verdanken wir Küstner. Schwalbe nimmt an, daß die beschriebenen Verwachsungen wohl nur nach Epithelverlust eintreten können, doch hält er auch die Verklebung nach dem beschriebenen Modus immerhin für möglich. Im übrigen verweise ich auf die diesbezüglichen bemerkenswerten Ausführungen Schwalbes.

In ganz seltenen Fällen ist es beobachtet, daß die abgeschnürten Extremitäten an anderer Stelle aufheilten, z. B. ein Fuß am Gesäß usw. (vgl. Ahlfeld, Monatsschr. f. Geburtsh. u. Gynäk. 1905, S. 191). Einen sehr interessanten, wohl auch hierher gehörenden Fall, der ein Unikum ist, lese ich soeben in der Berliner klin. Wochenschr. 1909, S. 55, von Th. Landau publiziert. Es handelt sich um einen mißbildeten Fötus von etwa fünf Monaten, Geschlecht anscheinend weiblich (Andeutung von Labien, aber keine Öffnung), Atresia ani. Rumpf walzenförmig, doppelseitiger Klumpfuß. Linke obere Extremität in toto verkümmert (Mikromelie). Linker Ober- und Unterarm je 0,5 cm lang, Hand 1,5 mm lang. Der Rumpf endet oben kugelig, kuppelförmig, der Kopf fehlt vollkommen, also anscheinend Acardius acephalus. Der Kopf ist jedoch vorhanden, er ist aber neben der Inser-

ʋonsstelle der Nabelschnur in der Plazenta fest inseriert. Seine Größe
steht in auffallendem Gegensatz zum übrigen Körper, er ist nur haselnuß-
groß und etwas geschrumpft. Man erkennt deutlich (vgl. Abb. bei Landau)
Augen, Nase und Mundöffnung. Am Kopf ein kurzer, leicht gedrehter
Hals, der im Amnion fest implantiert ist, so daß er gleichsam aus demselben herauswächst. Der Fötus gehört seiner Entwicklung nach in den
fünften Monat, der Kopf höchstens in den zweiten Monat. Landau nimmt
eine intrauterine Selbstköpfung, vielleicht durch eine frühere Nabel-
schnurumschlingung des Halses oder ein amniotisches Band an. Doch
war die Nabelschnur ganz normal und ein Simonartscher Strang nicht
vorhanden. Der Kopf ist dann mit seiner frischen Wundfläche auf das
Amnion aufgeheilt. Eine weitere Erklärungsmöglichkeit ist gegeben, wenn
man die Anschauung des Graf Spee über die Entstehung der Amnionhöhle
akzeptiert. Danach bildet sich die Amnionhöhle in einer vorher soliden,
ektodermalen Zellenmasse über der Dorsalfläche der primitiven Fötalanlage
infolge allmählich zunehmender Aushöhlung. Dabei bleiben oft Verbindungs-
brücken, Fäden, Bänder bestehen, die auch in diesem Falle die Amputation usw. gemacht haben könnten. Ein derartiger getrennter Kopf kann
nun auch resorbiert werden; dann haben wir einen reinen Akephalus vor uns.

Ehe ich meine Bemerkungen über die Ursachen der Mißbildungen
schließe, sei noch kurz jener Mißbildungen oder besser gesagt Anomalien
gedacht, bei denen bestimmte physiologische Einrichtungen aus der Embryonalzeit im extrauterinen Leben persistieren, z. B. Offenbleiben des Ductus
Botalli, des Foramen ovale.

Das Geschlecht der Mißbildungen ist auffallenderweise ganz über-
wiegend weiblich, das wird auch aus der vorliegenden Arbeit hervorgehen.
Wie Schwalbe hervorhebt, kommt dieses Überwiegen durch die ungleich
größere Häufigkeit weiblicher Doppelmißbildungen zustande. Bei den
Doppelbildungen ist das Verhältnis von weiblich zu männlich wie 3:1, bei
den Einzelmißbildungen kommen nach einer Statistik Marchands von
158 Mißbildungen auf das weibliche Geschlecht 55, auf das männliche 103,
nicht 93, wie es irrtümlich in der Arbeit Marchands heißt.

Genauere Angaben über die Häufigkeit der Mißbildungen zu machen
dürfte nicht leicht sein. So enthalten einige Statistiken nur die schwereren
Formen der Mißbildungen, andere rechnen auch die geringfügigsten Anomalien (Haarfarbe usw.) mit hinzu. Viele Mißbildungen werden überhaupt
erst zufällig bei der Sektion gefunden usw. usw. Bei einer genauen Statistik
müßte man sich also vorher einigen, inwieweit die erwähnten Faktoren
berücksichtigt werden sollen. Ich entnehme einige statistische Angaben
aus dem Schwalbeschen Werk (S. 203): Chaussier: 132 unter 22293 Geburten, Geoffroy St. Hilaire: ein Monstrum auf 3000 Geburten, Puech:
7 auf 778 Geburten, derselbe fand unter 100000 Geburten 454 „anomalies
simples", 61 Einzelmißbildungen, 2 Doppelmißbildungen, Schworer: 1 auf
455 Geburten, v. Winckel: in Dresden unter 10056 Neugeborenen 156 Anomalien, in München 232 auf 8149 (siehe auch die Tabelle S. 204).

Vielfach kombinieren sich Mißbildungen in der mannigfaltigsten Weise.
Es ist meist schwer zu sagen, ob es sich dabei um ein zufälliges Zusammen-

treffen oder aber um eine gesetzmäßige Anordnung handelt. Französische Autoren wollen hier ganz bestimmte Gesetze gefunden haben (Schwalbe S. 206—207).

Wenn ich nunmehr zur Einteilung der Mißbildungen übergehe, so folge ich dabei dem auch heute noch am meisten gebräuchlichen Schema, wobei ich schon an dieser Stelle bemerke, daß ich im weiteren Verlauf des vorliegenden Buches dieser Einteilung aus äußeren, praktischen Gründen nicht gefolgt bin. Noch mehr wurde ich hierzu bestimmt, weil ich die angeborenen fötalen Erkrankungen mit in den Bereich des Buches hereingezogen habe. Im großen und ganzen folge ich vielmehr bei meinen Ausführungen einer Einteilung, die in erster Linie die einzelnen Körperregionen berücksichtigt.

Die erwähnte gebräuchlichste Einteilung der Mißbildungen stellt sich folgendermaßen dar. (Über andere Einteilungen — Marchand, St. Hilaire u. a. — siehe Schwalbe S. 207—212. Die Klassifizierung zu einem natürlichen System ist vor der Hand nicht möglich, da wir über die Genese der Mißbildungen noch nicht ausreichend orientiert sind.)

A. Einzelmißbildungen.

1. Die Hemmungsmißbildungen (Monstra per defectum).

Hierher gehören die Hypoplasie des ganzen Körpers oder von Teilen desselben, die Agenesie oder Aplasie einzelner Organe oder Körperteile, ferner Hemmungsmißbildungen in Form von Spalten oder Verdoppelungen (Spaltbildungen in der Medianlinie von Brust und Bauch, Spalten im Gesichtsteil des Kopfes, Verdoppelung von Scheide und Uterus), Verschmelzungen resp. Verwachsungen von Organen, die nahe beieinander liegen, z. B. der Nieren, Augen.

2. Mißbildungen durch exzedierende Entwicklung (Monstra per excessum).

Diese Gruppe zeigt das entgegengesetzte Verhalten der vorigen. Hierher gehören der partielle und allgemeine Riesenwuchs, Vermehrung der Brustdrüsen (Polymastie), der Milz, Nebennieren, Finger und Zehen, Vermehrung der Zähne, Rippen und Wirbel.

3. Irrungsbildungen (Monstra per fabricam alienam).

Hierher gehört der Situs inversus viscerum. Bei der Inversio viscerum completa liegen sämtliche Organe der Bauch- und Brusthöhle, die normalerweise links liegen, nach rechts verlagert und umgekehrt. Der Situs transversus kann sich auch nur auf einzelne Organe erstrecken (Situs irregularis). Die Verlagerung des Herzens auf die andere Seite nennt man Dextrokardie. Die Ursache des Situs viscerum completus liegt in mechanischen Momenten (abnormer Drehung des Embryo). Abnorme Lagerungen von Organen kommen mit Vorliebe auch in der Bauchhöhle vor, z. B. Dystopia renis, Ektopia testis, abnorme Lagerungen des Darms, besonders des Dickdarms (Ziegler, S. 599). Zu dieser Gruppe werden von manchen Autoren auch verschiedene Fehlbildungen am Herzen und den großen Gefäßen gerechnet, doch zählt man diese wohl besser zu den Hemmungsmißbildungen.

4. Mißbildungen, die durch Gewebsverlagerungen und Persistenz fötaler Bildungen gekennzeichnet sind: Teratome, Dermoide, Zysten.

5. Mißbildungen, durch Vermischung der Geschlechtscharaktere entstanden: Hermaphroditismus und Zwitterbildung.

B. Doppelmißbildungen.

Siehe die Einteilung derselben S. 226.

Literatur.

Ziegler, Allg. Pathologie. Jena 1905, Fischer. — Schmaus, Grundriß der path. Anatomie. Wiesbaden 1898, Bergmann. — E. Schwalbe, Die Morphologie der Mißbildungen des Menschen und der Tiere. 1. Teil: Allg. Mißbildungslehre. Jena 1906, Fischer. — v. Winckel, Volkmanns Vorträge, 373—374. — Küstner in Müllers Handb. d. Geburtsh., 2. Bd. — L. Seitz, Hydramnion, in v. Winckels Handb. d. Geburtsh. 2. Bd., 2. T. — Lebedeff, Entstehung der Anenkephalie und Spina bifida. Virch. Arch. 86. 1881. — Simonart, Journ. des Connaiss. méd. prat. Juni 1846. — Hein, Zeitschr. f. Geburtsh. u. Gynäk. 6. S. 352. — Hohl, Die Geburten mißgestalteter, kranker und toter Kinder. Halle 1850, Buchh. Waisenhaus. — Spiegelberg. Lehrb. d. Geburtsh. S. 545 (Lit.). Lahr 1891, Schauenburg. — Dareste, Rech. sur la production artif. des monstruosités, 2. éd. Paris 1894. — Stoeckel, Anomalien der Eihäute, in v. Winckels Handb. d. Geburth. 2. 3. T. — Fleck, Beitr. zur Hydrorrhoea grav. Arch. f. Gynäk. 66. 1902.

Die Hemmung der Gesamtanlage.

Der Fötus stirbt infolge hochgradiger Störungen sofort oder später ab, oder aber es entwickelt sich ein Fötus mit normalen Formen, aber kümmerlicher Entwicklung aller Teile (Nasosomie, Mikrosomie, Zwergbildung).

Im ersten Fall kommt es gewöhnlich bald zum Abort. Doch kann das abgestorbene Ei noch lange Zeit im Uterus verweilen, wobei die Eihüllen, speziell die Plazenta, noch eine erhebliche Vergrößerung und Zunahme erfahren können, so daß ein Mißverhältnis zwischen Ei und Embryo entsteht (missed labour, travail manqué). Häufig sind dabei die Eihäute völlig mit Blut durchsetzt, Blutmole, so daß ein derartig verändertes und geborenes Ei durchaus den Eindruck eines Blutklumpens machen kann. Man kann jedoch meist an der noch erhaltenen Eihöhle mit der glatten Amnionauskleidung die wahre Natur dieses Blutklumpens erkennen. Ist der Blutfarbstoff aus der Blutmole ausgelaugt, so erhält das Ei eine mehr fleischähnliche, grauweiße Farbe: Fleischmole. In einzelnen Fällen kommt es bei derartigen, zugrunde gegangenen und längere Zeit retinierten Eiern zur Bildung subchorialer Hämatome, die nach der Eihöhle zu knollenförmig vorspringen und von Breus als Mola hämatomatosa resp. Hämatoma subchoriale tuberosum beschrieben sind. Der Fötus selbst kann nach Durchsetzung mit Wanderzellen schließlich ganz oder teilweise resorbiert werden, so daß er ganz fehlt oder aber seine Trümmer in der Eihöhle schwimmen. Nach Berlet und Engel (zit. nach Ziegler, S. 553) stammen die im Gewebe des Fötus auftretenden Wanderzellen vom Blut des Fötus selbst. Die Hauptursache für die Auflösung des Fötus liegt aber mit großer Wahrscheinlichkeit in autolytischen Prozessen, indem sich nach dem Tode des Fötus aus den fötalen Organen und der Plazenta Enzyme bilden, welche eine Spaltung der Eiweißkörper in einfachere, in Wasser lösliche Modifikationen herbeiführen. Derartige Fermente, eiweißspaltende und zuckerbildende, sind neuerdings auch in der normalen Plazenta gefunden worden. In anderen Fällen, wo man auch keinen Fötus findet, ist derselbe in Wirklichkeit nicht resorbiert, sondern nach Zerreißung des Eihautsackes unbemerkt, bei der Urin- oder Stuhlentleerung, nach außen abgegangen. Geht ein bereits ausgebildeter Fötus zugrunde und wird er nicht bald nach seinem Tode ausgestoßen, so kann er verschiedene Prozesse durchmachen. Am häufigsten ist die Mazeration (Foetus sanguinolentus), die nur bei Abwesenheit von Keimen, also bei erhaltenen Eihäuten, möglich ist. Der Ausdruck „totfaule Frucht", der dafür fast allgemein gebräuchlich ist, ist demnach nicht ganz zweckmäßig. Bei dieser Mazeration kommt es zur Abhebung der Oberhaut in Form von mehr oder minder großen Blasen, die dann platzen können, wobei die rotbraune Unterhaut auf weite Strecken freigelegt sein kann (siehe Abb. 3). Der Blutfarbstoff diffundiert und durchsetzt alle Gewebe des Körpers und alle Flüssigkeiten desselben. Am Schädel lockern sich die Knochenverbindungen, so daß die Kopfknochen schlotternd in einem schlaffen Hautbeutel liegen. Ebenso lockern sich auch die Gelenkverbindungen der übrigen Knochen. Dadurch werden derartige Früchte verlängert, was bei der Messung der Länge, etwa zur Bestimmung des Alters der Frucht, zu berücksichtigen wäre. Sämtliche Körperhöhlen, besonders die Brust- und Bauchhöhle, sowie das Unterhautzellgewebe sind mit einer schmutzig braunroten Flüssigkeit angefüllt. Dieselbe Färbung nimmt auch das Fruchtwasser an, das häufig noch durch das kurz vor dem Tode in dasselbe entleerte Mekonium schmutzig grün gefärbt wird. Die inneren Organe, insbesondere

Abb. 3. Mazerierte Frucht.
(Präparat aus der Sammlung der Göttinger Frauenklinik.)

Leber und Gehirn, sind auffallend zerfließlich. Am besten sind die Lungen erhalten, so daß man sie fast stets noch aufblasen kann. Bei der mikroskopischen Untersuchung findet man nur selten noch gut erhaltene, differenzierte Zellen.

Die Nabelschnur hat einen charakteristischen Glanz, sie ist erheblich verdickt und gleichfalls braunrot gefärbt. Eihäute und Plazenta bleiben bis zur Geburt erhalten. Eigentümlich ist der fade Geruch der ganzen mazerierten Frucht und ihrer Organe. Nach Sentex und Runge kann man den Grad der Imbibition mit Blutfarbstoff an der Linse und dem Glaskörper mit benutzen, um den Termin des Fruchttodes annähernd festzustellen. Man kann annehmen, daß bei klaren, brechenden Medien die Früchte ganz kurz nach ihrem Tode, solche mit rotgefärbtem Glaskörper, je nach der Intensität der Färbung ca. 8—10 Tage, Früchte endlich mit bereits gefärbter Linse frühestens 14 Tage nach erfolgtem Tode geboren sind. Nach Ahlfeld stimmen diese Angaben nicht.

Das Wesen der Mazeration, die dabei vor sich gehenden chemischen Umsetzungen, sind noch völlig unbekannt.

An den mazerierten Früchten kann man nicht selten die Todesursache eruieren, z. B. bei Pocken, Mißbildungen und ganz besonders bei Syphilis. $80\,^0/_0$ aller mazerierten Früchte zeigen Zeichen der Syphilis: Osteochondritis syphilitica, Pemphigus syphiliticus, Pneumonia alba, mikroskopische Gummibildungen in der Leber und den verschiedensten Organen, Veränderungen in der Plazenta usw.

Die Mazeration des Kindes löst bei der Mutter bestimmte Erscheinungen aus, die man wohl in erster Linie auf die Resorption toxischer Stoffe, die von der mazerierten Frucht stammen, beziehen muß: Frösteln, Fiebererscheinungen, Mattigkeit, schlechter Geschmack und eine gewisse Kachexie. Die weiteren Angaben der Mutter bei Tod des Kindes sind Abnahme des Leibesumfanges oder wenigstens nicht Stärkerwerden desselben infolge Resorption von Fruchtwasser, Schlafferwerden der Brüste, Aufhören der Bewegungen, Gefühl eines Fremdkörpers im Leib, d. h. legt sich die Mutter z. B. auf die rechte Seite, so bemerkt sie, daß ein Körper im Leib nach rechts fällt und umgekehrt. Bei der objektiven Untersuchung fehlen trotz wiederholter Auskultationen die Herztöne, der Leib ist weicher, die Kindeslage meist schwer zu erkennen, kleine Teile sind meist gar nicht oder nur undeutlich zu fühlen. Mißt man bei wiederholter Untersuchung den Leib, so konstatiert man das Kleinerwerden desselben. Legt man einen Thermometer in den Uterus und nacher in die Scheide ein, so ist die Temperatur bei toter Frucht in Uterus und Scheide gleich, bei lebender Frucht ist die Temperatur des Uterus um einige zehntel Grad höher, da der lebende Fötus durch seinen eigenen Stoffwechsel immer eine etwas höhere Temperatur besitzt als die Mutter.

Unter der Geburt fühlt man das Schlottern der Kopfknochen, das abgehende Fruchtwasser ist mißfarben, bei der inneren Untersuchung gehen häufig Fetzen der abgelösten Oberhaut ab. Die Geburt erfolgt meist sehr leicht, bei Mehrgebärenden manchmal fast unbemerkt. Infolge der lockeren Gelenkverbindungen sind Vorfall kleiner Teile, z. B. der sonst recht seltene Fußvorfall neben dem Kopf mehrfach beobachtet. In der Nachgeburtszeit ist nicht ganz selten infolge Adhärenz der Plazenta die manuelle Lösung derselben nötig. Das Wochenbett nach der Geburt mazerierter Früchte soll nach einzelnen Statistiken (Martin, v. Winckel) leicht fieberhaft sein.

Erheblich seltener als die Mazeration wird die Mumifikation abgestorbener Früchte beobachtet. Dabei wird alles Fruchtwasser resorbiert und die Frucht vertrocknet. Diesen Prozeß beobachtet man am häufigsten bei Zwillingen, von denen der eine intrauterin abgestorben ist (Foetus papyroceus). Mumifizierte Früchte haben eine graugelbliche Farbe, die Haut ist runzelig, durch sie hindurch sieht man sehr deutlich das Knochengerüst. Die Plazenta ist klein und derb, in seltenen Fällen gleichfalls komprimiert (P. papyracea), die Nabelschnur ist dünn und gleichfalls geschrumpft. Fruchtwasser ist nicht vorhanden (siehe Abb. 4 u. 5).

Sehr selten ist ferner die intrauterine Versteinerung (Petrifikation) der Frucht, die zur Bildung des sog. Lithopädion, des Steinkindes, führt. Häufiger beobachtet man diesen Prozeß bei der extrauterinen Gravidität. Hierbei inkrustieren sich die Eihüllen und die Oberfläche des Fötus selbst mit Kalksalzen. Das Innere des Fötus verfällt der Verkalkung nicht, sondern mumifiziert. Eingeleitet wird der Prozeß mit der Resorption des Fruchtwassers, wodurch sich die Eihäute allmählich eng an den Fötus anlegen. Nach Küchenmeister muß man bei diesem Prozeß drei Formen auseinanderhalten:

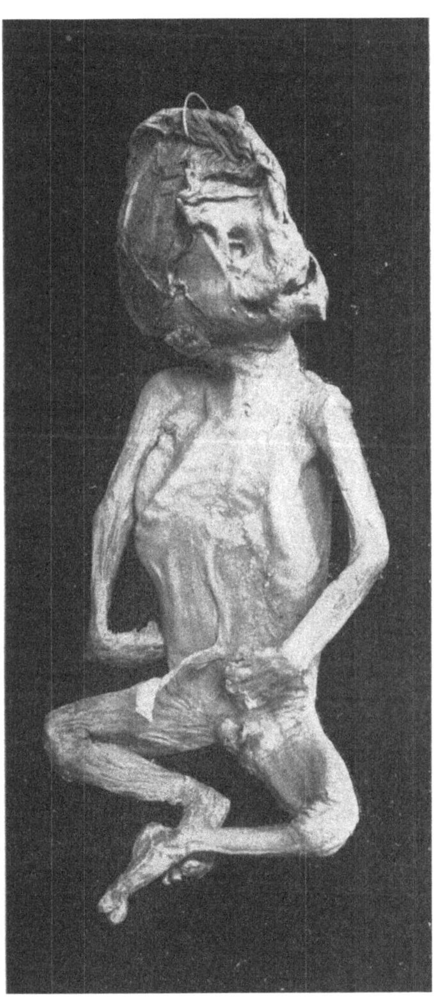

Abb. 4. Mumifizierter Foetus papyraceus.
(Präparat aus der Sammlung der Göttinger Frauenklinik.)

1. Der mumifizierte Fötus liegt in den verkreideten Eihäuten (Lithokelyphos).

2. Der Fötus verwächst an einzelnen Stellen mit den Eihäuten und die Verkalkung geht so von den Eihäuten auch auf den Fötus über. Die nicht verwachsenen Stellen mumifizieren (Lithokelyphopädion).

3. Der Fötus ist nach Ruptur der Eihüllen in die Bauchhöhle getreten und es bildet sich nun eine Kalkkruste von zunehmender Dicke um den schrumpfenden Fötus (echtes Lithopädion). Küchenmeisters Angaben

über die Häufigkeit der einzelnen Formen ist neuerdings Werth entgegengetreten.

Handelt es sich um die sehr seltene intrauterine Lithopädionbildung, so kann durch Inkrustierung auch der mütterlichen Eihäute eine sehr feste Verbindung mit der Innenfläche des Uterus geschaffen werden. Mehrfach fand man Lithopädion als Nebenbefund zufällig bei Sektionen (siehe unten das Präparat der hiesigen Frauenklinik). Häufiger soll der Prozeß bei Kühen und Schafen beobachtet werden (siehe auch Seitz).

Die Steinkinder können bei Extrauteringravidität jahrzehntelang von der betreffenden Frau ohne Beschwerden getragen werden, in einzelnen Fällen gaben sie jedoch Anlaß zu langdauernden Eiterungen, sogar mit tödlichem Ausgang. In der Göttinger Frauenklinik haben wir einen sehr interessanten Fall von Lithopädionbildung genau beobachten können. Eine 39 jährige Patientin, J.-Nr. 20401, gab uns folgendes an:

Im Alter von 36 Jahren sei sie schwanger gewesen, die Wehen hätten sich am richtigen Termin eingestellt. Ein von der Hebamme wegen mangelhaften Fortschritts der Geburt hinzugeholter Arzt stellte Querlage fest. Da der Muttermund aber noch geschlossen war, ging er wieder fort mit der Weisung, ihn zu rufen, sobald die Eröffnung des Muttermundes Fortschritte gemacht habe. Die Wehen hörten am vierten Tage aber vollkommen auf, ebenso die Bewegungen. Arzt und Hebamme traten nicht mehr in Funktion. In der Folgezeit klagte die Patientin immer nur über leichte Schmerzen im Leib, die von der rechten zur linken Seite ziehen, zeitweise Erbrechen und starke menstruelle Blutungen. Bei einer nach Jahr und Tag aus anderen Gründen vorgenommenen Untersuchung fand derselbe Arzt einen Tumor oberhalb der Symphyse und überwies deshalb die Patientin der Göttinger Frauenklinik.

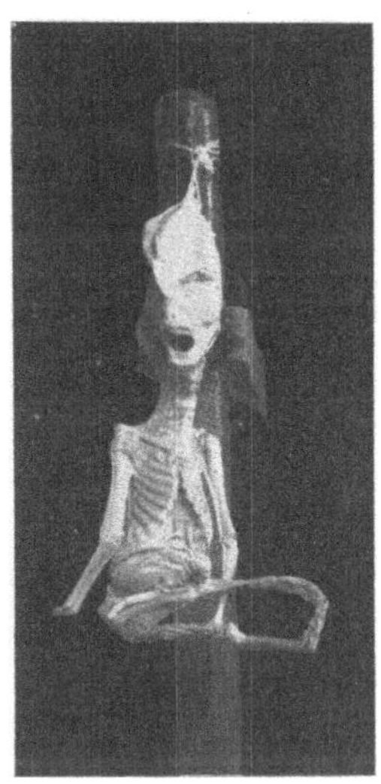

Abb. 5. Mumifizierter Fötus bei Tubargravidität. (Präparat aus der Sammlung der Göttinger Frauenklinik.)

Die von uns auf Grund der Anamnese vermutete Diagnose Lithopädion wurde durch das Röntgenbild bestätigt. Eine vorgeschlagene Operation verweigerte die Patientin.

In der Sammlung der Göttinger Frauenklinik befindet sich ein sehr schönes Präparat (Nr. 110) von Lithopädion (siehe Abb. 6), das bei der Sektion einer 76 jährigen an Marasmus gestorbenen Frau gefunden wurde. Es ließ sich nachweisen, daß die Frau das Steinkind über 40 Jahre bei sich getragen hatte. Sie hatte vor ihrem Tode angegeben, ihr erster Mann, der im Marstall des Königs Jerome angestellt war, sei durch Hufschlag eines Pferdes getötet worden. Beim Empfang dieser Nachricht sei sie, während sie gerade mit dem Kinde schwanger ging, rückwärts die Treppe herabgefallen. In den ersten Jahren danach habe sie beim Lagewechsel ein Gefühl gehabt, als falle ein Klumpen von einer Seite zur anderen. Sie ist dann ferner mehrfach ärztlich wegen Unterleibsentzündung palliativ behandelt worden. In den letzten zehn Jahren ihres Lebens hat sie keine besonderen Beschwerden gehabt. Bei der am 15. März 1849 in Kassel vorgenommenen Sektion fand man den Körper sehr mager, die Beine ödematös, den Leib sehr eingefallen, jedoch unter dem Nabel eine harte Geschwulst bergend, die durch die dünnen Bauchdecken sehr leicht gefühlt werden konnte. Nach Eröffnung des Abdomens fand sich die unregelmäßige, ovale etwa kopfgroße Geschwulst mit dem spitzen Teil im kleinen Becken, zwischen Uterus und Rektum gelagert und ringsum von lockerem Zellgewebe umgeben, mit dem rechten Ovarium, Ligg. latum usw. fester durch stärkere Stränge vereinigt. Uterus, linke Tube und linkes Ovarium normal. Man nahm die Geschwulst heraus, öffnete dieselbe mit der Säge und fand das Lithopädion, welches als einem siebenmonatlichen Fötus entsprechend taxiert wurde.

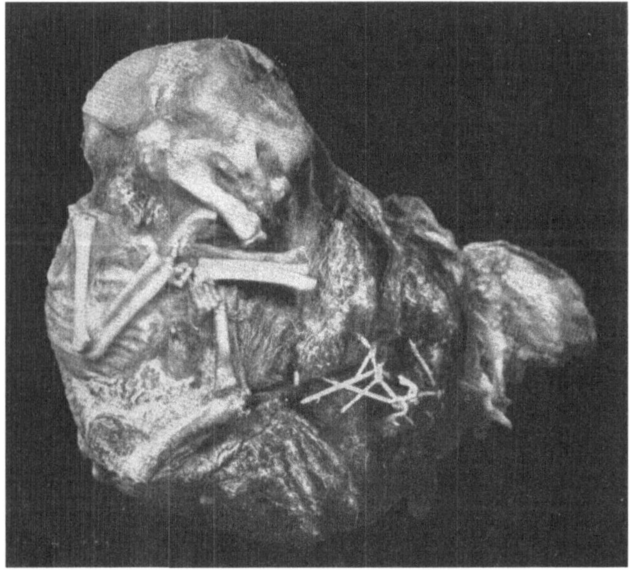

Abb. 6. Steinkind.
(Präparat aus der Sammlung der Göttinger Frauenklinik.)

Die erwähnten Prozesse der Mazeration, Mumifikation und Lithopädionbildung finden nur dann intrauterin statt, wenn keine Keime im Uterus sind, d. h. also, wenn die Blase noch steht resp. die Eihäute noch erhalten sind. Sind die Eihäute nicht mehr intakt, so kommen sehr bald Keime in den Uterus, z. B. durch Instrumente, Finger oder auch durch allmähliches Aufwärtswandern der Keime. Der Inhalt des Uterus zersetzt sich dann sehr bald. Es geht stinkender Ausfluß ab, und wenn die infizierten Massen nicht schleunigst herausbefördert werden, so kann unter dem Bilde der Sepsis der Tod eintreten. Meist handelt es sich allerdings dabei um saprämisches (Fäulnis-) Fieber, das nach Entfernung der stinkenden Massen schnell abfällt.

In ganz seltenen Fällen kommt es zur intrauterinen Skelettierung. Dabei ist der Zerfallsprozeß auf den Uterus beschränkt, die Weichteile werden unter freiem Abfluß der Sekrete allmählich durch den Zerfall herausbefördert und die Knochen bleiben allein zurück. Längere oder kürzere Zeit hinterher werden die Knochen dann spontan oder mit Kunsthilfe eliminiert.

In dieses Kapitel — Hemmung der Entwicklung der Gesamtanlage — gehört auch die Zwergbildung, Nasosomie. Hier entwickelt sich ein Fötus mit normalen Formen, aber mit kümmerlicher Entwicklung aller Teile. Insbesondere bleibt auch die Knochenentwicklung auf einer frühen Bildungsstufe stehen. Hierher gehört demnach eigentlich nur die echte Zwergbildung. Die durch Verkrümmung der Wirbelsäule und der Extremitäten sowie durch fötale Knochenerkrankungen geschaffene Zwergbildung ist etwas ganz anderes.

Nach Kaufmann (S. 709) unterscheidet man proportionierte und unproportionierte, echte und unechte Zwerge. Bei den echten Zwergen passen der gesamte Körperbau und vor allem auch die umgebenden Weichteile zu den zierlichen, ebenmäßigen Knochen. Die ganze Körperentwicklung ist von vornherein, ab ovo, zurückgeblieben, oder ist vorzeitig, in früher Kindheit, zum Stillstand gekommen. Die Knorpelwucherungszone leistet quantitativ weniger, die Epiphysenkerne entwickeln sich aber in normaler Weise und auch die Verschmelzung der Epi-Diaphysen vollzieht sich zur normalen Zeit. Zu dieser Gruppe gehören z. B. die Liliputanergruppen der Jahrmärkte. Zu den proportionierten Zwergen gehört auch der von Paltauf beschriebene Typus. Hier bleibt an den Knochen das dem Längenwachstum dienende Knorpelmaterial zum Teil unverbraucht liegen. Es erhalten sich gewisse Knochennähte und Knorpelfugen, und gewisse Knochenkerne sind noch vorhanden, während andere fehlen. Hierher gehört ferner der athyreotische oder myxödematöse Zwergwuchs, ebenso der Zwergwuchs beim endemischen Kretinismus, ferner, mit der oben gemachten Einschränkung, der unproportionierte Zwergwuchs durch Chondrodystrophie (siehe S. 183), Osteogenesis imperfecta (siehe S. 185), Mikrokephalie, Hydrokephalie, Rachitis. Die Zwerge haben insofern für den Geburtshelfer großes Interesse, als sie den Typus des Zwergbeckens (Pelvis nana) bieten. Es handelt sich hier um ein meist hochgradig allgemein verengtes Becken. Das Becken gleicht vollkommen einem Becken aus ganz früher Kindheit. Die einzelnen Knochenstücke sind wie beim Kind durch Knorpelmassen verbunden. Die Conjugata vera (Verbindungslinie zwischen oberem Rand der Symphyse und Promontorium) kann hier auf 5 cm und weniger heruntergehen, so daß in derartigen Fällen der Kaiserschnitt aus absoluter resp. relativer Indikation in Frage kommt. Zuweilen kann man an der Lebenden an den Synostosierungspunkten der Pfannengegenden und besonders der Juncturae ischiopubicae Unebenheiten oder wulstartige Verdickungen als Beweise eines abnormen Verknöcherungsprozesses feststellen (Sonntag, Breus und Kolisko).

Literatur.

Breus, Über das tuberöse subchoriale Hämatom der Decidua. Wien 1892, u. Wiener Gynäk. Ges. 16. Febr. 1897. — L. Seitz, Die Veränderungen von Fötus und Plazenta nach dem Tode der Frucht usw. v. Winckels Handb. d. Geburtsh. 2. 2. T. —

Sentex, Des altérations, que subit le foetus après sa mort etc. Mémoire couronné. Paris 1868. — M. Runge, Lehrb. d. Geburtsh. Berlin 1909, J. Springer. — Martin, v. Winckel, zit. nach Seitz. S. 1273. — Küchenmeister, Arch. f. Gynäk. 17. S. 153. — Werth, Die Extrauterinschwangerschaft, in v. Winckels Handb. d. Geburtsh. 2. 2. T. (daselbst Lit.). — Kaufmann, Lehrb. d. spez. path. Anat. Berlin 1907, Reimer. — A. Paltauf, Über den Zwergwuchs. Wien 1891. — E. Sonntag, Die Pathologie des knöchernen Beckens, in v. Winckels Handb. d. Geburtsh. 2. 3. T. — C. Breus u. Kolisko, Die path. Beckenformen. Leipzig u. Wien, Deuticke. — Ahlfeld, Lehrb. d. Geburtsh. S. 551. Leipzig 1903, Grunow.

Mißbildungen durch mangelhaften Verschluß der Zerebrospinalhöhle.

Wird das knöcherne Spinalrohr nur mangelhaft verschlossen, so kommt es zur Rachischisis, Spina bifida, Wirbelspalte. Dabei fehlt die Haut im Bereich der Spaltung, Adermie, auch das Rückenmark kann ganz oder teilweise fehlen: totale oder partielle Amyelie. Bei Rachischisis totalis fehlen die Wirbelbögen ganz oder fast ganz, ebenso fehlt das Rückenmark mehr oder minder ganz. Derartig ausgedehnte Fälle von Rachischisis findet man fast immer kombiniert mit Hemikephalie (siehe nächstes Kapitel). Die partielle Wirbelspalte sitzt in der Regel im sakrolumbalen oder im oberen Teil der Wirbelsäule, während der dazwischengelegene Teil meist frei bleibt. Tritt durch einen derartigen partiellen Spalt der Wirbelbögen eine zystenartige Geschwulst aus dem Wirbelkanal hervor, so spricht man von Spina bifida (besser cystica, denn Spina bifida allein bedeutet nur Wirbelspalte) oder Hydrorrachis. Man unterscheidet eine H. externa und interna.

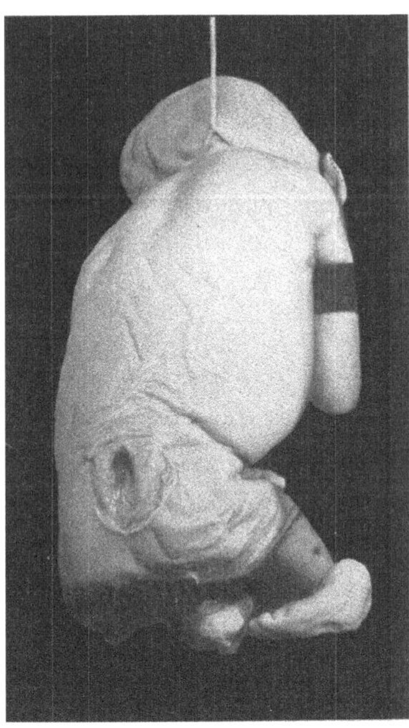

Abb. 7. Einfache Spina bifida.
(Präparat aus der Sammlung der Göttinger Frauenklinik.)

Bei der Hydrorrachis interna oder Myelocele ist der Zentralkanal des Rückenmarks stark erweitert, infolgedessen wird die Substanz des Rückenmarks und dessen Hüllen durch den Knochenspalt vorgetrieben. Als Hydrorrachis externa oder Meningocele spinalis bezeichnet man die fragliche Geschwulst dann, wenn sie aus der äußeren Haut, den Hüllen des Rückenmarks und einer Ansammlung von Flüssigkeit zwischen Rückenmarksubstanz und Rückenmarkshäuten besteht.

Die Spina bifida cystica ist je nach ihrem Sitz eine zervikale, dorsale, lumbale, lumbosakrale oder sakrale. Am häufigsten wird sie, wie bereits erwähnt, am unteren Teil der Wirbelsäule, im Lenden- und Kreuzbeinteil derselben beobachtet.

Sie stellt sich als eine meist rundliche Geschwulst von Pflaumen- bis Apfel- bis Kindskopfgröße dar, die der Mittellinie breit aufsitzt oder aber schmal gestielt ist.

Die Haut darüber ist entweder von normaler, oder ulzerierter, oder auch narbig veränderter, eingezogener Beschaffenheit. Zuweilen fehlt die Haut fast völlig im Bereich der ganzen Geschwulst, ein Umstand, der für die Therapie des Leidens durchaus nicht zu unterschätzen ist (erschwerter Verschluß der Haut bei der Operation).

Die Geschwulst fühlt sich weich, manchmal elastisch an und zeigt verhältnismäßig oft Fluktuation. Besteht eine Kommunikation mit dem Wirbelkanal, so verkleinert sie sich auf Druck. Durch die dabei eintretende Rückstauung des Liquor cerebrospinalis eventuell bis in die Gehirnventrikel werden dabei leicht Reizungssymptome des Rückenmarks und Gehirns hervorgerufen, allgemeine Muskelkrämpfe, stärkere Anspannung der Fontanellen, unregelmäßige Atmung, Pulsverlangsamung, Erbrechen.

Häufig findet man bei Spina bifida gleichzeitig andere Mißbildungen, Klumpfuß, Bauchblasendarmspalte (Inversio vesicae urinariae usw.), Enkephalozele. Walterhöfer beschrieb einen Fall von Spina bifida mit Prolapsus ani et uteri. Ich halte es nicht für ausgeschlossen, daß beide Affektionen in einem ätiologischen Zusammenhang stehen: die Insuffizienz der Bandapparate des Uterus resp. der Muskulatur des Beckenbodens kann dadurch bedingt sein, daß die, diese Muskel-apparate innervierenden Nervenfasern infolge

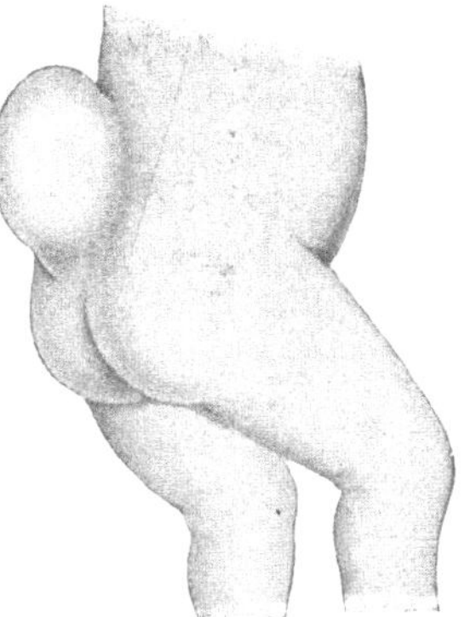

Abb. 8. Spina bifida cystica.

Kompression durch die Spina bifida cystica geschädigt resp. gelähmt sind.

Diese Vermutung liegt für mich um so näher, als wir dasselbe kürzlich bei einem Fall von Spina bifida anterior beobachteten (siehe unten). Dasselbe nimmt auch Bürger für einen ähnlichen Fall an.

Die beschriebene Form ist die Spina bifida posterior. In anderen, allerdings sehr seltenen Fällen kommt es auch vor, daß der Sack nach vorn durch Defekte in den Wirbelkörpern austritt: Spina bifida anterior. Ein derartiger, sehr interessanter Fall ist von Kroner und Marchand beschrieben. Bei einer 20jährigen Nullipara fand sich ein von der hinteren Wand des kleinen Beckens entspringender, bis zwei Querfinger breit über den Nabel reichender Tumor. Nach Punktion und Entleerung dieses Tumors trat Episthotonus, Meningitis und Exitus ein. Die Sektion ergab Meningocele anterior. Der große erwähnte Sack kommunizierte durch eine feine Öffnung an der Vorderfläche des Kreuzbeins mit dem Wirbelkanal.

Einen weiteren Fall teilt Neugebauer mit: Bei einer 22jährigen Virgo bestand hartnäckige Obstipation. Stuhlgang alle drei bis vier Wochen. Das kleine Becken ist von einer zweifaustgroßen fluktuierenden Geschwulst ausgefüllt, die, zwischen Mastdarm und vorderer Kreuzbeinwand sitzend, breitbasig von der letzteren zu entspringen scheint. Sämtliche Beckenorgane gegen die Symphyse angepreßt, Uterus nach oben gehoben. Uterus didelphys, Vagina duplex. Defekt der rechten Hälfte des vierten und fünften Sakralwirbels und des Steißbeins. Die Probepunktion des Tumors ergab Spinalflüssigkeit. Die Patientin blieb aus und starb plötzlich nach vier Wochen, wahrscheinlich infolge Ruptur der Zyste.

Einen weiteren sehr interessanten, allerdings nicht obduzierten Fall von Meningocele sacralis anterior, bei dem die Diagnose mit Sicherheit in vivo gestellt werden konnte, hat Nieberding publiziert: Es handelte sich um ein 18jähriges Mädchen, das wegen Unterleibsbeschwerden die gynäkologische Poliklinik aufsuchte. Bei der Untersuchung fand sich ein Tumor, der fast das ganze kleine Becken ausfüllte, den Uterus eleviert hatte, und der von der vorderen Kreuzbeinwand entsprang. Das Rektum verlief vor dem Tumor nachts rechts (siehe unten den sehr analogen, in der Göttinger Frauenklinik beobachteten Fall). Eine bestimmte Diagnose konnte nicht gestellt werden, doch waren die Beschwerden so stark, daß Nieberding sich zur Laparotomie entschloß. Dieselbe wurde jedoch nach Eröffnung der Bauchhöhle bald abgebrochen, da man an den Tumor, der tief im kleinen Becken saß, nur schlecht herankommen konnte. Es wurde deshalb wieder zugenäht und ein weiteres vaginales Operieren in Aussicht genommen. Vorher jedoch machte N. die Punktion des Tumors von der Scheide aus. Die dabei gewonnene Flüssigkeit war wasserklar. Darauf wurde der ganze Inhalt der Zyste mit dem Dieulafoyschen Apparat entleert — im ganzen zwei Liter. Kurz danach stellten sich bei der Patientin sehr bedenkliche Symptome ein: Erbrechen, starke Kopf- und Nackenschmerzen. Dadurch konnte sofort die Diagnose Meningocele anterior gestellt werden. Die Zyste war nach drei Tagen wieder ganz gefüllt. Ein weiterer operativer Eingriff wurde von der Patientin verweigert (siehe die Literatur bei Nieberding).

Ich bin in der Lage, über einen ähnlichen, in der hiesigen Frauenklinik kürzlich beobachteten und operierten Fall zu berichten. Soweit ich aus der Literatur ersehe (siehe die Zusammenstellung bei Nieberding), ist dies der neunte in der Literatur niedergelegte Fall von Meningocele anterior.

Anna Rogge. J.-Nr. 23725.

Es handelte sich um ein 22jähriges Mädchen, das früher immer gesund gewesen sein will. Die Menstruation war mit siebzehn Jahren zuerst eingetreten und immer regelmäßig verlaufen. Letzte vor sechs Monaten. Patientin gibt an, daß sie seit längerer Zeit wegen Nieren- und Blasenleiden in ärztlicher Behandlung sei. Sie klagte bei der Aufnahme über starke Abmagerung, häufige Leibschmerzen, Brennen beim Wasserlassen, Urindrang, stinkenden Urin und ein Gefühl von Schwere im Leib. Der Stuhlgang sei meistens angehalten. Die Untersuchung ergab eine sehr heruntergekommene, abgemagerte Patientin. Der Urin war sehr übelriechend, stark eitrig und enthielt mikroskopisch zahlreiche Leukozyten und Kolibazillen, sowie Blasenepithelien. Die Genitaluntersuchung in Narkose ergab: Prolaps der vorderen Scheidenwand, Descensus uteri mit elongatio und Hypertrophia cervicis. Corpus uteri retrovertiert und etwas vergrößert.

Hinter dem Uterus fühlt man einen zystischen Tumor, der fast das kleine Becken ausfüllt und völlig unbeweglich ist. Das Rektum verläuft schräg nach rechts. Von links her fühlt man per rectum den erwähnten festsitzenden Tumor sich verwölben. Das Rektum liegt fast ganz vor dem Tumor. Ovarien nicht deutlich als solche fühlbar. Eine bestimmte Diagnose konnte auf Grund der Untersuchung nicht gestellt werden. Es wurde die Möglichkeit eines retroperitonealen resp. retrorektalen Ovarialtumors diskutiert. Die unter Lumbalanästhesie ausgeführte Operation ergab folgendes: Nach Eröffnung der Bauchhöhle kommt man zuerst auf die sehr hypertrophische Harnblase, die bis zur Mitte zwischen Symphyse und Nabel heraufreicht. Von obenher kommt man auf einen etwa mannskopfgroßen, prall elastischen, dunkelblau gefärbten Tumor, der bis tief in das kleine Becken reicht und hier an der vorderen Wand des Kreuzbeins festsitzt. Das parietale Blatt des Peritoneums, das den Tumor vorn und oben überzieht, wird gespalten und abgeschoben. Das nach rechts vorn durch den Tumor dislozierte Rektum wird ohne Mühe abgeschoben. Beim Versuch, den Tumor stumpf herauszuschälen, platzt er und es ergießt sich eine wasserklare, dünnflüssige Flüssigkeit. Die Zyste wird stumpf weiter abgelöst. Eine vermeintliche kleine Stielverbindung wird unterbunden und durchtrennt. Nach Stillung der Blutung und Entfernung der Flüssigkeit aus der Bauchhöhle, soweit als möglich, wird der Uterus nach der Methode Olshausens ventrofixiert. Schluß der Bauchhöhle usw.

Die Patientin ging am siebenten Tage nach der Operation unter dem Bilde zunehmender Herzschwäche zugrunde. Sofort im Anschluß an die Operation tauchte die Vermutungsdiagnose: Spina bifida anterior auf. Diese Vermutung wurde durch die Sektion bestätigt: Spina bifida lumbosakralis anterior. Ich gehe auf das ausführliche Sektionsprotokoll hier nicht näher ein, da der Fall anderweitig publiziert werden wird.

Der Inhalt einer Spina bifida ist nach dem oben Gesagten ein durchaus verschiedener, je nachdem es sich um eine Hydrorrachis interna oder externa handelt. Das muß ganz besonders scharf für die Therapie auseinandergehalten werden.

Da man nie weiß, um welche der beiden Formen es sich handelt, so ist natürlich ein einfaches Abbinden des Bruchsackes durchaus kontraindiziert. Zwischen der Bruchhöhle und dem Wirbelkanal besteht entweder eine mehr oder minder enge Kommunikation, oder aber die Verbindung zwischen beiden ist obliteriert, was naturgemäß für die Therapie sehr günstig ist.

Die Spina bifida gehört zu den nicht ganz seltenen Mißbildungen. Nach Chaussier kommt eine Spina bifida auf 1000 Kinder, nach Demme auf 630 ein Fall (Biedert-Fischl, S. 550).

Die Ätiologie derartiger Hemmungsmißbildungen liegt in frühzeitigen Störungen der embryonalen Entwicklung, Agenesie und Hypoplasie der Rückenwülste, welche die Wirbelrinne der Wirbelbögen herstellen sollen (Ziegler, S. 539).

Ob der Wirbelbogendefekt das Primäre ist oder ob er erst sekundär infolge Vermehrung des flüssigen Inhalts im Wirbelkanal verursacht ist, wie Ahlfeld meint, darüber gehen die Ansichten noch auseinander. Nach Leser sind beide Entstehungsarten möglich.

Die Prognose dieses Leidens ist nicht günstig. Die mit Spina bifida geborenen Kinder sind meist nicht lebensfähig. In zahlreichen Fällen werden die damit behafteten Kinder tot geboren, oder aber sie sterben sehr bald nach der Geburt. Bleiben sie am Leben, so beobachtet man gewöhnlich ein langsames Wachstum der Geschwulst und infolgedessen Druckerscheinungen, besonders im Bereich des Rückenmarks und der Cauda equina. Es entwickeln sich Lähmungen, Anästhesien, Blasen- und Mastdarmstörungen, Decubitus. Noch häufiger tritt eine Ruptur des Sackes ein oder Entzündung der Wandungen mit folgender tödlicher eitriger Meningitis. Der günstigste Ausgang bei der Ruptur des Sackes ist dauernde Fistelbildung. Ganz selten hat man eine Spontanheilung auf entzündlichem Wege durch Obliteration und narbige Schrumpfung des Sackes beobachtet. Nach Biedert starben von 32 Fällen von Spina bifida 25 in den ersten Wochen nach der Geburt. Infolge der schlechten Prognose dieses Leidens ist man, besonders in neuerer Zeit, darangegangen, eine Heilung auf verschiedenen Wegen, hauptsächlich durch die Operation, herbeizuführen. In der Tat sind auf operativem Wege mehrfach Heilungen herbeigeführt worden. Doch muß hervorgehoben werden, daß auch nach gut gelungener Operation die meisten Kinder an zunehmendem Hydrokephalus zugrunde gehen. Meist ist in diesen Fällen eben die Hydrokephalie das primäre Leiden. Die Heilung gelingt am sichersten, wenn der Verbindungsgang zwischen Bruchhöhle und Wirbelkanal ganz obliteriert oder wenigstens sehr eng ist. Bei Myelozelen, wo also auch die Rückenmarksubstanz an der Bildung der Bruchsackwand beteiligt ist, ist die Prognose schlecht.

Die Behandlung muß darauf hinausgehen, den Bruchinhalt zu entleeren und dann den Bruchsack zur Obliteration zu bringen (Leser, S. 762). Das, was man damit erreichen kann, ist unter günstigen Bedingungen die Verhinderung einer Zunahme der Geschwulst. Bei abgeschlossenen Meningozelen und solchen mit enger Kommunikation empfiehlt sich die Punktion und nachfolgende Injektion einer irritativen Flüssigkeit, z. B. $\frac{1}{2}$—1 g Jodtinktur. Dabei hält man, wenn irgend möglich, eine etwa vorhandene Öffnung in der Wirbelsäule durch Fingerdruck geschlossen. Am Schluß des Eingriffs appliziert man einen Kompressionsverband. Diesen Eingriff muß man eventuell wiederholen, um die definitive Obliteration und Schrumpfung des Sackes herbeizuführen. Wenn der Eingriff jedoch, wie leider sehr häufig, nicht zum Ziel führt, so soll man bei Meningozelen unter dem Schutze peinlichster Asepsis die Inzision des Bruchsackes machen, die überschüssigen Wandungen exzidieren und den Verschluß durch Naht versuchen. Ich sah vor kurzem bei einer etwa 25 jährigen Patientin, bei der ich zur ersten Geburt gerufen wurde, in der Gegend der Lendenwirbelsäule eine etwa 10 cm lange Narbe, die von der Operation einer Spina bifida herrührte. Die Narbe war vollkommen fest. Irgendwelche Störungen, Lähmungen, Anästhesien u. a. waren nicht vorhanden. Das Becken war um etwa 1—2 cm im geraden Durchmesser des Beckeneingangs verengt.

Ob die bei der Geburt vorhandene ausgesprochene primäre Wehenschwäche mit der Spina bifida in Zusammenhang steht, wage ich nicht zu behaupten.

Schirmer berichtet aus der Greifswalder chir. Klinik über zwei Fälle von Spina bifida, bei denen nach Eröffnung und Exstirpation des Sackes durch Implantation einer Knochenlamelle mit Periost in den Defekt des Wirbelkanals dauernde Heilung erzielt wurde.

Cragin berichtet über drei operativ behandelte Fälle von Spina bifida. Im ersten Fall Heilung durch die Operation, der zweite starb an Marasmus nach der Operation, im dritten Falle handelte es sich um eine enorm große Spina bifida, welche während der Geburt rupturierte; dadurch wurde ein derartig starker Blutverlust hervorgerufen, daß der Arzt Jodoformtamponade anwenden mußte. Heilung durch Operation fünf Tage nach der Geburt.

Herman berichtet über die Heilung einer mannskopfgroßen Spina bifida (Meningo-Myelozele). Das betreffende Mädchen war am Tage vor der Operation geboren. Umschneidung der Geschwulst in der gesunden Haut, Abtragung unter Durchtrennung zahlreicher Nervenfäden, welche in den Kanal reponiert werden mußten. Verschluß der Arachnoidea. Ablösung zweier dünner Knochenplatten der der Öffnung benachbarten Lendenwirbel, Deckung der Defekte durch sie. Naht in der Mitte durch Silkworm. Bildung zweier Sehnen-Muskellappen, mit denen die Knochennaht gedeckt wird. Hautnaht. Eine am dritten Tage post operationem auftretende Fistel schließt sich spontan nach einem Monat. Ich kann auf weitere kasuistische Fälle hier nicht näher eingehen und verweise auf die chirurgische und gynäkologische Literatur. Es sei nur noch erwähnt, daß die von C. Keller empfohlene Abbindung der „dünngestielten" Spina bifida nach den obigen Ausführungen als durchaus irrationell, ja direkt falsch bezeichnet werden muß, da man, wie bereits angedeutet, wichtige Nervenbahnen z. B. der Cauda equina dabei gleichzeitig mit entfernen kann.

Nach Biedert (S. 551) ist durch die operative Behandlung die Mortalität der Mißbildung auf 30 Proz. herabgesetzt.

In der Göttinger Frauenklinik operierten wir kürzlich ein Kind mit Spina bifida sacralis, die etwa kleinapfelgroß war. Der nach der Geburt in Schädellage guterhaltene Sack rupturierte bald darauf. Bei der einige Stunden nach der Geburt vorgenommenen Operation wurde die überschüssige Haut des Bruchsackes abgetragen unter Schonung der darunter verlaufenden und teilweise an der Wand festgelöteten Nervenstränge der Cauda equina. Sodann wurde mit Silberdraht und Katgutsuturen die gesunde Haut von beiden Seiten zusammengezogen und vereinigt. Die Temperatur war in den ersten vierzehn Tagen nach der Operation vollkommen normal, das Kind trank gut an der Mutterbrust. Jedoch bestand in den ersten Tagen nach der Operation eine vollkommene Anästhesie und fast vollkommene Unbeweglichkeit der Beine. Das Kind lag in dieser Zeit stets mit ausgestreckten Beinen da. Der Stuhl floß fast permanent aus dem After (incontinentia alvi). Außerdem trat schon in den nächsten Tagen nach der Operation ein akuter Hydrokephalus auf. Die Hinterhauptsnaht klaffte $\frac{1}{2}$ cm und zwischen den Stirnnähten trat eine bucklige

Vorwölbung auf. Das Kind wurde täglich zehn Minuten lang mit dem faradischen Strom behandelt. Die Erscheinungen von Hydrokephalus gingen sehr bald wieder zurück, auch die Unbeweglichkeit der Beine besserte sich. Auffallend blieb die geringe Reaktion gegen starke faradische Ströme. Am elften Tage nach der Operation zeigten sich Haut und Narbe gerötet. Das Befinden des Kindes verschlechterte sich in den nächsten Tagen zusehends, indem es einen schlaffen Eindruck machte und nicht trank. Am achtzehnten Tage nach der Operation stieg die Temperatur auf 39,2 Grad. Unter weiteren Temperatursteigerungen erfolgte am zwanzigsten Tage nach der Operation der Exitus. Die Sektion ergab außer einer eitrigen Meningitis, die sich bis auf die Gehirnbasis fortsetzte, noch eine rechtsseitige, eitrige, aszendierende Pyelonephritis, deren Alter auf mindestens vierzehn Tage von dem Obduzenten geschätzt wurde, außerdem eine starke Hypertrophie der Blasenwand.

Bei der Geburt werden Kinder selbst mit großen Spina bifida-Säcken gewöhnlich spontan geboren, da die Säcke auch bei großem Umfange meist sehr nachgiebig, schlaff sind. Oder aber der Sack platzt bei der Austreibung des Kindes spontan. In mehreren Fällen kam es jedoch, wenn auch vorübergehend, zu einer Geburtsstörung. Auffallend ist es, daß die Kinder, trotz Verlegung des Körperschwerpunktes nach unten, doch in Schädellage geboren werden. Der Grund ist wohl sehr einfach der, daß Steiß und Spina bifida zusammen im unteren Utrinsegment nicht genügend Platz haben (v. Winckel). Diagnostisch sind unter der Geburt mehrfach Irrtümer vorgekommen, so wurde der Sack z. B. für die gespannte Blase gehalten. Indessen wird man hier den Kindesteil in der Blase vermissen. Ferner bewegt sich die Geschwulst bei äußerer Verschiebung der Frucht mit, was die Eihäute nicht tun. Auch fühlt man die äußere Umhüllung der fraglichen Geschwulst in die Haut des Kindes übergehen. Die Geschwulst liegt auch nicht so konzentrisch in den Geburtswegen vor, wie die Fruchtblase und schließlich bleibt die Konsistenz der Geschwulst in und außer den Wehen die gleiche (Spiegelberg, S. 541). Vor der Verwechselung der Spina bifida mit einem hydrokephalischen oder mazerierten Schädel schützt man sich durch den Nachweis des Haarmangels. Doch ist dazu zu bemerken, daß auch beim Hydrokephalus die Haarentwicklung infolge trophischer Störungen meist außerordentlich mangelhaft ist (vergl. S. 50). Schließlich sind Verwechselungen mit Doppelmißbildungen und den verschiedensten anderweitigen Mißbildungen, sowie besonders mit Tumoren, die am Kindskörper vorkommen, nicht unmöglich (Teratome am Steiß, Tumoren der Wirbelsäule). Um sich hier möglichst vor gröberen Irrtümern zu schützen, geht man bei Stockungen in der Austreibung des Kindes am besten mit der ganzen oder halben Hand, event. in Narkose ein. Da, wie oben näher ausgeführt, in neuerer Zeit mehrfach Kinder mit Spina bifida cystica mit bleibendem Erfolg operiert sind, so gehe man bei der Beseitigung von dadurch bedingten Geburtshindernissen nicht allzu brüsk vor (zerstückelnde Operationen). In manchen Fällen wird man allerdings ohne Punktion nicht auskommen. In mehreren Fällen konnte die Geburtsstockung dadurch aufgehoben werden, daß man die Spina bifida durch Drehung der Frucht in die geräumige Kreuzbeinhöhle brachte. Bei Steißlagen soll man aus dieser Erwägung heraus die Schenkel herabschlagen, um diese Drehung bewirken resp. begünstigen zu können.

Literatur.

Walterhöfer, Diss. München 1905. — Kroner und Marchand, Arch. f. Gynäk. 17. S. 444. — v. Neugebauer, Poln. Monatsschr. f. Gynäk. u. Geburtsh., 1. Jahrg., H. 3—5. — Derselbe, Beitr. z. Geburtsh. u. Gynäk. 9. H. 2. — Nieberding, Meningocele sacralis ant., Münchner med. Wochenschr. 1904, S. 1384. — Biedert-Fischl, Lehrb. d. Kinderkrankheiten. Stuttgart 1902, Enke. — Ziegler, Allgem. Pathologie, 1905. — Ahlfeld, Die Mißbildungen des Menschen. Leipzig 1880, Grunow. 2. S. 292 ff. — Leser, Spez. Chirurgie. Jena 1900, Fischer. — Spiegelberg, Lehrb. d. Geburtsh. 1891. — Schirmer. Diss. Greifswald 1902. — Cragin, Gynäk. Gesellsch. New York 1903, ref. Zentralbl. f. Gynäk. 1904, S. 1147. — Herman, Journ. de chir. et ann. de la soc. belge de chir. 1905, No. 8, ref. Zentralbl. f. Gynäk. 1906, S. 1389. — C. Keller, Die Krankheiten der ersten Lebenstage. Deutsche Klinik. 7. — Kaufmann, Spez. Pathologie. — Schmaus, Grundriß der pathol. Anatomie, 1898. — Tillmanns, Lehrb. d. spez. Chirurgie. Leipzig 1897, Veit & Comp. — Küstner in Müllers Handb. d. Geburtsh. — Kleinhans in v. Winckels Handb. d. Geburtsh. 2. 3. T. S. 1680 ff. — Baginsky, Lehrb. d. Kinderkrankh. Braunschweig 1899, Wreden. — Strümpell, spez. Pathologie u. Therapie innerer Krankheiten. Leipzig 1897, Vogel. — Hohl, Die Geburten mißgestalteter usw. Kinder. Halle 1850. — Schauta, Die Beckenanomalien in Müllers Handb. d. Geburtsh. 2. S. 331 ff. — Bürger, Geb.-gynäk. Gesellsch. in Wien 15, XII, 1903. Ref. im Zentralbl. f. Gynäk. 1904, S. 621.

Die mangelhafte Ausbildung der Schädeldecke und die damit verbundenen Störungen der Hirnentwicklung.

Akranie, Hemikranie, Kranioschisis, Mikrokephalie, Anenkephalie, Exenkephalie, Kephalozele.

Diese Mißbildungen kommen seltener für sich allein, als miteinander kombiniert vor.

Bei der Akranie fehlt das knöcherne und häutige Schädeldach mehr oder minder vollständig und die Schädelbasis ist nur mit einem häutigen, blutreichen Gebilde bedeckt.

Hemikranie ist ein etwas geringerer Grad der Akranie, ebenso die Kranioschisis, wobei die Spaltung häufig auch auf die Wirbelbögen übergreift (Kraniorachischisis). Dabei ist die Wirbelsäule meist auch verkürzt und verkrümmt, wodurch der Kopf nach hinten gezogen und das Gesicht nach oben gekehrt ist (siehe unter Hemikephalie).

Bei der Mikrokephalie kommen die im Wachstum zurückbleibenden Schädelknochen zur normalen Vereinigung.

Die Akranie, Hemikranie und Kranioschisis resp. Kraniorachischisis sind meist mit Mangel des ganzen Gehirns verbunden: totale Anenkephalie. Die Schädelbasis ist dann nur mit einer schwammigen, blutreichen, granulationsähnlichen Masse bedeckt. In anderen Fällen sind durch den Spalt im Schädeldach Teile des Gehirns, ja sogar das ganze Gehirn hindurchgetreten und nach außen verlagert: Exenkephalie, wobei die Gehirnteile entweder nur von den weichen Gehirnhäuten, seltener von der äußeren Haut bedeckt sind.

Die Mikrenkephalie findet sich bei der Mikrokephalie, d. h. das Gehirn ist sehr klein und häufig auch mangelhaft entwickelt. Doch kann sich Mikrokephalie auch aus Hydrokephalie entwickeln. Ahlfeld macht darauf aufmerksam, daß bei dieser Hydromikrokephalie die deutlichen Zeichen einer abnormen Wasseransammlung in der Schädelhöhle vorhanden sind. Diese hat in früher embryonaler Zeit ein Hindernis für die Entwicklung des Gehirns abgegeben, dann aber durch Resorption oder Abfluß sich wieder vermindert und nicht zum Hydrokephalus, sondern zum Hydromikrokephalus geführt.

Ist das Schädeldach im großen und ganzen verschlossen, sind aber noch partielle Defekte vorhanden, so können sich an diesen Stellen die Hirnhäute oder auch Teile des Gehirns in Form eines herniösen Sackes vorstülpen: Hernia cerebri, Kephalozele.

Daß Kinder mit Akranie, Kranioschisis und gleichzeitiger Anenkephalie nicht lebensfähig sind, bedarf keiner weiteren Erörterungen. Ausnahmsweise haben sie mehrere Tage gelebt (siehe unten).

Bei der Mikrokephalie hat man auf die Empfehlung von Lannelongue hin (Leser, S. 5) versucht, durch Exzision von Knochenstreifen: Kraniektomie, Erfolge zu erzielen. Nach Tillmanns darf man die Erwartungen jedoch nicht zu hoch stellen, da es sich bei der Mikrokephalie ja in den meisten Fällen um angeborene Mißbildungen des Gehirns handele. Nach demselben Autor soll man die Kraniektomie auf die seltenen Fälle beschränken, wo die Mikrokephalie die Folge vorzeitigen Naht- und Fontanellenverschlusses war.

Eine besondere Bedeutung haben für den Geburtshelfer die Hemikranie und die Hernia cerebri.

Die Hemikranie oder, wie sie von den Geburtshelfern auch noch genannt wird, Anenkephalus, Hemikephalus, Kranioschisis, Kraniorachischisis, Akranius, Froschkopf, Krötenkopf, Katzenkopf[1]), ist keine seltene

Abb. 9. Hemikephalus.
(Präparat aus der Sammlung der Göttinger Frauenklinik.)

---

[1]) Die Ausdrücke werden meist synonym gebraucht, obwohl sie, streng genommen, nicht immer dasselbe bedeuten.

Mißbildung. Allerdings ist sie von Kleinhaus in der Prager Klinik in zwölf Jahren nur dreimal zur Beobachtung gekommen. In der Göttinger Frauenklinik ist sie unter 3700 Geburten dreimal vorgekommen, in der geb. Poliklinik neunmal. Davon sah ich sie selbst in den letzten zwei Jahren unter 200 poliklinischen Geburten zweimal. Küstner sah eine Frau, die dreimal von einem Hemikephalus entbunden war.

Bei dieser Mißbildung fehlt fast das ganze Schädeldach und gleichzeitig auch stets fast das ganze Gehirn. In vielen Fällen setzt sich die abnorme Spaltung auf die Wirbelbogen fort, zuweilen herunter bis in die Lendenwirbelsäulengegend. Dabei besteht dann auch totale oder partielle Amyelie und Adermie im Bereich der ganzen Mißbildung. Seltener ist das Rückenmark erhalten, aber plattgedrückt an die vordere Wirbelwand. An Stelle des Gehirns resp. Rückenmarks beobachtet man im Bereich der Wirbelspaltung eine dünne weißliche Membran, an Stelle des Gehirns die schon erwähnte, granulationsgewebeähnliche, blutreiche, dunkelblaurot gefärbte Masse. Die Hirnnerven sind meist vorhanden. Im Sehnerven und in der Netzhaut fehlen die Nervenfasern. Der Gesichtsschädel ist fast stets gut erhalten. Der Schädeldefekt ist meist mit Haaren kranzartig eingefaßt. Die Augen treten infolge mangelhafter Entwicklung der Stirn resp. der oberen Orbitalwand stark hervor (Glotzaugen), der Hals ist auffallend kurz, so daß er den Schultern direkt aufzusitzen scheint. Ebenso sitzen die Ohren auffallend dicht über den Schultern. Der Kopf ist, wie bereits angedeutet, mehr oder minder stark nach hinten zu gebogen, in den Nacken geschlagen. Indem sich die Zunge häufig zwischen den Kieferrändern nach vorn schiebt, wird der widerliche Anblick derartiger Mißbildungen noch ver-

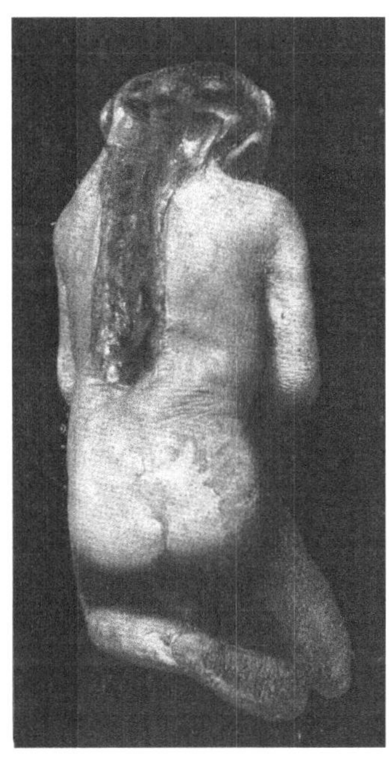

Abb. 9. Hemikephalus
mit Spaltung der Wirbelsäule.
(Präparat aus der
Sammlung der Göttinger Frauenklinik.)

mehrt. Neben der Anenkephalie sind häufig auch noch andere Mißbildungen gleichzeitig vorhanden, Nabelschnurbruch, Hasenscharte, Wolfsrachen usw.

Über die Entstehung des Anenkephalus gehen die Ansichten erheblich auseinander. v. Winckel, Ahlfeld u. a. lassen den Hemikephalus durch frühzeitige (um die vierte Woche) Ruptur eines hochgradigen Hydrokephalus entstehen.

Dareste und Perls (siehe S. 3) sehen die Ursache in einem von außen auf den Schädel wirkenden Druck, welcher durch die Kopfkappe des Amnion ausgeübt wird, das der Kopfbeuge dicht anliegt und die Ausbildung des Schädeldaches verhindern soll. Außer der Entstehung des Hemikephalus durch zerebrale Hydropsie, die nach Ahlfeld, wie bereits erwähnt, die häufigste Ursache für den Hemikephalus bildet, ist es nach demselben Autor auch noch möglich, daß durch amniotische Verwachsung ab und zu eine typische Akranie entsteht. Dabei denkt Ahlfeld sich den Vorgang so, daß durch Anheftung des häutigen Schädels an die innere Eiwand eine Zerrung und Vergrößerung der Schädelhöhle erfolgte, die eine stärkere Ansammlung von Zerebralflüssigkeit zur Folge hat (sekundäre Schädelhydropsie) und die schließlich ebenfalls zur Ruptur des Schädeldaches führt (Ahlfeld, Mißbildungen, S. 291).

Lebedeff nimmt eine Bildungshemmung des Medullarrohres in früher Embryonalzeit an.

Die Hemikephalen sind nach den obigen Ausführungen nicht lebensfähig. Sie werden entweder mazeriert oder frischtot geboren, oder aber gehen sehr bald nach der Geburt zugrunde. Küstner, Wichura, Arnold, Sternberg und Latzko sahen einen Hemikephalus mehrere Tage am Leben bleiben. Das ist nur dann möglich, wenn der Schädel- und besonders Gehirndefekt nicht allzu groß ist.

In der Schwangerschaft wird nicht selten bei derartigen Mißbildungen Hydramnion beobachtet (vgl. S. 4). Sind Zwillinge sicher auszuschließen, so muß man an Mißbildung denken und speziell an Hemikephalus, wenn die betr. Frau schon einmal eine derartige Frucht ausgestoßen hatte.

Im übrigen wird man durch die äußere Untersuchung nicht viel herausbekommen. Wenn es Ahlfeld einmal gelungen ist, bei einem Hemikephalus in Beckenendlage den Mangel des Schädeldaches durch die Bauchdecken hindurch nachzuweisen, so ist das nur ausnahmsweise unter günstigen Verhältnissen möglich, wenig Fruchtwasser, schlaffe Bauch- und Uteruswandungen.

Die Diagnose der Mißbildung bei der Geburt läßt sich bei der inneren Untersuchung so gut wie sicher stellen, wenn der Hemikephalus in Schädellage liegt. Ein charakteristischer Befund ist die meist scharfe Knochengrenze dicht über den vorspringenden Augen. In den meisten Fällen gelingt es ferner, den Türkensattel und den Anfang des Klivus zu tasten. Ahlfeld konnte in einem Falle die Diagnose durch die Palpation des Foramen magnum stellen. Negri und Viana wiesen ferner auf ein sehr interessantes und als pathognomonisch zu betrachtendes Symptom der Anenkephalie hin, das im wesentlichen darin besteht, daß ein auf die Schädelbasis ausgeübter Druck lebhafte Bewegungen beim Fötus auslöst.

Der Hemikephalus stellt sich am häufigsten mit dem Kopfende zur Geburt ein. Nach einer Statistik von Hohl handelte es sich bei 29 Fällen von Hemikephalus fünfzehnmal um Kopflage, siebenmal um Fußlage, sechsmal „fehlerhafte Lage", einmal war Placenta praevia vorhanden. Unter den Kopflagen waren vier Gesichtslagen. In der Mehrzahl der Fälle richtet sich die Geburtseinstellung des Kopfes nach der Art der Mißbildung. Ist dieselbe nur am Kopf vorhanden, fehlt sie dagegen an der Hals- und Brustwirbelsäule, so steht der Kopf in der gewöhnlichen Mittelstellung auf der Halswirbelsäule, und zwar wegen des kurzen, fast kaum vorhandenen Halses ziemlich unbeweglich, in der Mitte zwischen Beuge- und Streckstellung. Während der Geburt präsentiert sich dann dem touchierenden Finger die äußerst charakteristische Schädelbasis (vgl. Küstner, S. 672 u. f.). Besteht aber gleichzeitig auch ein Defekt im Bereich des oberen Teils der Wirbelsäule, so ist die Folge des Defektes eine Verkürzung der hinteren Nackenpartien in der Längsrichtung (Inienkephalus). Unter der Geburt stellt sich dann der Kopf in Gesichtslage ein. Als „Schnauzengeburt" bezeichnet Ahlfeld eine Einstellung des Gesichts, die dann eintreten soll, wenn nur

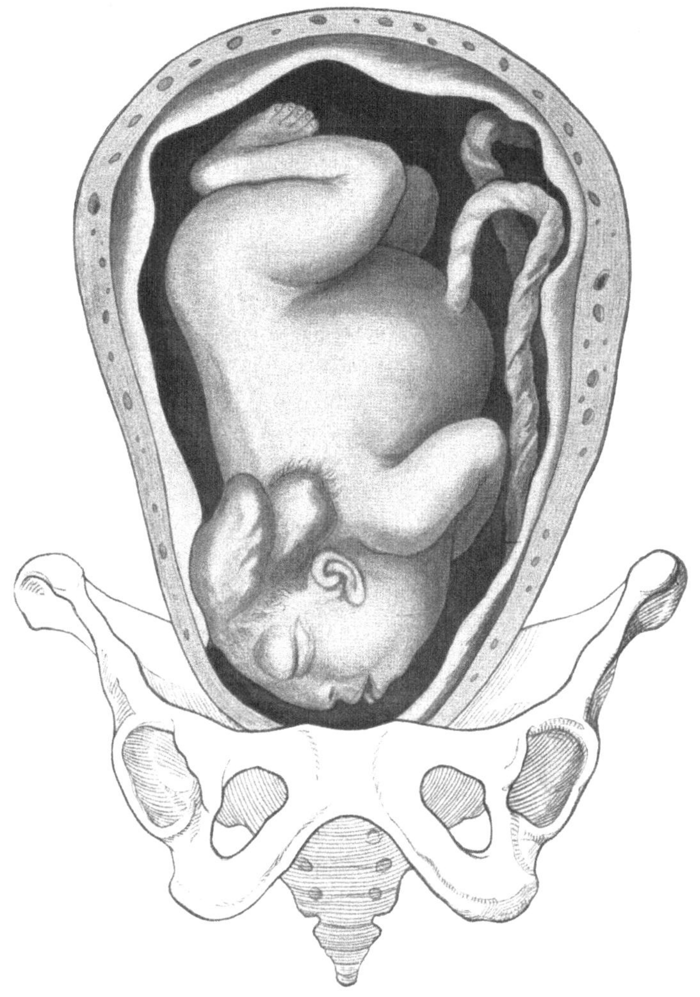

Abb. 11. Hemikephalus in Gesichtslage.
(Nach Küstner, vgl. Runge, Lehrbuch der Geburtshilfe.)

ein geringer Grad von Hemikephalie vorhanden, die Wirbelsäule nicht gespalten ist und die Schädelbasis beweglich auf der Wirbelsäule artikuliert, so daß die dabei nötige übermäßige Streckstellung des Kopfes ermöglicht wird. Es ist das also eine Haltung, wie sie bei der normalen Haltung der Säugetierjungen beobachtet wird. Küstner hält eine derartige Übernahme von Wortbildungen aus der Veterinärgeburtshilfe für nicht berechtigt.

Bei nicht zu großen Hemikephalen ist ferner die gleichzeitige Einstellung von Schulter und Schädelbasis beobachtet (siehe unten einen von mir beobachteten Fall).

In nicht allzu seltenen Fällen gibt der Hemikephalus eine Ursache für Geburtsstörungen ab. Eine derartige Geburtsstörung kann z. B. eintreten, wenn der Kopf in stark zurückgebogener Haltung fest dem Rücken angefügt ist, also beim obenerwähnten Inienkephalus. Ahlfeld bildet auf S. 418 seines Lehrbuches der Geburtshilfe einen derartigen Hemikephalus ab. Gewöhnlich handelt es sich jedoch bei den Geburtsstörungen um erschwerte Austreibung der Mißbildung infolge abnormer Entwicklung der Schulterbreite, wie sie gerade bei Hemikephalen neben der sonstigen übermäßig starken Körperentwicklung (8—10 Pfund) häufig beobachtet wird. Diese massige Körperentwicklung liegt nach einigen Autoren (vgl. Stumpf, S. 353) zum Teil an einer Verlängerung der Schwangerschaftsdauer der Hemikephalen, die dadurch hervorgerufen werden soll, daß der mangelhaft gebildete Schädel bei den Anenkephalen auf den Uterus erheblich geringere Reize ausübt, als sonst.

Entweder treten die Schultern überhaupt nicht in das Becken ein, oder aber sie keilen sich in der Beckenhöhle fest ein. Da der Schädel infolge seiner mangelhaften Entwicklung und Form als Angriffspunkt der Kraft (Forceps, manuelle Extraktion) meist nicht benutzt werden kann, so müssen die Extraktionsversuche an den Schultern vorgenommen werden. Bei der Kleinheit des Kopfes gelingt das wohl stets. Zu dem Zweck setzt man entweder einen oder mehrere Finger in die Schulterhöhle ein, oder aber man benutzt zur Extraktion einen stumpfen Haken, der in die Schulterhöhle eingesetzt wird. Gelingt die Extraktion so nicht, so kann man den hinteren Arm herunterholen und an diesem extrahieren, wodurch gleichzeitig der Schulterumfang verringert wird. Als letzte Maßnahme bliebe die ein- oder doppelseitige Durchschneidung der Schlüsselbeine, die Kleidotomie (v. Herff) übrig. Um diese Störungen zu vermeiden, empfiehlt Spiegelberg (S. 544) bei Kopflagen und zögerndem Vorrücken die Wendung zu machen und an den Füßen zu extrahieren, ein Vorschlag, der natürlich nur dann befolgt werden kann, wenn die Schultern noch nicht im Becken fest eingekeilt sind. Für diese Fälle wendet auch Spiegelberg die erwähnten Methoden an, falls die Kranioklasie mißlingt, was wohl immer dann der Fall sein wird, wenn man nicht den geschlossenen Arm des Kranioklasten in den Mund des Hemikephalus führt und den gefensterten Arm auf das Schädeldach legt (Fritsch, S. 371). Die Wendung empfehlen u. a. auch Olshausen und Veit.

Über die vitalen Reaktionen der Hemikephalen hat Marie Ode Henri de Fleurian ausführliche Mitteilungen gemacht. Danach ist der Anenkephalus ein Wesen, bei welchem man alle die verschiedenen biologischen Manifestationen beobachten kann, die das normale neugeborene Kind aufweist. Diese vitalen Reaktionen sind jedoch fast immer von einem gänzlichen Fehlen des Gehirns begleitet. Infolgedessen fehlen auch die die Bewegung vermittelnden Zentren; manchmal fehlt auch das Kleinhirn. Nur der Bulbus der Varolsbrücke und das Mark sind fast normal. Bei letzterem fehlen jedoch auch noch sehr häufig die Pyramidenbahnen. Es scheint, daß alle die beobachteten vitalen Manifestationen, aus was sie immer auch bestehen, nichts anderes sind, als einfache bulbo-spinale Reflexe. Sehr interessante Versuche konnte Arnold an einem Hemikephalus machen, der drei Tage nach der Geburt gelebt hatte. Der Hemikephalus wog etwa $6^1/_2$ Pfund. Puls und Atmung waren normal. Beim Einführen des Fingers in den Mund wurden Saugbewegungen gemacht. Flüssigkeiten wurden getrunken, Urin- und Stuhlentleerung waren normal. Das Kind schrie selten, wimmerte aber sehr viel.

Die von spezialistischer Seite vorgenommene neurologische Untersuchung ergab in erster Linie ausgesprochene Reflexerregbarkeit. Mechanische und elektrische Reizversuche der Gehirnoberfläche ergaben folgendes: Reizt man durch leichtes Betupfen mit einem stumpfen Stift die Partie über der Lamina cribosa, so treten lebhafte konvulsivische Zuckungen am ganzen Körper auf, weniger lebhaft reagieren die etwas rückwärts gelegenen Teile. (Über die Reizung anderer motorischer Zentren siehe die Ausführungen und Abbildungen bei Arnold.) Aus den Untersuchungen Arnolds geht die interessante Tatsache hervor, daß Gehirnteile sich leitfähig, funktionierend gezeigt haben, die bei der anatomisch (histologischen) Untersuchung nichts von normaler Nervensubstanz erkennen ließen. Arnold sagt selbst: ich gestehe offen, daß ich mir nach den Ergebnissen der elektrischen Untersuchung über die Organisation des Großhirns eine andere Vorstellung gemacht hatte.

Einen weiteren Fall von Hemikephalus haben Sternberg und Latzko auf die physiologischen Funktionen untersucht. Das Kind schrie kräftig, der Saugreflex war vorhanden. Trotzdem die Pyramidenbahnen fehlten, waren koordinierte Bewegungen der Extremitäten vorhanden. Reflexe, besonders der Greifreflex, waren vorhanden. Doch fehlten Abwehrbewegungen. An den Augen wurde Lidschluß, aber keine Bewegungen der Bulbi beobachtet. Die Pupillen reagierten nicht. Die Temperatur war immer etwas subnormal.

In der Göttinger Frauenklinik wurden in den letzten 20 Jahren zwölf Anenkephalen in der Klinik und geburtshilflichen Poliklink beobachtet, drei in der Klinik und neun in der Poliklinik. Bei fünf Fällen verlief die Geburt in Schädellage, bei drei Fällen in Gesichtslage, bei zwei Fällen in Fußlage, bei einem in Querlage, einmal traten Kopf und Schultern gleichzeitig ins Becken ein und wurden auch zusammen geboren. Sechsmal ist Hydramnion notiert. Einmal wurden 6 Liter, einmal sogar 10 Liter Flüssigkeit bestimmt. Neunmal lebten die Hemikephalen kürzere oder längere Zeit. In einem Falle 24 Stunden. In zwei Fällen war der Hemikephalus frischtot, einmal mazeriert. Die Frauen waren zur Hälfte Erstgebärende, zur Hälfte Mehrgebärende. Merkwürdigerweise hatten die Hebammen irrtümlich mehrmals Fußlage gemeldet bei vorliegendem Anenkephalus. Einmal ist notiert, daß bei kräftigem Herzschlage und Bewegungen der Beine eine auffallende Steifigkeit im ganzen Körper vorhanden war.

Über die klinische Bedeutung der übrigen, im Eingang dieses Kapitels erwähnten Mißbildungen ist nichts Besonderes hervorzuheben. Bei Exenkephalie kann das verlagerte Gehirn bei Schädellagen unter Umständen einmal mit Plazentargewebe verwechselt werden.

Literatur.

Ahlfeld, Mißbildungen. — Ahlfeld, Lehrb. d. Geburtsh. — Lannelongue, zit. bei Leser, Spez. Chir. S. 5. — Tillmanns, Lehrb. d. spez. Chir. — Küstner in Müllers Handb. d. Geburtsh. — Kleinhans in v. Winckels Handb. d. Geburtsh. — v. Winckel, Lehrb. d. Geburtsh. 2. Aufl. 1893. — Dareste, s. früher, Lit.-Ang. S. 11. — Perls, Lehrb. d. allg. Ätiologie usw. Stuttgart 1879. — Lebedeff, s. Lit.-Ang. S. 11. — Wichura, Jahrb. f. Kinderheilk. 1902, S. 131. — Negri und Viana, ref. i. Zentralbl. f. Gynäk. 1907 S. 974 — Hohl, s. Lit. S. 11. — Spiegelberg, Lehrb. d. Geburtsh. S. 544. — Fritsch, Lehrb. d. Geburtsh. S. 371. — Olshausen-Veit, Lehrb. d. Geburtsh. — E. Schwalbe, s. Lit. S. 11. — Marie Ode Henri de Fleuria, Diss. Bordeaux 1903. — Arnold, Zieglers Beitr. 11. — Sternberg u. Latzko, Deutsch. Zeitschr. f. Nervenheilk. 24. — Stumpf in v. Winckels Handb. d. Geburtsh.

Hernia cerebri, Kephalozele, Myelozele, Enkephalozele, Meningozele usw.

Die Hernia cerebri entsteht, wenn Teile des Schädelinhalts in Form eines hernienartigen Sackes durch einen partiellen Defekt im sonst verschlossenen Schädeldach nach außen treten. Die Ursache liegt in den meisten Fällen in Ossifikationsdefekten oder lokal verringerter Resistenz der membranösen Schädelkapsel (Ziegler, S. 541). Es kann ferner der Schädelinhalt z. B. durch amniotische Verwachsungen, durch welche einzelne Partien des häutigen Schädels ausgebuchtet werden, hervorgezerrt werden. In anderen Fällen handelt es sich um einen Bildungsfehler der primären Hirnblase oder aber um neoplastische Vorgänge, wobei es gewissermaßen zur Bildung von Enkephalomen kommt (Tillmanns). Andere Fälle sind die Folge eines umschriebenen Hydrokephalus (vgl. den unten beschriebenen Fall aus der Göttinger Frauenklinik). Auch die Kombination von allgemeinem Hydrokephalus und Meningozele ist beobachtet. So berichtet Schultze (S. 208) über einen 19 jährigen

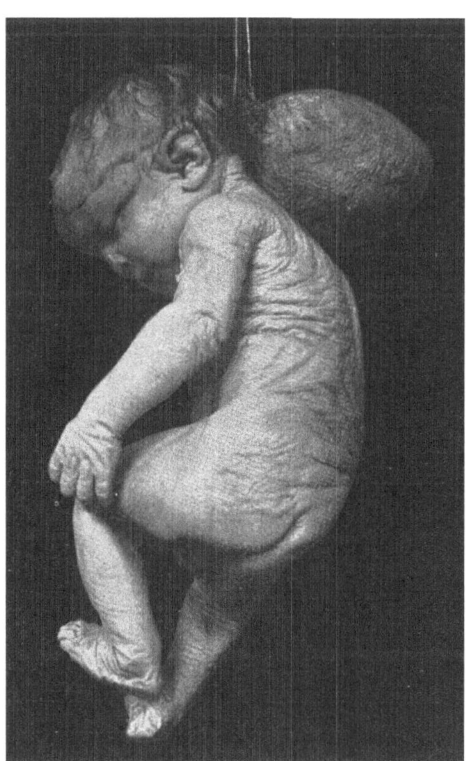

Abb. 12. Hernia cerebri occipitalis.
(Präparat aus der Sammlung der Göttinger Frauenklinik.)

Kaufmann, bei dem neben Hydrokephalus eine Meningocele occipitalis von Pflaumengröße vorhanden war. Der Patient zeigte eine befriedigende Intelligenz.

Die Größe der Hernie ist sehr wechselnd, von Erbsen- bis zu Kindskopfgröße.

Man spricht von Meningozele, wenn nur die Arachnoida und Pia durch Ansammlung von Flüssigkeit im Subarachnoidalraum ausgetreten sind. Bei der häufigeren Meningoenkephalozele findet man gleichzeitig Hirnmasse in der Hernia cerebri.

Die Enkephalozele ist eine Hernia cerebri, die nur aus Pia und echter Hirnmasse ohne Flüssigkeitsansammlung besteht. Bei der Hydroenkephalozele ist die in der Hernie liegende Hirnmasse selbst durch abnorme Flüssigkeitsmassen ausgedehnt. Die Hirnbrüche finden sich meist am Hinterkopf, dicht über dem Foramen magnum, Hernia occipitalis und an der Nasenwurzel in der Mittellinie, Hernia anterior, seltener finden sie sich in der Gegend der Seitenfontanellen, Hernia lateralis, an der Gehirnbasis, Hernia basalis (inferior), und schließlich in der Gegend der Pfeilnaht und großen Fontanelle, Hernia sagittalis (superior). Hier können sie mit Dermoiden, die häufig in der Gegend der Pfeilnaht resp. der großen Fontanelle sitzen, verwechselt werden. Sitzen sie an der Schädelbasis im Keilbein, so können sie unter Verdrängung des Gaumens nach vorn und unten sogar aus der Mundöffnung hervorragen und große diagnostische Schwierigkeiten bereiten, Hernia cerebri palatina.

Abb. 13. Hernia cerebri occipitalis.
(Präparat aus der Sammlung der Göttinger Frauenklinik.)

Die Hirnbrüche sind stets angeborene Mißbildungen. Es sind fluktuierende Geschwülste von, wie bereits erwähnt, verschiedener Größe. Je mehr Flüssigkeit in ihnen enthalten ist, desto durchscheinender sind sie bei durchfallendem Licht. Die Hautdecke ist entweder normal, oder

Birnbaum, Mißbildungen.   3

narbig verändert, oder abnorm verdünnt. Bei Insulten kann sie mit ihrer
Unterlage verwachsen. Meist findet sich an der Austrittsstelle der Hernie
ein Stiel. Oft kann man an den Geschwülsten die respiratorischen und
pulsatorischen Bewegungen des Gehirns beobachten. Sie treten besonders
gut beim Schreien der Kinder hervor. Durch Druck auf die Hernie und
dadurch bedingte Kompression des Inhaltes gelingt es meist, die bekannten
Symptome des Hirndrucks (Pulsverlangsamung, Erbrechen, unregelmäßige
Atmung, Zyanose, Krämpfe) hervorzurufen. Die in seltenen Fällen vor-

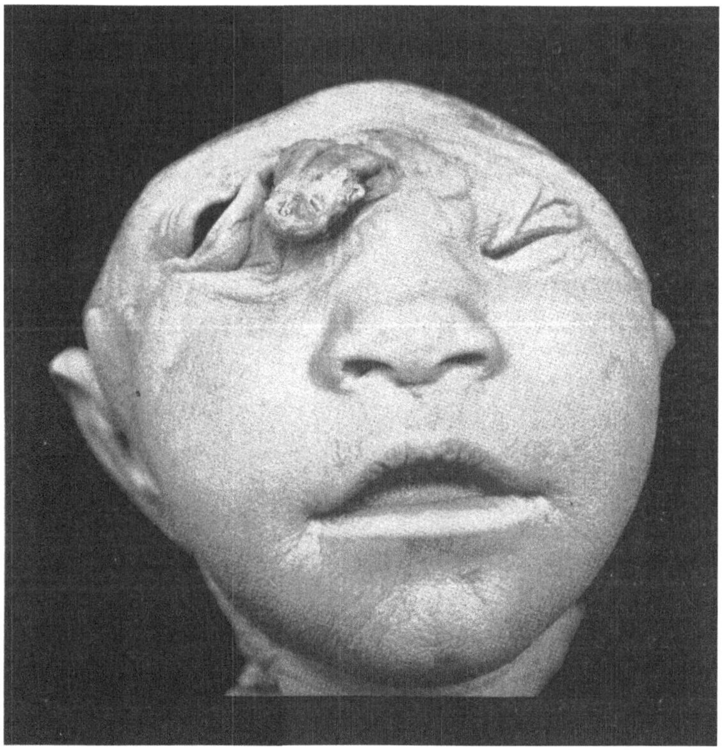

Abb. 14. Hernia cerebri anterior.
(Präparat aus der Sammlung der Göttinger Frauenklinik.)

handenen, völlig abgeschnürten Meningozelen können mit angeborenen
Zysten verwechselt werden.

Kinder mit großen Hirnbrüchen sind in den meisten Fällen nicht
lebensfähig, da große Teile des Gehirns mit verlagert sein können,
wodurch schwere zerebrale Erscheinungen, besonders Lähmungen, Kontrakturen, Idiotismus und Krämpfe hervorgerufen werden. Nur die
kleinen Hirnbrüche können ohne Störungen verlaufen. Oft platzen die
Geschwülste bereits unter der Geburt oder bald nach derselben. Schließlich können sie allmählich weiter wachsen und später platzen, wobei es
dann meist zur eitrigen Meningitis kommt. Ausnahmsweise können sie
auch einmal stationär bleiben. So erwähnt Heineke (Tillmanns, S. 141)

Meningozelen bei 12—17 jährigen Patienten. Die Häufigkeit der Meningozelen beträgt ungefähr 0,3 Promille (Moskauer Findelanstalt). Kleine, von derber Haut resp. Hüllen überzogene Meningozelen können zwar, wie erwähnt, ohne Beeinträchtigung der betreffenden Personen verlaufen, doch ist der weitere Verlauf der sich selbst überlassenen Fälle nach Biedert-Fischl (S. 505) ungünstiger als bei den operierten. So starben von 60 Enkephalozelen 32 im Alter von 0—77 Tagen, 13 in unbekanntem Alter, und nur sechs überlebten das zweite Lebensjahr, während von 77 operativ behandelten Fällen 14 geheilt wurden.

Was die Therapie betrifft, so kann man bei ganz kleinen Meningozelen mit enger Bruchpforte versuchen, den Bruch zu reponieren und dann durch einen Druckverband reponiert zu halten. Besser ist folgende Methode: Nach subkutan gemachtem Naht-verschluß (vgl. Leser, S. 3) des engen Bruchsackhalses saugt man mit einer Spritze den Inhalt aus und injiziert dann Jodtinktur, Lu-golsche Lösung oder Alkohol. Auf diese Weise will man versuchen, durch reaktive Entzündung eine feste Verklebung der inneren Bruchsack-wandungen hervorzurufen. Neuer-dings hat man die Meningozelen, ja sogar die Enkephalozelen, auch ope-rativ angegriffen. Liegt Gehirn-substanz in der Hernie, so darf man natürlich nur dann radikal operieren, wenn die Entfernung des prolabierten Hirnteils nicht schwere Ausfallserscheinungen nach sich zieht. Am besten sind hierfür geeignet die kleinen frontalen und okzipitalen Enkephalozelen. Auszuschließen sind

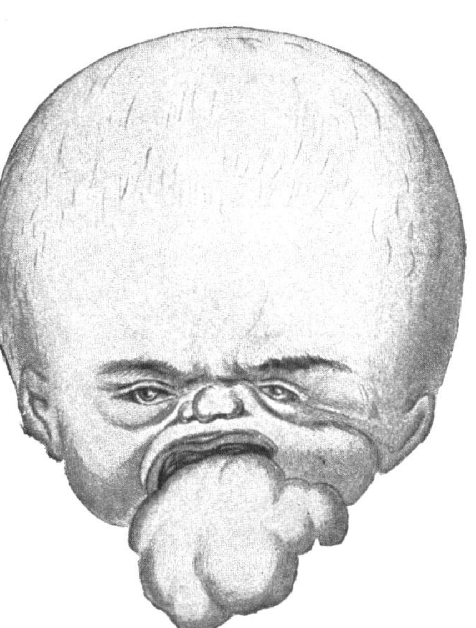

Abb. 15. Hydrencephalocele palatina.
(Nach Leser, Fig. 1.)

von der operativen Behandlung alle die Fälle von Hernia cerebri, wo große voluminöse Hirnteile im Bruch liegen, oder wo sonst schwere Miß-bildungen (Mikrokephalie usw.) bestehen. Unter Berücksichtigung dieser Momente sind eine ganze Reihe von Meningozelen und auch Enkephalozelen mit Erfolg operiert. So berichtet z. B. Cameron über die erfolgreiche Operation einer Meningomyelozele am Tage der Geburt.

Unter der Geburt geben diese Mißbildungen nur selten Anlaß zu Geburtsstörungen, da die Bruchsäcke meist so schlaff sind, daß sie auch bei beträchtlicher Größe ohne Störungen das Becken und die Weichteile passieren, z. B. die Fälle Zorn, Leopold, Austerlitz, Thieme, Façee, Schäffer, Fall aus der hiesigen Poliklinik. Zuweilen platzen sie auch unter der Geburt. Immerhin ist es in einigen Fällen doch zu einer Geburts-erschwerung gekommen, so daß man genötigt war, die Hernie zu punk-tieren, wodurch die sonst schon nicht gerade günstige Prognose natürlich

3*

ganz schlecht wird (vgl. den Fall aus der Klinik Zweifel). Man wird deshalb, wenn irgend möglich, die Punktion vermeiden, aus der Erwägung heraus, daß Kinder mit Meningozelen immerhin unter Umständen lebensfähig sind. Bei Schädellagen käme bei Stockung der Austreibung und genügenden Vorbedingungen die Anlegung der Zange in Betracht, bei Beckenendlagen die vorsichtige Extraktion des Kindes. Gebietet es das Interesse der Mutter (Dehnung des unteren Uterinsegments), so muß ohne Rücksicht auf das Kind entweder die Hernie punktiert oder aber der Bruchsack, wenn nötig, mit Schere oder Sichelmesser abgetragen werden. Die spezielle Diagnose bietet unter der Geburt manchmal Schwierigkeiten. Es sind Verwechselungen mit Doppelmißbildungen, anderweitigen Tumoren (Teratomen). ja sogar mit der Fruchtblase und der Plazenta vorgekommen. Mehrmals wurde auch der Bruchsack für den Steiß gehalten (poliklinischer Fall). Häufig bestand bei dieser Mißbildung gleichzeitig Hydramnion. Wenn die Austreibung zögert und die Diagnose unklar ist, so geht man am besten mit ganzer oder halber Hand, eventuell in Narkose ein und wird auf diese Weise meist schnell zum Ziel kommen.

In einer Reihe von Fällen kam es schließlich dadurch zu einer Geburtsstörung, daß durch den Bruchsack fehlerhafte Lagen und Einstellungen hervorgerufen wurden, z. B. Beckenendlagen, Gesichts- und Stirnlagen. So kann z. B. eine Hernia cerebri in der Gegend des Hinterhauptes den hinteren Hebelarm des Kopfes verlängern, so daß dann dieselben Verhältnisse vorhanden sind, wie bei dolichokephalen Köpfen. Die Folge ist eine Stirn- oder Gesichtslage. Sehr bemerkenswert ist nach dieser Richtung hin ein in der hiesigen Poliklinik beobachter Fall (Lina R., polikl. Journ. 1898, Nr. 48). Es wurde die Hilfe der Poliklinik bei einer 24jährigen Erstgebärenden wegen Stirnlage in Anspruch genommen. Bei der Ankunft des Assistenten bestehen die Symptome der drohenden Uterusruptur, der Kontraktionsring steht zwei Finger breit unter dem Nabel, der Leib ist sehr schmerzempfindlich, die Gebärende ist sehr aufgeregt. Die innere Untersuchung ergibt: Muttermund völlig erweitert, Blase gesprungen, erste Stirnlage, Kind lebt. Versuche, die Stirnlage in eine Schädel- oder Gesichtslage umzuwandeln, mißlingen. Da das untere Uterinsegment sehr stark gedehnt ist, wird die Perforation des lebenden Kindes gemacht und im Anschluß daran das Kind mit dem Kranioklasten extrahiert. Nach der Geburt des Knaben bemerkt man eine sehr große Hernia cerebri occipitalis. Der Kopf ist in typischer Stirnlagenform konfiguriert. Es hatte also in diesem Falle die Hernia cerebri erstens durch Verlängerung des Hinterhauptes zur Stirnlage geführt, zweitens war es durch die Kombination von Stirnlage und Gehirnbruch zu einer erheblichen Geburtsstörung mit Ausziehung des unteren Uterinsegments gekommen. Auch Davies berichtet über einen Fall von Dystokie infolge von Enkephalozele. Es handelte sich um eine 8 p., bei der die Geburt in Gesichtslage nicht weiterging. Bei der Wendung entdeckte man einen großen, fluktuierenden Tumor am Hinterkopf. Beim Versuch der Entwicklung des nachfolgenden Kopfes riß der Tumor an und es entleerte sich ein Strahl eiterähnlicher Flüssigkeit. Die Extraktion gelang dann leicht. Der Sack entpuppte sich als eine Encephalocele occipitalis mit fast einem Liter Inhalt. In ihr lagen die Okzipitallappen. Dieselbe Mutter hatte bereits ein Kind mit frontaler Meningozele und Spina bifida geboren.

Über einen ähnlichen Fall berichtet Thies (Klinik Zweifel). Auch hier hatte eine 1800 ccm Flüssigkeit enthaltende Hydroencephalocele occipitalis zur Gesichtslage geführt. Die wegen drohender Asphyxie des Kindes angelegte Zange mißlang. Der Kopf ließ sich nur bis zur großen Fontanelle hervorziehen. Die dann konstatierte Geschwulst wurde wegen Dehnung des unteren Uterinsegments abgetragen. Die weitere Geburt machte keine Schwierigkeiten. Das Kind atmete einige Male.

Einen weiteren Fall teilt Goldberger mit: 26jährige 3 p. Blase seit 24 Stunden gesprungen. Muttermund für vier Finger durchgängig. In ihm ein glatter, praller, nirgends Knochenteile aufweisender Körper. Bei der inneren Untersuchung mit der ganzen Hand fand sich ein vom Schädel ausgehender Tumor. Wendung auf den Fuß. Schwierige Extraktion, wobei das ausgetragene und sonst wohlentwickelte Kind abstarb. Der Tumor geht von der Pars squamosa ossis occipitis mit breiter Basis ab, ist kindskopfgroß, prall-elastisch, Umfang desselben 36 cm. Die Basis ist von behaarter Kopfhaut bedeckt.

In der hiesigen geburtshilflichen Poliklinik kam vor kurzem ein Fall von Encephalocele occipitalis zur Beobachtung, der von Rödelius ausführlich beschrieben ist. Es wurde in diesem Falle von Hydroencephalocele occipitalis erst die ungefähr kleinkindskopfgroße Hernia cerebri und dann der Kopf in Hinterhauptslage geboren. Das Kind lebte drei Tage, trank an der Brust, ließ reichlich Urin und Mekonium, Lähmungen waren nicht vorhanden. Bei der Sektion fand man die kleine Fontanelle etwa Fünf- bis Zehnpfennigstück-groß, rund. In der Hernie, zwischen Gehirnsubstanz und Hirnhäuten, wurden etwa 150 g blutiger Flüssigkeit gefunden. In den Bruchsack hinein waren die vergrößerten Kleinhirnhemisphären verlagert. Der Vermis war in der Schädelhöhle zurückgeblieben. Im Zentrum der Kleinhirnhemisphären fand sich eine reichliche, blutig gefärbte Flüssigkeitsmenge.

Die Ursache der Hernienbildung in dem vorliegenden Falle ist nicht ganz eindeutig. Es ist möglich, daß die Kleinhirnsubstanz von vornherein eine vermehrte Wachstumstendenz gezeigt hat und daß die Flüssigkeit in den Kleinhirnhemisphären erst sekundär entstanden ist (Folge von Ernährungsstörungen?). Es ist aber auch sehr wohl möglich, daß die erwähnte pathologische Flüssigkeitsansammlung in den Kleinhirnhemisphären das primum movens gewesen ist (vgl. die Ausführungen von Rödelius).

Die Abbildung 14 des Falles von Hernia cerebri anterior ist insofern bemerkenswert, als sie nach einem Präparat der Göttinger Sammlung angefertigt ist, das 1812 von Osiander in der Sitzung der königlichen Sozietät der Wissenschaften demonstriert wurde. Auf zehn Druckseiten schildert Osiander in epischer Breite den Geburtsverlauf, die Mißbildung und ihre Ursachen. Das Kind war am 15. Tage nach der Geburt an Ernährungsstörungen zugrunde gegangen, die, wie Osiander annimmt, infolge beständigen Ärgers der Mutter hervorgerufen wurden. „Die Mutter ärgerte sich darüber, daß sie den ganzen Tag von Leuten auf eine oft ganz ungestüme Weise überlaufen wurde, die sowohl einzeln als familienweise kamen, um ihre ganz zwecklose Neugierde nicht nur zu befriedigen, sondern ihr auch zugleich die abenteuerlichsten Sagen von dem Kinde zu erzählen, z. B. daß es ein Ochsenhorn, und was dergleichen mehr, haben sollte."

Die Sektion ergab, daß vorn in der Glabella ein Loch war, durch welches die rechte Hemisphäre des Großhirns samt den Gehirnhäuten durchgedrungen war und den kleinen hornförmigen Auswuchs bildete. Das Gehirn selbst war sehr mangelhaft ausgebildet. Gleichzeitig bestand ein Hydrops ventriculorum. Da im Monat Juni mehrere monströse Früchte geboren waren, so nimmt Osiander als Ursache dieser Mißbildung an, „daß der Grund in der die Zeugungen bey Menschen und Tieren voriges Jahr begünstigenden warmen Sommer- und Herbstwitterung zu suchen ist, bey welcher überhaupt mehr Schwängerungen stattfänden. Daher auch das Entbindungshospital allhier in der ersten Hälfte dieses Jahres bereits mehr Geburten zählt, als sonst in drey Vierteljahren. Der gelinde Winter war dem Wachstum der Leibesfrüchte ebenso günstig, so daß die sonst als Abortus frühe und unbekannt abgehenden und in jedem Jahre vorkommenden monströsen Früchte diesmal bis zu einem Grade der Zeitigung gediehen sind, den sie bey einer der Zeugung und Zeitigung weniger günstigen Witterung nicht würden erreicht haben. Kein Wunder also, daß unter vorfallenden vielen Geburten auch manche mit monströsen Früchten vorkommen usw."

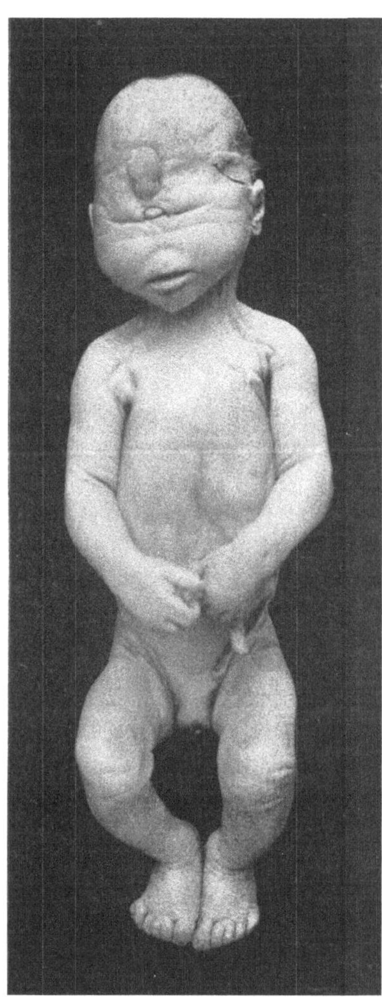

Abb. 16. Zyklopie.
(Präparat aus der Sammlung des Göttinger anatomischen Institutes.)

Die Zyklopie, Synopsie, Zyklenkephalie, Synophthalmie, Arhinenkephalie entsteht durch mangelhafte Ausbildung des vorderen Gehirnteils. Sie ist in der Hauptsache eine Entwicklungshemmung im Gebiet der vorderen Gehirnblase. Dabei bleibt das Großhirn und entsprechend auch die Ventrikel einfach und es besteht eine mangelhafte Trennung der Augenblasen. Es können beide Augen verschmelzen: Zyklopie, oder aber die untereinander verbundenen Augen liegen in einer Höhle: Synophthalmie. Das so entstandene rudimentäre Auge liegt in der Gegend der Nasenwurzel. (Die feineren Veränderungen siehe v. Hippel, S. 97.) Gewöhnlich ist gleichzeitig die Nase verkümmert. Sie bildet dann ein rüsselförmiges Hautanhängsel ohne knöchernes Gerüst, das oberhalb des Auges gelegen ist: Ethmokephalie. Nasenbeine und Nasenhöhle fehlen fast stets. Auch die Mundhöhle bleibt in der Entwicklung oft zurück und nimmt nur einen ganz kleinen Raum ein.

Trotz der rudimentären Entwicklung des Gehirns hat der Vorderschädel meist den normalen Umfang, da die Wasseransammlung im Ventrikel vermehrt ist (vergl. Ahlfeld, Mißbildungen, S. 277). Die Gehirnnerven, die zum Auge und der Nase gehen, sind entweder rudimentär oder nur einfach. Die Zyklopie gehört zu den selteneren Mißbildungen. Zyklopische Früchte sind, infolge der Verkümmerungen des Gehirns, nicht lebensfähig, einzelne haben allerdings wochen- und monatelang gelebt, eine sogar zehn Jahre (zit. nach v. Hippel, S. 97). Eine geburtshilfliche Bedeutung besitzt diese Mißbildung nicht. Nur könnten bei Gesichtslagen bei oberflächlicher Untersuchung diagnostische Irrtümer durch die veränderte Anatomie des Gesichts entstehen.

Literatur.

Ahlfeld, Mißbildungen und Lehrbuch. — Tillmanns, Spez. Chirurgie. — Ziegler, Allgemeine Pathologie. — F. Schultze in Nothnagels Spez. Pathologie und Therapie. 9. H. 3. S. 208. — Kaufmann, Spez. Pathologie. — Kleinhans in v. Winckels Handb. d. Geburtsh. — Küstner in Müllers Handb. d. Geburtsh. — Biedert-Fischl, Kinderkrankheiten. — Keller, Deutsche Klinik. — Hohl, Geburten mißgebildeter Kinder. — Cameron, Geb.-gynäk. Gesellsch. in Glasgow, Febr. 1904, ref. Zentralbl. f. Gynäk. 1904. S. 1194. — Zorn, Diss. 1903. — Leopold, Geb.-gynäk. Gesellsch. Dresden, 16. IV. 1903, ref. Zentralbl. f. Gynäk. 1904. S. 560. — Austerlitz, Diss. München 1903. — Thies, Geb. Gesellsch. Leipzig, 17. VII. 1905, ref. Zentralbl. f. Gynäk. 1905. S. 1601. — Thieme, Diss. München 1904. — Façee-Schäffer, ref. Zentralbl. f. Gynäk. 1905. S. 1096. — Johansen, Münchner med. Wochenschr. 1896. Nr. 1. — Davies, Brit. Med. Journ. 22. IV. 1907. — Rödelius, Diss. Göttingen 1909. — Osiander, Göttinger gel. Anzeigen. 2. S. 1377. — Unger, Zyklopie. Monatsschr. f. Geburtsh. u. Gynäk. 26. H. 3. — E. v. Hippel, Mißbildungen des Auges in Graefe-Saemisch. 2. S. 114. — Driessen, Operation einer Hydrokephalozele. Niederländ. gynäk. Gesellsch. 13. XII. 1908, ref. Zentralbl. f. Gynäk. 1909. S. 344 (interessante Diskussion).

Hydrokephalus.

Unter Hydrokephalus versteht man eine abnorme Ansammlung von Flüssigkeit (bis zu 5 Litern und darüber) in den Hirnventrikeln oder im Subarachnoidealraum, wobei es zu einer außerordentlichen Vergrößerung des kindlichen Schädels kommen kann (60—76 cm Umfang und mehr). Die häufigere Ansammlung der Flüssigkeit in den Ventrikeln bezeichnet man als Hydrocephalus internus, die andere, seltenere Form als Hydrocephalus externus. Es handelt sich bei diesem angeborenen Hydrokephalus um die echte, primäre, idiopathische Form, im Gegensatz zu der sekundären, nach Meningitis und Tumoren entstandenen, fast stets extrauterinen Form. Doch ist auch Hydrokephalus bei kraniellen Intrafötationen und kongenitalen Dermoiden des Gehirns beobachtet worden. Ebensowenig gehört der bei Defektbildungen des Gehirns zuweilen sich entwickelnde

Hydrops ex vacuo hierher.   In der großen Mehrzahl der Fälle kommt es
bereits während des Embryonallebens zu einem ausgesprochenen und meist
zu Geburtsstörungen führenden Hydrokephalus.   Seltener entsteht der
Hydrokephalus erst direkt im Anschluß an die Geburt.   Auch bei diesen
Fällen liegt die Annahme nahe, daß die Ursache der Erkrankung noch
in die Zeit der intrauterinen Ent-
wicklung zurückzuverlegen ist.   Jedoch läßt sich auch die Vermutung
nicht ganz von der Hand weisen,
daß hier die hydropische Erkrankung
der Hirnventrikel erst durch das
Geburtstrauma ausgelöst wurde.

Über die Ursachen des Hydrokephalus wissen wir noch nichts Bestimmtes.   Nach einigen Autoren ist
der Hydrokephalus als eine Mißbildung des Gehirns aufzufassen.   Bekanntlich entwickelt sich das Gehirn
aus häutigen Blasen, deren Wand
sich allmählich in Hirnmasse umwandelt.   Schließlich werden aus den
mit Flüssigkeit gefüllten Blasen die
Ventrikel, während die Hirnmasse
erheblich überwiegt.   Nun kann bei
diesem Vorgang entweder die Bildung
der Gehirnmasse gehemmt sein, oder
aber es nimmt primär die Flüssigkeit
erheblich zu und dadurch bleibt die
Entwicklung der Gehirnmasse aus.
Häufig kommt es dabei auch zur
Erweiterung der Rückenmarkshöhle
mit Entwicklung einer Hydromyelie,
Hydrorachis.   Als auslösende Momente für die geschilderten Vorgänge
werden nun z. B. Trunksucht der
Eltern, Syphilis usw. angegeben,
andere Autoren wieder nehmen
Traumen, Obliteration des Foramen
Magendi, fötale Rachitis u. a. an.
Nach Schultze (S. 222) ist für
die Entstehung des Hydrokephalus

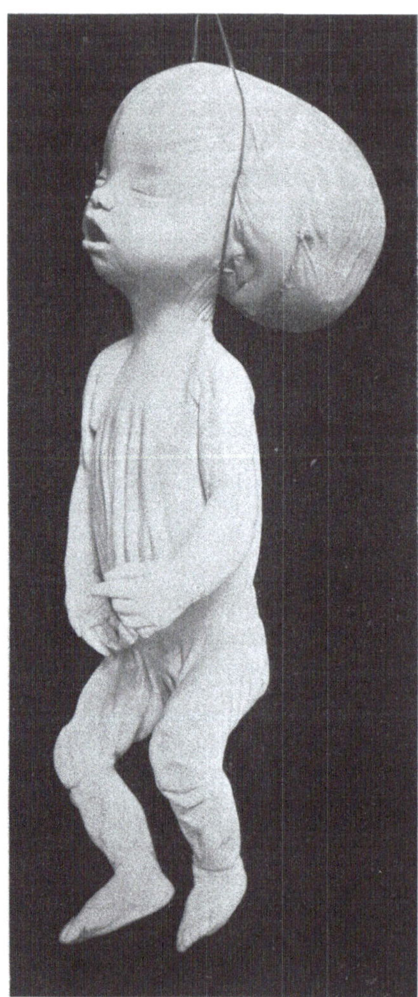

Abb. 17. Hydrokephalus.
(Präparat aus der Sammlung der Göttinger
Frauenklinik.)

kaum eine andere Annahme als die einer fötalen Meningitis denkbar. Dafür
spricht nach ihm der häufige Befund von Veränderungen an den weichen
Hirnhäuten und den Plexus.

Gabail nimmt als häufigste Ursache eine mütterliche Infektion an,
z. B. Lungenentzündung, Pocken, Influenza, chronische Infektion, wie
Syphilis und Tuberkulose.

Die bei einigen Fällen gefundene Entzündung des Ventrikelependyms, das nach Schultze wie mit feinen Sandkörnchen bestäubt erscheint, granuliert oder mit netzförmigen Leisten versehen ist, wird jedoch in andern Fällen vermißt. Heute ist man allgemein geneigt, diese Verändeungen des Ependyms nicht für primär, als vielmehr für sekundär zu halten.

Wiederholt sind Fälle von Hydrokephalus bei mehreren Kindern einer Familie gefunden worden (siehe Fall aus der Göttinger Klinik). So berichtet Frank über eine Familie mit 6, eine andere mit 7 Kindern die sämtlich als Hydrokephalen auf die Welt kamen. Desgleichen berichtet Gölis über einen Fall, wo eine Frau zuerst 6 mal hintereinander 6 Monate alte Hydrokephalen gebar, später dann 3 ausgetragene lebende Kinder zur Welt brachte, von denen 2 im Alter von 3 Monaten das letzte im Alter von $1^1/_2$ Jahren an angeborener Hydrokephalie starben (Schultze, S. 202).

Auffallend häufig findet man neben dem Hydrokephalus gleichzeitig noch andere Mißbildungen, Enkephalozele, Porenkephalie, Mikrokephalie, Spina bifida, Klumpfüße, Aszites, Hydramnion, Defekt einer Niere, Erkrankung der Nebennieren, Zwerchfellhernie. Eine sehr häufige Komplikation des Hydrokephalus ist ferner die Anophthalmie. Infolge der mangelhaften Entwicklung des Vorderhirns werden auch die primitiven Augenblasen mangelhaft ausgebildet. Man findet infolgedessen in den Augenhöhlen nur rudimentäre Augen (Ahlfeld, Mißb., S. 266). Man darf wohl annehmen, daß bei den erwähnten, häufig gleichzeitig vorkommenden Mißbildungen oft dieselbe Störung wie für den Hydrokephalus zugrunde gelegt werden muß. Weinberg hat kürzlich einen Fall von Hydrocephalus congenitus internus beschrieben, der mit Phokomelie kompliziert war. Er betrachtet diese als eine Folge des Hydrokephalus. Einen ähnlichen Fall demonstrierte Liese.

Das hydrokephalische Gehirn verhält sich je nach der Menge der Flüssigkeit verschieden. Letztere befindet sich zum größten Teil in den Seitenventrikeln und sie kann hier so bedeutend sein, daß die Gehirnhemisphären zu großen häutigen Säcken umgewandelt sind. Dabei ist die Gehirnsubstanz entweder ganz geschwunden oder nur noch in ganz dünnen Schichten (bis zu 2 mm) vorhanden, wobei graue und weiße Substanz nicht mehr zu unterscheiden sind. Kleinhirn- und Gehirnnerven sind meist unverändert. Doch können die Nervenkerne stark verändert sein und dadurch Schädigungen der von den betreffenden Nerven (der Gehirnbasis) innervierten Organe herbeigeführt werden.

Die Schädelkapsel ist entsprechend der Flüssigkeitszunahme erheblich erweitert, die Knochen sind mehr oder minder weit voneinander entfernt. Die Fontanellen und Nähte können infolgedessen enorm erweitert sein. Bei einigen Hydrokephalen findet man in den stark erweiterten membranösen Nähten und Fontanellen sog. Schalt- oder Zwickelknochen, ossicula triqueta, oder aber es füllen sich die Nähte mit nadelförmigen Knochengebilden aus. Diese kleinen Knochenplatten entstehen, indem die normal angelegten Ossifikationspunkte des Schädels sich infolge der starken Ausdehnung des

Schädels später nicht haben erreichen können und so an der Peripherie der größeren Knochenplatten einzelne Knocheninseln zerstreut stehen geblieben sind (Ahlfeld, S. 265).

Die Form des vergrößerten Schädels ist gewöhnlich die Kugelform. Die Schläfengruben sind nicht mehr konkav, sondern verstrichen. Die Stirnbeine, Scheitelbeine und das Hinterhauptsbein sind weit nach außen vorgewölbt und überragen weit die Schädelbasis. Die Knochen sind dünn und meist durchscheinend. Im Gegensatz zu dem oft enorm ausgedehnten Schädel fällt stets das kleine Gesicht auf. Wie Schultze sich ausdrückt, hängt das Kinn an dem Schädel wie ein schmales, nach dem Kinn zugespitztes Dreieck herunter. Die Augen sind meist nach vorn und unten gedrängt, weil das Dach der Orbita herabgedrückt ist. Dadurch sieht man am Auge auch mehr von der weißen Sklera als sonst. Häufig erscheint das obere Lid zu kurz, so daß z. B. während des Schlafes ein Augenlidschluß nicht zustande kommt. Unter der Haut des Kopfes, besonders der Schläfengegend, sieht man fast immer geschlängelte und erweiterte bläuliche Venennetze, die teils durch die Hautverdünnung, teils durch die gestörte Zirkulation im Schädelinnern entstehen. Die Augenbrauen stehen mehr nach oben (Tillmanns, S. 137).

Die in den Ventrikeln vorhandene Flüssigkeit ist serös, farblos, zuweilen leicht gelblich oder gelblich-rötlich gefärbt, sie zeigt nur ganz minimale Spuren Eiweiß. Das spezifische Gewicht liegt zwischen 1001—1009.

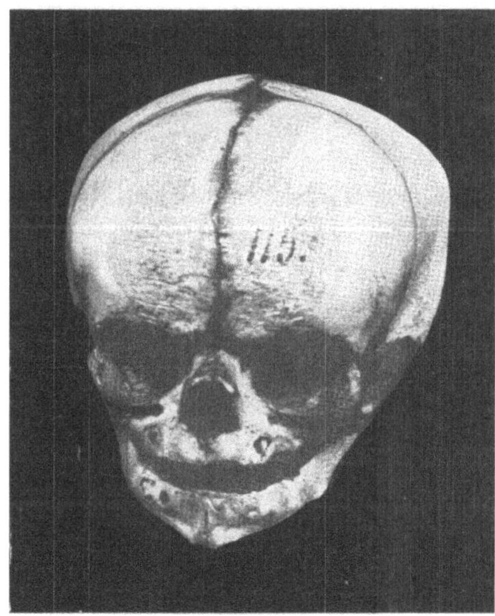

Abb. 18a. Normaler Schädel.
(Präparat aus der Sammlung der Göttinger Frauenklinik.)

Der Hydrokephalus führt infolge der schweren zerebralen Veränderungen häufig schon intrauterin zum Tode. Eine große Reihe von Kindern geht infolge der eingeleiteten Therapie (Perforation, Punktion u. a.) unter der Geburt oder bald nachher zugrunde. War der Hydrokephalus, ev. nach Punktion, für das Becken nicht zu groß, so können derartige Früchte lebend geboren werden. Dann hängt die weitere Prognose davon ab, ob der Prozeß zum Stillstand kommt oder aber fortschreitet.

In dem ersten selteneren Fall, wo also das Leiden vollkommen sistiert, können sich die Kinder, vorausgesetzt, daß keine Folgeerscheinungen des Hydrokephalus bereits vorhanden sind (Atrophie u. a.), dann vollkommen normal weiter entwickeln und es ist allbekannt, daß mehrere unserer berühmtesten Männer der Wissenschaft und Kunst Hydrokephalen mäßigen Grades waren (Helmholtz, Cuvier, Menzel). Ebenso berichten

Taylor, Christian, Gölis und Monroe über normale oder sogar ausgezeichnete geistige Funktionen beim Hydrokephalus (Schultze, S. 207).

Ferner kann sich in extrem seltenen Fällen der Hydrokephalus durch Resorption der Flüssigkeit nach Stillstand des Prozesses allmählich zurückbilden, oder aber die weiche Schädeldecke zerreißt spontan oder nach einem Trauma, der wässerige Inhalt entleert sich und es tritt bei Verklebung der Wunde Heilung ein. Auch spontane Durchbrüche in die Nasen-, Augen- und Ohrenhöhlen sind beobachtet. Allerdings besteht bei diesen Fällen doch immer der Verdacht, daß es sich um Gehirnzysten oder ähnliche zirkumskripte Prozesse gehandelt hat (Hygrom der Dura mater z. B.). Leider ist aber der ungünstige Ausgang häufiger. Der Kopfumfang wird allmählich immer größer, er kann schon im ersten Lebensjahr 60 bis 80 cm und darüber betragen, während derselbe bei normalen Kindern im ersten Lebensjahr etwa 45 cm beträgt. In den schnell verlaufenden Fällen kann man alle 2 bis 3 Wochen eine Zunahme des Kopfumfanges um 2 cm und mehr nachweisen. Die Kinder erliegen dann entweder interkurrenten Krankheiten, Magen- und Darmstörungen, Pneumonien u. a., oder aber sie gehen infolge zunehmender allgemeiner Atrophie, epileptiformen Anfällen, schließlich unter den ausgesprochenen Erscheinungen des Hirndrucks (Somnolenz, Erbrechen, Pulsverlangsamung) zugrunde. Im Beginn der Erkrankung resp. bei Ver-

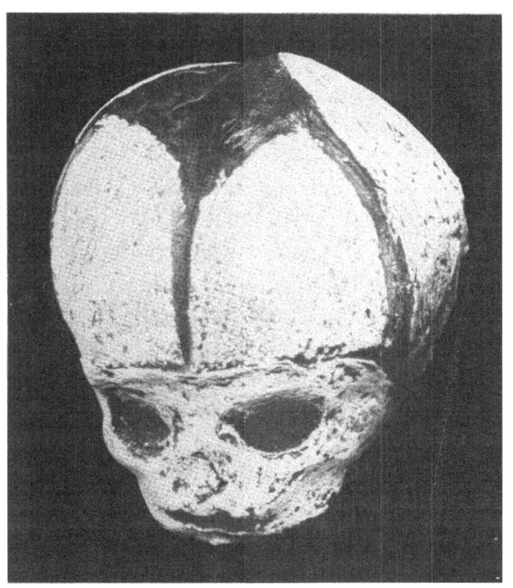

Abb. 18 b. Knöcherner Schädel eines Hydrokephalus.
(Präparat aus der Sammlung der Göttinger Frauenklinik.)

schlimmerung des Prozesses nach der Geburt fällt zuerst die mangelhafte Entwicklung der Intelligenz bei den Kindern auf. Sie lernen gar nicht oder nur ganz mangelhaft sprechen, sind läppisch, unsauber, sie können ihre Aufmerksamkeit auf nichts konzentrieren. Diese geistige Beschränkung kann schließlich in völlige Idiotie übergehen. Neben diesen rein psychischen Störungen treten dann auch bald Störungen in der motorischen Sphäre hervor: Spasmen, Kontrakturen, erhöhte Reflexe, die Kinder lernen das Stehen und Gehen nicht, oder aber sie haben einen taumelnden Gang. Fast stets findet man an den Augen Stauungspapille mit oder ohne Sehnervenatrophie und dadurch bedingte Sehstörungen, Schwachsichtigkeit oder sogar völlige Erblindung. Dabei besteht häufig Nystagmus und Strabismus. Der Tod erfolgt meist in den ersten Lebensjahren.

Die Behandlung derartiger nach der Geburt weiterlebender Hydrokephalen ist nach den gemachten Ausführungen eine undankbare Aufgabe. Man hat, meist ohne Erfolg, Einreibungen des Schädels mit grauer Salbe, Jodtinktur, Brechweinsteinsalbe, Silbersalbe (Credé) usw. empfohlen. Ebensowenig vermag die interne Medikation von Jodkali oder ähnlichen Präparaten. In einigen seltenen Fällen war die eingeleitete antisyphilitische Behandlung imstande, Heilung herbeizuführen. In neuerer Zeit ist von einem italienischen Arzt Somma die Behandlung des Hydrokephalus mit Sonnenstrahlung warm empfohlen, wobei die Kinder täglich 15 bis 20 bis 30 Minuten lang der Sonnenbestrahlung ausgesetzt werden. Mehrere günstige Erfolge sind auch mit der Quinckeschen Lumbalpunktion erreicht worden, wobei die hydrokephalische Flüssigkeit durch Punktion des zweiten oder dritten Lendenwirbelraums teilweise entfernt wird. Der Eingriff muß in bestimmten Zwischenräumen wiederholt werden. Bei mehreren von mir früher während meiner Tätigkeit als interner Mediziner nach dieser Methode behandelten Fällen war es mir nicht gelungen, den Prozeß dadurch zu beeinflussen. Der augenblickliche Effekt ist meist überraschend, hält jedoch für die Dauer nicht vor. Derartige Erfahrungen finden sich auch sonst vielfach in der Literatur. Schließlich hat man versucht, den Prozeß durch Punktion des Schädels und nachfolgende Kompression desselben zu beeinflussen, in den meisten Fällen gleichfalls ohne Erfolg. Man wird diesen Eingriff nur dann ausführen, wenn schwere Schädigungen des Gehirns noch nicht vorhanden sind, die Wasseransammlung in den Ventrikeln aber doch erheblich ist. Eine weitere Voraussetzung für den bleibenden Erfolg des Eingriffs ist die Weichheit der Schädelkapsel, wodurch eine Kompression nach erfolgter Punktion ermöglicht wird. Der Eingriff muß unter Wahrung strengster Asepsis ausgeführt werden. Um eine Verletzung des Sinus longitudinalis zu vermeiden, wird ein feiner Troikar neben der Pfeilnaht in die Ventrikel (2 bis 5 cm tief) eingestoßen. Es werden ungefähr, je nach dem Grad des Hydrokephalus, 50 bis 100 bis 200 ccm und darüber entleert. Meist muß die Punktion mehrfach wiederholt werden. Nach der Punktion wird der Druckverband angelegt. Die Kompression muß wochenlang fortgesetzt werden. Einige Autoren haben mit der Punktion auch eine Drainage verbunden (v. Bergmann, Kocher u. a.).

In der Geburtshilfe ist die Bedeutung des Hydrokephalus eine eminent große, wennschon die Mißbildung resp. Erkrankung nicht gerade häufig zur Beobachtung kommt. Schuchard beobachtete 1 Hydrokephalus auf 753 Geburten, v. Winckel 1:1875, Kleinhans 1:1600, Merrimann (zit. nach Kleinhans) 1:900 Geburten. In der Göttinger Frauenklinik wurden in den letzten 20 Jahren auf 4200 Geburten 8 Fälle von Hydrokephalus beobachtet, also 1:525, was einen recht hohen Prozentsatz bedeutet. Die Prozentzahl hat sich besonders im letzten Jahr stark verschoben, indem im letzten Jahr 4 Fälle hinzugekommen sind. Ein weiterer Fall von Hydrokephalus wurde außerdem in die Klinik eingeliefert, nachdem der Arzt das in Beckenendlage bis zum Hals geborene Kind im Bereich des Halses durchtrennt und den Kopf zurückgelassen hatte (siehe unten).

Wenn ich nunmehr zum Geburtsverlauf beim Hydrokephalus übergehe, so ist ohne weiteres verständlich, daß die Störungen bei demselben durch die übermäßige Größe des Kopfes in erster Linie eintreten werden. Das Nichterkennen eines ausgesprochenen Hydrokephalus gilt, genau so wie das Nichterkennen einer Quergelage, als ein schwerer geburtshilflicher

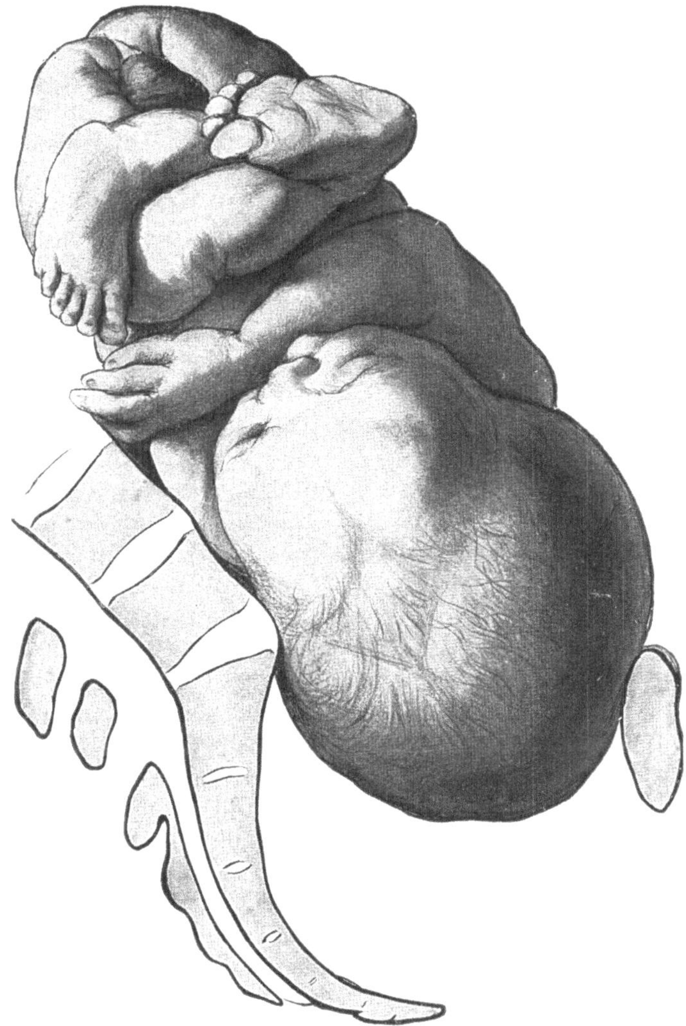

Abb. 19. Hydrokephalus in Schädellage.
(Nach Bumm, Fig. 296.)

Kunstfehler. Die Folge dieses Kunstfehlers ist fast stets Zerreißung der Gebärmutter durch Überdehnung des unteren Uterinsegments und dadurch bedingte Verblutung in die Bauchhöhle oder septische Infektion. Die spontane Geburt eines Hydrokephalus ist nur dann möglich, wenn es sich um leichtere oder höchstens mittlere Grade handelt. Bei höheren Graden kann sie nur dann erfolgen, wenn die Frucht bereits abgestorben und mazeriert war (siehe unten), oder aber wenn der Hydrokephalus spontan platzte und dadurch die zur Spontangeburt notwendige Verkleinerung des Schädels herbeigeführt wurde. Diese Spontanruptur wird am häufigsten bei Beckenendlagen beobachtet. Bei Beckenendlagen tritt überhaupt die Spontangeburt eines nicht zu großen Hydrokephalus leichter ein, vorausgesetzt, daß die intrakranielle Flüssigkeit den Schädel nicht zu prall anfüllt. Der hydrokephalische Schädel kann hier die für den Durchtritt des Kopfes nötigen Formveränderungen leichter anzunehmen als bei Schädellage. In einigen seltenen Fällen, wo neben dem Hydrokephalus noch eine Spina bifida vorhanden war, kam es zur Ruptur derselben, dadurch zum Abfluß der ganzen intrakraniellen Flüssigkeitsmengen und schließlich zum spontanen Geburtsverlauf.

Von Bedeutung für den Verlauf der Geburt ist besonders auch die Art der Einstellung des Kopfes. Tritt derselbe mit seinem großen fronto-okzipitalen Umfang voll auf das Becken, so ist das erheblich ungünstiger, als wenn er in starker Beugestellung und schräg sich einstellt. In diesem Falle kann sich leichter eine Konfiguration herausbilden, als bei dem ersterwähnten Modus. Am meisten zu fürchten sind die Hydrokephalen mittleren Grades. Hier bleibt der Kopf über dem Becken stehen und adaptiert sich dem Becken nicht. Bei sehr großen Hydrokephalen dagegen kann der Schädel mit seinen enorm verdünnten Schädelknochen und der oft papierdünnen Hirnmasse in das Becken hereingepreßt werden wie in eine Form, d. h. langausgezogen werden. Oder aber er kann dabei platzen, wobei es auch einmal vorkommen kann, daß sich der Hydrokephalus internus in eine Art Hydrokephalus externus verwandelt, indem die Flüssigkeit unter die Kopfschwarte tritt.

Wie häufig Eingriffe unter der Geburt bei Hydrokephalus notwendig sind, das zeigen die Statistiken von Hohl und Schuchard. Bei 77 von Hohl zusammengestellten Fällen war 63mal Kunsthilfe zur Beendigung der Geburt notwendig, bei 73 von Schuchard zusammengestellten Fällen 62mal, bei 7 Fällen der Prager Klinik 7 mal.

In 9 von G. Veit berichteten Fällen ist jedesmal Kunsthilfe nötig gewesen.

Aus diesen Statistiken geht auch die Bedeutung dieser Komplikation zur Genüge hervor. Von Hohls 77 Müttern starben 21, von Schuchards 73 starben 13, von Veits 9 starben 4.

Daß die bereits erwähnte Uterusruptur in erster Linie den unglücklichen Ausgang verschuldet, geht ferner aus diesen Mitteilungen hervor. Es starben an Uterusruptur von Hohls 77 Frauen 4, von Schuchards 73 Frauen 12 und von Veits 9 Frauen 4. Außer der Uterusruptur wurden bei Hydrokephalus auch anderweitige schwere Zerreißungen, Urinfisteln usw. beobachtet, die hauptsächlich durch das Abgleiten der weitgespreizten Zange entstanden waren. Ferner können die Frauen, wenn sie die Gefahren der Uterusruptur überstanden haben, an Wundinfektion zugrunde gehen, die infolge mehrfacher Untersuchungen, der langen Geburtsdauer und der meist häufigen Entbindungsversuche sehr leicht eintritt. Auch tödliche Nachblutungen ex atonia uteri sind bei Hydrokephalus

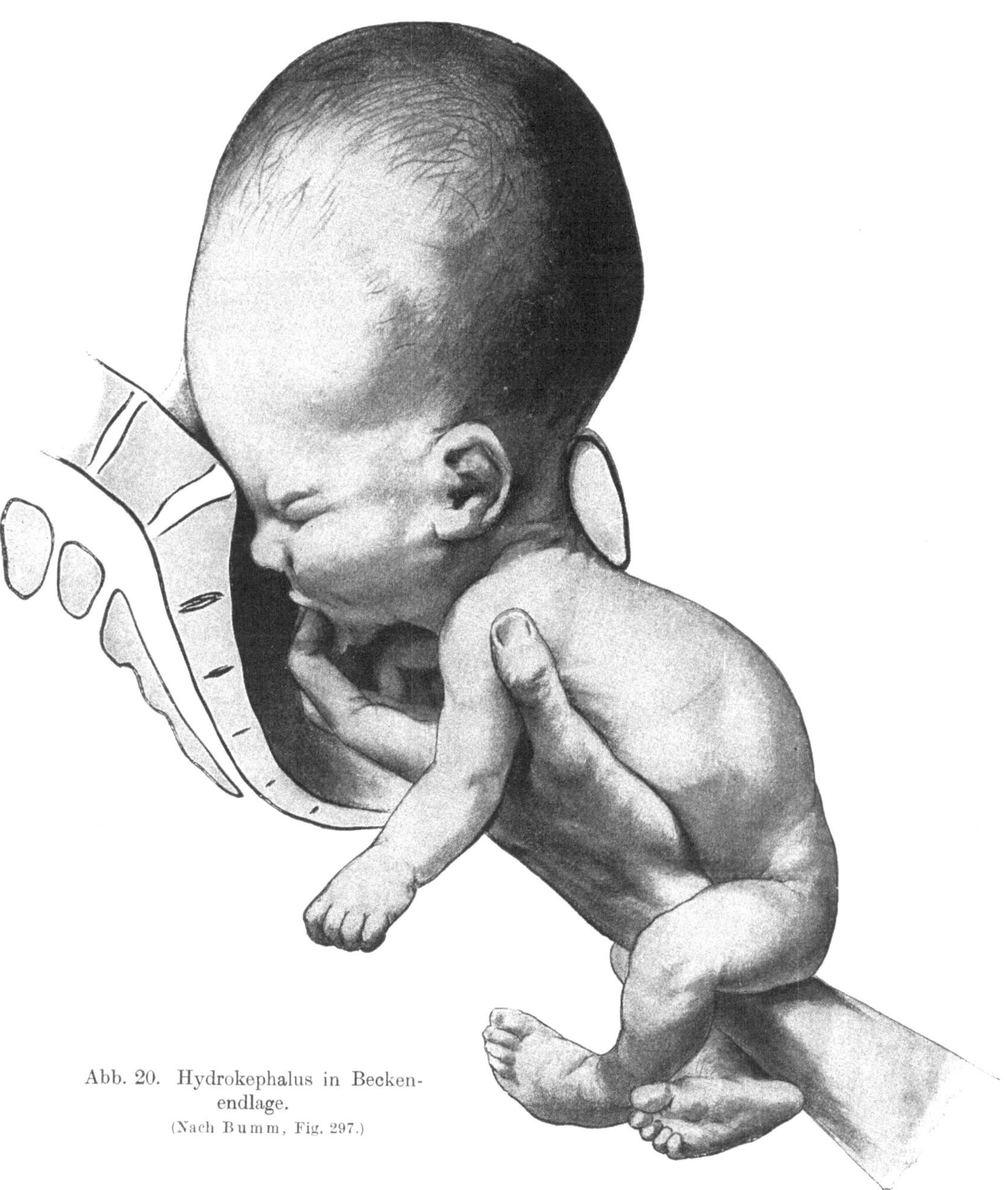

Abb. 20. Hydrokephalus in Beckenendlage.
(Nach Bumm, Fig. 297.)

beobachtet. In neuerer Zeit hat sich die Prognose, dank der besseren
Asepsis und der besseren geburtshilflichen Ausbildung der Ärzte und
Hebammen gebessert (siehe Kleinhans). Von den 7 Fällen der
Prager geburtshilflichen Klinik starb nur eine Mutter an Tetanus puer-
peralis, von 8 Müttern der Breslauer Klinik keine, von den 8 Müttern
der hiesigen Frauenklinik auch keine, wobei allerdings zugegeben werden

muß, daß nur 4 Fälle davon als schwer zu bezeichnen sind. Der eine
an Sepsis zugrunde gegangene Fall von Hydrokephalus, bei dem die Kreißende mit dem abgeschnittenen hydrokephalischen Kopf in die Klinik
eingeliefert wurde, ist der Klinik nicht zur Last zu legen. Auch hier
war es außerhalb der Klinik zur Uterusruptur gekommen.

Der Hydrokephalus stellt sich in den meisten Fällen in Schädellage
zur Geburt ein. Relativ häufig werden auch Beckenendlagen beobachtet
(nach mehreren Statistiken in 2 bis 27 Proz.). Bei den, in der
Göttinger Frauenklinik beobachteten 8 Fällen bestand 6 mal Schädellage
(1 mal abgewichener Kopf bei gleichzeitigem Hydramnion), 2 mal Steißlage. Sehr selten liegt der Hydrokephalus in Querlage. In den von
Hammerschlag zusammengestellten 22 Fällen aus der Königsberger
Klinik war 16 mal Schädellage, 1 mal Gesichtslage, 5 mal Beckenendlage vorhanden. Nach Küstner wird die Schulterlage durch die abnorme Größe des Kopfes verhindert, die Schulter verkriecht sich hinter
dem Kopf, da sie vor ihm nicht prominieren kann. Dadurch müssen
dann nach unten zu von der Schulter gelegene Teile zum Vorliegen
kommen, „und dann bedarf es nur des korrigierenden Einflusses der ersten
Wehen, um eine Querlage mit vorliegender Flanke in eine Unterendlage
zu verwandeln, resp. es bedarf bloß des Blasensprungs, um die Füße zum
Vorfall zu bringen". Dazu kommt ferner, daß der hydrokephalische
Schädel am besten in den Fundus uteri hereinpaßt. Nach v. Bardeleben kommt als weiteres Moment für die Entstehung der Beckenendlage
bei Hydrokephalen hinzu, daß das spez. Gewicht des Hydrokephalus geringer ist, als das des normalen Schädels, so daß ihm also von vornherein
die Neigung fehlt, nach abwärts zu sinken.

Die verschiedenen Lagen beim Hydrokephalus sind außerordentlich
wichtig für den Verlauf der Geburt. Fast alle unglücklich für die Mutter
verlaufenen Fälle sind dann beobachtet, wenn sich der Hydrokephalus in
Schädellage präsentierte. Das wird durch folgende Überlegung klar gemacht: Bei Schädellagen kommt es sehr leicht zu der so verhängnisvollen
Dehnung des unteren Uterinsegments, da das ganze hydrokephalische Kind
mit einem großen Teil des Fruchtwassers noch oberhalb des Beckeneingangs
steht und im Uterus liegt. Das corpus uteri zieht sich dann allmählich
an dem Geburtshindernis zurück und die Uterusruptur tritt ein, besonders
wenn Zangen- und Wendungsversuche gemacht wurden. Bei der Beckenendlage dagegen liegt ein großer Teil des früheren Uterusinhalts, d. h der
Kindeskörper bis auf den Kopf und einen kleinen Teil des Fruchtwassers
außerhalb des Uterus, weshalb die verhängnisvolle Dehnung in diesem
Falle kaum möglich ist. Dazu kommt, daß der Kopf des Hydrokephalus
bei Beckenendlagen (vgl. oben) eine trichterförmige, also günstige Gestalt
(nach unten spitz, nach oben breit) annimmt (Spiegelberg).

Die Diagnose des Hydrokephalus unter der Geburt ist auffallenderweise häufig genug nicht gestellt worden. Allerdings kann in einzelnen
Fällen, wie weiter unten gezeigt werden wird, die Diagnose recht schwer
sein. Handelt es sich bei einem Hydrokephalus in Schädellage um eine
Mehrgebärende, so muß das Nichteintreten des Kopfes bei normalem

Becken, bei spontan verlaufenen früheren Geburten und guten Wehen eigentlich sofort den Gedanken an Hydrokephalus nahelegen. Es käme hier nur noch in Betracht ein im Laufe der letzten Zeit entstandenes osteomalazisches Becken oder Tumoren des harten oder weichen Geburtsweges. Des weiteren wäre bei der äußeren Untersuchung auf den vermehrten Umfang des Leibes zu achten. Doch wird man meines Erachtens hiermit nicht allzuviel anfangen können, da gerade bei den Fällen von Hydrokephalus mittleren Grades, die nach den obigen Ausführungen am meisten zu fürchten sind, besonders bei geringer Fruchtwassermenge, der Leibesumfang kaum erheblich vergrößert sein dürfte.

Das für den Hydrokephalus als typisch angegebene Pergamentknittern der Schädelknochen wird man nur unter besonders günstigen Umständen (dünne, schlaffe Bauch- und Uteruswandungen, wenig Fruchtwasser) bei der äußeren Untersuchung nachweisen können. Außerdem kann man, worauf Fritsch mit Recht aufmerksam macht, das Knattern der Kopfknochen auch bei mazerierten Früchten nachweisen. Mir — auch andern Gynäkologen wird es so gegangen sein — gelang der Nachweis dieses Symptoms sogar mehrfach bei lebenden, meist zu früh geborenen Früchten mit normalen Köpfen. Auf der andern Seite gibt es auch Fälle, wo die Schädelknochen bei Hydrokephalen nicht verdünnt, sondern sogar verdickt sind.

Ebenso unzuverlässig scheint mir das von Stratz angegebene, bei Hydrokephalus in Schädellage angeblich nachweisbare Zeichen zu sein, wonach man die Herztöne deutlicher über Nabelhöhe hören kann.

Auch die von Keilmann nachgewiesene erhöhte Frequenz der Herztöne bei Hydrokephalus war in mehreren von mir daraufhin beobachteten Fällen nicht vorhanden. Vgl. auch Hammerschlag.

Fabre (vgl. Jammes) will bei Schädellage und Hydrokephalus fast immer eine zirkuläre Einbuchtung zwischen Kopf und Rumpf nachgewiesen haben (Coup de hache circulaire). Auch dieses Symptom wird öfter vermißt (Hammerschlag und in mehreren von uns beobachteten Fällen). Es kann einerseits beim Hydrokephalus durch sehr dicke Bauchdecken verschleiert sein, andrerseits kann ein Kontraktionsring bei nicht hydrokephalischen Köpfen sich genau so darstellen.

Erheblich sichere Aufschlüsse gibt uns in den meisten Fällen die innere Untersuchung. Bei den geringen und mittleren Graden von Hydrokephalus wird man meist imstande sein, die mehr oder weniger stark erweiterten Nähte und Fontanellen nachzuweisen, ebenso die Weichheit und strahlige und platte Natur der beweglichen Schädelknochen, wie auch die Unregelmäßigkeiten ihrer Knochenränder. Doch ist zu bemerken, daß in seltenen Fällen die erweiterten Nähte und Fontanellen beim Hydrokephalus auch verknöchert sein können. Handelt es sich um hochgradige Formen von Hydrokephalie, so kann sich, in erster Linie bei sehr dünnen Wandungen, besonders die Gegend der großen Fontanelle blasenartig vorbuchten, ja sie kann sogar bis in den Scheideneingang vorgetrieben und dann mit der Fruchtblase verwechselt werden. Dieser Irrtum ist um so leichter möglich, als die Kopfhaut der Hydrokephalen zuweilen außerordentlich spärlich behaart ist, eine Erscheinung, die auf trophische Störungen zurückzuführen ist. Die vermeintliche Fruchtblase ist demgemäß auch mehrfach punktiert worden. Auf der anderen Seite wurde mehrfach Hydrokephalie angenommen, wo anderweitige Abnormitäten vorhanden waren, z. B. Exenkephalie, Hernia cerebri, Steißgeschwülste, ja sogar bei dicken Eihäuten. Eine weitere Verwechselung ist möglich mit einer in Schädellage liegenden mazerierten Frucht, bei der sich die Kopfhaut als tiefster Fruchtpol beutelförmig mit blutig-wässeriger Flüssigkeit gefüllt hat. So erging es mir in einem Falle, der allerdings durch die kombinierte Untersuchung bald klargestellt wurde. Das ferner als wichtiges Erkennungszeichen der Hydrokephalie angegebene Symptom, daß das Ballotement des Kopfes bei stehender Blase beim Hydrokephalus fehlt, hat ebenfalls keine große Bedeutung, es kann bei mittleren Fällen fehlen und vorhanden sein; besonders bei gleichzeitigem Hydramnion. Schließlich hat man auch die diagnostische Probepunktion empfohlen, doch ist dieses Verfahren wegen Gefahr der Verletzung der Blutgefäße und des Gehirns nicht anzuraten. Die Diagnose wird sich immer sicher stellen lassen, wenn man, ev. in Narkose, bei leerer Blase kombiniert untersucht. Dann wird die übermäßige Größe des zwischen beiden Händen befindlichen Kopfes sofort auffallen. Der Vorschlag, mit der ganzen Hand in den Uterus einzugehen, um eine direkte Betastung des Kopfes vorzunehmen, erscheint mir mit Hammerschlag und anderen Autoren wegen der fast immer schon bestehenden Dehnung des unteren Uterinsegments als zu gefährlich.

Bei Beckenendlagen wird die Diagnose meist erst gestellt, wenn das Kind bis zu den Schultern geboren ist und die weitere spontane oder artifizielle Entwicklung des Kindes auf Schwierigkeiten stößt. Auch hier wird man bei normalen Beckenverhältnissen sofort an Hydrokephalus denken müssen, besonders wenn die bei Hydrokephalie so häufig gefundenen Klumpfüße und Spina bifida bereits geboren sind. Die kombinierte Untersuchung wird auch in diesen Fällen sofort die sichere Diagnose stellen lassen. Da nach den oben gemachten Ausführungen die Uterusruptur bei Beckenendlagen und Hydrokephalus nicht zu fürchten ist, so kann zur Sicherung der Diagnose hier auch mit der ganzen Hand zwecks Austastung des Kopfes eingegangen werden. Wurde in derartigen Fällen von Hydrokephalus und Beckenendlage mit enormer Kraft weiter zu extrahieren versucht, so kam es in einigen Fällen zu Abreißungen des Kopfes, der dann sogar mehrfach, falls eine Uterusruptur z. B. bei einer Wendung vorangegangen war, in die Bauchhöhle geschlüpft war.

Wenn wir die Diagnostik des Hydrokephalus noch einmal zusammenfassen, so muß man Hammerschlag nur recht geben, wenn er sagt: daß weder der Leibesumfang, noch das Fehlen des Ballotements des kindlichen Kopfes, die gesteigerte Frequenz der kindlichen Herztöne, der Nachweis klaffender Nähte und Fontanellen, das Pergamentknittern der Knochen, der Nichteintritt des Kopfes bei normalem Becken, noch die zirkuläre Einbuchtung zwischen Kopf und Rumpf einzeln sichere diagnostische Merkmale bilden. Nur durch die Kombination mehrerer dieser diagnostischen Merkmale wird man in der Lage sein, die richtige Diagnose zu stellen. Als ganz besonders wichtig hebe ich noch einmal die kombinierte Untersuchung hervor.

Auch über die Behandlung des Hydrokephalus unter der Geburt ist noch keine Übereinstimmung erzielt worden. Nach Fritsch soll der Hydrokephalus, gleichgültig, ob er lebt oder abgestorben ist, mit der Smellieschen Schere perforiert werden, sobald es die Weite des Muttermundes gestattet. Dann soll man das Kind an der Kopfschwarte fassen, ev. einen Finger in die Öffnung hereinführen und den Kopf herausziehen, was leicht gelingen soll. Nach demselben Autor sind Extraktionsinstrumente nicht nötig, die Zange wegen Gefahr des Abgleitens kontraindiziert. Nach der Perforation des nachfolgenden Kopfes soll man stark von außen drücken, um die Flüssigkeit durch den langen und engen Kanal hindurchzuzwängen. Fritsch empfiehlt hier besonders die Perforation vom Gaumen aus, weil dabei die Wände nicht ventilartig das Loch verlegen und verschieben. Fritsch nimmt nach diesen Ausführungen also überhaupt keine Rücksicht auf das kindliche Leben und sieht bei der Behandlung des Hydrokephalus die vornehmste Aufgabe in der möglichsten Schonung der Mutter bei der Geburt. Andere Autoren wollen mehr Rücksicht auf das kindliche Leben nehmen, weil es nicht ausgeschlossen ist, daß ein hydrokephalisches Kind nach der Geburt am Leben bleiben und sogar durch Ausheilung des Prozesses auch völlig gesund werden kann. Aus diesem Gesichtspunkt billigen einige Autoren z. B. die Anlegung der Zange dann, wenn der Kopf im Becken steht und die Schädelknochen hart sind, ein Abgleiten der Zange also nicht möglich ist. Eine Empfehlung der Zange für den Hydrokephalus scheint mir auch unter Berücksichtigung meiner obigen Ausführungen nicht ratsam zu sein; denn da der Praktiker sich gelegentlich über den Stand des Kopfes bei Hydrokephalus täuschen kann, so wird er auch in die Lage kommen können, schweres Unheil mit der Zange anzurichten. Die Fälle von Hydrokephalus, wo die Geburt durch die Zange glücklich beendet wurde, sind wohl in der großen Mehrzahl erst nachträglich als Hydrokephalus geringen Grades erkannt worden. Es dürfte sich nach diesen Bemerkungen vielmehr empfehlen, die Anwendung der Zange bei diagnostiziertem Hydrokephalus direkt zu perhorreszieren. Nach Runge widerspricht die Anlegung der Zange bei Hydrokephalus vor oder nach der Punktion den wichtigsten Bedingungen für die Zangenoperation und gilt als Kunstfehler.

Da die genügende Verkleinerung des Schädels bei Hydrokephalus, die ja bei der Therapie erreicht werden soll, nach verschiedenen Autoren auch durch die Punktion erzielt werden kann, so empfehlen diese die Ausführung der Punktion und nicht die Perforation (Küstner, v. Winckel, Olshausen u. a.). Diese Empfehlung stützt sich in erster Linie auf die Erfahrung, daß Kinder mit Hydrokephalus nach der Punktion am Leben geblieben sind, ohne daß durch dieses Entbindungsverfahren die Mutter geschädigt wäre. Die Annahme, daß ein punktierter Hydrokephalus vielleicht nicht geeignet ist, die genügende Erweiterung des Muttermundes und die nötige Dehnung der übrigen Weichteile zu erzielen, wird durch die gegenteilige klinische Beobachtung und Erfahrung widerlegt. Küstner empfiehlt nach Sicherung der Diagnose so früh wie möglich zu punktieren, das heißt dann, wenn man einen langen, schwachgekrümmten Troikar von 6 mm Dicke in den Muttermund einbringen kann. Er gibt den eigentlich selbstverständlichen Rat, möglichst aseptisch resp. antiseptisch zu operieren, damit die Punktionswunde des Schädels nicht von der Vagina aus infiziert wird. Dabei soll soviel Flüssigkeit wie möglich ablaufen; die weitere Geburt wird den Naturkräften überlassen. Ist das Kind tot, so soll man perforieren, eventuell die Punktionsöffnung erweitern und den Kranioklasten anwenden, falls nicht die häufig schon genügende Extraktion mit dem in die Perforationsöffnung eingeführten Finger ausreicht. Ebenso empfiehlt Ahlfeld, wenn möglich, die Punktion mit einem feinen Troikar vorzunehmen unter Vermeidung der Verletzung eines Hirnblutleiters. Nach Spiegelberg kann man an Stelle des Troikar auch ein Messer benutzen.

Bei der Behandlung des in Beckenendlage befindlichen Hydrokephalus hat die Punktion nicht viel Sinn, da das Kind inzwischen absterben würde. Hier kommt nur die Perforation — am besten der Hinterhauptsschuppe, einer Seitenfontanelle oder durch das Foramen magnum — in Frage. Falls man vom Damm aus leichter zum Munde kommt, so wäre eventuell auch die Perforation durch den harten Gaumen zu versuchen. Bei forcierten Extraktionsversuchen kann auch hier der Kopf schließlich entwickelt werden, indem die Flüssigkeit entweder infolge einer Ruptur der Hirndecke unter die Galea gelangte, oder aber durch Zerreißen der Halswirbel in das Unterhautzellgewebe des Halses (vgl. Küstner, S. 671). Die Perforation des nachfolgenden Kopfes kann dann erhebliche Schwierigkeiten machen, wenn der Kopf infolge engen Beckens hoch über dem Becken stehen bleibt, so daß man ihn mit dem Perforatorium nur schwer oder überhaupt nicht erreichen kann. Für diese Fälle empfiehlt sich sehr die spinale Entleerung der Flüssigkeit nach van Huevel. Dabei wird die untere Hals- resp. Brustwirbelsäule mit einem Messer quer eingeschnitten und die Rückenmarkshöhle eröffnet. Dann wird ein weiblicher Katheter bis in die Schädelhöhle vorgeschoben und die Flüssigkeit so entleert. Diese Methode ist mehrfach mit Erfolg angewandt und warm empfohlen worden (Ahlfeld u. a., siehe auch Kleinhans, S. 1651). Es ist das eine ähnliche Methode, wie sie Cohnstein für die Entwicklung des hochstehenden nachfolgenden Kopfes überhaupt angegeben hat (Enthirnung auf diesem Wege mit nachfolgender Ausspülung unter hohem Druck). Falls, wie so häufig, gleichzeitig eine Spina bifida vorhanden ist, so gestaltet sich der Eingriff noch einfacher. Man eröffnet dieselbe und schiebt von hier aus einen Katheter in die Rückenmarkshöhle.

Roorda-Smit entwickelte einen zurückgelassenen hydrokephalischen Kopf, indem er die Basis cranii durch eine bestehende Fissura palati perforierte. Eine Hebamme und ein Kurpfuscher hatten nach vergeblichen Extraktionsversuchen des in Steißlage geborenen Kindes den Kopf abgeschnitten.

Auch über die Frage, was nach der Punktion geschehen soll, gehen die Ansichten vielfach auseinander. Steht der Kopf mehr oder

minder fest im Becken oder wenigstens im Beckeneingang und erfordert
der Zustand der Mutter die beschleunigte Entbindung, so kann man entweder die Expression durch Druck auf den Fundus uteri (nach Kristeller)
versuchen, oder aber den Kopf manuell — nach Einführung eines Fingers
in die erweiterte Perforationsöffnung — extrahieren. Mißlingen diese Versuche, so empfehlen die meisten Autoren die Anlegung des Kranioklasten.
Hammerschlag und andere halten dagegen die Kranioklasie deshalb für
kein sehr geeignetes Verfahren, weil der Kranioklast leicht ausreißen kann.
Hammerschlag empfiehlt deshalb nach Versagen der Expression und der
manuellen Kopfentwicklung das Einsetzen einer Krallenzange in die Kopfschwarte und konstante Belastung derselben mit Gewicht, etwa drei Pfund.

Empfehlenswert scheint mir auch ein therapeutischer Vorschlag
v. Winckels zu sein. Derselbe schlägt vor, die Schädelknochen mit einer
Knochenzange auszulösen und die Extraktion an den zurückgebliebenen
Weichteilen vorzunehmen, wodurch auch Verletzungen des weichen Geburtsweges, die sonst leicht infolge der meist vorspringenden Knochenränder
eintreten, vermieden werden. Falls die manuelle Extraktion mißlingt,
könnte man auch einen Arm herunterholen und hieran den Rumpf extrahieren.

G. Veit empfahl, aus der Überlegung heraus, daß man bei tiefstehen-
dem hydrokephalischen Kopf bei einer Indikation zur Beendigung der
Geburt unter Schonung des Kindes in eine gewisse Verlegenheit kommen
könnte, stets nach ausgeführter Punktion und genügender Erweiterung des
Muttermundes die Wendung auf den Fuß zu machen, da die Extraktion
des nachfolgenden Kopfes nach der Punktion nicht schwer sei. Diesem
Vorschlag haben sich zahlreiche Geburtshelfer angeschlossen, Schröder,
Olshausen, v. Winckel u. a. Fritsch verwirft die Wendung, ebenso
Küstner, der gegen dieses Verfahren, das — nach meiner Ansicht — sehr
gerechtfertigte und bereits mehrfach ausgesprochene Bedenken hat, daß
das überdehnte untere Uterinsegment beim Eingehen der Hand zwecks
Ausführung der Wendung zerreißen könnte. Auch Runge hat gegen die
Wendung große Bedenken. Wenn man bedenkt, wie selten Kinder mit
ausgesprochenem Hydrokephalus nach der Geburt am Leben bleiben und
wie geradezu schlecht die spätere Prognose ist, so scheint mir die aus der
Literatur doch zweifellos hervorgehende Rücksichtnahme auf das kindliche
Leben durchaus übertrieben zu sein. Die weitere Existenz eines unter
der Geburt punktierten Hydrokephalus ist eine große Rarität. So hat
z. B. Spiegelberg in der Literatur keine zuverlässige Mitteilung gefunden,
aus der hervorgeht, daß ein Kind nach einer Punktion dauernd am Leben
geblieben wäre. Aus einer derartigen Rarität eine schonende Entbindungs-
methode, die unter Umständen das Leben der Mutter in Gefahr bringen
könnte, abzuleiten, ist durchaus unerlaubt. Da ferner in den extrem seltenen
Fällen, in denen der punktierte Hydrokephalus wirklich weiterleben sollte,
der Prozeß so gut wie immer Fortschritte macht, die Kinder nach den
weiter oben gemachten Ausführungen der allmählichen Verblödung mit
schließlich doch letalem Ausgang anheimfallen, so dürfte es auch weit mehr
im Interesse des Kindes gehandelt sein, wenn man möglichst die Operation

vornimmt, die auch für die Mutter sehr gute Chancen bietet, das ist die
Perforation und im Anschluß daran die weiteren erwähnten Maßnahmen.
Ganz und gar nicht darf man sich aber von Rücksichten auf Erhaltung
des kindlichen Lebens leiten lassen, wenn es sich um einen hochgradigen
Fall von Hydrokephalus handelt. Wer je bei der Sektion eines hochgradigen Hydrokephalus die durch die abnorme Ansammlung von Flüssigkeit in den Ventrikeln gesetzten Veränderungen des kindlichen Gehirns,
den Schwund besonders der Großhirnhemisphären und seiner wichtigen
Zentren bis auf Papierdicke gesehen hat, der wird sich eines Lächelns
über die doch ziemlich allgemein empfohlenen schonenden Entbindungs-
methoden beim Hydrokephalus nicht erwehren können. Ähnlich drücken
sich auch Runge und Kleinhans aus.

In der Göttinger Frauenklinik wurden in den letzten 20 Jahren 8 Fälle
von Hydrokephalus unter der Geburt beobachtet. In einem weiteren
9. Falle wurde die Kreißende nur mit einem hydrokephalischen Kopf eingeliefert, nachdem der draußen behandelnde Arzt das in Beckenendlage
bis zum Hals geborene Kind in der Gegend des Halses durchtrennt hatte.
In einem weiteren Fall trat der Hydrokephalus akut sofort im Anschluß
an die Geburt auf. Von den ersterwähnten 8 Fällen waren 7 Mehrgebärende, 1 Erstgebärende. Anamnestisch war bei sämtlichen Frauen
nichts zu bemerken, was etwa für die Entstehung des Hydrokephalus in
Betracht kommen könnte. Eine von den Frauen war als Schwangere in
den ersten Schwangerschaftsmonaten wegen Hyperemesis mehrere Wochen
in der hiesigen Frauenklinik behandelt worden. Eine 9 p. hatte bereits
bei der 8. Geburt einen Hydrokephalus geboren. Die Becken waren bis
auf ein mäßig plattes Becken sämtlich normal. Die Lage war in 6 Fällen
Schädellage, 2mal Steißlage. 2mal erfolgte die Geburt spontan. Davon
war ein Knabe mazeriert (Journ.-Nr. 20204). Der Kopf desselben war
nach der Geburt lang ausgezogen. Das andere Kind (Mädchen, Journ.-
Nr. 14992) wurde vorzeitig im 8. Schwangerschaftsmonat ausgestoßen mit
einem Kopfumfang von 33 cm. Die Nachgeburtsperiode und die Wochen-
betten waren in beiden Fällen normal. Die Sektion des 2. Falles ergab:
Hydrocephalus internus, Ependymitis chronica granulosa, subpiale Blutungen, dergleichen subpleural und subperikardial. Nichts von syphilitischen
Veränderungen. Der 3. männliche Hydrokephalus (Journ.-Nr. 16793) wurde
durch Expression entwickelt. Nachgeburtszeit und Wochenbett normal.
Die Kopfmaße waren gleich nach der Geburt: Diam. fronto-occip. 12,5,
bipariet. 11, bitemp. 8,5, Umfang 40. Gewicht des Kindes bei der Geburt
3100 g, bei der Entlassung 2770 g. Am 7. Wochenbettstage bemerkt man
an den Füßen und Händen des Kindes ein stärkeres Ödem. Gleichzeitig
fällt eine eigentümliche Kontraktur der oberen und unteren Extremitäten
in Beugestellung auf. Die Muskulatur derselben ist bretthart, die darüber
liegende Haut nicht verändert; sie ist vielmehr weich und auf der Unterlage verschieblich. Das Kind schreit mit leiser heiserer Stimme. Ein
Versuch, die Extremitäten aus der Beugestellung in die vollkommene
Streckung zu bringen, mißlingt. Am Nabel keine Veränderungen. Allmählich schwinden die Ödeme und Kontrakturen der Extremitäten, so daß

die krankhaften Erscheinungen etwa 8 Tage angehalten haben. Derartige Zustände sind übrigens für den chronischen Hydrokephalus bekannt und charakteristisch. Sie entstehen durch die bei Hydrokephalie fast immer vorhandene Degeneration in den Pyramidenbahnen, aber auch ohne diese, nur infolge des Drucks der vermehrten Flüssigkeit.

Im 4. Fall (J.-Nr. 18956) bestand ein hochgradiger Hydrokephalus. 26 jähr. III p. Anamnese ohne Belang. Die Kreißende wurde 24 Stunden nach gesprungener Blase eingeliefert. Befund bei der Aufnahme: kräftige Frau, mit vor Schmerz verzerrten Gesichtszügen. Wehen sehr stark und schmerzhaft. Puls 110, Temperatur 38,5. Entbindungsversuche waren nicht vorangegangen. Der mit dem Katheter entleerte Urin ist blutig, enthält aber keine Fetzen und keine Zylinder. Der Leib ist sehr stark aufgetrieben, bei der Betastung äußerst schmerzhaft. Etwas oberhalb der Mitte, zwischen Nabel und Symphyse, sieht man eine besonders an den Seiten deutliche Querfalte. Bis ungefähr in dieselbe Höhe ragt ein das große Becken ganz ausfüllender, harter, glatter Tumor, der übermäßig große Kopf. Steiß im Fundus. Herztöne rechts oberhalb des Nabels mit normaler Frequenz. Der ganze Uterus stark eleviert. Innere Untersuchung: Muttermund handtellergroß, in demselben eine prall-elastische Geschwulst, die Ähnlichkeit mit einer gespannten Blase hat. Auf derselben kleine Unebenheiten. Nach oben zu fühlt man, wie die gespannte Membran in einen gezackten Knochenrand übergeht. Diagnose: Hydrokephalus, 2. Schdl. drohende Uterusruptur. In Narkose wird die Perforation und Kranioklasie ausgeführt, die keine Schwierigkeiten bieten. Bei der Perforation entleeren sich 2 Liter Flüssigkeit. Das Kind wiegt ohne diese 2 Liter 6 Pfund; außer dem Hydrokephalus findet sich eine Spina bifida und ein Klumpfuß. Geschlecht weiblich. Geringe atonische Nachblutung. Wochenbett ohne Störungen.

5. Fall: J.-Nr. 23544. II p. In den ersten Schwangerschaftsmonaten wegen Hyperemesis gravidarum behandelt. 1. Schdl. Wegen Dehnung des unteren Uterinsegments Perforation und Kranioklasie, die keine Schwierigkeiten bieten. Geschlecht männlich. Außerdem Wolfsrachen, Klumpfuß, amniotische Schnürringe an den Fingern, an den Zehen Syndaktylie, doppelte Gesichtsspalte. Nachgeburtszeit und Wochenbett normal.

6. Fall: J.-Nr. 23834, ein auch in anderer Hinsicht sehr interessanter Fall. IV p. frühere Geburten o. B. In den letzten Monaten der Schwangerschaft langsam zunehmendes Hydramnion, Ödeme. Bei der Geburt angewichene Schädellage, sehr bewegliche Frucht. 12—15 Liter Fruchtwasser. Wendung, schwierige Extraktion, Kind tief asphyktisch, nicht wiederbelebt. Wegen Atonia uteri Uterustamponade. Wochenbett o. B. Die etwa 5 Wochen zu früh ausgestoßene Frucht ist 42 cm lang, männlichen Geschlechts. Hydrokephalus mittleren Grades. Kopfumfang 35 cm. (5 Wochen zu früh geboren.) Starke Anschwellung der vorderen und seitlichen Halsgegend (vgl. Fig. 21). Dabei eine Kopfhaltung, wie man sie bei kongenitaler Struma oder manchen Hemikephalen (vgl. S. 29) beobachtet, d. h. also Kopf in den Nacken geschlagen. Die Sektion ergab: Hydrokephalus internus, keine Struma, keine Abnormitäten der Halswirbel-

säule, sondern nur hochgradige subkutane Fettentwicklung und sehr starke
ödematöse Infiltration des Unterhautbinde- und Fettgewebes. Umfang des
Halses 30 cm. Diese eigenartige Haltung des Kindes hatte neben der Hydrokephalie die Entwicklung des Kopfes sehr erschwert.

7. Fall: J.-Nr. 24292. IX p. Die 8. Geburt war gleichfalls Hydrokephalus, die andern normal, vom Arzt mit gesprungener Blase 18 Stunden nach dem Blasensprung geschickt, weil die Geburt „keine Fortschritte" machte. 1. Steißlage, Perforation des nachfolgenden Kopfes. Der weibliche Hydrokephalus zeigt außerdem Plattfuß und Spina bifida. Nachgeburtszeit und Wochenbett normal.

8. Fall: J.-Nr. 24674. II p. Aus der geb. Poliklinik eingeliefert. Steißlage. Perforation des nachfolgenden Kopfes. Der weibliche Hydrokephalus zeigt außerdem Agenesia vermis cerebelli, Meningocele lumbosacralis post., Lordosis lumbosacralis. Agenesia costae sin. 6 et 7. Status lymphaticus. Nachgeburtszeit und Wochenbett o. B.

9. Fall: J.-Nr. 24419, mit einem hydrokephalischen Kopf, nach Abschneiden des übrigen Körpers in die Klinik geschickt. IV p. Der Arzt wurde wegen Blutung zugezogen, die bei seiner Ankunft aber mäßig war. Die innere Untersuchung ergab Placenta praevia. Die Frucht lag in Steißlage (?), angeblich seit Tagen abgestorben. Es wurde der Fuß herunter-

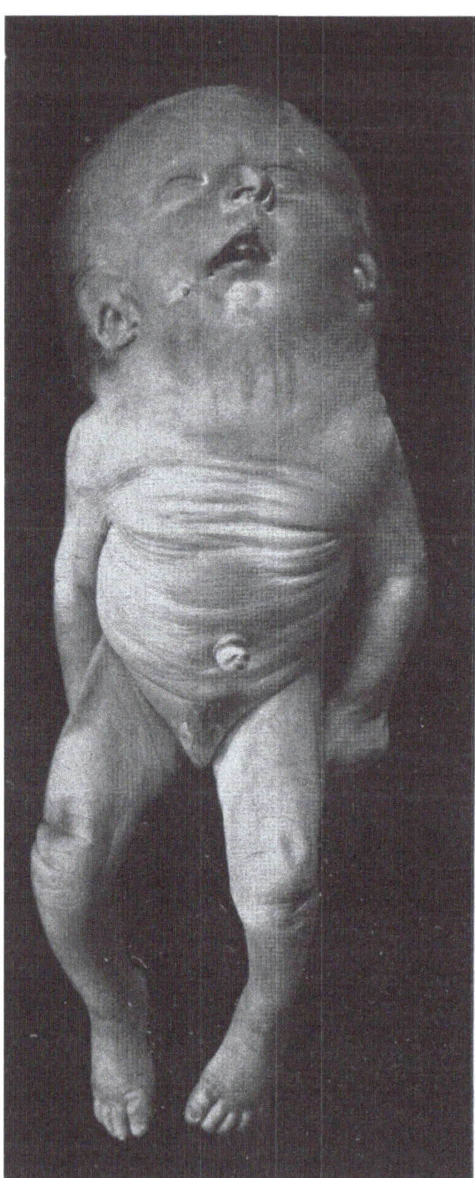

Abb. 21. Mäßiger Hydrokephalus mit Ödem und erheblicher Fettvermehrung am Vorderhals.
(Präparat aus der Sammlung der Göttinger Frauenklinik.)

geholt, die Blutung stand darauf. Die später vorgenommene Extraktion
gelang nur bis zum Kopf. Das Kind, das eine Spina bifida hatte, wurde
am Hals durchtrennt, weil der Arzt zusammengewachsene Zwillinge ver-

mutete. Die Kreißende kam mit einer Temperatur von 37,8 und einem kleinen Puls von 140—160 in die Klinik. Sie machte einen sehr kollabierten Eindruck. Die sicher bei der Einlieferung der Kreißenden vorhandene Uterusruptur wurde von dem geb. Assistenten nicht erkannt, da er die Austastung des Uterus unterließ. Die Diagnose Hydrokephalus wurde sofort gestellt und der Kopf sehr schnell und leicht durch Perforation und manuelle Extraktion entwickelt. Die Patientin erholte sich anfangs, doch ging der Puls und die Temperatur sehr bald wieder in die Höhe. Unter zunehmender Benommenheit und Herzschwäche starb die Wöchnerin an Sepsis am 8. Tage nach der Geburt. Im Blut hämolytische Streptokokken. Die Sektion ergibt: Ruptura uteri completa, Peritonitis, Endokarditis, Milzinfarkt.

10. Fall: J.-Nr. 20484. I. p. hat vor mehreren Jahren Typhus gehabt. Organe gesund. Sehr schnell, besonders nach dem Blasensprung, verlaufener Partus. Kind (weiblich) bei der Geburt gesund, Gewicht 3160 g, Länge 50 cm, Kopfumfang 35 cm. Sehr bald nach der Geburt entsteht ein akuter Hydrokephalus. Die Nähte klaffen über Fingerbreite, der Umfang vergrößert sich täglich um 1 cm und darüber. Trotz zweimaliger Lumbalpunktion keine Besserung. Entlassung auf Wunsch der Mutter am 15. Tage nach der Geburt. Gewicht 2800 g. Die Ätiologie des Hydrokephalus blieb unklar. Es läßt sich nicht sicher sagen, ob die Geburt hier auf ein leicht vulnerables Gehirn als Trauma wirkte, oder aber ob die Ursache in die Zeit vor der Geburt zu verlegen ist und der Prozeß bis nach der Geburt latent blieb. Vielleicht handelte es sich um ausgedehnte akute Thrombosen der Gehirn- und Hirnhautvenen, besonders der Sinus oder der Vena magna Galeni, wie sie bei akuter Hydrokephalie beschrieben sind (vgl. Schultze, S. 196).

In der Sammlung der hiesigen Frauenklinik befinden sich zwei Hydrokephalen von derselben Frau (ein vollständiges Kind, Nr. 113, und ein hydrokephalischer Schädel, A Nr. 47), siehe Abb. 18a und 18b. Bei dem vollkommen erhaltenen Hydrokephalus machte Osiander am 4. Mai 1800 die Perforation des Hinterhaupts, wobei angeblich 4 Liter Flüssigkeit entleert wurden. Ein Jahr darauf wurde die Mutter wieder von einem Hydrokephalus entbunden.

Literatur.

Kaufmann, Spez. pathologische Anatomie. — Schmaus, Pathologische Anatomie. — Ahlfeld, Mißbildungen und Lehrbuch der Geburtshilfe. — Kleinhans in v. Winckels Handb. d. Geburtsh. — Küstner in Müllers Handb. d. Geburtsh. — Lehrbücher der Geburtshilfe von Runge, Fritsch, Olshausen-Veit, Bumm, Spiegelberg, v. Winckel. — Schultze in Nothnagels Handb. d. spez. Path. u. Ther. — Lehrbücher der spez. Chirurgie von Tillmanns und Leser. — Strümpell, Spez. Pathologie und Therapie. — Quincke, Volkmanns klin. Vorträge. Neue Folge. Nr. 67, und: Über Hydrokephalus, Verhandl. d. 10. Kongr. f. innere Medizin. 1891. — Keller, Deutsche Klinik. — Hohl, Geburten mißgebildeter Kinder. — v. Bardeleben, Geb.-gynäk. Gesellsch. Berlin, 27. XI. 1903. Zentralbl. f. Gynäk. 1904. S. 110 bis 111. — Schuchard, Diss. Berlin 1884. — Cohnstein, Arch. f. Gynäk. 6. S. 503. — Ahlfeld, Berichte und Arbeiten. 1. S. 240. — G. Veit, zit. nach Küstner, S. 670. — Hammerschlag, Monatsschr. f. Geburtsh. u. Gynäk. 27. S. 415 ff. — Pacel, Diss. Paris 1907. — Gabail, Diss. Paris 1902. — Weinberg, Diss. Bonn 1902. — Liese,

Geb. Gesellsch. München, 21. X. 1903, ref. Zentralbl. f. Gynäk. 1904. S. 879. — Roorda-Smit, ref. Zentralbl. f. Gynäk. S. 1563. — Jorns, Diss. Berlin 1903. — Balantyne, ref. Zentralbl. f. Gynäk. 1905. S. 764. — Flammand, Diss. Paris 1904. — Jammes, Diss. Lyon 1905. — Keilmann, Deutsche med. Wochenschr. 1895. Nr. 28. Vereinsbeilage Nr. 46. S. 194. — Stratz, Geb. Gesellsch. Berlin, März 1885.

Anhangsweise erwähne ich an dieser Stelle die **Verletzungen im Bereich des Schädels unter der Geburt.** Eine ausführliche Bearbeitung dieser Frage findet sich bei Keller (Deutsche Klinik), Küstner (Müllers Handbuch), Birnbaum (Volkmannscher Vortrag), Stumpf (v. Winckels Handbuch). Die Kopfgeschwulst ist, sit venia verbo, die häufigste Geburtsverletzung. Sie entsteht in der Mehrzahl der Fälle erst nach dem Blasensprung bei lebenden Kindern an der Stelle, die während der Geburt längere Zeit entweder im Muttermund, in der Scheide oder in der Schamspalte vorliegt. Sie findet sich deshalb bei erster Schädellage auf dem rechten Scheitelbein, im Gesicht bei Gesichtslage, am Steiß bei Steißlage usw. Hier handelt es sich um eine ödematöse, blutig-seröse Durchtränkung der Haut und des lockeren Zellgewebes zwischen Kopfschwarte und Periost (bei Schädellagen). Daneben finden sich an denselben Teilen kleine Blutextravasate. Alle diese Veränderungen treten an den peripher vom Berührungsgürtel (Muttermund, Scheide, Vulva) gelegenen kindlichen Körperteilen auf und sind die Folge der hier eintretenden venösen Hyperämie.

Das Caput succedaneum ist eine ganz harmlose Erscheinung, die schon kurze Zeit nach der Geburt, spätestens am zweiten Tage verschwindet. Die erwähnten kleinen, meist punktförmigen Hautblutungen bleiben gewöhnlich noch mehrere Tage bestehen und gestatten dann natürlich noch gewisse Rückschlüsse auf den Geburtsmechanismus. In ganz seltenen Fällen ist es beobachtet, daß Infektionserreger, speziell die Erreger des Erysipels in kleine Hautabschürfungen eingedrungen sind und zu schweren, ja tödlichen Erkrankungen geführt haben. Ehrendorfer (vgl. Stumpf) hat ferner 2 mal Nekrose des umschnürten Kopfschwartenteils infolge bindegewebiger Entartung des unteren Uterinsegments gesehen.

Beim Kephalhämatom, der nächsthäufigsten Kopfverletzung, handelt es sich um eine erst nach der Geburt entstandene Blutansammlung zwischen Schädelknochen und Periost, die zur Bildung einer zirkumskripten schwappenden Geschwulst führt. Neben diesem, als Cephalhaematoma externum bezeichneten Bluterguß findet sich in seltenen Fällen eine Blutansammlung zwischen Dura mater und Schädelknochen, die man als Cephalhaematoma internum bezeichnet hat. Kleinere Blutaustritte können sich schon vor der Geburt etablieren.

Nach einer Zusammenstellung von Kee wurde in 20 Fällen von Cephalhaematoma externum 9 mal gleichzeitig ein Cephalhaematoma internum gefunden. Diese Zahl erscheint im Vergleich zu den Erfahrungen anderer Autoren als sehr hoch. Beide zusammen finden sich entweder bei Schädelverletzungen oder aber bei kongenitalen spaltförmigen Ossifikationsdefekten, wie sie besonders an den Lieblingsstellen des Kephalhämatoms — den Scheitelbeinen und der Hinterhauptschuppe — beobachtet wurden. Die äußere Blutung greift dann auf die Innenseite der Schädelkapsel über.

Es ist auffallend, daß sich Kephalhämatome fast nur bei schnell und glatt verlaufenden Schädelgeburten finden. Nur in einer kleinen Anzahl von Fällen kommen sie bei schwereren oder leichteren Verletzungen, insbesondere noch Zangenoperationen, zur Beobachtung. Erst kürzlich sahen wir ein Kephalhämatom auf dem Okziput nach einer mäßig schwierigen Extraktion am Beckenende, ohne nachweisbare Knochenverletzung. In der Mehrzahl der Fälle handelt es sich um Erstgebärende.

Der Sitz desselben ist gewöhnlich auf dem rechten Scheitelbein, entsprechend der am häufigsten ersten Schädellage.

Fritsch erklärt das Zustandekommen dieser Affektion in folgendem: Bei der Wehe tritt ein bestimmtes Segment des Kopfes in den Muttermund ein; in der Wehenpause wird die Kopfhaut durch den festanliegenden zirkulären Muskelring des Orificium externum festgehalten, während der nun von seinem Druck befreite Schädel zurückweicht. Dabei kommt es wiederholt zu einer Verschiebung des subperiostalen Bindegewebes gegen den Knochen und damit zu einer Zerrung und Zerreißung der Gefäße. Fehlt dann nach der Geburt die Kompression, die vorher die mütterlichen Weichteile ausübten, so erfolgt die Blutansammlung zwischen Galea und Periost. Diese Verschiebungen treten ganz besonders bei der Drehung des Hinterhaupts nach vorn ein. Hieraus erklärt es sich, daß bei Schädellagen das vorliegende Scheitelbein, bei Beckenendlagen das Hinterhauptsbein der Sitz der subperiostalen Blutung ist. Nach Küstner sind es meist kleine Schädelfrakturen resp. Fissuren, die diese Blutungen veranlassen. Nach Försterling kommt die Verschiebung der Haut und des Periost gegen den Knochen auch dann zustande, wenn das eine Scheitelbein sich unter großem Druck langsam am Promontorium herabschiebt. Dabei wird die Haut durch die mütterliche Beckenwand festgehalten, während sich der Knochen weiter bewegt. Diesen Mechanismus nimmt Försterling für einen Fall aus der Hallenser Klinik an, wo sich gleichzeitig fünf Kephalhämatome fanden. Daß neben der Verschiebung der Galea am Knochen unter Umständen eine sub partu entstandene Asphyxie ein weiteres ätiologisches Moment für das Zustandekommen des Blutergusses bilden kann, leuchtet ohne weiteres ein, wenn man bedenkt, wie stark dabei die venösen Gefäße mit Blut gefüllt sind. Diese Venosität des Blutes dürfte auch der Grund dafür sein, daß das Blut bei den Kephalhämatomen stets flüssig ist. Ferner ist auch nicht von der Hand zu weisen, daß vielleicht eine abnorm leichte Zerreißlichkeit der Gefäße das Zustandekommen der Blutung begünstigen kann. Die Verschiebung zwischen Periost und Knochen wird nach einigen Autoren durch starke Behaarung des Kopfes begünstigt.

Beim engen Becken finden sich wohl deshalb so selten Kephalhämatome, weil durch das Mißverhältnis zwischen Kopf und Becken die erwähnten Verschiebungen (Vorwärts- und Rückwärtsbewegungen) erschwert sind; ist es trotzdem zu Zerreißungen von Gefäßen gekommen, so führt die dauernde Kompression des Kopfes zur Thrombosierung in den verletzten Gefäßen, wodurch das Zustandekommen der Blutung nach der Geburt des Kindes verhindert wird.

Das Kephalhämatom stellt sich klinisch als eine verschieden große fluktuierende Geschwulst von Nuß- bis Faustgröße dar, welche im Gegensatz zur Kopfgeschwulst die Nähte und Fontanellen niemals überschreitet, da ja das Periost hier festhaftet. Ungefähr auf 250 Geburten findet sich eine Kopfblutgeschwulst. Der Bluterguß sitzt gewöhnlich nur auf einem Knochen, meist, wie erwähnt, auf dem rechten Scheitelbein, er kann aber auch gleichzeitig auf mehreren Knochen vorhanden sein. Nach einer Zusammenstellung von Henning war unter 127 Fällen 57 mal das rechte Scheitelbein, 37 mal das linke, 21 mal beide Scheitelbeine, 7 mal das Okziput, 3 mal das Stirnbein und 2 mal das Schläfenbein der Sitz des Kephalhämatoms. Gewöhnlich kommt das Kephalhämatom erst einige Tage nach der Geburt zum Vorschein, wenn sich die Kopfgeschwulst ganz zurückgebildet hat. In der Mehrzahl der Fälle vergrößert sich die Geschwulst auch noch in den ersten Tagen post partum, wodurch sie praller gespannt erscheint. Dann erfolgt ein Stadium des Stillstandes, das dann allmählich in das Stadium der Rückbildung übergeht. Nur bei Kephalhämatomen infolge von Knochenverletzungen bildet sich der Bluterguß meist sofort nach der Geburt.

Die Heilung nimmt unter Umständen lange Zeit in Anspruch und dauert 3 bis 10, ja bis 15 Wochen. Nach mehrtägigem Bestande der Geschwulst findet man eine fast immer gut nachweisbare charakteristische Veränderung, d. h. die Geschwulst ist von einem mehr oder minder ausgesprochenen Knochenwall umgeben; gleichzeitig verfällt der Bluterguß allmählich der Resorption; die schwappende Konsistenz des Blutes geht in eine teigige Form über. Nach völliger Resorption kann man häufig noch lange Zeit eine „leichte unebene Periostose" (Keller) nachweisen. Bei großen Kephalhämatomen mit verlangsamter Resorption bildet sich zuweilen in der ganzen Ausdehnung des abgehobenen Periosts eine dünne Knochenlamelle aus, die dann ausgesprochenes Pergamentknittern, Krepitation zeigt.

Das Allgemeinbefinden des Kindes wird durch diese Affektion bei normalem Verlauf nicht beeinträchtigt. Bei sehr ausgedehnten Blutergüssen hat man einen gewissen Grad der Anämie gesehen. So fanden wir ausgesprochene Anämie mit entschiedener Beeinträchtigung des Allgemeinbefindens bei einem Kinde mit doppelseitigen, sehr ausgedehnten Blutergüssen auf beiden Scheitelbeinen.

In einigen Fällen ist eine Vereiterung des Kephalhämatoms beobachtet, indem Keime durch oberflächliche Hautverletzungen eingedrungen waren und den Bluterguß infiziert hatten.

Ganz besonders sind Kopfekzeme dabei zu fürchten. Die Eiterung beschränkt sich gewöhnlich auf den Blutsack. In einigen Fällen ist es jedoch zu Nekrosen des Knochens, Meningitis, phlegmonöser Entzündung und allgemeiner Sepsis gekommen.

Zeigen sich bei der Bildung des Kephalhämatoms Gehirnerscheinungen — Sopor, unregelmäßiger Puls, oberflächliche Respiration, leichte Zyanose, Unvermögen zu saugen —, so kann man annehmen, daß gleichzeitig ein Cephalhaematoma internum oder eine Gehirnapoplexie besteht.

Die Diagnose wird keine Schwierigkeiten bieten, wenn man daran denkt, daß die Geschwulst niemals die Naht überschreitet und wenn man den peripheren Knochenwall fühlt. Hirnbrüche machen respiratorische Bewegungen und zeigen häufig Pulsation, sind auch meist unter den Zeichen des Hirndruckes (Erbrechen, Pulsverlangsamung, Störungen der Atmung) reponierbar.

Einfache Abszesse zeigen erhöhte Temperatur, heiße rote Haut und große Schmerzempfindlichkeit.

Die Prognose ist gut, wenn nicht gleichzeitig innere Blutungen bestehen oder eine Eiterung mit ihren Folgen hinzutritt.

Die Behandlung muß in der großen Mehrzahl der Fälle eine exspektative sein. Man schützt die Haut des Kephalhämatoms vor Insulten durch Bedeckung mit Watte oder dergleichen. Eventuell kann man versuchen, durch feuchtwarme Umschläge mit essigsaurer Tonerde-Lösung die Resorption zu beschleunigen. In den meisten Fällen ist die Punktion oder Spaltung des Blutsackes durchaus zu widerraten, da neben der Infektionsgefahr die Möglichkeit einer Nachblutung vorliegt, wie das schon mehrfach beobachtet ist (Runge).

Einige Autoren (Olshausen, Monti u. a.) wollen die Punktion mit daranschließender Aspiration des Blutes in den Fällen angewandt wissen, wo das Kephalhämatom sehr groß ist und keine Neigung zur Resorption zeigt. Sie gehen dabei von der Erwägung aus, daß der vom Periost entblößte und seiner Ernährungsquelle beraubte Knochen unter diesen Umständen auch einmal nekrotisch werden könnte. Nach dem Eingriff applizieren sie einen leichten Druckverband. Besteht eine Eiterung im Kephalhämatom, so soll man den Sack breit eröffnen und mit Jodoformgaze ausstopfen.

Ist gleichzeitig ein Kephalhämatoma internum mit den bereits erwähnten Symptomen vorhanden, so kann man durch Entleerung der äußeren Geschwulst eine Entlastung des Gehirns bewirken, da ja häufig eine Kommunikation zwischen beiden Blutergüssen besteht.

An der Haut des Schädels und des Gesichts bilden sich, in der Regel nur beim engen Becken oder bei sehr großen Kindern, seltener bei Zangenoperationen, häufig sogenannte Druckmarken oder Druckspuren. Es sind das rote Flecken und Streifen, die gewöhnlich durch das Promontorium verursacht sind und genau die Partien des Schädels bezeichnen, welche den Weg am Promontorium vorbei genommen haben. Diese Streifen verlaufen meist von der großen Fontanelle resp. der Sutura sagittalis entlang der Kranznaht und biegen häufig hakenförmig zur Schläfe um. Aus diesen Veränderungen der Haut kann man noch Tage nach der Geburt genau den Durchtrittsmechanismus des Kopfes und die Beckenform erkennen. Mehrfach sind auch zwei parallele, von der Sutura sagittalis nach dem Ohr zu verlaufende Druckstreifen beobachtet, herrührend von einem doppelten Promontorium. In seltenen Fällen findet man auch Druckspuren von der Symphyse herrührend, besonders dann, wenn der Schoßfugenknorpel stark vorspringt. Diese verlaufen in der Längsrichtung des Knochens und sitzen gewöhnlich oberhalb der Schuppe des Schläfenbeins. Schließlich können derartige Hautveränderungen auch durch Exostosen am Kreuzbein und durch den horizontalen Schambeinast verursacht werden. Meist handelt es sich bei allen diesen Druckmarken um platte, seltener um allgemein verengte oder Trichterbecken. Beim Trichterbecken werden die Druckmarken durch die Sitzbeinstachel hervorgerufen. Sie haben die Form lineärer hellroter Streifen, die beiderseits vom Tuber parietale in gerader Richtung zum vorderen oder seitlichen Winkel der großen Fontanelle, oder in der Richtung gegen den äußeren Augenwinkel verlaufen (Schauta). In der Nähe derartiger Druckspuren fanden vereinzelte Beobachter (Litzmann, Küstner u. a.) kollaterales Ödem der Augenlider usw. Die Druckmarken und Druckspuren entstehen fast immer nur am vorausgehenden Kopfe, da der nachfolgende Kopf in der Regel die engen Partien des Beckens zu schnell passiert.

Wird eine Stelle der Kopfschwarte einem länger dauernden Druck ausgesetzt, so kann die Haut in diesem Bezirk brandig werden. Es bildet sich dann ein rundlicher Schorf mit geröteten Rändern, der unter Eiterung abgestoßen wird. Die dabei entstandene Wunde vernarbt allmählich. Alle diese Verletzungen hinterlassen für das Kind keine bleibenden Schädigungen, vorausgesetzt, daß die wunden Partien nicht infiziert werden. Dann werden allerdings Abszeßbildung und Phlegmonen beobachtet. Die Behandlung besteht demnach in der Vermeidung dieser Infektion: Jodoformverband, essigsaure Tonerde-Aufschläge, Salbenverbände usw.

Etwas anderes sind die Hautveränderungen, wie sie nach Losreißung amniotischer, Simonartscher Stränge entstehen. Es sind das umschriebene Haut- und Haardefekte ohne Nekrose und Entzündung, die entweder vernarbt sind oder noch granulieren, wenn sie erst kurz vor der Geburt des Kindes entstanden sind (vgl. die angeborenen Erkrankungen und Mißbildungen der Haut).

Im Anschluß hieran erwähne ich einen Fall von Küstner, bei dem eine Pfuscherin die Kopfgeschwulst für die Fruchtblase gehalten und dieselbe, da sie auf die gewöhnliche Weise nicht zu sprengen war, mit einem scharfen Messer intragenital durchschnitten hatte. Die Galea war über den ganzen Schädel hinweg sagittal gespalten und nach beiden Seiten bis über die Ohren zurückgeklappt, so daß das Kind skalpiert geboren wurde. Trotz der schweren Verletzung kam der Fall zur Heilung. In anderen Fällen wurde im Anschluß daran Tod oder Sepsis oder Meningitis beobachtet. Kleinere Verletzungen der Kopfschwarte werden bei roher Untersuchung beobachtet.

Die Verletzungen der Schädelknochen sind für das neugeborene Kind erheblich folgenschwerer. Hier kommen in Frage Frakturen, Fissuren und Impressionen.

Am häufigsten sind hier die rinnen- und löffelförmigen Eindrücke der Kopfknochen. Sie finden sich beim engen Becken fast immer auf dem hinteren Scheitelbein, das am Promontorium vorbeigepreßt wird. Meist entstehen sie spontan, aber auch dann, wenn der über dem Becken befindliche oder im Beckeneingang fest eingekeilte vorangehende oder nachfolgende Kopf mit Gewalt von außen eingedrückt oder mit der

Zange entwickelt wird. Auch bei der Extraktion am Beckenende beim engen Becken sind sie beobachtet. Bei den rinnenförmigen Impressionen besteht meist nur eine einfache flache Einbiegung des Knochens, selten eine Infraktion. Sie sitzen gewöhnlich an dem Scheitelbeinrand, der an der Kranznaht gelegen ist. Gefährlicher für das Leben des Kindes sind die löffel- oder trichterförmigen Eindrücke der Kopfknochen. Sie finden sich am Stirn- und Scheitelbein zwischen dem Tuber und der großen Fontanelle oder Kronennaht und sind tiefe Einbiegungen des Knochens. An ihrer tiefsten Stelle kommt es nicht selten zur Bildung eines echten Kephalhämatoms. In der Peripherie solcher Impressionen beobachtet man häufig Fissuren der Knochen. Derartige Fissuren sollen ebenso wie die seltenen Zerreißungen der Nähte in einigen Fällen Veranlassung zu traumatischen Meningozelen resp. Enkephalozelen gegeben haben. Die selteneren Eindrücke am Stirnbein kommen gewöhnlich dann zustande, wenn die falsch angelegte Zange das Stirnbein mit forcierter Gewalt am Promontorium vorbeizieht. Am Scheitelbein entstehen sie meist durch die Wehenkraft allein. In ganz vereinzelten Fällen (Lomer, Hoffmann, Rembold u. a.) ist eine solche Impression am Schläfenteil der Orbita erfolgt; dann handelte es sich um ein plattes Becken und Tiefstand des Vorderhaupts. Infolge des Knocheneindruckes kam es mehrfach zum Exophthalmus. Unter den von Lomer mitgeteilten Fällen findet sich eine Frau, die sogar zweimal ein Kind mit einer derartigen Verletzung geboren hatte. Lomer erklärt sie dadurch, daß bei starker querer Kompression des Schädels dieser sich in seinen Nähten zusammenschiebt, während die papierdünne Orbita dieser Bewegung nicht folgen kann und so frakturiert. Rembold sah ebenfalls eine derartige Verletzung zweimal bei derselben Frau mit einem Trichterbecken. Alle diese Verletzungen können für das Kind lebensgefährlich werden, wenn der Knochen gebrochen ist, besonders wenn es sich um einen Splitterbruch handelt. Es kann dann auch zu Zerreißungen der A. meningea media, der Sinus und zu Sprengungen der Schädelnähte, speziell der Sutura squamosa mit Zerreißung des Sinus transversus usw. kommen. Doch kann man im allgemeinen sagen, daß selbst beträchtliche Deformationen des Schädeldaches meist gut überstanden werden. Auch die spätere geistige Entwicklung scheint nicht beeinträchtigt zu sein (Fall von Keller). Gewöhnlich kann man auch noch in späteren Jahren die Abflachung im Schädelknochen deutlich nachweisen.

Nach einer Statistik von 65 aus der Literatur zusammengestellten Fällen (Olshausen-Veit, S. 659) von löffelförmigen Eindrücken wurden 22 Kinder (34 Proz.) tot oder sterbend geboren, 10 (15,4 Proz.) starben bald nach der Geburt infolge der Verletzung und 33 (50,8 Proz.) blieben am Leben, ohne daß, mit wenigen Ausnahmen, das spätere Wohlbefinden gestört war.

Es ist empfohlen worden, die tiefen Impressionen operativ anzugreifen — ein Vorschlag, der aber nur dann geraten erscheint, wenn Zeichen einer Hirnverletzung und des Hirndruckes vorhanden sind. Die Prognose derartiger Operationen am Neugeborenen ist schlecht, da chirurgische Operationen ja überhaupt von ihnen schlecht vertragen werden. Der Vorschlag, tiefe Impressionen mit der Luftpumpe auszugleichen, dürfte auf zu große Schwierigkeiten, speziell technischer Natur, stoßen. Impressionen sollen nach Monro Kerr zuweilen bei Druck in dem um 90° abweichenden Schädeldurchmesser unter schnappendem Geräusch verschwinden. Baumm will durch Zug mit einem feinen, in den Knochen eingebohrten Korkzieher die Einbiegung ausgleichen. Boissard führt eine Sonde von der Naht aus zwischen Dura und Knochen ein, um die Knochendelle auszugleichen, und vermeidet so die Trepanation.

Die bereits von mir kurz erwähnte Sprengung der Sutura squamosa, d. h. also die Trennung von Scheitel- und Schläfenbein, kann bei vorangehendem Kopf durch den Zangenzug entstehen, tritt aber in den meisten Fällen dann ein, wenn bei Beckenendlagen der nachfolgende Kopf mit großer Gewalt durch den verengten Beckeneingang hindurchgezogen wird. Diese Verletzung wird tödlich, wenn der dahinter gelegene Sinus transversus verletzt wird und eine Blutung an der Schädelbasis sich etabliert. Der Mechanismus dieser gefährlichen Verletzung dürfte verständlich sein, wenn man bedenkt, daß die breitere obere Schädelpartie noch über der verengten Stelle feststeht und nun die grobe Kraft an der weniger widerstandsfähigen Sutura squamosa angreift.

Noch gefährlicher für das Kind ist die zuerst von Schröder beschriebene Epiphysentrennung am Hinterhauptsbein, also die Absprengung der Hinterhauptsschuppe von den Partes condyloideae. Sie entsteht in den meisten Fällen bei der Extraktion des nachfolgenden Kopfes und zwar in der Weise, daß durch das Zusammenpressen der Schuppe des Okziput von den Seiten her die Partes condyloideae von der Schuppe losgesprengt und auch an derselben verschoben werden.

Fritsch beschuldigt den stärkeren Zug am Rumpf, für sich allein oder in Verbindung mit einer starken Unterschiebung der Hinterhauptsschuppe unter die Scheitelbeine, wie sie bei Verengerung des Beckens auch im Querdurchmesser zustande kommt. Infolge dieser Verletzung können Zerreißungen des Sinus transversus mit tödlichen Blutungen in die Schädelhöhle oder direkte Kompression der Medulla erfolgen, indem sich die Hinterhauptsschuppe nach vorn verschiebt; ja das Halsmark kann, wie Olshausen hervorhebt, förmlich guillotiniert werden.

Außer diesen typischen Schädelverletzungen kommt noch eine ganze Reihe atypischer Verletzungen des Schädels zur Beobachtung. So können bei schweren Zangenextraktionen förmliche Zertrümmerungen des Schädels meist in der Form der sog. Sternfraktur infolge zu starker Kompression der Zangengriffe entstehen, wenn die Zange den Kopf im geraden Durchmesser gefaßt hatte. Dementsprechend finden sich die größten Zerstörungen dabei auf dem Hinterhaupts- und Stirnbein. Bei schwierigen Extraktionen am Beckenende sind ferner mehrfach Querbrüche der Hinterhauptsschuppe beobachtet usw. usw.

Die Hauptgefahr derartiger Schädelverletzungen liegt in einer etwa gleichzeitig vorhandenen Verletzung der Gehirnsubstanz oder in Gefäßverletzungen mit Blutungen in die Schädelhöhle. Im allgemeinen werden zwar, wie ich weiter unten noch ausführen werde, Blutungen auf die Gehirnkonvexität, wenn sie nicht sehr umfangreich sind, meist gut überstanden. Sie sind aber tödlich, wenn sich eine größere Blutung an der Schädelbasis etabliert hatte. Die Nahtzerreißungen führen fast stets zu Sinusverletzungen. Außer der bereits erwähnten Ruptur der Sutura squamosa mit Verletzung des Sinus transversus sind auch Zerreißungen der Stirn- und Pfeilnaht mit Verletzung des Sinus longitudinalis mehrfach beobachtet.

Blutungen in die Schädelhöhle sind nicht nur bei Verletzungen des knöchernen Schädels, sondern auch nach spontanen, glatt und schnell verlaufenden Geburten beobachtet (Seitz). Das gilt besonders für die Sinusverletzungen (Olshausen). Die Ursache derartiger Verletzungen läßt sich wohl darauf zurückführen, daß bei lange dauernden schweren Geburten die Schädelknochen eine starke Verschiebung gegeneinander erfahren, wie sie ja besonders beim engen Becken, aber auch schon unter normalen Verhältnissen eintritt.

Da die Verschiebung in erster Linie die Stirn- und Scheitelbeine betrifft, so handelt es sich meist um eine Verletzung des Sinus longitudinalis und der von der Oberfläche des Gehirns zu dem Sinus verlaufenden Venen. Die intrakraniellen Blutungen können ferner auch an der Schädelbasis, in die inneren Meningen, in die Gehirnventrikel, in die Hirnmasse selbst und schließlich in den Raum zwischen Schädel und Dura mater erfolgen. Keller macht mit Recht darauf aufmerksam, daß als unterstützendes Moment bei intrakraniellen Blutungen eine etwa gleichzeitig vorhandene Blutstauung im Schädelinnern in Frage kommen kann. Derartige intrakranielle Blutüberfüllungen finden sich am häufigsten als Folge einer Asphyxie, aber auch dann, wenn die Halsvenen, z. B. bei Struma congenita und bei um den Hals geschlungener Nabelschnur eine mechanische Kompression erleiden. Küstner u. a. haben dabei mehrfach intrakranielle Hämorrhagien beobachtet. Daß frühgeborene Kinder dazu leichter disponiert sind, liegt auf der Hand; bei ihnen sind die noch weichen Kopfknochen leichter kompressibel und die Blutgefäße weniger widerstandsfähig; letzteres gilt auch für luetische Kinder.

Sind die Blutungen gering und sitzen sie an der Konvexität, so können sie symptomlos verlaufen. Handelt es sich um stärkere Blutungen, speziell an der Schädelbasis oder in die Gehirnmasse hinein, so beobachtet man Kollaps, Pulsverlangsamung, Somnolenz, oberflächliche Atmung, Tremor der Glieder, plötzliches Aufschreien, Gliederstarre und das Unvermögen zu saugen. Unter diesen Erscheinungen können die Kinder bald nach der Geburt zugrunde gehen. Werden solche Kinder asphyktisch geboren, so fällt es auf, daß die Asphyxie nicht vollkommen zu beseitigen ist.

Besteht der Verdacht auf eine intrakranielle Blutung, so dürfen natürlich Schultzesche Schwingungen nicht in Anwendung gezogen werden. Man muß dann versuchen, mit anderen Methoden der Wiederbelebung auszukommen. Zur Unterscheidung von reiner Asphyxie ist angegeben, daß bei Abwesenheit äußerer Schädelverletzungen bei derartigen Fällen mitunter eine stärkere Vorwölbung der Fontanellen zu beobachten ist. Die Diagnose kann unter Umständen durch die Lumbalpunktion gefördert werden. Bei geringeren Blutungen, insbesondere an der Gehirnkonvexität, können die bedrohlichen Symptome zurückgehen und die Kinder völlig genesen.

Oder aber es treten bei Druck auf bestimmte Gehirnzentren Hemiplegien, Krämpfe und Kontrakturen ein. Hat eine basale Hirnblutung nicht wie meist letal geendet, so können in solchen Fällen Lähmungen des Okulomotorius, Trochlearis, Abduzens und Fazialis zurückbleiben.

An dieser Stelle mögen auch die in seltenen Fällen beobachteten Spinalblutungen erwähnt werden. Sie entstehen zuweilen im Anschluß an schwere Asphyxien. Häufiger aber traumatisch, besonders nach operativ beendeten Beckenendlagen. Dabei erfolgte die Blutung nicht nur in die Spinalhäute, sondern in seltenen Fällen auch in die Marksubstanz des Rückenmarkes selbst. Stumpf macht ferner darauf aufmerksam, daß die spinalen Blutungen auch unter denselben Einwirkungen zustande kommen, wie die zerebralen, weil bei Kompression des Kopfes die Zerebrospinalflüssigkeit in den Wirbelkanal verdrängt wird und so auch hier Schädigungen entstehen können. Sind nicht gleichzeitig schwere anderweitige Verletzungen (Medulla usw.) vorhanden, so ist die Prognose nicht schlecht. Als Symptome der Spinalblutungen sind angegeben Opisthotonus, Kontraktur der Extremitäten, Hemi- und Paraparese und Krämpfe. In neuerer Zeit sind von Neurologen derartige Blutungen für die spätere Entwicklung gewisser Rückenmarkserkrankungen, z. B. von Syringomyelie verantwortlich gemacht worden.

Traumatische Schädigungen des Schädels und des Gehirns werden, besonders von den Neurologen, häufig als ätiologisches Moment für die Entstehung späterer Gehirn- und Nervenkrankheiten herangezogen. Dabei geschieht die Schädigung entweder direkt durch Läsion des Gehirns selbst, oder indirekt z. B. durch Blutergüsse mit ihren Folgen. Das gilt besonders für die spastische Zerebralparalyse (angeborene spastische Paraplegie, Little), aber auch für die Epilepsie, Idiotie, Chorea, Athetose, Taubheit u. a.

Daß ein derartiger Zusammenhang unter Umständen bestehen kann, scheint aus einer Reihe einwandsfreier Beobachtungen als sicher hervorzugehen. Dennoch kann wohl behauptet werden, daß z. B. die Blutung als Ursache zerebraler Kinderlähmung entschieden überschätzt wird (Finkelstein). Die Entscheidung derartiger Fragen scheitert ja gewöhnlich einerseits an der Diskontinuität der Beobachtung (Geburtshelfer und Nervenarzt), andererseits an der Unsicherheit der Diagnose: Blutung u. a. oder kongenitale Gehirnerkrankung? Derartige Gehirn- und Nervenaffektionen will man auch dann gesehen haben, wenn intrakranielle Blutungen und direkte Gehirnverletzungen auszuschließen waren.

Ätiologisch sollen hier eine Rolle spielen können: langdauernde schwere, besonders Zangengeburten, Asphyxie, die Frühgeburt und die Sturzgeburt. So hat z. B. B. S. Schultze bei zwei Kindern später Idiotie beobachtet, wo bei der Geburt eine schwere Asphyxie vorhanden war. Man kann wohl annehmen, daß die Asphyxie nicht als solche derartige Störungen hervorzurufen imstande ist; vielmehr dürften gewisse Folgeerscheinungen derselben, speziell intrakranielle Hämorrhagien hier eine Rolle spielen.

Es läßt sich nicht leugnen, daß alle die erwähnten Momente einmal bei der Entstehung von Gehirn- und Nervenerkrankungen eine ätiologische Rolle spielen können. Doch läßt sich hierüber aus den obenerwähnten Gründen sicheres nicht behaupten. Für die Fälle, wo schon das normale Geburtstrauma einen schädlichen Einfluß ausüben soll, muß man entweder annehmen, daß pränatale Gehirnerkrankungen häufiger vorkommen, oder daß eine Disposition der betreffenden Individuen in Form einer leichten Vulnerabilität des Gehirns besteht. Schließlich spielt hierbei die erbliche Belastung (Neurosen, Alkoholismus, Tuberkulose, Lues) eine zweifellos große Rolle (Finkelstein, vgl. auch die Ausführungen von Stumpf, S. 499).

Die einseitige Fazialislähmung findet sich nicht selten im Anschluß an Zangenextraktionen. Die Lähmung kommt gewöhnlich so zustande, daß die Zange den Kopf in einem seiner schrägen Durchmesser faßt, wobei die Zangenspitze einen Druck auf den Stamm des N. facialis bei seinem Austritt aus dem Foramen stylo-mastoideum ausübt. Gleichzeitig findet sich gewöhnlich eine Druckstelle der Haut in diesem Bezirk, d. h. der Haut über dem unteren Rande des Unterkiefers. In selteneren Fällen führt der Druck der Zange auf den über dem Masseter gelegenen Pes anserinus major zu unvollkommenen Fazialislähmungen. Fazialislähmungen kommen desto leichter zustande, je mehr die Zangengriffe bei der Extraktion zusammengedrückt werden, also besonders dann, wenn die Hand das Schloß verläßt und die Griffenden bei der weiteren Extraktion benutzte. Es ist deshalb eine bekannte Tatsache, daß derartige Lähmungen um so leichter vorkommen, je weniger Übung der betreffende Geburtshelfer besitzt. Küstner macht darauf aufmerksam, daß man mit solchen Zangen welche einen geringen Apexabstand haben, wo also die Apices scharf umbiegen, und direkt aufeinander zu laufen, leichter Fazialislähmungen macht, als mit denjenigen, welche bei großem Apexabstand nur eine schwache Kopfkrümmung haben.

Periphere Fazialislähmungen kommen ferner zustande bei Drucknekrosen der Kopfschwarte infolge engen Beckens, wobei, wenn die Nekrose in der Nähe des Foramen stylo-mastoideum sitzt, der Nervus facialis peripher durch kollaterale entzündliche Schwellung geschädigt werden kann (Knappe). Vogel hat ferner zwei Fälle von Fazialislähmung mitgeteilt, wo infolge einer Symphysenexostose und Vorderscheitelbeineinstellung ein direkter Druck auf den Nervenstamm nach seinem Austritt aus der Schädelkapsel ausgeübt wurde, wodurch eine Lähmung entstand.

Franke hat Fazialisparese nach Vorderscheitelbeineinstellung bei starkem Hängebauch beobachtet und führt die Parese auf starken Druck der Schultern gegen die Ohrgegend zurück (nach Keller). In unserer Klinik beobachteten wir vor einiger Zeit eine Lähmung des nach vorn gelegenen Fazialis bei einem allgemein verengten platten Becken, die dadurch entstanden war, daß bei hochgradiger Vorderscheitelbeineinstellung und Tiefstand der kleinen Fontanelle ein Druck durch den vorspringenden Symphysenknorpel auf den Fazialis ausgeübt wurde. Die Geburt verlief spontan bei vorzüglicher Wehentätigkeit.

B. Schultze sah eine Fazialisparese infolge eines Hämatoms des Sterno-Kleido-Mastoideus an seiner Schädelinsertion. Nach Olshausen sprechen einzelne Fälle dafür, daß Amniosfalten, welche am Gesicht adhärent werden, Lähmungen des N. facialis zur Folge haben können. Auffallend ist das sehr seltene Vorkommen dieser Lähmung nach spontanen und leichten Geburten. In einem solchen Falle fand sich nachträglich eine intra partum akquirierte Nasen-Rachen-Diphtherie. In einem andern, gleichfalls von Olshausen beobachteten Falle fehlte jede erkennbare Ursache. Auch zentrale Fazialislähmungen sind beobachtet; so bei Knochenimpressionen und Frakturen mit intrakraniellen Blutungen, die einen Druck auf das Fazialiszentrum ausübten. Da die Zentren für Arm- und Beinbewegung, sowie für den Hypoglossus in der Nähe liegen, so werden sie unter Umständen mit betroffen.

Wenn man ein Kind mit einer Fazialislähmung betrachtet, so fällt auf, daß das Auge der gelähmten Seite nicht vollkommen geschlossen werden kann: Lagophthalmus. Ferner springt sofort die Lähmung der mimischen Gesichtsmuskeln ins Auge. Die gelähmte Gesichtshälfte ist schlaff und ausdruckslos, die Stirnrunzeln sind auf der gelähmten Seite verstrichen, ebenso die Naso-Labialfalte; der Mundwinkel hängt herab und häufig fließt Speichel heraus. Alle diese Symptome zeigen sich besonders gut beim Schreien des Kindes. Auch die Ernährung des Kindes kann leiden; das Saugen ist entweder unmöglich oder aber unvollkommen, wenn das Kind die Brustwarze mit dem Mundwinkel der gesunden Seite faßt. Beim Trinken gelangt die Milch bei gleichzeitiger Lähmung des Gaumensegels sehr leicht in die Nase. Die Differentialdiagnose, ob eine Fazialislähmung peripher oder aber weiter zentralwärts erfolgt ist, geschieht nach dem bekannten Schema von Erb (Strümpell, 3, S. 103). Ich will hier nur andeuten, daß das Verhalten des N. petrosus superficialis resp. des von ihm innervierten Gaumensegels hierbei von Wichtigkeit ist.

Die Prognose der einseitigen peripheren Fazialislähmung ist fast stets günstig. Die meisten Lähmungen gehen in 3—6 Tagen ohne jede Therapie zurück. Olshausen kennt keinen Fall, wo dauernde Lähmung eingetreten ist. Henoch (S. 229) hat allerdings zwei Fälle beschrieben, wo die Lähmung dauernd geblieben ist, ebenso Seeligmüller u. a. Hier muß man annehmen, daß es sich um eine schwere irreparable Quetschung des Nerven gehandelt hat.

Die Behandlung derartiger Lähmungen ist meist überflüssig, da die Affektion sich so schnell zurückbildet. Immerhin soll man bei Fällen, die nur langsam abklingen, die methodische Faradisation des Nerven anwenden.

Die Mißbildungen und kongenitalen Erkrankungen im Gebiet des Gesichts und Halses.

Die Mißbildungen des Gesichts treten entweder für sich allein oder kombiniert mit anderweitigen Mißbildungen auf (Hydrokephalus, Spaltungen im Bereich der Brust- und Bauchhöhle, bei zusammengewachsenen Zwillingen u. a.). Sie entstehen infolge mangelhafter Entwicklung des Gesichts in den ersten Wochen des Embryonallebens. Zum Verständnis der einzelnen Formfehler gehe ich kurz auf die einschlägige Entwicklungsgeschichte ein. Ich folge dabei den anschaulichen entwicklungsgeschichtlichen Bemerkungen Lesers: Beim Embryo bilden sich Hals und Gesicht so aus, daß symmetrisch von beiden Seiten her Fortsätze, die sogenannten Kiemenbögen, die zwischen den Viszeral- oder Kiemenspalten liegen, nach vorn wachsen, um sich medianwärts zu vereinigen. Indem die drei unteren Kiemenbögen untereinander und in der Mittellinie verschmelzen, entsteht der Hals. Für den Oberkiefer und die ihn bedeckenden Weichteile, Wangen und Oberlippenhaut, gestaltet sich dieser Vorgang etwas anders, indem die horizontal einander entgegenwachsenden sog. Oberkieferfortsätze nur ganz hinten am weichen Gaumen und den Gaumenbeinen sich median wie die übrigen Halskiemenbögen vereinigen, dagegen vorn sich von oben, vom vorderen Schädelende herabwachsend, zwischen sie ein vertikaler

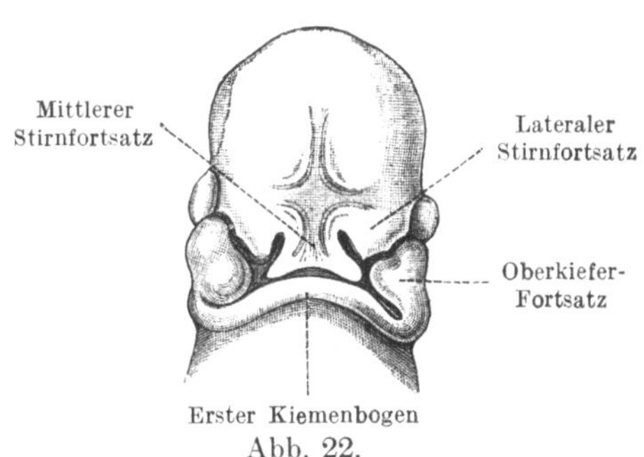

Abb. 22.

Fortsatz, der Stirnfortsatz, einschiebt. Dieser Stirnfortsatz ist durch zwei Spalten, die Nasenrinnen, in drei Teile geschieden, in den mittleren und die beiden äußeren Fortsätze. Aus dem mittleren Teil bildet sich später das Filtrum der Oberlippe, die Ossa intermaxillaria (Zwischenkiefer), und der Vomer, aus den seitlichen Teilen bildet sich jederseits der seitliche Oberlippen- resp. Wangenteil mit den entsprechenden, darunterliegenden Knochenbildungen, den seitlichen Oberkieferstücken. Aus dem ersten Kiemenbogen entsteht der Unterkiefer und der Mundbogen. Indem die erwähnten Teile untereinander und in der Mittellinie verschmelzen, entsteht die vordere Gesichtswand. Bleibt die Verschmelzung aus, so kommt es zu abnormen Spaltbildungen. Am häufigsten bleibt eine der Nasenrinnen offen, also die Gegend, wo normalerweise Filtrum der Oberlippe, Zwischenkiefer und Vomer einerseits, und seitliche Oberlippe und Wange bzw. Oberkiefer und Gaumen andererseits miteinander verwachsen: auf diese Weise kommen die seitlichen Lippenspalten und Gaumenspalten zustande. Vereinigen sich die beiden Oberkieferfortsätze auch hinten nicht, so entsteht hier eine median gelegene Spaltung des weichen Gaumens, da sich ja diese normalerweise analog den unteren Kiemenbögen median vereinigen sollen. Kommt weiter der Verschluß zwischen dem Oberkieferfortsatz und den lateralen Teilen des Stirnfortsatzes nicht zustande, so bleibt eine Spaltbildung zwischen den diesen entsprechenden Teilen, d. h. zwischen seitlicher Wange und äußerer Lippe. Dieser Spalt reicht vom Mundwinkel zum inneren Augenwinkel und darüber hinaus (über die Stirn-Schläfengegend bis zur Haargrenze) und wird als schräge Gesichtsspalte bezeichnet.

Die Ursachen dieser Spaltbildungen sind noch nicht genügend gekannt. Die Mißbildung ist entweder primär und somit auch vererbbar, oder sekundär, z. B. durch amniotische Verwachsungen oder durch Interposition von Gewebsteilen in die fötalen Spalten verursacht. In anderen Fällen läßt sich auch ein abnormer Druck vom Schädelinnern aus nachweisen, z. B. beim Hydrokephalus und der Enkephalozele. Die Vererbung soll in erster Linie durch die Mutter erfolgen. Neuerdings ist man mehr und mehr geneigt, die Spaltbildungen auf Anomalien des Amnions zurückzuführen (vgl. S. 3).

Die den Geburtshelfer und praktischen Arzt überhaupt am meisten interessierende Mißbildung ist die Hasenscharte, Labium leporinum. Sie ist auch die häufigste dieser Mißbildungen. Es handelt sich in den reinen Fällen nur um eine Spaltung der Oberlippe. In den ganz leichten Fällen besteht an der Oberlippe nur eine

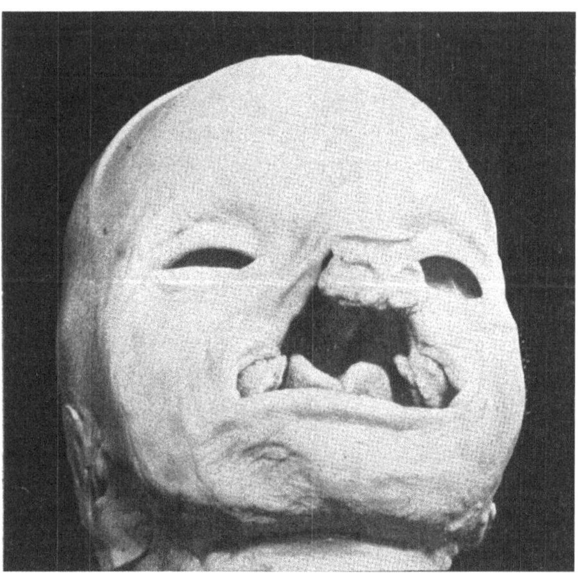

Abb. 23. Doppelseitige Hasenscharte mit Gaumenspalte.
(Präparat aus der Sammlung der Göttinger Frauenklinik.)

flache Einkerbung. Häufig besteht gleichzeitig eine Spaltung des Alveolarbogens, des harten und weichen Gaumens, Mißbildungen, die man als Wolfsrachen, Cheilo-Gnatho-Palatoschisis, zusammenfaßt. Die Lippenspalte und auch die Knochenspaltungen sind fast stets median gelegen, die Spaltungen des weichen Gaumens und der Uvula immer median. Die Lippenspalte ist meist einseitig, seltener doppelseitig. Gewöhnlich sitzt sie links. Ahlfeld (Mißb., S. 158) gibt als Ursache hierfür an, daß die Lagerung des Fötus auf der linken Seite die Mißbildungen besonders der linken Gesichtshälfte bedinge. Bei Knaben kommt die Mißbildung nach E. Müller (zit. nach Tillmanns, S. 163) erheblich häufiger vor. Auch die Spaltung im Alveolarbogen und harten Gaumen kann doppelseitig sein, während die Spaltung des weichen Gaumens immer einfach ist. Die Gaumenspalten kommen im übrigen auch isoliert, also ohne Lippen- und Alveolarspalte, vor. Bei doppelseitiger, totaler Kiefergaumenspalte kommt in vereinzelten Fällen dadurch eine auffallende

Verunstaltung des betreffenden Kindes zustande, daß der Vomer infolge übermäßigen Wachstums den Zwischenkiefer und das Filtrum rüsselförmig vorschiebt, wobei Filtrum und Zwischenkiefer vor der Nasenspitze liegen können. Dadurch wird die bei dieser Mißbildung nötige plastische Operation außerordentlich erschwert. In anderen Fällen liegt der Zwischenkiefer in gleichem Niveau mit dem Alveolarbogen. In einigen Fällen wurden Kinder mit bereits in utero geheilter Hasenscharte geboren (vgl. Ahlfeld, Mißb., S. 159). Man beobachtet dann eine einseitige, meist pigmentierte Narbe.

Die erwähnten Mißbildungen werden nur selten unser geburtshilfliches Interesse in Anspruch nehmen. Immerhin können diagnostische Schwierigkeiten hierbei dann entstehen, wenn Kinder mit derartigen Mißbildungen in Gesichtslage sich zur Geburt präsentieren. Ausgedehnte Spaltungen können dann die Situation verschleiern resp. zur falschen Diagnose Anlaß geben.

Die praktischen Folgen dieser Mißbildungen bestehen in erster Linie in Störungen der Ernährung durch erschwertes oder direkt unmögliches Saugen, besonders bei gleichzeitiger Gaumenspaltung. Diese Störungen sind ohne weiteres einleuchtend, wenn man bedenkt, daß das Saugen nur dann zustande kommen kann, wenn sich die Lippen hermetisch um die Brustwarze herumlegen können. Nur dann ist weiterhin durch Herabziehen des Unterkiefers die zum Einschießen der Milch nötige Luftverdünnung in der Mundhöhle ermöglicht. Oft gelingt das Saugen dann doch noch, vorausgesetzt, daß nur die Oberlippe gespalten ist, indem die Kinder die Warze mit dem Oberkieferrand fassen. Bei gleichzeitigen Gaumenspalten dürfte das Saugen nur dann möglich sein, wenn die Gaumenspalte sehr schmal, die Warze sehr lang und breit, das Kind sehr kräftig und schließlich die Milchmenge bei der Mutter resp. Amme sehr reichlich ist. Die große Mehrzahl der Kinder mit Hasenscharte und besonders mit Gaumenspaltungen muß mit dem Löffel gefüttert werden. Auch bedient man sich dabei mit Vorteil der Schnabeltassen und sog. Schiffchen, das sind kleine kahnförmige Porzellangeschirre mit einem Schnabel zum Einflößen der Flüssigkeit. In einigen Fällen kommt man, besonders bei genügender Geduld, auch mit der Flasche aus. Dabei darf jedoch das Loch im Gummistopfen nicht zu eng sein, der Stopfen muß ferner weit in den Mund des Kindes eingeführt werden, ohne natürlich Brechreiz auszulösen (vgl. Keller). Trotz aller Sorgfalt gehen die Kinder aber doch häufig schon in den ersten Lebenswochen zugrunde, in der poliklinischen Praxis sogar fast regelmäßig, besonders bei den ausgedehnten Spaltbildungen.

Die Ursache dieses Ausgangs liegt auf der Hand. Auch wenn der Kopf bei dem Löffeln hoch gehalten wird, läßt es sich doch bei aller Sorgfalt nicht vermeiden, daß die Milch durch den Gaumenspalt in die Nasenhöhle dringt und hier Anlaß zu chronischen Katarrhen gibt. Häufig findet man dabei Soor und Aphthen. Die zersetzte Milch kommt dann mit dem katarrhalischen Sekret in den Magen, und auf diese Weise entstehen schwere Magen-Darmstörungen, denen Kinder mit Lippen- oder Gaumenspalten besonders häufig erliegen. Indem die erwähnten Sekrete durch Aspiration in die Luftröhre und weiterhin auch in die Lungen gelangen können, ist ferner Gelegenheit zur Entstehung folgenschwerer Lungenaffektionen gegeben. Diese Erkrankungen der Atmungsorgane können auch dadurch eintreten, daß die Luft unerwärmt und nicht gereinigt an sie herantritt.

Um die Fäulnisprozesse in der Mundhöhle zu vermeiden, empfiehlt Keller unter anderem prophylaktisch die häufige Vornahme von Waschungen mit verdünnter Borsäurelösung. Entgehen die Kinder diesen häufigen Komplikationen, so sind weitere Folgen des Leidens außer der äußeren Verunstaltung undeutliche Sprache, besonders beim Wolfsrachen, ferner Schiefstellung der Zähne, wenn die Kinder nicht vor Durchbruch der ersten Zähne operiert werden.

Die Beseitigung des Leidens kann natürlich nur auf operativem Wege erreicht werden. Sehr bald tritt denn auch von seiten der Eltern die Frage an den Arzt heran, wann soll die Operation vorgenommen werden? Fast sämtliche Operateure empfehlen die Vornahme der Operation in den ersten Lebensmonaten, jedenfalls vor dem Zahndurchbruch. Dieser Vorschlag gilt in erster Linie für die eigentliche Hasenscharte. Bei den Spaltungen des Gaumens gelingt die Operation in den ersten Monaten nicht. Hier soll man bis zum 5., 6. bis 8. Lebensjahr warten, da die Kinder erst in dieser Zeit die für die Operation nötige Intelligenz besitzen (Tillmanns, Leser u. a.). Doch hat Julius Wolff derartige Kinder auch schon im ersten Lebensjahr mit gutem Erfolg operiert. Der Vorzug dieser frühzeitigen Operation liegt in der besseren Ausbildung der Sprache. Die Lippenspalte wird von einigen Autoren schon bald nach der Geburt operiert, andere warten bis zur 5.—6. Woche, eventuell auch bis zum 4. bis 7. Monat. Der große Vorteil einer gelungenen Frühoperation liegt darin, daß die völlige Ausheilung der für die Kinder so gefährlichen Magen-Darm- und Lungenprozesse dadurch beschleunigt wird. Eine Vorbedingung für das Gelingen der Operation ist die vorher herbeigeführte Ausheilung der entzündlichen Schleimhautveränderungen des Mundes und der Nasenhöhle (Soor, Aphthen). Auch schwere Darmkatarrhe und Lungenaffektionen müssen natürlich vorher wenigstens erst wesentlich gebessert werden. Vor der Operation muß das Kind mehrere Stunden wach gehalten werden und reichlich getrunken haben, damit es nach der Operation längere Zeit schläft und nicht vor Hunger schreit. Auch die Gesichtsspalte ist mehrfach mit Erfolg operiert worden. Bezüglich der Technik der Operation verweise ich auf die chirurgischen Lehr- und Handbücher.

In recht seltenen Fällen wurde auch eine Unterlippenspalte beobachtet, die durch mangelhafte Vereinigung der Unterkieferfortsätze entsteht (Ahlfeld, Mißb., S. 161). In dieses Kapitel gehören auch die Fisteln und Zysten der Unterlippen. Es sind das Formfehler im Bereich des ersten Kiemenbogens. Die Fisteln sitzen meist symmetrisch zu beiden Seiten der Mittellinie und endigen im Lippenrot der Unterlippe. Die Öffnungen, die von Muskelfasern umgeben sind, sondern einen hellen, klaren Schleim tropfenweise ab. Die Unterlippenzysten entstehen dann, wenn sich die Öffnungen dieser Fisteln verschließen.

Bleiben die Unterkieferfortsätze des ersten Kiemenbogens in der Entwicklung zurück, so kommt es zu einer mangelhaften Ausbildung des Unterkiefers, der sogar völlig fehlen kann, so besonders bei Zyklopie und Akranie. Man bezeichnet diese Mißbildungen als **Brachygnathie und Agnathie.** Dabei können sich die Ohren ganz berühren — **Synotie.** Auch die Mundhöhle ist meist sehr mangelhaft entwickelt.

Die oralen Öffnungen der Trachea und des Ösophagus können geöffnet oder verschlossen sein (Ahlfeld, Mißb., S. 164 ff.). v. Winckel führt auch diese Mißbildung auf Amnionanomalien zurück. Einen derartigen Fall von Agnathie und Synotie hat kürzlich v. Klein demonstriert: Einleitung der künstlichen Frühgeburt wegen Hydramnion, Zystitis und Nephritis bei einer 24jährigen 2 p. Spontane Geburt des 7monatigen männlichen Fötus mit den erwähnten Mißbildungen. Über Epignathus siehe S. 244.

Literatur.

Kaufmann, Spez. path. Anatomie. — Ziegler, Allg. path. Anatomie. — Leser, Spez. Chirurgie. — Tillmanns, Spez. Chirurgie. — Ahlfeld, Mißbildungen. — Derselbe, Lehrb. d. Geburtsh. — Biedert-Fischl, Kinderkrankheiten. — Biedert, Kinderernährung. Stuttgart 1900, Enke. — Keller, Deutsche Klinik. — Klein, Geb. Ges. Berlin, 22. Mai 08. Zentralbl. f. Gynäk. 1909, S. 27.

Makrostoma, Fissura bucalis congenita.

Die Vergrößerung der Mundöffnung findet sich häufig bei der schrägen Gesichtsspalte und ist dann eine quere Wangenspalte. Sie kommt infolge mangelhafter horizontaler Vereinigung des Oberkieferfortsatzes mit dem ersten Kiemenbogen zustande. Auch hier entwickeln sich wie bei der Hasenscharte unter Umständen schwere Ernährungsstörungen. Ihre Beseitigung erfolgt auf chirurgischem Wege.

Mikrostoma.

Hier handelt es sich um eine zu enge Mundöffnung infolge zu ausgedehnter Verschmelzung der Oberkieferfortsätze mit dem ersten Kiemenbogen. Gleichzeitig besteht gewöhnlich eine auffallende Kleinheit des Unterkiefers. Die Affektion ist außerordentlich selten. In einigen Fällen waren die Lippen vollkommen verwachsen. In derartigen Fällen ist natürlich die sofortige operative Beseitigung des Leidens notwendig. Mit den später durch Syphilis und andere geschwürige Prozesse entstehenden Veränderungen des Mundes hat die kongenitale Mikrostomie natürlich nichts zu tun.

Milium, Epithelperlen am harten Gaumen.

Fast regelmäßig, in $95^0/_0$, findet man bei neugeborenen Kindern am hinteren Abschnitt des harten Gaumens, rechts und links von der Mittellinie (Raphe) mehrere kleinere Knötchen von gelblich-weißer Farbe, die von Unerfahrenen nicht selten mit Soor verwechselt werden. Früher hielt man diese Knötchen für Gebilde, die ähnlich entstehen, wie die Komedonen der Haut. Epstein hat zuerst nachgewiesen, daß es sich dabei um angeborene Schleimhautlücken handelt, die mit Epithelmassen ausgefüllt sind. Sie finden sich außerdem recht häufig auch in der Haut des Gesichts, besonders der Stirn und Nase, und sind hier genau so entstanden. Nach Bednar (zit. nach Kaufmann, S. 336) sieht es so aus, als ob ein

Gerstenkorn unter das Epithel geschoben wäre. Die erwähnten Gebilde werden im Laufe der ersten Monate resorbiert.

Für gewöhnlich ist die Entwicklung dieser Epithelperlen eine harmlose und eigentlich gleichgültige Erscheinung. In vereinzelten Fällen, besonders dann, wenn die Mundreinigung unzweckmäßig war, entwickeln sich auf dem Boden derartiger Epithelperlen kleine Geschwüre, die von vielen Autoren als Bednarsche Aphthen bezeichnet werden. Sie können das Saugen sehr erschweren und sind deshalb besonders unangenehm bei schwächlichen, zu früh geborenen oder Zwillingskindern. Mit Vorliebe entwickelt sich auf dem Boden dieser Veränderungen der Soorpilz. Die Prophylaxe besteht in vorsichtiger Reinigung der Mundhöhle, die bei Neugeborenen nach neueren Anschauungen bei intakter Mundschleimhaut überhaupt besser unterlassen wird.

In therapeutischer Beziehung nutzt am meisten die Betupfung der geschwürigen Partien mit dem Lapis mitigatus. Falls das Saugen durch die Veränderungen unmöglich gemacht wird, müssen die Kinder bis zur Besserung des Leidens gelöffelt werden.

Dentitio praecox.

In seltenen Fällen werden Kinder bereits mit Zähnen geboren, was besonders bei Lippen- und Kieferspalten vorkommen soll. In der großen Mehrzahl der Fälle fallen die Zähne spontan sehr bald nach der Geburt wieder aus, zuweilen unter lebhaften entzündlichen Erscheinungen in der Zahnlade. Sonst müssen sie, besonders, wenn sie die Ernährung an der Mutterbrust stören, extrahiert werden. Eine derartige Dentitio praecox wird mehreren berühmten Personen zugeschrieben, Mohammed, Ludwig XIV., Mirabeau, Robespierre, Richard III. (Biedert-Fischl, Tillmanns). Bei den ganz locker sitzenden Zähnen handelt es sich um eine Mißbildung — Verlagerung des Schmelzkeimes nach der Oberfläche. Da die Wurzel verkümmert ist, fällt die Krone bald ab. Bei den fest eingefügten Zähnen handelt es sich um eine vorzeitige Keimanlage oder beschleunigtes Wachstum (Finkelstein, 2 H. Abt. 1, S. 96/97). Die angeborenen Zähne neigen sehr zu einer Wurzelhautentzündung.

In der hiesigen Frauenklinik habe ich die frühzeitige Dentition unter etwa 4220 Geburten nur einmal verzeichnet gefunden, J.-Nr. 13407. Bei dem betreffenden Kinde war der linke untere Schneidezahn — wie es ja meist Schneidezähne des Unterkiefers sind — durchgebrochen. Derselbe wuchs nach der Geburt sehr schnell weiter, war jedoch schon bei der Entlassung sehr lose. Die Ernährung des Kindes war augenscheinlich durch den Zahn beeinträchtigt, denn das bei der Geburt festgestellte Gewicht von 3700 g war nach 11 Tagen auf 3440 g heruntergegangen, ohne daß sonst eine Ursache für die Gewichtsabnahme vorhanden war. An derartigen Zähnen hat man in seltenen Fällen auch Riesenwuchs beobachtet (vgl. Ahlfeld, S. 141). So wurde bei einem 14 Tage alten Kinde sehr bald ein Eckzahn gefunden, der mit der Spitze bis zum Nasenflügel der betreffenden Seite reichte. Ein anderer Zahn war 2,9 cm dick, 19 cm hoch, 1,8 cm breit. Sein Gewicht betrug 12,37 g.

Defektus linguae.

Angeborener vollständiger Mangel der Zunge ist eine große Rarität. Derselbe beruht auf mangelhafter Entwicklung des ersten und zweiten Kiemenbogens. Tillmanns (2, 1, S. 323) berichtet über einen Fall aus der französischen Literatur. Es handelte sich um ein 15 jähriges Mädchen, bei dem an Stelle der Zunge eine kleine Erhöhung am Boden der Mundhöhle vorhanden war. Die Sprache war nur wenig beeinträchtigt, wohl aber die Ernährung, indem Kauen und Schlingen sehr erschwert war. Das Mädchen mußte alle Speisen im Munde erst mit den Fingern nach rückwärts schieben.

Lingua bifida.

Die gespaltene Zunge ist schon häufiger. Dabei zerfällt die Zunge infolge mehr oder minder ausgedehnter Längsspalte in zwei Hälften. Die Spaltung ging in einzelnen Fällen bis zur Zungenwurzel. Therapeutisch käme in derartigen Fällen die Anfrischung der beiden Zungenhälften und nachfolgende Vereinigung der Wundränder in Frage.

Adhaesio linguae, Ankyloglosson, angewachsene Zunge.

Man muß hierbei zwei Affektionen streng auseinanderhalten. Es kommt einmal vor, daß bei Kindern die Zunge durch kongenitale Stränge, die vom Zungenrand nach dem Mundboden gehen, gewissermaßen hier angewachsen ist. Auch kann die Verklebung der Zunge mit dem Mundboden nur eine oberflächliche, epitheliale sein. Eine derartige Affektion erfordert unter allen Umständen eine chirurgische Beseitigung. Das was man aber für gewöhnlich, besonders in Laienkreisen unter angewachsener Zunge versteht, ist etwas ganz anderes. Dabei ist das Zungenbändchen abnorm kurz und mehr nach vorn, an der Zungenspitze inseriert. Dadurch soll auch, nach der Ansicht zahlreicher, besonders älterer Ärzte die Beweglichkeit der Zunge derartig eingeschränkt werden, daß das Saugen und späterhin auch das Sprechen erschwert wird. Wenn auch in neuerer Zeit allgemein anerkannt wurde, daß mit dem Begriff der „angewachsenen Zunge" ein ausgedehnter Mißbrauch, besonders von ängstlichen Müttern und Hebammen, getrieben wurde, so galt der dabei nötige Eingriff, das sog. „Lösen" der Zunge (Durchschneidung des Zungenbändchens mit einer sterilen Schere) doch in einer kleinen Anzahl von Fällen für indiziert.

In einer neueren Arbeit fällt Schleißner auf Grund einer großen Erfahrung eine vernichtende Kritik über die Berechtigung des Lösens der Zunge. Nach diesem Autor ist es eine Fabel, wenn behauptet wird, daß ein kurzes Zungenbändchen Störungen beim Saugen, bei der Sprache, bei der geistigen und körperlichen Entwicklung überhaupt hervorzurufen imstande ist. Schleißner begründet das auch in einwandsfreier Weise. Da bei dem erwähnten operativen Eingriff schon Todesfälle infolge Verblutung und Infektion beobachtet sind, so ist der überflüssige Eingriff durchaus zu unterlassen. In erster Linie muß den Hebammen diese Tatsache klar gemacht werden, da sie in der Regel der spiritus rector sind. Auch Finkelstein u. a. ist derselben Ansicht (S. 93/95).

Auf der andern Seite wird auch ein zu langes Zungenbändchen beobachtet. Nach einigen Autoren sollen infolgedessen, durch Zurücksinken der Zunge, Erstickungsanfälle ausgelöst werden können. Diese Angabe hat vielfachen Widerspruch erfahren.

Makroglossie, Prolapsus linguae, Glossozele.

Die Makroglossie in geringen Graden ziemlich häufig. Die Vergrößerung der Zunge ist zwar in der Regel angeboren, die Hauptzunahme erfolgt aber meist erst nach der Geburt. Die Affektion betrifft meist die ganze Zunge, seltener nur eine Hälfte derselben. Hervorgerufen wird die Volumenzunahme in erster Linie durch ausgedehnte zystische Erweiterungen der Lympfgefäße (Lymphangiom der Zunge). Gleichzeitig besteht meist eine entzündliche Infiltration des umliegenden Gewebes, der Muskeln und des Bindegewebes. Sie kann weiterhin zustande kommen durch eine kavernöse Erweiterung der neu gebildeten Blutgefäße (Hämangioma cavernosum), das entweder zirkumskript oder flächenhaft entwickelt ist (Teleangiektasien). Es kann sich ferner eine Mischgeschwulst, ein Haemato-Lymphangioma mixtum (vgl. Kaufmann, S. 345) bilden, indem das Zwischengewebe zwischen ektasierten Lymphgefäßen und benachbarten Venen durch Druck zum Schwund gebracht wird und so Blut in die Lymphräume eintreten kann. Auch infolge Nabelschnurkompression kann Venenstauung in der Zunge eintreten (Ahlfeld, Mißbildungen, S. 140). Ferner sind hier beobachtet zystische Geschwülste, die von erweiterten Schleimdrüsen mit obliteriertem Ausführungsgang ihren Ursprung nehmen. Die Farbe der so vergrößerten Zunge ist bei den Hämangiomen und den Hämato-Lymphangiomen schwarzblau. Eine gleichmäßige Vergrößerung der Zunge findet man ferner oft bei fötaler Chondrodystrophie (vgl. S. 183), bei Kretinen (Myxödem) und bei Hemikephalen. Infolge der Vergrößerung der Zunge kann der Mund nicht geschlossen werden, Atmung und Nahrungsaufnahme können bei Neugeborenen erheblich erschwert sein (erschwertes Schlucken), ebenso später die Sprache. Meist fließt beständig Speichel aus dem Munde heraus. Die Zähne, besonders die Schneidezähne und die dazu gehörigen Alveolarfortsätze werden später durch die vorgestreckte Zunge nach vorn, in eine horizontale Richtung verschoben. Durch den Druck der Zähne kommt es ferner zu Einrissen in der Zunge, von denen aus weitere Infektionen mit nachfolgender Hyperplasie des Gewebes eintreten können. Liegt die Zunge dauernd vor dem Munde, so ist sie trocken, rissig, leicht blutend und mit manchmal übelriechenden Borken bedeckt.

Die Therapie besteht in keilförmiger Exzision von Zungengewebe und darauf folgender Naht, ev. auch in Stichelung mit dem Pacquelin oder dem Galvanokauter.

Einen interessanten Fall von Makroglossie bei einem Neugeborenen aus seltener Ursache hat Rosenow mitgeteilt. Der 34 cm lange Fötus trägt einen von dem mittleren und hinteren Teil der linken Zungenhälfte seitlich und oben ausgehenden, gestielten, 8 cm langen und breiten, 6 cm dicken Tumor, der aus je einem durch eine Einschnürung voneinander getrennten proximalen und distalen Abschnitt besteht. Jener enthält einen Röhrenknochen mit Epiphyse und Knorpelstücken, dieser zystische und weiche Gewebsmassen. Mikroskopisch ließen sich weiße Gehirnsubstanz und von Blutungen durchsetzte epitheliale Stränge mit zylindrischem Epithel nachweisen. Rosenow spricht die Geschwulst als parasitäre Doppelbildung, als Epignathus, spez. Epiglossus an. Der Fall ist in der Literatur ein Unikum.

Ranula, Fröschleingeschwulst.

Unter diesem Namen werden eine ganze Reihe von kongenitalen zystischen Gebilden verschiedener Genese unterhalb der Zungenspitze und seitlich vom Frenulum linguae zusammengefaßt. Die Zysten sind entweder echte Schleimdrüsenzysten, oder aber sie entstehen durch Verlegung des Whartonschen Ausführungsgangs der Glandula sublingualis, z. B. durch Speichelsteine. Am häufigsten entstehen sie durch zystische Entartung der Blandin-Nuhnschen Drüsen, die in der Zungenspitze gelegen sind. Einige entstehen auch durch Entwicklungsstörungen in den fötalen Kiemengängen. Schließlich sind auch Dermoidzysten hier beobachtet. Der Inhalt der Zysten ist zäh, schleimig fadenziehend, zuweilen aber auch dünnflüssig, bei Dermoiden breiiger Natur. Sie kommen einseitig und doppelseitig neben dem Frenulum vor. Ihre Größe schwankt zwischen Erbsen- und Mandelgröße.

Die Wand ist meist dünn, durchscheinend. Sie scheinen nach Kaufmann durch die gespannte Mundhöhlenschleimhaut durch wie eine mit Wasser gefüllte Blase.

Diese Geschwülste können die Zunge aus ihrer Lage verdrängen, Beschwerden beim Kauen, Schlingen und beim Sprechen hervorrufen, ja sogar die Atmung kann erschwert werden.

Selten ist eine Vereiterung der Zysten. Leser berichtet ferner über ein Vordringen derartiger Geschwülste durch den Mundboden, so daß sie am Halse hinter dem Unterkiefer erscheinen. Macht die Geschwulst Beschwerden, so muß sie entfernt werden. Die einfache Punktion der Zyste genügt nicht, da sich die Öffnung wieder verschließt. Die Exstirpation bietet übrigens häufig Schwierigkeiten.

Geburtshilfliche Verletzungen des Mundes, speziell der Mundwinkel, des Mundhöhlenbodens und der Zunge sind sehr selten, sie entstehen bei Gesichtslagen durch rohe Untersuchungen und bei Beckenendlagen bei ungeschickter Anwendung des Veit-Smellieschen Handgriffes. In einigen Fällen war sogar der Unterkiefer frakturiert.

Literatur.

Kaufmann, Spez. pathologische Anatomie. — Biedert-Fischl, Kinderkrankheiten. — Tillmanns, Spez. Chirurgie. — Leser, Spez. Chirurgie. — Baginski, Kinderkrankheiten. — Ahlfeld, Mißbildungen, — Birnbaum, Verletzungen des Kindes bei der Geburt. — Rosenow, Diss. Kiel 1901. — Schleißner, Die angewachsene Zunge, Prager med. Wochenschr. 1908. Nr. 16. — H. Finkelstein, Lehrbuch der Säuglingskrankheiten. Berlin 1908, Fischer.

Mißbildungen und kongenitale Erkrankungen des Auges.

Völliger Mangel des Auges — Anophthalmie, oder Anlage nur eines Auges — Zyklopie, kommt fast nur bei nicht lebensfähigen Mißbildungen vor. Die Anophthalmie ist, wie bereits erwähnt, eine verhältnismäßig häufige Komplikation des Hydrokephalus (siehe E. v. Hippel, S. 83 ff.).

Unter Mikrophthalmus versteht man ein abnorm kleines Auge, herunter bis zu Erbsen- ja Hirsengröße. Infolgedessen ist, wenigstens bei den höheren Graden, die Sehfähigkeit erheblich herabgesetzt, meist ist nur Unterscheidungsvermögen für dunkel und hell erhalten. Häufig finden sich gleichzeitig Kolobome der Iris und Chorioidea (siehe unten), Mikrokephalie, Atrophie einer Gesichtshälfte u. a. Eine weitere Begleiterscheinung des Mikrophthalmus und auch der Anophthalmie sind Zysten im unteren Augenlid, die mit klarer Flüssigkeit gefüllt sind und die mit dem rudimentären Auge in Verbindung stehen. Biedert sah zwei Fälle von Mikrophthalmus kurz hintereinander. Die Therapie vermag hier nichts. Doch sind einige Fälle bekannt geworden, wo das Auge noch nachträglich gewachsen ist.

Hydrophthalmus, Buphthalmus, Glotzauge, ist häufig angeboren und kommt zustande durch intraokulare Drucksteigerung, die zur Vergrößerung des Auges und zur Erblindung durch Sehnervenexkochleation führt. Es handelt sich also um eine Art angeborenes Glaukom. Das Leiden kann durch Iridektomie gebessert werden. Siehe die Lehr- und Handbücher der Augenheilkunde.

Sonst kommen in erster Linie angeborene Anomalien der Augenlider vor. Am bekanntesten ist das Kolobom des Augenlides, das hauptsächlich am oberen Lid vorkommt. Man versteht darunter einen Defekt von ungefähr dreieckiger Form, die Basis des Dreiecks ist nach dem freien Lidrande, die Spitze nach dem Orbitalrande zu gerichtet. Es empfiehlt sich, den Defekt durch eine plastische Operation schließen zu lassen (vgl. v. Hippel, Abb. S. 104).

Epikanthus ist eine kongenitale halbmondförmige Hautfalte, welche zu beiden Seiten des Nasenrückens vorspringt und die senkrecht den inneren Augenwinkel verdeckt (siehe Abb. v. Hippel, S. 115). Bei der mongolischen Rasse ist der Epikanthus auch bei Erwachsenen vorhanden und bedingt hier das charakteristische Aussehen der Lidspalte. Verschwindet die Hautfalte nicht spontan, so muß sie exzidiert werden.

Weitere angeborene Anomalien der Augenlider sind die Lähmungen des Levator palp. sup., Ptosis infolge mangelhafter oder ganz fehlender Entwicklung des Muskels. Die Lähmung ist in der Regel doppelseitig. Die Beseitigung erfolgt auf operativem Wege. Auch Epicanthus externus ist beschrieben.

Bei Distichiasis handelt es sich um eine kongenital vorhandene Bildung von zwei Reihen von Zilien bei sonst normal entwickelten Lidern. Doch fehlen die Meibomschen Drüsen; an ihrer Stelle befinden sich die normalen Zilien. Die Beseitigung erfolgt durch Elektrolyse.

Ferner sind beobachtet abnorme Kürze der Lider, in seltenen Fällen auch völliger Mangel derselben: Ablepharie.

Symblepharon ist die narbige Verwachsung der Conjunctiva palpebr. mit der Conjunctiva bulbi. Bei stärkeren Graden dieses Leidens kommt es zur mangelhaften Exkursionsfähigkeit der Augen, Doppeltsehen und zu Störungen infolge der mangelhaften Lidöffnung. Die Therapie erfolgt auf chirurgischem Wege.

Ankyloblepharon ist die Verwachsung der beiden Augenlider, entlang dem Lidrande. Die Therapie besteht in der blutigen Trennung der verwachsenen Lider.

Angeborene Anomalien der Iris.

Angeborener Verschluß der Pupille ist eine sehr seltene Anomalie. Es handelt sich dabei um den Fortbestand der Pupillarmenbran über den 7. Fötalmonat hinaus bis nach der Geburt, Membrana pupillar. perseverans. Bei der Untersuchung findet man ein graues bis braunes Gewebe, das im Bereich der Pupille auf der vorderen Linsenkapsel liegt und meist durch braune Fäden mit der Iris in Verbindung steht (siehe v. Hippel, Abb. S. 59). Oft sind nur vereinzelte braune Punkte auf der Linsenkapsel vorhanden oder aber feine Fäden, welche von einem Pupillarrande zum andern ziehen resp. von der Iris zur Linsenkapsel. Letztere sind obliterierte und von Pigment eingehüllte Blutgefäße. Die Fäden haben große Ähnlichkeit mit den Synechien, wie sie nach Iritis entstehen.

Die Prognose dieser Anomalie ist gut. Die freie Bewegung der Pupille ist meist nicht gehindert, da die Fäden sehr dehnbar sind. Bei Atropin-Einträufelungen erweitert sich z. B. die Pupille sehr gut in runder Form, oder aber die Membran reißt durch den Zug der Irismuskeln ein und die zerrissenen Fetzen werden resorbiert.

Polykorie: Es sind Defekte im Irisgewebe vorhanden, wodurch Nebenpupillen entstehen.

Koloboma iridis.

Hier besteht eine angeborene birnförmige einseitige oder doppelseitige Spalte der Iris mit dem Stiel nach unten, nach dem Rande der Hornhaut zu. Der Sphincter pupillae umrahmt die ganze Pupille einschließlich des Koloboms (siehe Fuchs). Häufig besteht gleichzeitig ein Kolobom des Augenlides, der Chorioidea, des Ciliarkörpers, ja sogar der Linse. Die Kolobome sind sind auf einen unvollständigen Verschluß der fötalen Augenspalte zurückzuführen.

Zuweilen ist die Linse vollkommen ohne Pigment. Man bezeichnet derartige Individuen als Albinos (siehe S. 224). Die Iris ist hier durchscheinend und hat wegen ihrer zahlreichen Blutgefäße eine zarte, graurote Farbe.

Irideremia, Aniridia.

Es fehlt die Iris ganz oder teilweise. Daneben finden sich meist Trübungen der Hornhaut, in der Linse, im Glaskörper. Die Pupille leuchtet oft nach Art der Katzenaugen. Gleichzeitig besteht wie bei den Albinos ausgesprochener Nystagmus, d. h. Zittern des Bulbus. Da die Augen zu viel Licht erhalten, so muß die Behandlung darauf ausgehen, das überflüssige Licht durch dunkle Gläser abzuschwächen. Häufig ist sekundäres Glaukom und Netzhautablösung.

Ektopia pupillae, Korektopie.

Die Pupille liegt extramedian, meist etwas nach oben und außen, seltener außen und unten, innen und unten usw. Gleichzeitig ist auch die Linse oft entsprechend verlagert (Ektopia, Luxatio lentis) und verändert (sekund. Catarakta).

Alle die genannten Anomalien der Iris finden sich meist doppelseitig und vererben sich nicht selten. Da die Anomalien vielfach mit anderweitigen Mißbildungen des Auges kompliziert sind, so ist das Sehvermögen dementsprechend zuweilen ganz erheblich beeinträchtigt.

Catarakta congenita.

Der angeborene Star ist meist doppelseitig. Eine Rolle spielt auch hier die Vererbung. Die Ursache liegt entweder in einer Entwicklungsstörung oder aber in einer intrauterinen Entzündung des Auges. Die Anomalie kann nach der Geburt stationär oder progredient sein. Bei partieller intrauteriner Starbildung handelt es sich meist um die sog. Catarakta polaris anterior und posterior, wobei mitten in der Pupille ein weißer Punkt liegt (vgl. Fuchs). Seltener ist der Schichtstar, wobei zwischen dem hellen Kern und der hellen Rindenschicht eine Zone getrübter Linsensubstanz liegt. Meist werden die angeborenen Katarakte nicht gleich bei der Geburt sondern erst später entdeckt. Das erklärt sich daraus, daß einmal die neugeborenen Kinder sehr enge Pupillen haben, dann aber auch daraus, daß die Augen dieser Kinder viel geschlossen sind. Die kongenitalen Katarakte sollen nach dem Votum der Ophthalmologen so früh wie möglich operiert werden. Die Diszision, die einzige in Frage kommende Therapie dieser Anomalie, kann schon bei Kindern in den ersten Lebenswochen mit Erfolg ausgeführt werden. Unterbleibt die Therapie, so bleibt die Netzhaut in ihrer Funktionsentwicklung zurück und es entsteht Blindheit resp. Schwachsichtigkeit. Ausführliches über alle diese Fragen siehe die ophthalmologischen Lehrbücher.

Atresie des Tränennasenganges beim Neugeborenen.

Diese Anomalie wird nach Zentmayer häufig verkannt und als Ophthalmoblennorrhoe irrtümlich gedeutet. Man findet eine Schwellung am inneren Augenwinkel.

Auf Druck entleert sich aus dem betreffenden Tränenröhrchen ein weißlich gelatinöses Sekret. Die Konjunktiva ist in reinen Fällen nicht entzündet. Meist ist das Leiden halbseitig (vgl. Referat von Ibrahim).

Kurz erwähnt seien noch die Arteria hyaloidea persistens (Canalis Cloqueti), die angeborenen Hornhauttrübungen (Leukome, Staphylome), Kryptophthalmus (die Augäpfel sind durch eine Hautbrücke bedeckt, die von der Stirn zur Wange zieht), die Dermoide und Teratome des Bulbus und der Orbita, die angeborenen Farbenanomalien des Auges (Albinismus und

Melanosis oculi), Heterochromie (verschiedene Färbung der Iris), Aplasie des Sehnerven.

Die fötalen Augenentzündungen, deren Existenz früher angezweifelt wurde, sind durch neuere Untersuchungen von Reis und Seefelder sichergestellt worden. Nach diesen Untersuchungen ist jeder Abschnitt des Auges während der fötalen Entwicklung einer Entzündung zugänglich. Doch ist es in einigen Fällen sehr schwer zu sagen, ob die vorhandenen Anomalien des Auges die Folgen dieser entzündlichen Vorgänge oder einer Mißbildung sind. Im übrigen verweise ich auf die Arbeit von Seefelder.

Zahlreich sind die Schädigungen, die das Auge durch die Geburt resp. durch die dabei nötigen Eingriffe erleiden kann. Bei rohen Untersuchungen, besonders bei Gesichtslagen, sind die Augenlider und Corneae mehrfach verletzt worden. In einem Fall wurde bei der Untersuchung das Auge für den Anus gehalten und der Bulbus bei der ungestümen Untersuchung vollkommen zerdrückt. In einem anderen Falle wurde der Bulbus luxiert. Trotz Reposition vereiterte er (zit. nach Stumpf, S. 492). Bei ganz spontan verlaufenen Geburten können ferner subkonjunktivale sowie auch retinale Blutungen eintreten. Auch Strabismus und Exophthalmus sind bei ganz normalen Geburten, häufiger allerdings beim engen Becken beobachtet. Exophthalmus entsteht unter der Geburt ferner durch retrobulbäre Blutergüsse und durch Impressionen des Schläfenteils der Orbita infolge falsch angelegter Zange, die überhaupt schwere Schädigungen des Auges herbeiführen kann: Große Skleral- und Konjunktival-Blutergüsse, Blutungen in die vordere Augenkammer, retro- und intrabulbäre Blutergüsse, Linsenluxation und traumatischen Katarakt, Orbitalabszeß, Mikrophthalmus, Phthisis bulbi (Stumpf, S. 492). Derartige Blutergüsse können zu Trübungen der Hornhaut und zu Nervenlähmungen, hauptsächlich des Abduzens, führen (siehe Stumpf, Schmidt-Rimpler, Birnbaum, E. Runge u. a.).

Literatur.

Fuchs, Lehrb. d. Augenheilkunde. Leipzig u. Wien 1897, Deuticke. — Biedert-Fischl, Kinderkrankheiten. — Ahlfeld, Mißbildungen. — Seefelder, Über fötale Augenentzündungen. |Deutsche med. Wochenschr. 1908. Nr. 28. — Schmidt-Rimpler in Nothnagel, Spez. Path. u. Ther. 21. — Birnbaum, Verletzungen des Kindes. — Stumpf in v. Winckels Handb. d. Geburtsh. 3. 3. T. — Zentmayer, Atresie des Tränennasenganges. Ref. ther. Monatsh. 1909. S. 51. — E. Runge, Gynäkologie und Geburtshilfe in ihren Beziehungen zur Ophthalmologie. Leipzig 1908, Barth. — E. v. Hippel, Die Mißbildungen und angeborenen Fehler des Auges, in Graefe-Saemisch, Handb. d. gesamten Augenheilkunde. 2. 1. T. 9. Kap. (daselbst Literatur).

Mißbildungen des Ohres.

Bildungsfehler der Ohrmuschel.

Die Ohrmuschel kann auf einer, in seltenen Fällen sogar auf beiden Seiten fehlen. Meist sind jedoch kleine Rudimente vorhanden. Gleichzeitig findet man dann oft Atresien des Gehörgangs und Defekte des Mittelohrs, sowie anderweitige Mißbildungen im Bereich des ersten Kiemenbogens oder anderer, weiter abgelegener Teile des Gesichts und Halses, z. B. Hasenscharte, Gaumenspalte, Ohr- und Halskiemenfisteln (Molden-hauer). Häufiger handelt es sich nur um partielle Defekte. Die Ohrmuschel kann ferner abnorm klein (Mikrotie) und abnorm groß sein (Makrotie). Letzteres findet man gelegentlich bei Idioten. Ahlfeld berichtet über einen selbst beobachteten Fall und über einen Fall aus der Literatur (Wreden), bei dem letzteren war das rechte Ohr 74 mm lang. Hand in Hand mit den Defekten gehen meist hochgradige Verkrüppelungen der Ohrmuschel; dieselbe kann in eine formlose, plumpe Masse umgewandelt sein, sie kann eine zylinderförmige oder spindelförmig aufgerollte Gestalt an-genommen haben.

Auch Verdoppelungen der Ohrmuschel (Polyotie) sind beob-achtet, z. B. beim Dipygus parasiticus, doch macht Ahlfeld (S. 117) darauf aufmerksam, daß fälschlicherweise als doppelte Ohrmuscheln Hautex-kreszenzen beschrieben werden, die auf der Wange, nahe dem Ohr sich gebildet haben und die als Folgen eines mangelhaften Verschlusses der Kiemenspalten zu betrachten sind, wobei es zu einem von den Kiemen-bögen ausgehenden Wucherungsprozeß kommt. Derartige Hautexkreszenzen werden als Aurikularanhänge bezeichnet. Sie bestehen aus Haut, Unter-hautzellgewebe und Knorpel und lokalisieren sich mit Vorliebe vor dem Tragus, am Ohrläppchen und am Halse. Sehr selten sind Dislokationen der Ohr-muschel beobachtet, z. B. auf Wange und Hals. Über Synotie siehe S. 73.

Eine weitere kongenitale Anomalie ist die fehlerhafte Stellung der Ohrmuschel, indem dieselbe z. B. rechtwinklig vom Schädel absteht und so zu häßlichen Verunstaltungen führt.

Alle diese Mißbildungen sind in geeigneten Fällen der Therapie zu-gängig. Beim völligen Defekt der Ohrmuschel kommt die Otoplastik durch Lappenbildung in Frage, deren Erfolge allerdings fast immer recht schlechte sind. Meist ist der Effekt aller Bemühungen ein unförmlicher Fleisch-klumpen. Doch scheinen sich die Erfolge in der neuesten Zeit zu bessern. Viele Chirurgen und Otologen sehen daher noch von einer plastischen Operation ab und lassen den Defekt entweder durch die Haare verdecken, oder aber sie empfehlen das Anlegen künstlicher Ohren aus Papiermaché oder Metall. Kleinere Defekte lassen sich jedoch gut durch Lappenbildung ausgleichen. Bei Makrotie kommt die Exzision keilförmiger Stücke in Frage. Die entstellenden Aurikularanhänge sind leicht zu entfernen. Ab-stehende Ohren können durch wochenlanges Tragen geeigneter Bandagen oder in extremen Fällen auch durch Exzision eines Hautstückes längs der Insertion der Ohrmuschel dauernd beseitigt werden.

Fistula auris congenita.

Es handelt sich hier um Fisteln in der Gegend des Ohres, die als Reste der ersten Kiemenspalte aufzufassen sind. Die Fistel liegt meist vor dem Ohr, oberhalb des Tragus, nahe dem Jochbein, oder im Ohr-läppchen. Sie ist einseitig oder doppelseitig, zuweilen auch mit Halsfisteln kombiniert. Die Fisteln endigen meist blind, können sich aber in seltenen Fällen auch in der Gegend der Tubenmündung, im Mittelohr oder im

Schlund öffnen. Nach Ahlfeld sind auch die als doppelter Gehörgang beschriebenen Bildungen hierher zu rechnen. Diese Fisteln sondern zeitweise, spontan oder auf Druck, eine weißlich-gelbliche Flüssigkeit ab. Verlegt sich die Öffnung, so bilden sich kleine fluktuierende Geschwülste. Man wird die Fisteln, wenn es überhaupt möglich ist, exstirpieren, wo dies nicht angängig, wird man die Fistel so weit als möglich spalten und

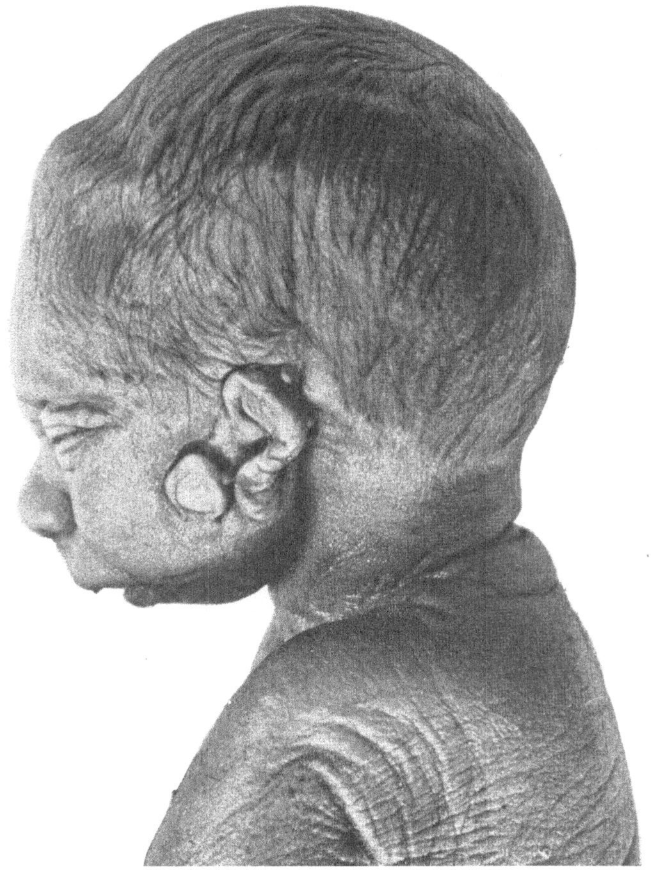

Abb. 24. Mißbildung des äußeren Ohres.
(Präparat aus der Sammlung der Göttinger Frauenklinik.)

ätzen. In der Sammlung der hiesigen Frauenklinik (Nr. 167) ist ein derartiges Präparat vorhanden. Es handelt sich um einen im 8. Monat geborenen Fötus (Abb. 24 u. 25) mit doppelseitiger Mißbildung der Ohren (rechts 3 Fisteln, hochgradiger Defekt der Muschel, Atresie des Gehörganges, links Verkrüppelung der Muschel, Aurikularanhang, Atresie des äußeren Gehörganges.

Bildungsfehler des äußeren Gehörganges.

Der Gehörgang kann vollkommen fehlen, Atresia meatus auditorii externi. Dabei bestehen meist noch anderweitige Mißbildungen, z. B. der

Ohrmuschel und der Paukenhöhle. Immer fehlt dann das Trommelfell. Die Ursache dieser Mißbildung liegt in Anomalien der Weichteile oder der Knochen. In einzelnen Fällen handelte es sich nur um einen membranösen Verschluß. Neben diesen vollkommenen Atresien kommen auch Verengerungen des äußeren Gehörganges vor. Die operative Therapie vermag am meisten bei den häutigen Verwachsungen des äußeren Gehörganges. Bei

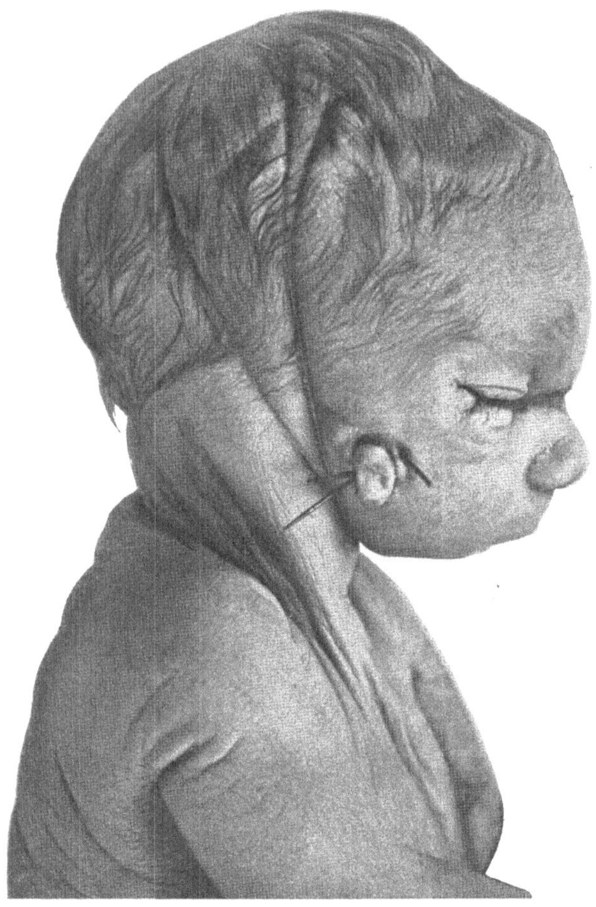

Abb. 25. Mißbildung des äußeren Ohres.
(Präparat aus der Sammlung der Göttinger Frauenklinik.)

den Stenosen desselben kann man Versuche mit stumpfer Dilatation (Laminaria usw.) machen. Siehe die Lehrbücher der Otologie und Chirurgie.

Das Trommelfell kann kongenital ganz fehlen, wobei meist auch Defekte des äußeren Gehörganges vorhanden sind (siehe oben). Angeborene partielle Defekte des Trommelfells in Form von Lückenbildungen (Foramen Rivini) sind selten. Es kann ferner die Stellung resp. Neigung des Trommelfells kongenital verändert sein, ebenso auch die Gestalt und Größe desselben. Bei völligem Defekt des Trommelfells käme das Einsetzen eines künstlichen Trommelfells in Frage (siehe Moldenhauer, S. 163).

Die Gehörknöchel können ebenso wie die Paukenhöhle mißbildet sein. Die Folge ist mehr oder minder ausgeprägte Schwerhörigkeit.

Die Tuba Eustachii kann vollkommen fehlen. Auch hier sind dann anderweitige Mißbildungen vorhanden. Sie kann ferner kongenital obliteriert sein, auch kann das ostium pharyngeum tubae allein verschlossen sein.

Schließlich kommen auch die angeborenen Bildungsfehler des Labyrinths (vollständiger Defekt oder mangelhafte Entwicklung) immer nur gleichzeitig mit anderen Mißbildungen des Ohres kombiniert vor. Ihre Folge ist wohl stets unheilbare Taubheit. Der Hörnerv kann dabei ganz fehlen oder aber pathologisch verändert sein (Atrophie, zu derbe und zu weiche Konsistenz). Ausführliches siehe bei Moldenhauer.

Die Verletzungen des Ohres unter der Geburt gehören zu den größten Seltenheiten. Sie können in Form von Hautabschürfungen, Quetschungen und Weichteiltrennungen besonders bei Zangenentbindungen und beim engen Becken vorkommen. Ob Othämatom durch das Geburtstrauma entstehen kann, ist mir nicht bekannt. Dagegen ist Abreißen eines Ohres bei Abgleiten der Zange beobachtet.

Mißbildungen der Nase.

Über die Mißbildungen der Nase ist nur wenig zu sagen. Von Witzel ist die sog. Doggennase beschrieben, d. h. es besteht eine Nasenfurche mit Trennung der beiden Nasenlöcher. Gleichzeitig besteht eine mediane Spaltung der Oberlippe. Bei Zyklopie ist in seltenen Fällen ein gänzliches Fehlen der Nase beobachtet. Sonst bildet sie hier einen über dem Auge befindlichen rüsselförmigen Anhang. Weiterhin sind kongenitale Stenosen und Atresien der Nasenlöcher beobachtet. Sie sind meist knöcherner, seltener membranöser Natur. So wurde auch mehrfach die Choanalatresie beobachtet. Die damit geborenen Kinder gehen häufig bald nach der Geburt asphyktisch zugrunde. Die am Leben bleibenden zeigen die gleich zu besprechenden Störungen.

Endlich sind noch die angeborenen Anomalien des Nasengerüstes, Spina- und Septumverbiegung zu erwähnen.

Die beschriebenen Mißbildungen der Nase haben mannigfaltige Störungen zur Folge. In erster Linie kann die Hauptfunktion der Nase, das Geruchsvermögen, gestört sein. Ebenso können die anderen Funktionen, Erwärmung, Reinigung und Anfeuchtung der Inspirationsluft, beeinträchtigt sein. Weiterhin wird durch Verschlüsse der Nase das Saugen des Kindes meist völlig unmöglich gemacht. Die Therapie besteht in operativer Beseitigung der Verschlüsse mit nachträglicher Offenhaltung derselben (Drains usw.).

Schließlich mag hier noch erwähnt werden, daß nach einigen Autoren auch adenoide Wucherungen im Nasenrachenraum angeboren vorkommen.

Die geburtshilflichen Verletzungen der Nase sind selten. Sie sind als Weichteilverletzungen und Fraktur des Nasenbeins besonders dann bei Zangenentbindungen beobachtet, wenn die Zange den beim engen Becken im Beckeneingang stehenden Kopf in seinem geraden Durchmesser gefaßt hatte. Olshausen sah die Fraktur des Nasenbeins auch nach spontaner Geburt.

Literatur.

Leser, Spez. Chirurgie. — Tillmanns, Spez. Chirurgie. — Biedert-Fischl, Kinderkrankheiten. — Baginsky, Kinderkrankheiten. — Ahlfeld, Mißbildungen. — Finkelstein, Säuglingskrankheiten. — Birnbaum, Verletzungen des Kindes usw. — Moldenhauer, Die Mißbildungen des menschlichen Ohres. Handb. d. Ohrenheilkunde von Schwartze. 1. S. 154 ff. (Lit.)

Fistula colli congenita.

Die angeborenen Halsfisteln sind als Hemmungsmißbildungen aufzufassen, indem sich die embryonalen Kiemenfurchen und Kiementaschen nicht schließen. Eine große Rolle spielt hier die Erblichkeit, so fand Ascherson die Mißbildung bei acht Mitgliedern einer Familie (zit. nach Ahlfeld, Mißb., S. 170). Es sind feine, meist schwer nur mit feinen Sonden resp. feinen Borsten zu sondierende, mit Schleimhaut ausgekleidete Gänge, die sich nach außen oder innen resp. nach außen und innen öffnen. Danach teilt man sie ein in vollständige Halsfistel, unvollständige äußere und unvollständige innere Halsfisteln. Die äußere Öffnung der kongenitalen Halsfisteln liegt meist in der Nähe des Sterno-Klavikular Gelenkes, am Innen- oder Außenrande des Sternokleidomastoideus oder mehr median in der Nähe des Kehlkopfes. Die innere Öffnung mündet im Pharynx, Larynx oder der Trachea. Beschwerden sind durch die Fistel nur selten vorhanden. Je nach dem Reichtum der Fisteln an Schleimdrüsen entleeren sich mehr oder weniger reichliche Mengen von klarer, farb- und geruchloser fadenziehender Flüssigkeit. Handelt es sich um vollständige Fisteln, so können auch Speiseteile, besonders natürlich flüssiger Natur, durch die Fistel nach außen gelangen. Verlegt resp. verstopft sich die äußere Öffnung der Fistel, dann können zystische Bildungen entstehen, die sich unter der Haut vorwölben. Die innere Öffnung kann sich bei den inneren Fisteln zu einem Divertikel erweitern. Sitzt das Divertikel im Pharynx resp. Ösophagus, so können hochgradige Schlingbeschwerden entstehen, sitzt es in der Trachea (Tracheozele), so kann es zur Bildung großer Säcke kommen, die an der Vorderfläche des Halses liegen und mit Luft angefüllt sind (vgl. Kaufmann, S. 195).

Eine Therapie ist in den meisten Fällen nicht notwendig, da die Beschwerden fast stets nur gering sind. Sie besteht in geeigneten Fällen am besten im chirurgischen Vorgehen: Exzision des ganzen Ganges. Auch die Injektion einiger Tropfen Jodtinktur soll derartige Fisteln zur Heilung bringen können. Etwas ganz anderes sind die echten Trachealfisteln, welche meist die Trachea durchbohren und an der Vorderfläche des Halses endigen. Sie entstehen durch unvollkommenen Schluß des Vorderdarms.

Literatur.

Kaufmann, Spez. Pathologie. — Leser, Spez. Chirurgie. — Tillmanns, Spez. Chirurgie. — Biedert-Fischl, Kinderkrankheiten. — Ahlfeld, Mißbildungen.

Angeborene Neubildungen am Halse.

Die Geschwülste am Hals der Neugeborenen (ausschließlich der Struma), sind teils zystischer, teils solider Natur. Die zystischen Geschwülste entwickeln sich zumeist aus den embryonalen Kiemenbögen. In der Einteilung derselben folge ich der anschaulichen Darstellung Lesers.

Danach unterscheidet man endotheliale und epitheliale Geschwülste.

Zu den endothelialen Halsgeschwülsten gehören:

1. Die Lymphangiome, auch angeborenes multilokuläres Zystoid, Hygroma cysticum colli congenitum, Lymphangiektasia colli congenita genannt. Es ist das eine Zystengeschwulst, die in der Submaxillargegend oder über der Clavicula gelegen ist und welche ihren Ursprung nimmt von den Lymphgefäßen des Halses. Der anatomischen Beschaffenheit nach setzen sich die Geschwülste aus zahlreichen, miteinander kommunizierenden, zum Teil abgeschlossenen Ektasien und zystischen Erweiterungen der Lymphbahnen zusammen. Nach der Geburt wachsen sie meist sehr schnell zu beträchtlichen Geschwülsten heran, die sich auch nach oben ausdehnen und dann z. B. am Boden der Mundhöhle beobachtet werden können. Die zystischen Erweiterungen zeigen mikroskopisch einen Endothelbelag. Ihr Inhalt ist meist hellgelb und gerinnbar. Die Haut darüber ist glatt oder auch elephantiastisch verdickt oder schließlich gerunzelt. Größere Tumoren dieser Art können infolge Atmungs- und Zirkulationsstörungen zum Tode führen. In seltenen Fällen erfolgte Spontanheilung nach Ruptur des Sackes.

Die radikale Exstirpation dieser Zysten ist meist nicht möglich, es sei denn, daß sie sehr klein sind. In der großen Mehrzahl der Fälle muß man sich auf multiple Punktionen und Injektionen von Jodtinktur beschränken. In einigen Fällen führte auch die einfache Inzision und Tamponade mit Jodoformgaze zum Ziel (siehe die chirurgischen Lehr- und Handbücher).

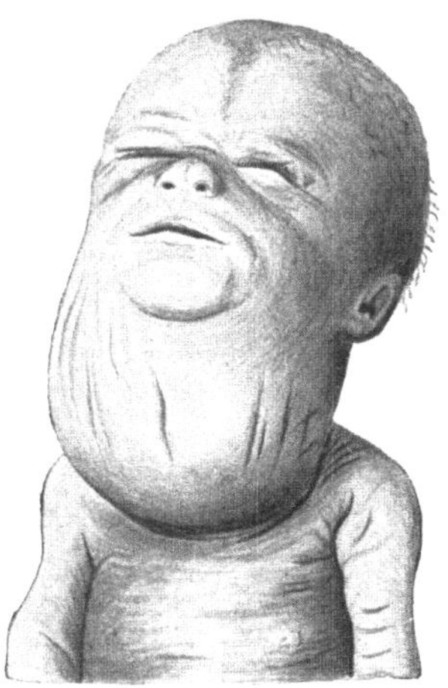

Abb. 26. Hygroma cysticum colli congenitum.
(Nach Kaufmann, Fig. 71.)

2. Die Hämatocele colli.

Sie ist sehr selten und entsteht infolge kavernöser Erweiterungen der venösen Gefäße. Klinisch macht sie die Erscheinungen einer zystischen Halsgeschwulst. Man unterscheidet abgeschlossene und mit dem ursprünglichen Gefäßraum kommunizierende Zysten. An eine chirurgische Behandlung (Punktion und Kompression, Exstirpation) soll man nur bei den abgeschlossenen Zysten herangehen. Über eine derartige mit Erfolg bei einem einen Tag alten Knaben operierte Blutzyste berichtet z. B. Großmann.

Zu den epithelialen Geschwülsten gehören:

1. Die Hydrocele colli. Sie ist ein monolokuläres Kystom (vergl. Leser). Die Innenwand ist mit mehrschichtigem Zylinderepithel ausgekleidet, womit ihre Abstammung von den embryonalen Kiemenbögen bewiesen ist. Diese Tumoren sind meist dünnwandig, der Inhalt ist serös resp. serös-schleimig. Da es sich um Retentionszysten andelt, so ist ihre Größe sehr verschieden. Sie können bis zu Kindskopfgröße heranwachsen.

Die bevorzugte Lokalisation dieser Tumoren ist die seitliche Halsgegend, zwischen Processus mastoideus und Zungenbein, am inneren Rande des Sterno-cleido-mastoideus, in der Supraklavikulargrube und im Bereich des Jugulum sterni. Besonders für diese Tumoren eignet sich nach Leser die Punktion und nachfolgende Injektion von Jodtinktur, ehe man an die Exstirpation herangeht.

2. Das sog. tiefe Atherom oder Dermoid des Halses, dessen Entstehung gleichfalls aus den Kiementaschen abzuleiten ist. Es sind das Dermoidzysten, die durch embryonale Hauteinstülpung im Bereich der Kiemenspalten entstanden sind. Infolgedessen zeigt die Wand eine epidermoidale Ausbildung, d. h. also geschichtetes Pflasterepithel. Der Inhalt ist Detritus aus zerfallenen Epithelzellen, Fett und Cholestearin. Sie sind meist nicht groß und wachsen nach der Geburt nur langsam. Die häufigste Lokalisation derselben ist die Gegend unter dem Kieferwinkel resp. der Supraklavikulargrube, wobei sie häufig vom Sterno-cleido-mastoideus etwas bedeckt werden. Die chirurgische Entfernung ist geboten.

An dieser Stelle sei bemerkt, daß nach v. Winckel die meisten der obenerwähnten Lymphangiome auf mechanischem Wege entstehen sollen, durch Zug von seiten amniotischer Bänder und die dadurch hervorgerufenen Folgezustände. Nach demselben Autor spricht die Beobachtung, daß derartige Tumoren bei Neugeborenen Anzeichen von Heilungen aufweisen, gegen die landläufige Annahme einer Neubildung.

Vom geburtshilflichen Standpunkt faßt man diese Tumoren ziemlich allgemein (vergl. z. B. Kleinhans) unter dem eigentlich nicht ganz zutreffenden Sammelnamen der Zystenhygrome zusammen.

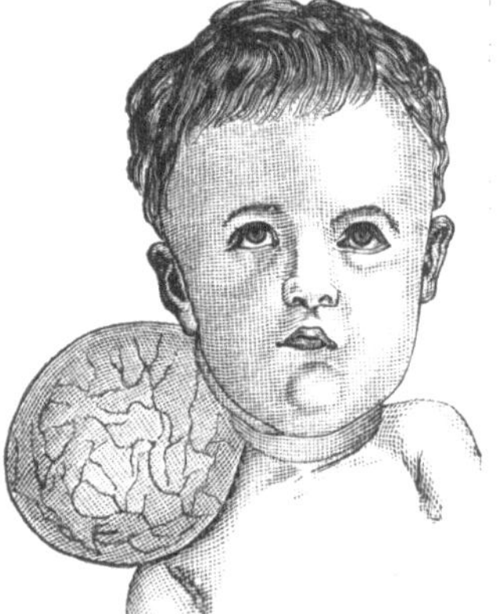

Abb. 27. Blutzyste am Hals.
(Nach Tillmanns, Fig. 304.)

Die Geschwülste geben nur selten Anlaß zu Geburtsstörungen. Die sichere Diagnosenstellung vor der Geburt dürfte, wie Kleinhans mit Recht hervorhebt, kaum jemals möglich sein. Bei Stockungen in der Austreibung des Kindes wird man genötigt sein, mit halber oder ganzer Hand event. in Narkose einzugehen, um die Ursache der Dystokie klarzustellen. Sitzen die Tumoren in größerer Ausdehnung unterhalb des Unterkiefers, so kommt es, wie bei kongenitaler Struma, zu einer mehr oder weniger ausgesprochenen Deflexion des Kopfes, zu primären Stirn- und Gesichtslagen. Bei Lokalisation in der seitlichen Halsgegend kann es zu asynklitischen Einstellungen des Kopfes, zu vorderer und hinterer Scheitelbeineinstellung kommen. Liegt die Frucht in Beckenendlage, so wird es bei größeren Tumoren infolge der dadurch bedingten Entfernung des Kinns von der Brust schwierig sein können, an den Mund zur Ausführung des Veit-Smellieschen Handgriffes heranzukommen. Bei der Beseitigung von derartigen Geburtshindernissen wird man sich der Tatsache wohl bewußt sein müssen, daß Kinder mit diesen Halsgeschwülsten, die unter der Geburt

vorsichtig verkleinert sind (Punktion), am Leben bleiben können (vergl.
Kleinhans).

Bestimmte Regeln für die Leitung derartiger Geburten wird man
kaum aufstellen können. Es muß von Fall zu Fall entschieden werden.
Bei Kopflagen wird in geeigneten Fällen bei Stockung der Geburt die
Anlegung der Zange erlaubt sein, vorausgesetzt, daß der Kopf nicht zu
klein ist. Hohl empfiehlt auf den Vorschlag Kilians hin, „den großen

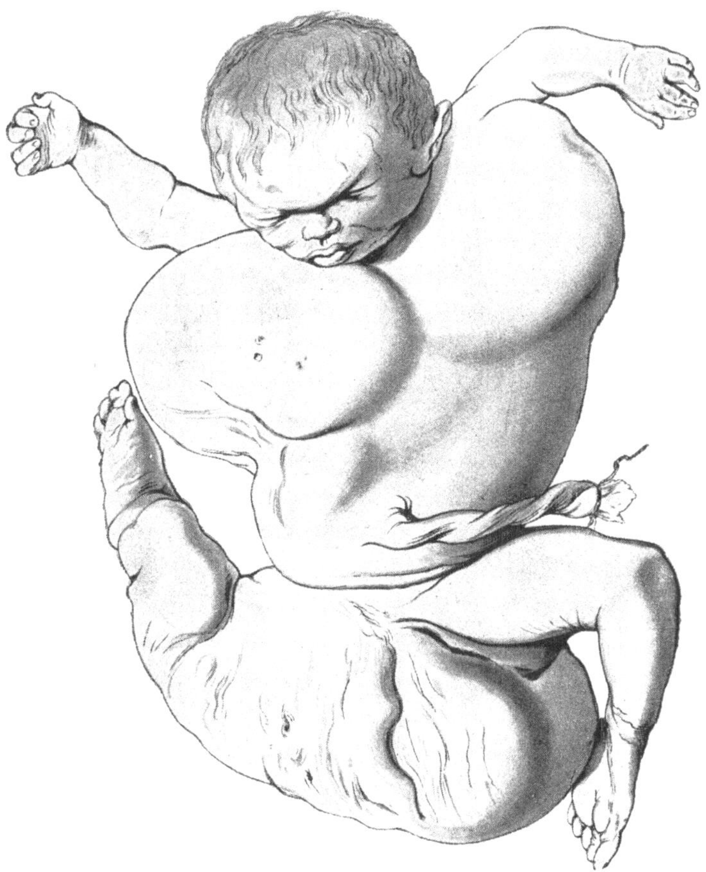

Abb. 28. Umfangreiche Lymphangiektasien als Geburtshindernis.
(Nach Ahlfeld, Fig. 283.)

Raum, welchen im wohlgebauten Becken die Aushöhlung des Kreuzbeins
bildet, geschickt zur Aufnahme der Geschwülste zu benutzen", d. h. also
die Geschwülste in die Kreuzbeinhöhle zu bringen. Diese Drehung
(manuell oder mit der Zange) wird bei Kopflagen wohl immer nur dann
gelingen, wenn der Kopf noch über dem Beckeneingang steht. Sie gelingt
bei Beckenendlagen leichter, da man hier eine geeignete Handhabe hat.
Aus dieser Überlegung heraus empfiehlt es sich, besonders bei Mehrgebärenden, die Wendung zu machen. Gelingt die Entwicklung des
Kindes so nicht, handelt es sich besonders um abgestorbene Kinder, so

wird man die Punktion oder Abtragung der fraglichen Geschwulst anwenden müssen.

An dieser Stelle mögen auch die lymphektatischen Geschwülste an anderen Körperteilen Erwähnung finden.

Lymphangiome können an allen den Regionen des Körpers vorkommen, welche während der embryonalen Entwicklung Spalten zeigen (fissurale Lymphangiome). Sie bevorzugen ferner die Achselgegend, Brust, Schulter, Bauch, Sakralgegend, Leistengegend. Ahlfeld bildet in seinem Lehrbuch der Geburtshilfe (S. 469) eine Frucht mit enormen Lymphektasien an verschiedenen Körperstellen ab, doch verlief die Geburt spontan (vgl. Fig. 28).

Steinwirker hat als Elephantiasis congenita cystica einen Fötus mit ausgedehnten Lymphektasien im Bereich des Kopfes beschrieben (Abbildung im Lehrbuch der Geburtshilfe von Olshausen-Veit, S. 735).

Malcolm Mc. Lean beschreibt ein großes Lymphangiom am linken Oberarm (Küstner in Müllers Handbuch, Fig. 61), das zum Geburtshindernis wurde. Als die Geburt in Schädellage stockte, wurde der rechte Arm heruntergeholt. Die weitere Geburt erfolgte nach dem Modus der Selbstentwicklung. Der linke Arm mit der Geschwulst wurde zuletzt geboren.

E. und A. Martin beobachteten je einen Fall von multipler Zystenbildung in der Jugular- und Achselgegend (nach Kleinhans, S. 1658). v. Wörz beschrieb ein kindskopfgroßes Lymphangiom in der Achselgegend, das gleichfalls die Geburt erschwerte. Er machte wegen vorliegender Hand und Nabelschnur die Wendung. Die Extraktion machte nach der Entwicklung des Kindes bis zum Nabel Schwierigkeiten. Durch die Untersuchung mit der ganzen Hand wurde das Geburtshindernis erkannt. Schließlich gelang dann die weitere Extraktion des Kindes mit großer Mühe. Das Gewicht betrug 3630 g. Kleinhans (S. 1659) führt noch zwei weitere Fälle von Eberhart und Barone an. Im letzterwähnten Falle saß das kindskopfgroße „Angioma cavernosum" im Bereich des oberen Drittels vom Oberschenkel und erschwerte die Geburt des Steißes. Bonnaire und Bosc demonstrierten in der Geburtshilflichen Gesellschaft in Paris ein Kind mit einem kongenitalen zystischen Lymphangiom auf der rechten Schulter. Ein etwa faustgroßes Lymphangiom in der Achselhöhle sah ich vor etwa 2 Jahren bei einem spontan geborenen Kinde. Heil beschrieb ein etwa doppelfaustgroßes Lymphangioma cysticum der linken Mamma bei einem 4 kg schweren Kinde, das die Dekapitation notwendig machte.

Literatur.

Kaufmann, Spez. Pathologie. — Ziegler, Allgemeine Pathologie — Tillmanns, Spez. Chirurgie. — Leser, Spez. Chirurgie. — Biedert-Fischl, Kinderkrankheiten. — Kleinhans in v. Winckels Handb. — Hohl, Geburten mißgebildeter Kinder. — v. Winckel, Über menschliche Mißbildungen. Volkmanns Samml. klin. Vortr. Nr. 373—374. — Ahlfeld, Lehrbuch der Geburtshilfe und Mißbildungen. — Küstner in Müllers Handb. d. Geburtsh. — Steinwirker, Diss. Halle 1872. — v. Wörz, Zentralbl. f. Gynäk. 1894. Nr. 5. — Ballantyne, The diseases of the foetus. — Großmann, Diss. Leipzig 1903. — Bonnaire und Bosc, ref. Zentralbl. f. Gynäk. 1903. S. 669. — Heil, Gynäk. Rundschau 1908. H. 9.

Struma congenita.

Man hat bei der angeborenen Schilddrüsengeschwulst zwei Gruppen streng auseinanderzuhalten. Die erste Gruppe umfaßt diejenigen akuten Anschwellungen der Schilddrüse, die bei starker Lordose der Halswirbelsäule, bei Gesichtslagen unter der Geburt, entstehen. Infolge verminderten Abflusses des venösen Blutes kommt es zu einer venösen Hyperämie und dadurch bedingtem Ödem der Schilddrüse. Häufig sind gleichzeitig kleinere oder größere Blutaustritte im Schilddrüsengewebe vorhanden. Diese akute Schilddrüsenschwellung ist eine schnell abklingende und fast stets harmlose Erscheinung, die mit der echten Struma also nichts zu tun hat. Allerdings sind doch einige Fälle beobachtet, wo es infolge dieser akuten Schwellung der Schilddrüse zum Erstickungstod der Neugeborenen gekommen war (Hecker u. a.). Infolge dieser akuten Anschwellung findet man bei Gesichtslagen zuweilen Heiserkeit der Neugeborenen, die auf den Druck der vergrößerten Schilddrüse auf den Nervus recurrens zurückzuführen ist (v. Winckel, zit. nach Küstner, S. 648).

Die zweite Gruppe umfaßt die Fälle von echter angeborener Struma. Diese Struma kann bei Mutter und Kind gleichzeitig beobachtet werden. Das Krankheitsbild wird in erster Linie in Gegenden mit endemischem Kropf beobachtet. So sah Kaufmann in Basel bei Kindersektionen Schilddrüsen im Gewicht bis zu 35 g (Normalgewicht 4,85 g). Bei ausgesprochener Struma congenita sind Schilddrüsen mit einem Gewicht bis zu 100 g beschrieben. Verhältnismäßig häufig sieht man gleichzeitig auch eine Vergrößerung der Thymus. Pathologisch-anatomisch handelt es sich am häufigsten um die hyperplastische, follikuläre Form. Doch sind auch Zysten- und gemischte Kröpfe (Struma colloides, fibrosa, cystica usw.) beobachtet. In seltenen Fällen wurden als Ursache der Schilddrüsenschwellung Dermoide beschrieben. Verhältnismäßig oft wurde Knorpel in den Tumoren gefunden.

Fabre und Thevenot unterscheiden in einer neueren Arbeit 5 Formen der kongenitalen Struma: Gefäßstruma, einfache Hypertrophie, Zystadenom, Fibrom, Zystom.

Was die Lokalisation der kongenitalen Struma anbetrifft, so handelt es sich meist um dieselben Verhältnisse wie bei den Strumen Erwachsener, doch muß hervorgehoben werden, daß infolge der hohen Lage der Schilddrüse bei Neugeborenen die retrosternalen Strumen hier sehr selten sind. Über die Häufigkeit der angeborenen Struma finden wir eine Angabe bei Demme (zit. nach Ewald). Derselbe fand bei 642 Kindern mit Kropf 37mal die Struma angeboren. Interessant ist die Tatsache, daß sich bei kongenitaler Struma mehrfach Situs transversus viscerum fand.

Die mit kongenitaler Struma behafteten Kinder kommen nun entweder schon tot oder asphyktisch zur Welt, oder aber sie zeigen sehr bald nach der Geburt Atemnot, oder aber sie bieten das Bild des sog. Kropfasthmas, das sind anfallsweise auftretende Erstickungsanfälle. Es kann ferner der angeborene Kropf durch Kompression der weichen Trachea und des Vagus zu plötzlichem Exitus führen. Bleiben die Kinder am

Leben und macht die Struma Fortschritte, so kann es zu den bekannten säbelscheidenartigen Verbildungen der weichen Trachea kommen. Das Symptom dieser Verengerung der Trachea ist die dyspnoische langgedehnte in- und exspiratorische Atmung, welche unter zischendem Geräusch erfolgt (Baginsky). Durch den Druck der Struma auf die Venen des Halses kann es weiter zur venösen Stase im Gehirn mit ihren Folgen kommen. In vielen Fällen tritt in den nächsten Monaten nach der Geburt jedoch eine auffallende Abschwellung resp. Verkleinerung der Geschwulst ein.

Über einen Fall, wo eine kongenitale Struma sehr bald nach der Geburt zum Tode führte, berichtet z. B. Kamann. Die Mutter hatte ebenfalls eine große Struma. Das Kind kam mit stark röchelnder Atmung zur Welt und starb unter zunehmender Zyanose 7 Stunden post partum. Bei der Sektion fanden sich Trachea und Larynx von vorn und von den Seiten her erheblich durch die parenchymatöse Struma komprimiert. Die stark erweiterten Jugularvenen waren ganz zur Seite gedrängt, so daß sie die parenchymatösen Strumen förmlich umkreisten. Macdonald berichtet ebenfalls über eine starke Kompression der Trachea durch eine kongenitale Struma. Das Kind starb, ehe die Tracheotomie (vgl. darüber unten) gemacht werden konnte. Ballantyne, Simpson u. a. berichten in der Diskussion über ähnliche Fälle. Die mehrfach gemachte Angabe, daß die Mütter der betreffenden Kinder in der Schwangerschaft aus irgend einem Grunde Jodkali genommen hätten, scheint mir für die Ätiologie der kongenitalen Struma nicht in Betracht zu kommen.

Was die Therapie anbetrifft, so hebt Finkelstein mit Recht hervor, daß die Zeit etwaiger bedenklicher Ereignisse bei der Struma congenita vornehmlich auf die ersten Stunden und Tage nach der Geburt trifft. Hier muß eine energische Behandlung einsetzen: Anregung der Atmung, kalte, ev. Eisumschläge auf die Gegend der Struma, Lagerung mit stark extendiertem Hals, bei erschwertem oder unmöglichem Saugen Löffeln. Durch diese Maßnahmen wird die immer vorhandene venöse Stauung gebessert. Bei Säuglingen mit kongenitaler Struma hat man mit Erfolg den stillenden Müttern Schilddrüsenpräparate verabfolgt. In der Schwangerschaft kann man Frauen, die bereits mehrfach Kinder mit Strumen geboren haben, raten, sich während der Schwangerschaft in eine kropffreie Gegend zu begeben.

Die spätere Therapie besteht in der innerlichen oder äußerlichen Anwendung von Jodpräparaten, die besonders in den Fällen, wo Syphilis ätiologisch in Frage kommt, durchaus angezeigt sind, ferner in interner Darreichung von Jodothyrin, Alkoholinjektionen in die Struma, ev. in operativer Behandlung. Die Entfernung des ganzen Kropfs wird heute nicht mehr vorgenommen, da danach die sog. Cachexia strumipriva, Tetanie, Myxödem, geistige Verblödung eintreten. Diese operative Therapie soll man auch bei drohender Erstickung vornehmen. Vor der Tracheotomie ist zu warnen, weil die Gefahr der sekundären Pneumonie gerade nach diesem Eingriff sehr zu fürchten ist.

Die Struma hat in mehrfacher Beziehung auch rein geburtshilfliches Interesse. Sie kann erstens Anlaß geben zu einer primären Gesichtslage. Diese Deflexionslage muß, wie Küstner mit Recht hervorhebt, für derartige Früchte als günstig angesehen werden. Die physiologische Kopfhaltung wäre für die Früchte gefährlich, indem bei Beugung des Kinns an die Brust die vergrößerte und entartete Schilddrüse und damit auch die großen Gefäße, insbesondere die Jugularvenen komprimiert werden. Dadurch kommt es zu einer Behinderung des Blutrückflusses aus dem Schädel. So können die Kinder an Kohlensäureüberladung des Blutes zugrunde gehen. Die Geschwülste können ferner, wenn auch sehr selten, Geburtsstörungen durch ihre Größe hervorrufen (vgl. Kleinhans, S. 1661). Kleinhans hat 5 Fälle dieser Art zusammengestellt: Hofbauer, Vonwiller, Burghagen, Billig, Dentler. In einem dieser Fälle (Hofbauer) bestand eine 1½ Kindskopf große Struma cystica, in einem anderen (Vonwiller) eine zweikindskopfgroße Struma enchondromatodes, in einem weiteren Fall (Burghagen) eine mannsfaustgroße Struma colloides mit Fett- und Knorpelgewebe, im 4. Fall (Billig) war eine zweimannsfaustgroße Mischform von Kolloid- und Zystenkropf mit Knorpel- und Knochengewebseinlagerungen vorhanden, im letzten Fall (Dentler) war eine kindskopfgroße Struma, ein papilläres Zysto-Adeno-Chondro-Sarkom, vorhanden. Alle Früchte wurden schließlich zwar spontan, aber nach langer schwieriger Geburtsarbeit geboren. 3 mal bestand in diesen Fällen Beckenendlage, einmal enormes Hydramnion (10 Liter). Seitz demonstrierte in der Münchner gynäk. Gesellschaft eine über kindskopfgroße zystische Struma, die vom Kinn bis zum Processus ensiformis herabreichte. Das Kind war spontan geboren.

Die Diagnose wird in der Regel erst dann gestellt werden können, wenn die Geburtsstörung eintritt. Eine etwa vorhandene Deflexionslage wird nach dieser Richtung hin zu verwerten sein. Bei der Therapie resp. Beseitigung von dadurch hervorgerufenen Geburtsstörungen ist natürlich, wie immer, so auch hier der oberste Grundsatz: Entbinden unter größter Schonung der Mutter. Wenn möglich, wird man, so besonders bei der zystischen Form der angeborenen Struma, die Punktion anwenden, aus der Erwägung heraus, daß derartige Kinder nach überstandener Geburt am Leben bleiben können.

Verletzungen des Halses unter der Geburt sind nicht häufig. Verletzungen der Halswirbelsäule, besonders Kontinuitätstrennung der einzelnen Wirbel werden bei schwieriger Entwicklung des nachfolgenden Kopfes, also in erster Linie beim engen Becken und Hydrokephalus beobachtet. Diese Verletzungen treten dann besonders leicht ein, wenn beim Versuch der Entwicklung des Kopfes der Zug nicht in der Richtung der Wirbelsäule erfolgt, sondern seitlich abweicht. Die häufigste Ursache gab früher der heute fast ganz obsolete Prager Handgriff ab, wobei die Halswirbelsäule winklig geknickt wird. Kinder mit derartigen Verletzungen gehen natürlich unter der Geburt oder bald nachher zugrunde. Unter den Weichteilverletzungen sind hervorzuheben die sog. Dehnungstreifen des Halses und die Verletzungen der Halsmuskeln, in erster Linie des M. sterno-cleido-mastoideus. Die Dehnungstreifen sind feine Risse der Haut neben roten querverlaufenden Streifen an der Vorderseite des Halses (Kaltenbach). Die Verletzung des M. sterno-cleido-mastoideus entsteht fast nur bei der manuellen Extraktion am Beckenende, seltener bei der Zange und noch seltener bei spontanen Schädel- und Beckenendgeburten. Bei Zangenextraktionen entsteht der Bluterguß in der Regel nur dann, wenn die Apices der Zangenlöffel bis zum Hals herauf reichen. Es bildet sich infolge Zerreißung der Muskelfasern ein ein- oder doppelseitiger Bluterguß, der meist erst in der zweiten Lebenswoche nachgewiesen werden kann. Die Prognose derartiger Muskelhämatome ist gut. Meist resorbiert sich derselbe sehr bald, in einzelnen Fällen kann es allerdings zum Caput obstipum kommen (siehe Küstner, Stumpf, Birnbaum u. a.).

Einen interessanten Fall von postnataler, nicht zu behebender Asphyxie des Kindes durch eine Exostose der Halswirbelsäule, welche den Introitus zum Larynx versperrte, erwähnt Seitz (v. Winckels Handb., S. 87). Über Verletzungen des Kehlkopfes siehe dort.

Literatur.

Kaufmann, Spez. Pathologie. — Kleinhans in v. Winckels Handb. d. Geburtsh. — Ewald, Nothnagels Handb. d. spez. Path. u. Ther. **22.** — Baginsky, Kinderkrankheiten. — Biedert-Fischl, Kinderkrankheiten. — Küstner in Müllers Handb. d. Geburtsh. — Hecker, Monatsschr. f. Geburtskunde **34.** S. 307. — Balantyne, Antenatal Pathology and Hygiene. 1902. — Seitz, Zentralbl. f. Gynäk. 1904. S. 875. — Kamann, Wiener klin. Rundschau. 1903. Nr. 16. — Macdonald, ref. Zentralbl. f. Gynäk. 1903. S. 1220. — Planchu et Richard, Gazette des hôpitaux. 1902. Nr. 54. — Ahlfeld, Mißbildungen. — Richard, Diss. Lyon 1906. — Mekler, Diss. Lausanne 1906. — Fabre et Thevenot, Lyon méd. 1907, Dezember 8, und Revue de Chirurgie. 1908, Juni. — Finkelstein, Säuglingskrankheiten. — Fabre und Bourret, Säuglingskrankheiten. — Commandeur, Geb. Gesellsch. Lyon, 19. II. 1908. Zentralbl. f. Gynäk. 1908. S. 1151. — Stumpf in v. Winckels Handb. d. Geburtsh. — Birnbaum, Verletzungen des Kindes unter der Geburt. — Seitz in v. Winckels Handb. d. Geburtsh.

Thymus.

Die Thymusdrüse erreicht bekanntlich nur während der Fötalzeit und in den ersten beiden Lebensjahren eine ansehnliche Größe. Später bleibt die auf der erreichten Stufe stehen, und etwa vom 10. Jahre an verfällt sie der Atrophie. Über Mißbildungen und kongenitale Erkrankungen dieser Drüse ist nur wenig zu sagen. Zunächst ist zu erwähnen, daß wie bei der Struma so auch hier akzessorische, isolierte Drüsenläppchen vorkommen, die in der Nähe der Schilddrüse gelegen sind. In ganz seltenen Fällen ist ferner ein Fehlen der Thymus bei normalen Kindern beobachtet (vgl. Hoffmann, S. 6), häufiger sieht man diesen Defekt bei Mißbildungen, besonders bei den Hemikephalen. Hämorrhagien im Gewebe der Thymus sieht man nicht allzu selten nach schweren Geburten, insbesondere bei asphyktischen Kindern. Bei kongenitaler Syphilis sind weiter multiple kleine Abszesse im Gewebe der Drüse gefunden. Wie aus der Monographie Hoffmanns hervorzugehen scheint (S. 23), handelt es sich um keine echten Abszesse, sondern um eine multiple Zystenbildungen, deren Inhalt aus eiterähnlicher Flüssigkeit besteht. Man findet mikroskopisch großkörnige epitheloide und kleinkernige lymphoide Zellen. Die Wand der erwähnten Hohlräume bestand aus mehrschichtigem Epithel. Eine große Rolle spielt seit längerer Zeit die angeborene Hypertrophie der Thymus, die man in manchen Fällen für den plötzlichen Eintritt von Todesfällen bei angeblich sonst ganz gesunden Kindern verantwortlich gemacht hat. Diese Todesfälle sollen einerseits erfolgen durch die mechanische Kompression der Trachea (vielleicht auch des Vagus und des Rekurrens), andererseits aber auch bei normal großer resp. mäßig großer Thymus. In diesen Fällen konnte man sehr oft den sog. Status thymicus (Paltauf) nachweisen, d. h. man fand bei der Sektion eine meist etwas vergrößerte Thymus, Vergrößerung der Lymphdrüsen, der Tonsillen, der Darmfollikel, der Milz, Enge der Aorta usw. (Siehe über die Frage des Zusammenhanges von Thymushypertrophie und plötzlichen Todesfällen sowie über die Bedeutung des Status thymico-lymphaticus die beachtenswerten Ausführungen Finkelsteins. Derselbe Autor ist geneigt, die meisten sog. Fälle von Thymustod als die Folgen einer alimentären Intoxikation anzusehen.)

Einen hierher gehörenden Fall haben wir kürzlich in der hiesigen Frauenklinik beobachtet, J.-Nr. 24634. Es handelte sich um ein sehr schnell geborenes, durchaus lebensfrisches Kind, ohne jede krankhafte Veränderung. 12 Stunden nach der Geburt stirbt das Kind ganz plötzlich. Ein Verbrechen oder ein Unglücksfall war auszuschließen. Die Sektion ergab: Status thymicus (Hypertrophia thymi), Blutungen auf Pleuren und Perikard. Stauungsorgane, Ödeme beider Beine und des Skrotums. Sonst nichts Besonderes.

Literatur.

Kaufmann, Spez. Pathologie. — Finkelstein, Säuglingskrankheiten — Tillmanns, Spez. Chirurgie. — Hoffmann in Nothnagels spez. Path. u. Ther. **23.** — Boxberger, Diss. Kiel 1903. — Ahlfeld, Lehrb. d. Geburtsh. — Hauser, Deutsche med. Wochenschr. 1899. Nr. 28.

Kehlkopf.

Die angeborenen Formfehler des Kehlkopfes sind sehr selten. Es können einzelne Knorpel ganz fehlen oder aber rudimentär entwickelt sein. Über kongenitale Fisteln im Bereich des Kehlkopfes, besonders die Trachealfistel, siehe S. 123. Der Kehlkopf ist in sehr seltenen Fällen auffallend klein. Dabei ist mehrfach eine hohe Stimme beobachtet worden. An der Epiglottis findet man nicht allzu selten Einkerbungen, die in einzelnen Fällen derartig tief gehen können, daß man berechtigt ist, von einer Verdoppelung der Epiglottis zu reden. Praktisches Interesse beanspruchen die angeborenen Verbiegungen der Knorpel und die Deviationen der Epiglottis, denn es können hierdurch Stenosen hervorgerufen werden. Die angeborenen Trachealstenosen lassen ein Weiterleben der Neugeborenen meist nicht zu. Noch seltener ist die kongenitale Atresie des Kehlkopfes. Mehrfach ist ein sog. kongenitales Kehlkopf-Diaphragma beschrieben worden. Es ist das eine auf embryonale epitheliale Verklebung zurückzuführende Membranbildung. Diese Membran ist meist quer zwischen den Stimmbändern, seltener unter denselben ausgespannt. Sie liegt fast stets im Bereich der vorderen Kommissur der Stimmbänder, reicht verschieden weit nach hinten und endigt dort mit einem halbmondförmigen, freien Rand. Die Glottis wird dadurch teilweise verlegt. Doch können die beschriebenen Beschwerden, Heiserkeit, Stimmlosigkeit, Atemnot, auch ganz fehlen. Diese Membranbildungen sind an der hinteren Wand viel seltener. Die Behandlung besteht in hochgradigen Fällen in endolaryngealer Durchschneidung der Membran, ev. in Exzision nach vorhergehender Kehlkopfspaltung. Andere empfehlen die unblutige Dilatation durch Bougies. Es können ferner die Morgagnischen Taschen sich abnorm vertiefen und zu extralaryngealen Luftsäckchen, Laryngozelen sich erweitern (Kaufmann, S. 179). Über Kompression der Trachea durch eine vergrößerte Struma und Thymus siehe oben. Angeborene Geschwülste des Kehlkopfes sind sehr selten. Fast stets handelt es sich um Papillome.

Eine nicht seltene angeborene Störung ist der kongenitale Larynxstridor, Stridor inspiratorius neonatorum, Laryngismus stridulus. Sofort im Anschluß an die Geburt, manchmal auch erst später, beobachtet man bei freier Exspiration eine lauttönende stenotische Inspiration (Finkelstein, S. 45). Finkelstein vergleicht das dabei entstehende Geräusch sehr treffend mit dem Glucken einer Henne oder dem Tone des Singultus. Die Stimme ist dabei klar, die Atmung zeigt nur geringe Einziehungen. Jedenfalls fehlt eine stärkere inspiratorische Einziehung in der Gegend der Herzgrube und der Rippenbögen. Anfälle von Asphyxie sind selten, leichte dyspnoische Anfälle werden zuweilen im Schlaf beobachtet. Die Ursache ist nicht ganz eindeutig. Jedenfalls geht aus der Literatur hervor, daß hier mancherlei durcheinander gebracht wird. So werden als ätiologische Momente angeführt: Thymusvergrößerung, adenoide Vegetationen, Koryza. Neuerdings hat man, wohl mit Recht, die Ursache in gewissen Eigenarten des kindlichen Kehlkopfes gesucht (vgl. Finkelstein): seitliche Verschmälerung der Epiglottis, Aufrollung des Kehldeckels nach innen, starke Annäherung der aryepiglottischen Falten.

Dazu kommt die ausgesprochene Weichheit des kindlichen Knorpels. So entsteht bei der Atmung ein Zusammensaugen des Kehlkopfes und dadurch der Stridor. Die eben geschilderten Anomalien werden von einigen Autoren als primäre Mißbildung angesprochen.

Der Stridor ist meist ohne ernste Folgen. Er geht im ersten oder zweiten Lebensjahre von selbst zurück. Die damit behafteten Kinder sind nach Finkelstein nur dann mehr gefährdet, wenn entzündliche Lungenerkrankungen eintreten. Dann kann wegen hochgradiger Stenosenerscheinungen die Tracheotomie notwendig werden. Es ist mir zweifellos, daß derartige Fälle von kongenitalem Larynxstridor, der sich nach der Geburt sofort bemerkbar macht, mehrfach falsch gedeutet und tracheotomiert sind (angeblich organische Stenosenbildung, angeborene Geschwülste). Man tut bei allen Fällen von angeborenen Kehlkopfstenosenerscheinungen gut daran, wenn man den Rat Finkelsteins befolgt und stets die Fingeruntersuchung des Zungengrundes und Kehlkopfeinganges vornimmt. Denn es gibt hier angeborene Tumoren (Zysten des Ductus Thyreoglossus, Dermoide), die sich klinisch genau so darstellen, wie der erwähnte Stridor neonatorum.

Angeborene Heiserkeit durch Lähmung des Rekurrens ist beobachtet bei Druck eines Cor bovinum auf den Nerven (Hauser).

Die Verletzungen des Kehlkopfes unter der Geburt sind selten. Es sind, besonders bei Zangenentbindungen, wo die Zange bis an den Hals heraufreicht, beobachtet: Kontinuitätstrennungen mit Lufteintritt in das lockere Bindegewebe, subkutanes Emphysem am Halse (bei intrauterinem Luftatmen), Glottisödem.

Die Mißbildungen und kongenitalen Erkrankungen im Bereich der Brusthöhle (Bronchien, Lungen, Herz) einschließlich des Zwerchfells.

Bronchien und Lungen.

Im Bereich der Bronchien sind folgende Mißbildungen beobachtet: kongenitale Divertikel, Verödung von Bronchien, Bronchiektasien (siehe unten), zwei eparterielle Seitenbronchien anstatt drei, Vermehrung der Bronchien (vgl. Hoffmann, S. 14, Ahlfeld, Mißb., S. 119).

Die angeborenen Mißbildungen der Lunge sind selten. Eine besondere Bedeutung kommt ihnen meist nicht zu. Am häufigsten ist eine abnorme Lappung. So kann die linke Lunge drei Lappen, die rechte zwei oder vier und noch mehr Lappen zeigen. Die akzessorischen Lungenlappen hängen fast immer durch kleinere Bronchien mit den größeren zusammen. Nicht selten liegt der akzessorische Lappen an der Lungenbasis. Bei Situs inversus zeigt die rechte Lunge zwei, die linke drei Lappen.

Sehr selten sind die bereits kurz erwähnten angeborenen Bronchiektasien, die sog. kongenitale Zystenbildung der Lunge. Derartige Fälle sind von Grawitz, Kaufmann, Meyer, Couvelaire u. a. beschrieben (vgl. auch Hoffmann, S. 189). Die Lunge (meist ist nur eine Lunge befallen) zeigt dabei ein maschiges, schwammiges Aussehen. An Stelle des Lungenparenchyms finden sich glattwandige zystische Räume mit serösem Inhalt. Man unterscheidet die Bronchiectasia universalis und die teleangiektatische Bronchiektasie. Im ersten Fall münden Zysten in einen gemeinsamen Hohlraum, den erweiterten Hauptbronchus. Im andern Fall handelt es sich um zystische Erweiterungen der Bronchien dritter bis vierter Ordnung, die so zahlreich sein können, daß der Prozeß einem Ovarialkystom gleicht (vgl. Finkelstein). Die Ursache ist nicht ganz eindeutig. Nach einigen Autoren handelt es sich um eine Manifestation der hereditären Syphilis, andere, z. B. Kaufmann, nehmen eine Hemmungsmißbildung (Agenesie) oder eine Ausdehnung durch Sekretretention hinter entzündlichen Bronchialstenosen an.

In dem von Couvelaire beschriebenen Fall traten am 5. Tage nach der Geburt plötzlich Atemstörungen ein mit starker Zyanose. Am 6. Tage trat unter Zunahme dieser Erscheinungen der Exitus ein. Die Sektion ergab eine zystische Degeneration des Mittellappens der rechten Lunge. Die zuführenden Luftwege bildeten nach dem Referat von Frickhinger ein zusammenhängendes System vom Hilus bis zu den Alveolen, von denen wenige normale erhalten waren. An ihrer Stelle fanden sich zystische Gebilde, welche Kanälen von verschiedenem Kaliber aufsaßen. Nach Couvelaire handelt es sich bei diesem Prozeß um eine embryologische Monstrosität, deren Ursache in einem abnormen Wachstum des Epithels der Drüsenkanäle zu suchen sei.

Ferner sind kongenitale Lungenhernien beschrieben. So berichtet z. B. Mace über einen Fall, wo die Lungenhernie dicht neben dem Sternum saß. Sie trat bei der Exspiration vor die Thoraxwand und bildete bei der Inspiration eine Delle. Die Bruchpforte war durch einen Defekt in der Thoraxwand entstanden. Nach Ahlfeld (Mißb., S. 182) sitzt die Hernie meist unterhalb der Achselhöhle. Es handelt sich ätiologisch um eine Amnionanomalie.

Die angeborene Hypoplasie und Agenesie einzelner Lungenlappen resp. eines ganzen Lungenflügels ist sehr selten. Meist gehen die Kinder dabei im Anschluß an die Geburt asphyktisch zugrunde. Wenn sie am Leben bleiben, übernimmt die andere Lunge durch kompensatorische Hypertrophie die Funktion des mißbildeten Lungenflügels mit. Zuweilen besteht Hydrops e vacuo (vgl. den von Finkelstein beobachteten interessanten Fall, S. 59).

Es liegt auf der Hand, daß Individuen mit nur einer Lunge erheblich mehr gefährdet sind bei Erkrankungen derselben (Pneumonie, Tuberkulose).

Von den angeborenen Erkrankungen der Lunge erwähne ich die septischen Pneumonien und Pleuritiden, die durch plazentare Infektion und besonders durch Aspiration von keimhaltigem Fruchtwasser oder infektiösen Sekreten der mütterlichen Genitalorgane, besonders beim engen Becken, vorzeitigem Blasensprung und mangelhafter aseptischer Geburtsleitung entstehen können (vgl. Finkelstein, Runge).

Hierher gehört auch die sog. Pneumonia alba bei angeborener Syphilis. Sie ist recht häufig und charakterisiert sich als ein Prozeß, bei dem es zu einem zelligen Exsudat in die Alveolen kommt. Neben dieser alveolären pneumonischen Form werden auch, meist gleichzeitig, interstitielle Prozesse und zirkumskripte Gummabildung beobachtet. In dem erwähnten zelligen Exsudat findet man meist massenhaft Spirochäten.

Schließlich erwähne ich noch die sog. angeborene Lungenatelektase. Hierbei verbleiben mehr oder minder ausgedehnte Partien nach der Geburt im fötalen Stadium [der Atelektase, d. h. die betreffenden Partien sind luftleer, die Alveolen zusammengesunken. Bei der Sektion sieht man meist kleinere versprengte Herde, hauptsächlich in den unteren Partien der hinteren Lungenabschnitte. Die Teile sind dunkel gefärbt, sie liegen unter dem Niveau der Umgebung. Auf der Schnittfläche sind sie glatt, nicht körnig wie bei pneumonischen Prozessen. Vom zuführenden Bronchus aus kann man diese Partien mit einem Tubus aufblasen. Die Ursache derartiger Atelektasen liegt meist in einer unter der Geburt entstandenen Asphyxie. Die Kinder sind asphyktisch geboren und meist nicht genügend wiederbelebt, besonders nicht zum lauten Schreien gebracht worden. Fast regelmäßig findet man diese Lungenveränderung bei der

Sektion frühreifer Früchte. Die so beliebte Diagnose „angeborene Lebensschwäche (Debilitas vitae congenita) und der dadurch bedingte Exitus findet meist in diesen Veränderungen ihre Erklärung. Eine häufige Begleiterscheinung der Atelektase ist ein manchmal sehr ausgesprochenes Ödem (atelektatisches Ödem). Die Therapie besteht in zweckmäßiger Behandlung der Asphyxie der Neugeborenen resp. der entsprechenden Behandlung frühgeborener Kinder (siehe die ausführliche Bearbeitung dieses Kapitels bei Runge).

Verletzungen des Kindes im Bereich der Brusthöhle unter der Geburt sind mehrfach beschrieben worden. Bei starker Wehentätigkeit, insbesondere bei rohem Umfassen des Thorax bei der Extraktion von Beckenendlagen, sind Brüche des Sternums und Rippenfrakturen beobachtet. Weiterhin sieht man nach schweren Extraktionen oder Wendungen Blutergüsse in der Brusthöhle, die aber auch nach spontanen Geburten eintreten können. Sie sind wohl die Folge von Zerreißungen zarter, in der Nähe der Wirbelsäule gelegener Venennetze, die bei asphyktischen Kindern strotzend mit Blut gefüllt sind. Verletzungen der Lungen sind in erster Linie bei Rippen- und Klavikularfrakturen gefunden worden, einige Autoren machen besonders die ev. dabei ausgeführten Schultzeschen Schwingungen dafür verantwortlich. Doch wird das von anderen Autoren energisch bestritten (siehe Runge).

Literatur.

Kaufmann, Spez. Pathologie. — Tillmanns, Spez. Chirurgie. — M. Runge, Krankheiten der ersten Lebenstage, Stuttgart 1906, Enke. — Ahlfeld, Mißbildungen. — Hoffmann in Nothnagels Spez. Path. u. Therp. 13. — Biedert-Fischl, Kinderkrankh. — Baginsky, Kinderkrankh. — Finkelstein, Säuglingskrankh. — Mace, Geburtsh. Ges. Paris, 16. VI. 1905, ref. Zentralbl. 1906 S. 531. — Gouiron und Couvelaire, Geburtsh. Ges. Paris, ref. Zentralbl. 1904, S. 984 u. 1174. — Monatsschr. f. Kinderheilk. 1907 6, S. 123. — Birnbaum, Verletzungen des Kindes unter der Geburt. — Fritsch, Lehrb. d. Geburtsh. — Stumpf in v. Winckels Handb. d. Geburtsh. — Smith (Larynx Stridor), Brit. Med. Journ. 1907. Aug. 20. — Mathieu (Larynx Stridor), Diss. Nancy 1903. — Boulard (Larynx Stridor), Diss. Paris 1904.

Herz.

Das Herz, als Zentralorgan der Blutzirkulation, ist in nicht allzu seltenen Fällen der Sitz angeborener Anomalien. So fand E. Lewy unter 4800 Kindern 137, also 2,8 Proz., mit angeborenen Anomalien des Herzens. Ausführliche Angaben hierüber finden sich in der ausgezeichneten Monographie Vierordts im Handbuch der speziellen Pathologie und Therapie von Nothnagel, der überhaupt eine ausführliche Bearbeitung der angeborenen Herzkrankheiten bringt.

Während sich im späteren Leben die Herzfehler auf die linke Herzhälfte lokalisieren, ist der Sitz der angeborenen Herzfehler in der Regel die rechte Herzhälfte. Wie Fischl mit Recht hervorhebt, liegt die Ursache hierfür darin, daß einerseits Föten mit Bildungsfehlern im Bereich der linken Herzhälfte früher absterben, andererseits die endokarditischen Prozesse im rechten Herzen deshalb häufiger sind, weil dasselbe durch die besondere fötale Zirkulation mehr in Anspruch genommen wird.

Die angeborenen Bildungsfehler des Herzens können in jedem Stadium seiner Entwicklung zustande kommen. Die schwersten Störungen werden dann eintreten, wenn sich die Mißbildung bereits in einer frühzeitigen Epoche der Herzentwicklung etabliert, indem dann die primäre Abnormität wieder anderweitige Defektbildungen nach sich zieht (Keller, S. 669). Auf der andern Seite kommt es bei fast vollendeter Ausbildung des Herzens nur noch zu weniger folgenschweren Anomalien.

Was die Ätiologie der kongenitalen Herzkrankheiten anbetrifft, so muß man nach Vierordt „allgemeine" und „besondere" Ursachen annehmen. Wenn wir die allgemeinen Ursachen betrachten, so fällt von vornherein die häufige Koinzidenz von anderweitigen Mißbildungen mit Mißbildungen des Herzens auf, z. B. Akephalie, Hasenscharte, Gaumenspalte, Zyklopie, Hemikephalie, Ischiopagie, Situs inversus viscerum, Bauchspalte, Zwerchfelldefekt, Anomalien im Bereich des Magendarm-Traktus, Hufeisenniere, Nabelschnurbruch, Zystenniere, Anomalien der Genitalorgane usw. Man ist mit Vierordt gezwungen, diese Koinzidenz für keine zufällige zu erachten, denn 10 Proz. aller Mißbildungen des Herzens sind mit anderweitigen Mißbildungen kompliziert. Eine weitere Rolle spielt hier die Heredität. Vierordt bringt dazu ein gewichtiges Material aus der Literatur. Weiterhin werden als ätiologische besondere Momente angegeben: Lues, Blutsverwandtschaft der Eltern, Tuberkulose, Typhus, ja sogar Erkältung und Erschrecken der Mutter sind als ursächliche Momente hier herangezogen worden. Vierordt läßt sie als „schwächende Momente" neben der fötalen Endokarditis und der Entwicklungshemmung gelten.

Eine zweifellos erhebliche Rolle spielt beim Zustandekommen der kongenitalen Herzanomalien die fötale Endokarditis, worauf schon Rokitansky aufmerksam gemacht hat. Man hat daraufhin die kongenitalen Herzanomalien in zwei Gruppen eingeteilt, zur ersten Gruppe rechnete man alle die Anomalien, die als Entwicklungsfehler zu betrachten sind, zur andern Gruppe die durch fötale Endokarditis entstandenen. So scharf läßt sich jedoch diese Einteilung nicht durchführen, denn es ist eine feststehende Tatsache, daß sich fötale Endokarditiden gerade auf dem Boden eines mißbildeten Herzens sehr leicht entwickeln. Über die Frage der gegenseitigen Abhängigkeit der einzelnen Mißbildungen des Herzens verweise ich auf die betreffenden Ausführungen in der Vierordtschen Monographie.

Was die Häufigkeit der kongenitalen Herzanomalien bei den verschiedenen Geschlechtern anbetrifft, so geht aus fast allen Statistiken das Überwiegen des männlichen Geschlechts hervor, während sonst bekanntlich bei den Mißbildungen das weibliche Geschlecht, in erster Linie bei den Doppelmißbildungen, vorherrscht.

In der folgenden Übersicht der kongenitalen Herzanomalien lehne ich mich im großen und ganzen an die von Fischl auf Grund der Arbeiten von Rokitansky, Bamberger, Rauchfuß, Hochsinger, Flatow und Pott gegebene Einteilung an.

1. Akardia, Mangel des Herzens.

Vollständigen Mangel des Herzens resp. funktionslose Rudimente desselben beobachtet man nur bei Monstrositäten, in erster Linie bei eineiigen Mehrlingsgeburten. Dabei ist der eine Fötus gut entwickelt, der andere mehr oder minder mißbildet. Am häufigsten fehlt ihnen der Kopf (vergleiche das Kapitel über Akardie S. 261). Das Herz des gesunden Zwillings besorgt dabei gleichzeitig die Blutzirkulation im andern mißbildeten Zwilling.

Duplizität des Herzens findet sich in erster Linie bei Doppelmißbildungen, besonders bei den Verdoppelungen der oberen Körperhälfte. Die beiden Herzen liegen entweder getrennt, jedes im eigenen Herzbeutel, oder aber sie sind von einem gemeinsamen Herzbeutel umgeben. Doppeltes Herz bei einem Individuum ist sehr selten (vgl. Ahlfeld, Mißb., S. 126).

2. Abnorme Lage des Herzens.

a) Dextrokardie. Die Transposition des Herzens nach rechts, wobei also der Herzschlag rechts vom Sternum zu fühlen ist, kommt vor bei Situs inversus viscerum totalis regularis, wo also auch Leber, Milz und Magen nach der andern Seite verlagert sind, seltener als reine Dextrokardie. Nach Vierordt (S. 116) ist ein Fall von reiner Dextrokardie mit Sicherheit überhaupt noch nicht beobachtet, oder wenigstens nicht durch Autopsie bestätigt.

b) Ektopie. Am häufigsten ist das Herz durch einen angeborenen Defekt des Brustbeins resp. der Brustwand nach außen verlagert: Ektopia cordis pectoralis. Dabei ist das Herz vom Herzbeutel umgeben oder aber es liegt ganz frei zutage. Derartig mißbildete Kinder sind wohl stets

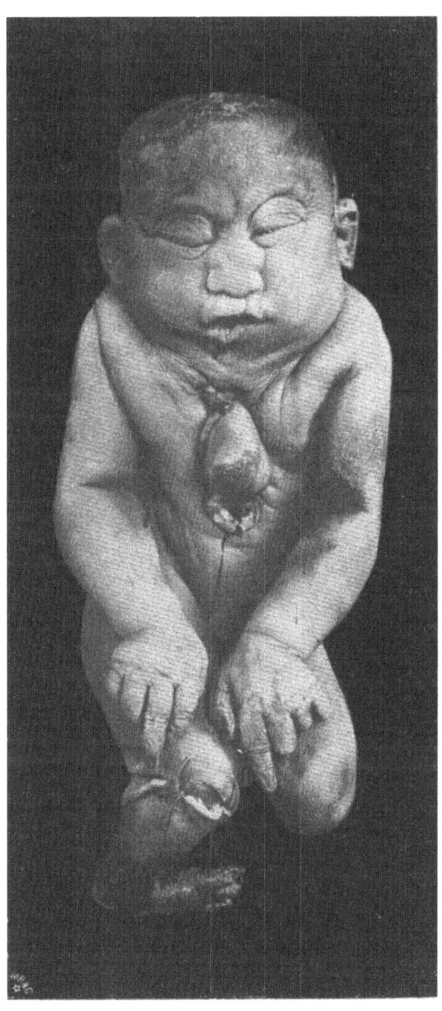

Abb. 29. Ektopia cordis, Fissura sterni.
(Präparat aus der Sammlung
des Göttinger anatomischen Institutes.)

lebensunfähig. In allen bekannt gewordenen Fällen starben die Kinder spätestens einige Stunden, sehr selten am zweiten Tage nach der Geburt. Immerhin soll man versuchen, das Herz durch einen schnell ausgeführten operativen Eingriff unter die Hautdecken zu bringen. (Ahlfeld, Lehrb. d. Geburtsh.) Lannelongue (nach Fischl) hat einen markstückgroßen, wahrscheinlich ulzerösen und nicht durch Bildungshemmung bedingten Defekt der Brustwand bei einem 6 Tage alten Mädchen, durch welchen die Herzspitze vortrat, mittels Anfrischung der Ränder, Entspannungsschnitten und Naht, per secundam intentionem in 20 Tagen geheilt. Einen interessanten Fall von Ektopia cordis hat Greiffenberg kürzlich mitgeteilt. Das Kind lebte nach der Geburt noch 5 Stunden. Bei der Mutter bestand Atresia ani und anus vulvaris, außerdem war Hydramnion vorhanden (5 Liter). Beim Kind fand sich folgendes: Starkes Ödem des Gesichts und Halses, das auf die Trachea drückte und die freie Atmung behinderte, Ascites. Unterhalb der Vereinigung der Rippenbögen hängt an den Gefäßen das kleinhühnereigroße Herz heraus. Von der Hinterfläche des Herzens zieht von der Atrioventrikulargrenze ein Simonartscher Strang nach der Nabelschnur kurz oberhalb des Nabels. Am Herzen finden sich nur ein hypertrophierter und dilatierter Ventrikel und zwei sowohl untereinander als auch von der gemeinsamen Kammer nur unvollständig getrennte Vorhöfe. Vena cava sup., Arteria und Vena pulmonalis und Aorta vorhanden. Von der Vena cava ist nichts zu sehen. Es handelt sich also um eine Bildungshemmung, die etwa in der zweiten Entwicklungswoche eingetreten ist. Das Amnion verklebte mit dem Herzen und hemmte den Verschluß der Thoraxspalte. Durch den amniotischen Strang ist das Herz dann später aus dem sich schließenden Brustkorbe hervorgezogen.

Einen ähnlichen Fall hat Rieländer beschrieben. Auch hier sah man den Amnionfaden, der das Herz ektopiert hatte. Gleichzeitig bestanden Gefäßanomalien (Aorta usw.)

Bei der Ektopia cordis abdominalis ist das Herz infolge Defekt oder Spaltbildung im Zwerchfell in die Bauchhöhle verlagert. In dem unten (S. 118) erwähnten sehr seltenen Fall von Arndt war das Herz dabei in eine gleichzeitig vorhandene Nabelschnurhernie transponiert. In dem von Koller-Aeby beschriebenen Fall handelte es sich um ein angeborenes Herzdivertikel in einer Nabelschnurhernie.

Bei der Ektopia cordis cervicalis ist das Herz nach dem Gaumen zu verlagert. (Kaufmann, Ahlfeld.) Die Beobachtung des Herzens bei Ektopia cordis hat uns wertvolle Aufschlüsse über die Funktion des Herzens, spez. die Veränderungen seiner Gestalt gebracht.

3. Abnorme Gestalt und Größe.

Hierher gehören die angeborene Hypoplasie, Kleinheit des Herzens und die angeborene Herzhypertrophie. Die Hypoplasie des Herzens resp. der großen Gefäßstämme soll nach einigen Autoren (Virchow u. a.) zur Chlorose und Tuberkulose disponieren.

Die angeborene Hypertrophie, Cor bovinum, findet sich häufig beim Offenbleiben fötaler Blutbahnen, bei der Thymushypertrophie, bei angeborenen Stenosen und Atresien (sekundäre kompensatorische Herzhypertrophie), bei Ectopia cordis, beim Acardiacus. Doch gibt es auch, allerdings sehr selten, ein kongenitales idiopathisches Cor bovinum. Die damit behafteten Neugeborenen zeigen Mattigkeit, beschleunigte Atmung, Blässe, Meteorismus, Stauungsleber und Stauungsmilz (Finkelstein, S. 93). Nach Finkelstein sterben die Kinder spätestens im dritten Lebensjahr.

Zu den Gestaltsvariationen gehören das zylindrische, das runde, das an der Spitze gespaltene Herz.

4. **Abnorme Beschaffenheit einzelner Teile des Herzens.** Dazu gehören Abnormitäten: a) des **Septums,** b) der **Gefäßstämme** und c) der **Ostien und Klappen.**

a) **Fehlt das Septum vollständig,** so findet man nur einen Vorhof und einen Ventrikel: **Cor biloculare.** Hat sich das Septum nur im Bereich eines Vorhofs oder eines Ventrikels gebildet, so bezeichnet man das als **Cor triloculare.** Meist findet man dann zwei Vorhöfe und nur einen Ventrikel. Es kann ferner der linke Vorhof durch einen schief verlaufenden Verbindungsgang mit dem rechten Ventrikel kommunizieren und umgekehrt der rechte Vorhof mit dem linken Ventrikel. Schließlich kommt es bei größeren Septumdefekten auch zu abnormen Ursprüngen der großen Gefäßstämme. So kann die untere Hohlvene in den linken statt in den rechten Vorhof einmünden, die Aorta aus dem rechten Herzen entspringen (vergl. unten den selbst beobachteten Fall aus der hiesigen Frauenklinik).

b) Die Abnormitäten der Gefäßstämme sind zum größten Teil auf mangelhafte Entwicklung oder fehlerhafte Insertion des Septums zurückzuführen. Die häufigsten Abweichungen sind:

1. Die Lungenarterie kann vollkommen fehlen, oder aber sie ist in ihrem Ursprungsteile abnorm verengt und erweitert sich erst vom Ductus arteriosus Botalli an, der ihr Blut aus der Aorta zuführt. Auch kann sich das infolge einer Pulmonalstenose zurückgehaltene Blut durch einen Defekt des Septums in die abnorm inserierte Aorta ergießen (siehe unten). Dann übernimmt die Aorta, wenn nur eine Kammer vorhanden ist, vollständig die Rolle der Pulmonalis.

2. An der Aorta können dieselben Verhältnisse bestehen, wie die eben bei der Pulmonalis geschilderten.

3. Es bleibt auch extrauterin der fötale Typus der Blutverteilung erhalten; dabei versorgt also die Aorta die obere Körperhälfte, die Pulmonalarterie durch den Ductus Botalli die untere Körperhälfte.

4. Es besteht eine Transposition der großen Gefäße, d. h. die Aorta entspringt aus dem rechten, die Pulmonalis aus dem linken Ventrikel. Die Transposition kommt so zustande, daß die intervaskuläre Scheidewand, die eine Trennung des Trunkus arteriosus communis in Pulmonalis und Aorta bewirken soll, abnorm verläuft, wobei auch

5. beide genannten Gefäße aus einer Kammer entspringen können.

6. Die Aorta reitet auf dem defekten Ventrikel Septum und entspringt zu gleichen oder ungleichen Teilen mit einem Abschnitt aus dem linken, mit dem anderen aus dem rechten Ventrikel.

7. Die Bulbus-Anschwellung der Aorta hat sich enorm erweitert und bildet gleichsam einen dritten Ventrikel.

8. Der Ductus Botalli bleibt durchgängig, ganz besonders bei Atresien und Stenosen; dadurch wird der sonst distal eintretende Blutmangel ausgeglichen.

9. Die Aorta kann an der Mündung des Ductus Botalli obliterieren (Rokitansky, Rauchfuß). Bei hochgradigen Fällen und dabei gleichzeitig vorhandenem offenen Ductus Botalli kann auch die fötale Blutzirkulation erhalten bleiben.

10. Es besteht eine Transposition der Veneneinmündungen in die Vorhöfe. Ebenso können auch die Lungenvenen und die Hohlvenen nur in einen Vorhof inserieren.

c) **Die angeborenen Abnormitäten der Klappen und Ostien.**

1. Stenose des Konus der Lungenarterie oder der Aorta. Die Stenose der Lungenarterie ist die häufigste Ursache der angeborenen Zyanose. Regelmäßig bleibt in solchen Fällen entweder das Foramen ovale offen, oder es kommt nicht zu vollständiger Entwicklung des Septum ventriculorum.

2. Infolge Veränderungen an den Klappen kommt es zu Insuffizienz, Stenose und Atresie der Klappen. Auch können die Zipfelklappen oder die Semilunarklappen unter bestimmten Umständen vollständig fehlen.

3. Die Valvula Eustachii, die Klappe des Foramen ovale, kann vollkommen fehlen, sich vorzeitig schließen oder mangelhaft entwickelt sein.

Vierordt gibt in seiner monographischen Abhandlung eine andere, nach anatomisch-entwicklungsgeschichtlichen Gesichtspunkten angeordnete Übersicht der angeborenen Herzfehler.

Alle diese Herzmißbildungen teilt man bezüglich ihrer Prognose nach Bamberger in drei Gruppen ein.

Die erste Gruppe umfaßt die Bildungsfehler des Herzens, welche das Leben unmöglich machen. Hierher gehören die Monstrositäten, Ektopia cordis mit Fissura sterni und Hautdefekt, die vollkommen einkammerigen Herzen und eigentlich auch die Transposition der großen Gefäße. Kinder mit derartigen Herzmißbildungen sind den Anforderungen, die an das Herz nach Umänderung des fötalen Blutkreislaufes gestellt werden, nicht gewachsen. Sie gehen schon in der Schwangerschaft, unter der Geburt resp. bald nach der Geburt unter den Symptomen zunehmender Herzschwäche oder Asphyxie zugrunde. Bei der Transposition der großen Gefäße, die sehr selten ist (siehe unten den Fall aus der Göttinger Frauenklinik), besteht eine besonders starke Zyanose. Die Kinder sehen fast blauschwarz beim Schreien aus. Diese Zyanose fehlte nur in ganz vereinzelten Fällen. Die Temperatur ist, entsprechend der starken Zyanose, in den meisten Fällen subnormal. Ferner werden Blutungen in der Haut, aus Nase, Mund und Darm, im Gehirn, aus den Lungen usw. beobachtet, Dyspnoe mit Erstickungsanfällen, Cheyne-Stokessches Atmungsphänomen, Lungenatelektase, Konvulsionen usw. Der Blutkreislauf bei den Fällen reiner Gefäßtransposition ist sehr eigenartig. Die Aorta bringt das venöse Blut in den Körper und die Pulmonalis führt den Lungen arterielles Blut zu. Der Körper erhält nur die minimalen Mengen arterialisierten Blutes, die infolge der Kommunikation der Endäste der Pulmonalis mit den Bronchialarterien und weiterhin den Bronchialvenen in diese letzteren übergehen.

Die physikalische Untersuchung ließ in den beobachteten Fällen einen einheitlichen Befund nicht erkennen; fast stets bestand Verbreiterung der Herzdämpfung, zuweilen Geräusche. Die Prognose ist bei der Gefäßtransposition, wie gesagt, wenig günstig. Nach einer Tabelle von Taruffi-Vierordt starben die meisten Kinder im ersten Lebensjahr (77,3 Proz.)

und hiervon wieder die meisten im Laufe des ersten halben Jahres. Nur wenige Personen erreichten ein höheres Alter.

In die zweite Gruppe gehören nach Bamberger diejenigen Formen der Mißbildungen, bei denen die Kinder am Leben bleiben und sich anfangs auch mehr oder weniger normal entwickeln. Im Laufe der Jahre treten dann jedoch derartige Kreislaufstörungen ein, daß die Kinder spätestens im Anfang des zweiten Dezenniums zugrunde gehen. Hierher gehören die angeborenen Verengerungen am Konus der Pulmonalarterie oder der Aorta, größere Kommunikationen der Ventrikel oder Vorhöfe, oder eines Ventrikels mit dem gegenüberliegenden Vorhof, der Ursprung der Aorta aus beiden Ventrikeln und das Offenbleiben des Ductus Botalli (siehe unter 3).

Zur dritten Gruppe gehören die kleineren Anomalien, durch welche der Blutkreislauf nicht beeinträchtigt wird und bei denen die betreffenden Individuen auch in ihrer Entwicklung infolgedessen nicht gehindert werden. Hierher gehören z. B. die äußeren Formveränderungen des Herzens (zylindrisches, rundes, an der Spitze gespaltenes Herz). Ferner die Dextrokardie mit gleichzeitig anderweitigem Situs inversus, das Offenbleiben des Foramen ovale, unter Umständen auch Defekte im Septum ventriculorum und das Offenbleiben des Ductus Botalli.

Was die Zeit des ersten Eintritts der Symptome bei derartigen Herzmißbildungen anbetrifft, so machen sich die meisten Fälle im Anschluß an die Geburt bemerkbar. Nehmen die Zirkulationsstörungen erst allmählich zu, kommt es also erst nach einigen Jahren zu den hervorstechenden Symptomen der angeborenen Herzfehler, so ist das auf eine Fortdauer der fötalen Endokarditis resp. auf ein Wiederaufflackern derselben nach längerer Latenz zurückzuführen.

Das bekannteste und am meisten in die Augen springende Symptom, das sich meist bald nach der Geburt bemerkbar macht, ist die angeborene Zyanose oder Blausucht, Morbus coeruleus, Maladie bleue. Diese Zyanose zeigt sich naturgemäß am prägnantesten in denjenigen Fällen, wo es zu einer erheblichen Rückstauung des Blutes in die Körpervenen kommt. Sie tritt am meisten an den Lippen, den oberen Augenlidern, Ohren, Händen, Füßen, Nasenflügeln, Pharynx, Glans Penis und den Schamlippen hervor. Dabei können alle möglichen Farbennuancen, vom leicht bläulichen Kolorit bis zur tief blauschwarzen Färbung vorhanden sein. Die Zyanose wird durch Anstrengungen, z. B. Schreien, Husten, Erbrechen, Lachen, ferner durch Aufregungen, durch erhebliche Temperaturdifferenzen u. a. erheblich vermehrt. Nach völligem Abklingen dieser Momente geht die Zyanose bald wieder auf das gewöhnliche Maß zurück. In seltenen Fällen, wo die Rückstauung auf die peripheren Venen nicht vorhanden ist, kann die Zyanose auch fehlen. An Stelle der Zyanose findet man bei derartigen Kranken dann eine graue, mehr fahle Gesichtsfarbe.

Früher nahm man an, daß die Zyanose in einer Vermischung von arteriellem und venösem Blut begründet sei. Diese Ansicht ist heute als irrig widerlegt. So kann z. B. Pulmonalstenose und Defekt der Ventrikel vorhanden sein, ohne daß es darum zur Zyanose zu kommen braucht. Wäre die frühere Ansicht richtig, so müßte es beim Embryo, der auch vielfach gemischtes Blut in sich hat, immer zu einer Zyanose kommen, worauf Vierordt mit Recht aufmerksam macht. Der wahre Grund der Zyanose liegt vielmehr in einer mangelhaften Dekarbonisation in den Lungen, mit oder ohne Stase im peripheren Venensystem (Fischl, S. 456). Diese Verhältnisse werden z. B. hervorgerufen durch ein Hindernis im linken Ventrikel mit konsekutiver Blutstauung in den Lungenvenen usw., durch eine Stenose im rechten Herzen, längeres Offenbleiben des Ductus Botalli usw.

Zyanose kann bei Neugeborenen unter Umständen einmal vorgetäuscht werden durch unvernünftig starkes Wickeln. Über eine interessante Vortäuschung von Zyanose berichtet Vierordt aus der Literatur (Fall Rayner). Rayner sah bei mehreren Neugeborenen zu gleicher Zeit eine vier bis fünf Tage dauernde, im übrigen unschädliche Zyanose auftreten nach Resorption von anilinchloridhaltiger Tinte, welche bei dem Farbenstempel der Windeln zur Verwendung gekommen war.

Die chemische Analyse des Blutes ergibt reichlich Kohlensäure, aber auffallenderweise fast normalen Sauerstoffgehalt. Das Blut ist auffallend konzentriert, das spezifische Gewicht erhöht, die roten Blutkörperchen und das Hämoglobin vermehrt. Die Alkaleszenz ist ungefähr normal. Charakteristisch für die Zyanose sind alle diese Veränderungen jedoch nicht. Ausführliches über alle diese Fragen siehe Vierordt. Eine Begleit- resp. Folgeerscheinung der Zyanose ist die Herabsetzung der Körpertemperatur, oft um 1,5—3,5 Grade. Infolgedessen fühlen sich besonders die peripheren Körperteile, die Arme und Beine, feucht und kühl an. Das Verhalten der Körpertemperatur bei kongenitalen Herzfehlern ist prognostisch wichtig. Steigt die Temperatur der Neugeborenen nach der Geburt allmählich zur Norm an, so ist das prognostisch günstig und umgekehrt. Die Temperatur kann auf 29° C und tiefer heruntergehen. Eine weitere Begleiterscheinung der Zyanose ist häufig eine mehr oder weniger ausgesprochene Dyspnoe, insbesondere bei Anstrengungen. Die Dyspnoe kann so stark sein, daß es zu Erstickungsfällen, unter Umständen mit epileptiformen Konvulsionen kommt. Neben der Dyspnoe bestehen oft Herzpalpitationen, die sich zu unangenehmen Beklemmungen steigern können. Im Laufe der Zeit entwickeln sich bei Kindern, die am Leben bleiben, die sog. Trommelschlägelfinger, jene bekannten knollenförmigen Anschwellungen der Finger an den Nagelgliedern mit krallenartig gekrümmten Nägeln.

Das Verhalten kongenital herzkranker Kinder schildert Keller in anschaulicher Weise (S. 670): „Derartige Kinder liegen ruhiger und schlafen viel. Die Stimme klingt heiser und kraftlos. Die Bewegungen sind nicht so lebhaft wie sonst, sondern träge und phlegmatisch. Das Trinken sowohl an der Brust, wie auch mit der Flasche geschieht sehr langsam und mit langen Pausen. Man hat den Eindruck, daß die Kinder dabei an Luftmangel leiden und sehr bald ermüden.“ Dann machen sich weiter die erwähnten dyspnoischen und asthmatischen Anfälle bemerkbar und es besteht eine Disposition zu Nasenblutungen, Hämoptoe und anderweitigen

Blutungen, z. B. aus dem Zahnfleisch, Katarrhen der Luftwege, besonders bei Regenwetter und niederem Barometerstand, Lungentuberkulose, Affektionen des Magen-Darmkanals. Aus allen diesen Momenten erklärt sich die ungünstige Prognose für das Leben derartiger Kinder. Neben dem Zurückbleiben in körperlicher Beziehung — derartige Kinder sind meist hager mit geringem Fettansatz — besteht gewöhnlich auch ein geistiges Zurückbleiben. Selbst Idiotie ist dabei beobachtet. Der Zahndurchbruch kann verzögert sein. Die Pubertät kann hinausgeschoben werden.

Auf die Lebensdauer bei kongenital herzkranken Kindern bin ich bereits eingegangen. Ich habe oben ausgeführt, daß die meisten Kinder schon im ersten Lebensjahr zugrunde gehen. Nur wenige überschreiten das erste Dezennium oder werden noch älter. Der Tod erfolgt an den oben erwähnten Komplikationen resp. Folgeerscheinungen, speziell Kompensationsstörungen (Hydrops, Herzschwäche), Lungentuberkulose usw. besonders bei Herzfehlern, bei denen die Blutzufuhr zu den Lungen gehindert resp. erschwert ist, z. B. Pulmonalstenose, Insuffizienz und Stenose der Trikuspidalklappe.

Die physikalische Untersuchung bei angeborenen Herzfehlern ist außerordentlich schwierig. Auf die Vergrößerung des Herzens ist nicht allzuviel Wert zu legen, da das gleichzeitige, so häufige Vorkommen von Defektbildungen die sonst beim gleichen Fall ohne anderweitige Mißbildung vorhandene Herzvergrößerung völlig vermissen lassen kann. Wichtiger als die Perkussion ist die Auskultation, besonders bei Neugeborenen. Hier fehlen die später häufig vorhandenen akzidentellen resp. anämischen Geräusche. Nach Keller sind Geräusche kongenitaler Herzfehler fast durchgängig systolisch und am besten hörbar nahe der Herzbasis, nicht an der Herzspitze. Die perkutorischen Veränderungen sind nach ihm gering oder fehlend, der Spitzenstoß ist nie verstärkt, eher abgeschwächt.

Fischl drückt sich auf Grund seiner an der Prager Findelanstalt gemachten Erfahrungen über die Möglichkeit der klinischen Differentialdiagnose bei kongenitalen Herzfehlern sehr skeptisch aus (S. 458). Die betreffenden Kinder zeigten alle die Symptome der sog. „Blausucht“, mehr oder minder hochgradige Vergrößerung der Dämpfungsfigur des Herzens, bald Töne, bald Geräusche an den verschiedenen Ostien. Es gelang in seinen Fällen wohl ein kongenitales Herzleiden festzustellen, nicht aber die Art desselben. Fischl erhofft hierfür etwas von der neuerdings bei der Herzdiagnostik herangezogenen Radiographie.

Über die Diagnose fötaler Herzfehler intra partum bringt Höhne mancherlei Bemerkenswertes. Unter Mitteilung eines genau beobachteten und intra partum diagnostizierten Herzfehlers gibt Höhne als diagnostische Hilfsmomente intra partum an: Rauher Charakter eines mit dem mütterlichen Puls nicht synchronen Geräusches, dessen Konstanz bezüglich Dauer und Stärke, kontinuierliches Fehlen meist beider Herztöne, seltener nur des ersten Tones und weite Verbreitung des Geräusches am Abdomen mit größter Intensität entsprechend der Gegend des kindlichen Herzens. Höhne hebt mit Recht hervor, daß man sich nach sicherer Diagnose eines fötalen Herzfehlers nicht verleiten lassen darf, einen Eingriff zu unternehmen, der für die Mutter eine Gefahr mit sich bringt, da erfahrungsgemäß die Lebensdauer und Lebenskraft beim fötalen Herzfehler sehr beschränkt ist.

Ein weiterer Fall wurde von Wetterill und Hall mitgeteilt. Das intra graviditatem gehörte Geräusch wurde auch beim Neugeborenen konstatiert und Pulmonalstenose festgestellt.

Démelin und Goudert stellten auf Grund einer früher gemachten analogen Beobachtung intra graviditatem die Diagnose „intraventrikulare Kommunikation", und zwar vor allem wegen der herabgesetzten Frequenz der fötalen Herztöne, 50 in der Minute. Die Sektion bestätigte die Diagnose. Daneben fanden sich: Transposition der großen Gefäße, offener Ductus Botalli usw.

Die Behandlung der angeborenen Herzleiden ist keine sehr dankbare Aufgabe und deckt sich im übrigen mit der Behandlung der im späteren Leben erworbenen chronischen Herzfehler. Obenan stehen geistige und besonders körperliche Ruhe. Sind die Kinder älter, so werden sie selbst sehr bald merken, wie schädlich ihnen Anstrengungen sind. Für neugeborene Kinder gilt in erster Linie zweckmäßige Ernährung und Zuführung genügender Wärmemengen, eventuell durch Kouveusen. Wegen der Gefahr komplizierender Magen-Darmerkrankungen muß die Ernährung, in erster Linie die Zubereitung der Milch, sowie die Behandlung der beim Trinken notwendigen Utensilien, Flasche, Sauger u. a., eine besonders peinliche sein. Um weiterhin die bei herzkranken Kindern so gefährlichen Affektionen der oberen Luftwege zu vermeiden, müssen die Kinder warm gehalten werden. Warme Kleidung resp. Unterkleidung (Flanellhemd, Trikotleibchen) ist notwendig. Für gute Luft muß Sorge getragen werden. Wichtig ist auch eine rationelle Hautpflege und eine verständige gelinde Hydrotherapie. Jede Verstopfung muß wegen der damit verbundenen Anstrengungen vermieden resp. zweckmäßig behandelt werden. Bei Kindern mit Pulmonalstenose soll man wegen Gefahr der Übertragung Tuberkulöse möglichst fernhalten. Bei der Ernährung sind ferner alkoholische und erhitzende Getränke streng zu meiden. Sie werden nur bei Kollapszuständen in Anwendung gezogen. Bei Kompensationsstörungen resp. Schwächezuständen kommen Kampfer, Strophantus und Digitalis in Frage. Bei sehr starker Zyanose kann man auch versuchen, durch Inhalation von Sauerstoff Besserung hervorzurufen.

Was die geburtshilfliche Bedeutung der kongenitalen Herzfehler betrifft, so ist hervorzuheben, daß Frühgeburten bei derartigen Kindern selbst bei komplizierten, schweren Herzmißbildungen selten sind. Die fötalen Zirkulationsverhältnisse rufen eine nachhaltige Schädigung anscheinend nicht hervor. Die Zirkulationsschwierigkeit mit ihren Folgen beginnt erst im Moment des extrauterinen Lebens.

In manchen Fällen können derartige Kinder schon asphyktisch geboren werden. Häufiger aber ist die Asphyxie erst nach der Geburt erworben. Die Behandlung der Asphyxie dürfte hier nur selten erfolgreich sein.

Über die geburtshilfliche Bedeutung der herzlosen Mißgeburten siehe später.

In der geburtshilflichen Literatur findet man über kongenitale Herzfehler nicht sehr viel. Zwei interessante ähnliche Fälle hat in der neueren Literatur Lemaire mitgeteilt. In dem ersten Fall handelt es sich um ein Kind, das am 18. Tage nach der Geburt unter zunehmender Zyanose starb. Bei der Sektion fand man eine Verdoppelung des Ductus Botalli, starke Hypertrophie des linken Herzens und Ursprung der Aorta aus dem rechten Ventrikel, Kommunikation zwischen Vorhöfen und auch Ventrikeln. Der zweite Fall war ähnlich. Bouchacourt und Coudret stellten zwei Fälle vor, von denen der eine folgende Abnormitäten bot: Ein Ventrikel mit zwei Gefäßen, Transposition von Herz und Leber, Fehlen der Milz. Der zweite Fötus hatte je einen normalen und einen schlecht entwickelten Ventrikel und Vorhof. Ferner bestand Verschluß und Atrophie der Pulmonalis. In derselben Sitzung demonstrierte Devraigne einen Fall, wo der Ductus Botalli weiter bestanden hatte. Das Kind war sechs Stunden p. p. gestorben. Einen sehr interessanten Fall hat Winkler beschrieben: Das Herz stammte von einem 4 Wochen alten Kinde, dessen Mutter an schwerer Lungentuberkulose litt und die während der Gravidität eine Gonorrhoe akquirierte. Das ganze Herz wurde fast allein von dem enorm hypertrophierten rechten Ventrikel gebildet, Gewicht 52 g. Der linke Ventrikel stellte nur ein ganz kleines, erkerartiges Gebilde dar, auf der linken Seite zog quer durch den Ventrikel ein derber 2 mm dicker Strang — ein dauerndes Hindernis für die Ausdehnung desselben. Ein Unikum beschrieb Pulstinger: Bei dem 4 Wochen alten Kinde, das seit der Geburt an Atemnot und Zyanose gelitten hatte, fand sich bei der Sektion: Großer Septumdefekt, rudimentäre, mit dem linken Ventrikel nicht kommunizierende, blind endende Aortaanlage, Ersatz derselben durch die Pulmonalis. Zwei weitere interessante Fälle teilt Eggel mit: Im ersten Fall handelte es sich um einen ausgetragenen, kräftig entwickelten Knaben, der am 7. Tage post partum plötzlich asphyktisch wird und stirbt. Das etwas vergrößerte Herz besteht nur aus einer Kammer und einer Vorkammer, dazwischen eine dreizipflige Klappe. In die Vorkammer münden die vier Lungenvenen, die Vena cava inferior und zwei Venae cavae superiores, aus der Kammer entspringt die Aorta, die zwei Lungenarterien abgibt.

Im zweiten Falle handelte es sich gleichfalls um einen kräftigen, Knaben, der 5 Stunden post partum an Asphyxie starb. Das Herz zeigte völlig verkehrte Anordnung der großen Gefäße. Die Aorta entspringt aus der rechten Kammer und tritt durch einen stark ausgebildeten Ductus Botalli in Verbindung mit der aus der linken Kammer entspringenden Pulmonalis. Defekt im Septum ventricul. v. Konstantinowitsch beschrieb vor kurzem einen Fall von Cor biloculare. Das neugeborene Kind kollabierte am 2. Tag post partum plötzlich und starb unter dyspnoischen Erscheinungen. Außer anderweitigen Mißbildungen fand sich am Herzen ein Defekt des Vorhof- und Ventrikel-Septums, Defectum ostii venosi dextr. cordis und Atresia ostii aortae. Schließlich sei noch auf den von Arnold mitgeteilten Fall von fast völligem Septumdefekt hingewiesen. Das betreffende Individuum wurde dabei 42 Jahre alt und starb im Anschluß an eine Pneumonie unter Herzerscheinungen. Seit frühester Jugend war Zyanose, Dyspnoe und Trommelschlägelfinger vorhanden.

Im Anschluß an diese kasuistischen Mitteilungen erwähne ich noch ein von Phenomenow beschriebenes fötales Aortenaneurysma zwischen dem Abgang der Aa. renales und der Aa. iliacae communes, das zum Geburtshindernis wurde. Der Fall dürfte ein Unikum in der Fachliteratur sein.

In der Göttinger Frauenklinik kamen in den letzten 20 Jahren auf etwa 4200 Geburten 4 Fälle von kongenitaler Herzmißbildung zur Beobachtung.

Im 1. Fall, J.-Nr. 17787, handelte es sich um einen 3 cm im Durchmesser betragenden kreisrunden Defekt im Septum ventriculorum. Aorta und Pulmonalis normal. Die venösen Klappen waren infolge des Septumdefekts nicht getrennt, vorderes Mitralsegel ins vordere Trikuspidalsegel, hinteres Mitralsegel ins hintere Trikuspidalsegel übergehend. Septum atriorum vollkommen mit foramen ovale ausgebildet. Das Kind wog bei der Geburt, die spontan mit ganz kurzer Austreibungszeit verlief, 3070 g und war 47 cm lang. Es schrie auf Beklopfen sofort. Sehr bald aber machte sich eine auffallend blaue Färbung des ganzen Körpers und ein stoßweises röchelndes Atmen bemerkbar. Nach über dreistundenlangem Bemühen gelang es durch Bäder (warm und kalt, abwechselnd), Schultzesche Schwingungen usw. die auffallende Zyanose fast ganz zum Schwinden zu bringen. Das Kind starb am 5. Wochenbettstage an einer Sepsis, die von Geschwüren am weichen Gaumen ausgingen, in deren Gefolge sich eitrige Metastasen ausbildeten.

Im 2. Fall, J.-Nr. 16298, handelte es sich um einen Verschluß des Ostium arteriosum dextrum.

Bei dem in Schädellage nach 25 stündlicher Austreibungszeit geborenen 2110 g schweren und 50 cm langen Kinde entwickelte sich gleichfalls sehr bald eine auffallende Zyanose, oberflächliche Atmung und Unvermögen zum Saugen. Am nächsten Morgen Status idem. Temperatur 34,8 C Wärme Wanne. Kognak in Zuckerwasser. Am Nachmittag Exitus.

Die Sektion des 53 Stunden alt gewordenen Kindes ergab: Auffallende Zyanose besonders in der Gegend der Stirn und Ohren. Herz enorm vergrößert. Die Vergrößerung ist hauptsächlich bedingt durch die starke Dilatation des rechten Vorhofes. Durch die Vergrößerung desselben ist der übrige Teil des Herzens ganz in die linke Brusthöhle herübergedrängt. Auch die beiden Ventrikel erscheinen stark ausgedehnt. Die Herzspitze ist völlig abgerundet und wird zum guten Teil vom rechten Ventrikel gebildet. Der rechte Vorhof ist angefüllt von einem fast hühnereigroßen, schwarzroten Gerinnsel und etwas flüssigem Blut. Der rechte Ventrikel zeigt sich bei der Eröffnung ebenfalls dilatiert. Das Ostium arteriosum dextrum ist völlig verschlossen, und zwar in der Höhe, wo gewöhnlich die Pulmonalklappen gelegen sind. Hinter der verschlossenen Stelle gelangt man in die enge Arteria pulmonalis, in der sich ein Cruorgerinnsel befindet. Foramen ovale weit offen. Ebenso der Ductus arteriosus Botalli. Die Wand des rechten Ventrikels hat eine durchschnittliche Dicke von 2 mm;

auch die des rechten Vorhofs scheint im Verhältnis zu der enormen Ausdehnung verdickt.

Außerdem venöse Hyperämie sämtlicher Schleimhäute, der Milz und der Nieren, Hämorrhagien in der Pleura und in der Leberkapsel.

Im 3. Fall, J.-Nr. 15 424, handelte es sich um eine Transposition der großen Gefäße: Ausgetragenes Kind 3240 g schwer, 50 cm lang, in Fußlage geboren. (Allgemein verengtes Becken, Extraktion, Lösung der Arme und des Kopfes. Impression am linken Scheitelbein.) Bei der Geburt tief asphyktisch.

15—20 Stunden nach der Geburt verschlechtert sich das Aussehen des Kindes, es trinkt nicht. Exitus 24 Stunden nach der Geburt. Bei der Sektion ergibt sich folgendes: In den rechten Vorhof münden Vena cava sub. et inf. Vom rechten Ventrikel aus gelangt man in ein arterielles Gefäß, aus dessen Anfangsteil sich, den beiden hinteren Klappen entsprechend, die Öffnung zweier Koronargefäße befinden. Das Gefäß selbst erweist sich im weiteren Verlauf als Aorta und gibt rechterseits eine Karotis und eine Subklavia ab. Auch auf der linken Seite lassen sich Karotis und Subklavia nachweisen. In den linken Vorhof münden die betreffenden Lungenvenen, aus dem linken Ventrikel entspringt die Arteria pulmonalis mit ihren Ästen und dem Ductus Botalli.

Anscheinend befindet sich rechts eine zweizipflige und links eine dreizipflige Klappe.

Im 4. Fall, J.-Nr. 19 517, handelt es sich um einen kräftigen 3230 g schweren und 52 cm langen Knaben, der spontan nach $^1/_2$ stündiger Austreibungszeit geboren wurde. Das Kind schrie unmittelbar nach der Geburt kräftig, zeigte auch am folgenden Tage keine Anomalien und trank gut. 30 Stunden nach der Geburt wurde zuerst Zyanose beobachtet, die wieder verschwand, sich jedoch im Laufe des Tages mehrfach wiederholte. Abends nahm die Zyanose zu, die Nahrung wurde verweigert und es traten Krämpfe ein, die mit gellendem Aufschreien verbunden waren. Dabei forcierte inspiratorische Bewegungen. Exitus am nächsten Morgen, 52 Stunden nach der Geburt. Bei Lebzeiten wurde auskultatorisch ein starkes systolisches Geräusch fast über dem ganzen Herzen wahrgenommen. Dieser Befund ließ in Zusammenhang mit den klinischen Erscheinungen die Diagnose kongenitale Herzmißbildung vermuten. Bei der Sektion zeigt es sich, daß der Ductus Botalli erweitert ist und als bleistiftdickes (3 mm im Durchmesser) klaffendes Rohr imponiert. Sonst sind Mißbildungen am Herzen nicht zu finden. Nur ist die Wandung des rechten Ventrikels auffallend dick (5—6 mm). An der Valvula mitralis und tricuspidalis finden sich kleine Hämatome, außerdem subperikardiale Blutungen und Blutungen in der Thymus, starke Stauung in allen Organen des Unterleibes.

Literatur.

Kaufmann, Spez. Pathologie. — Biedert-Fischl, Kinderkrankheiten. — Vierordt in Nothnagels spez. Path. u. Ther. 15. — Keller, Deutsche Klinik. — Baginsky, Kinderkrankheiten. — Ahlfeld, Mißbildungen. — Derselbe, Lehrbuch der Geburtshilfe. — Lemaire, Geb. Gesellsch. Paris, 18. XII. 1902, ref. Zentralbl. f. Gynäk. 1903. S. 673. — Höhne, Arch. f. Gynäk. 69, H. 1. — Bouchacourt

und Coudret, Geb. Gesellsch. Paris, 1904, 21. I., ref Zentralbl. f. Gynäk. 1904, S. 1142.
— Winkler, Verhandl. d. deutsch. path. Gesellsch. 1903, Kassel. Jena 1904, Gustav
Fischer. — Wetterill und Hall, ref. Zentralbl. f. Gynäk 1905, S. 275. — Pul-
stinger, Diss. München 1904. — Eggel, Münchn. gynäk. Gesellsch. 15. V. 1904,
ref. Zentralbl. f. Gynäk. 1905. S. 1504. — Démelin und Goudert, Geb. Gesellsch.
Paris, 17. XI. 1904, ref. Zentralbl. f. Gynäk. 1905. S. 1384. — v. Konstantinowitsch, Prager med. Wochenschr. 1906. Nr. 49. — Phänomenoff, Arch. f. Gynäk. 17.
S. 133. — Koller-Aeby, Arch. f. Gynäk. 82. — Finkelstein, Säuglingskrankheiten. —
Greiffenberg, Gynäk. Gesellsch. in Breslau, 17. III. 1908, ref. Zentralbl. f. Gynäk.
1909. S. 31; Zeitschr. f. Gynäk. 62. — Bonnabel, Paris 1906. Stevenal (Dextrokardie), Diss. Bordeaux 1906. — Arnold, Virchows Arch. 51. — Rieländer, Arch.
f. Gynäk. 88, 1. — Kermauner in Schwalbe, Morphologie der Mißbildungen. 3.

Über Mißbildungen des Ösophagus siehe S. 122.

Zwerchfell.

Sehr selten fehlt das Zwerchfell völlig. Die Prognose für das weitere
Leben ist dann wenig günstig. Ebenso wenn mehr oder weniger große
Teile des Zwerchfells fehlen. Doch erwähnt Riedinger einen Fall (nach
Tillmanns 1. S. 697), wo ein Knabe mit vollkommenem Zwerchfelldefekt
7 Jahre alt wurde. Die Unterleibsorgane lagen nur teilweise in der Brust-
höhle. In anderen Fällen fand man fast die ganzen Organe der Bauch-
höhle in die Brusthöhle verlagert. Angeborene Zwerchfellhernie,
Hernia diaphragmatica. So ist die häufigste der sog. inneren Hernien.

Hierbei treten Baucheingeweide durch eine Lücke des Zwerchfells in
den Thorax, seltener die Organe der Brusthöhle (Lungen oder Herz) in
die Bauchhöhle. Dabei handelt es sich, wenigstens bei den angeborenen
Zwerchfellhernien, fast immer um eine Mißbildung des Zwerchfells, d. h.
um angeborene Defekte in demselben. In der Mehrzahl der Fälle treten
die Organe der Bauchhöhle einfach durch ein Loch im Zwerchfell hindurch.
Hier handelt es sich also nicht um Hernien im eigentlichen Sinne des
Wortes, Hernia diaphragmatica spuria. Diese Hernien sind eigentlich
Ektopien der Baucheingeweide und sind meist links im membranösen Teil
des Zwerchfells gelegen, da ihre Entstehung rechts durch die hier vorhandene Leber verhindert resp. erschwert wird. Von 42 Zwerchfellhernien
waren nach Popp 37 linksseitige und nur 5 rechtsseitige. (Tillmanns
S. 208), nach Lichtenstern (zit. nach Ahlfeld, Mißb. S. 183), kommen
auf 65 linksseitige 12 rechtsseitige Hernien. Sie entstehen nach Liepmann zur Zeit vor der Trennung von Brusthöhle und Bauchhöhle, während die wahren Hernien, Hernia diaphragmatica vera, bei denen also der
Bauchinhalt das Peritoneum vor sich herstülpt, nach der Trennung entstehen sollen (siehe Kauffmann, S. 450). In 80 von Bohn (Tillmanns
S. 208) gesammelten Fällen von kongenitalen Hernien war nur 14 mal ein
Bruchsack vorhanden. Die wahren Zwerchfellhernien stülpen sich, worauf
besonders Tillmanns aufmerksam gemacht hat, durch dünne, aus Pleura
und Peritoneum bestehende Muskelspalten nach der Pleura vor. Solche
Spalten finden sich zwischen dem Ursprung des Zwerchfells an der Wirbelsäule und den Rippen, ferner zwischen seinem Kostal- und Sternalteil
direkt hinter dem Brustbein (siehe Abbildungen Tillmanns, S. 604).
Weitere, feinere Spaltbildungen, die für die Entstehung der Zwerchfell-

hernien in Betracht kommen können, finden sich da, wo physiologisch
Öffnungen vorhanden sind für den Ösophagus, die Aorta, die Vena cava,
die Nn. splanchnici, Sympathikus usw. Am wichtigsten unter diesen ist
das Foramen oesophageum.

Was die Organe, die aus der Bauchhöhle in die Brusthöhle über-
treten können, anbetrifft, so geschieht die Häufigkeit dieser Verlagerung
nach Kaufmann in folgender Reihenfolge: Magen, Querkolon, Netz,
Dünndarm, Milz (meist mit Nebenmilzen), Leber, Pankreas, Niere. In
den meisten Fällen sind zwei oder mehr Organe gleichzeitig disloziert.
Handelt es sich nur um ein Organ, so ist es meist der Magen, seltener
Colon transversum, Dünndarm oder Netz. Diese Organe treten entweder
in die linke oder rechte Pleurahöhle, oder aber in das Mediastinum über.

Die klinischen Erscheinungen der angeborenen Zwerchfellhernien können
ganz fehlen, so daß die Abnormität erst gelegentlich als Nebenbefund bei
Sektionen erkannt wird. Es ist deshalb nicht ganz richtig, wenn Keller
(S. 668) sagt: „Die angeborene Zwerchfellspalte macht die inspiratorische
Lungenausdehnung unmöglich, auf die entsprechende Muskelaktion erfolgt
ein Eintritt der angrenzenden Bauchorgane in die Brusthöhle und die
Kinder gehen sofort post partum zugrunde." In anderen Fällen bestehen
bei Lebzeiten Darmkoliken, Magenbeschwerden, besonders nach dem Essen,
Dyspnoe, Herzerscheinungen, die Bauchhöhle erscheint auffallend leer, die
Bauchwand wie eingesunken, und erst die Sektion klärt den Befund auf.
In weiteren Fällen können aber akut lebensbedrohliche Symptome insofern
eintreten, als Darmeinklemmungserscheinungen mit ihren Folgen auftreten:
heftige Schmerzen, Erbrechen, Kollaps, Symptome des Ileus und der
Peritonitis, Gangrän, Austritt vom Darminhalt in die Brusthöhle usw.

Die Diagnose der kongenitalen Zwerchfellhernie ist nach den gemachten Ausführungen sehr schwierig. Zuweilen wird man einen zirkumskripten
Pneumothorax nachweisen können, d. h. man findet veringerte Exkursionsfähigkeit der betreffenden (meist linken) Thoraxpartie mit Hervorwölbung,
Verdrängung des Herzens, mangelnden Pektoralfremitus und Fehlen des
normalen Atmungsgeräusches, tiefen, lauten, bald tympanitischen, bald
nicht tympanitischen Perkussionsschall, Metallklang bei gleichzeitiger Auskultation und Plessimeterstäbchen-Perkussion (Nothnagel, S. 328). Während aber diese Symptome bei dem echten Pneumothorax längere Zeit
konstant bleiben, zeigt sich bei den Zwerchfellhernien ein allgemeiner
Wechsel in den perkutorischen und auskultatorischen Verhältnissen, je
nachdem die im Pleuraraum befindlichen Bauchhöhlenorgane stärker oder
schwächer mit Luft oder fest-flüssigem Inhalt gefüllt sind. Man wird auf
Lungen, Herz, und Verdauungsstörungen achten. Nach Leichtenstern
kann man durch künstliche Füllung des Magens per os und des Kolons per
rectum mit Wasser oder Luft den Anteil des Magens oder Kolons an der
Bruchbildung feststellen. Eine chirurgische Behandlung der Zwerchfellhernie
kommt wohl nur bei Einklemmungen in Frage (vgl. Tillmanns, S. 209).

Zum Schluß mögen noch einige kasuistische Mitteilungen aus der geburtshilflichen Literatur folgen. Becker demonstrierte einen 7 monatlichen
Fötus mit angeborener linksseitiger, falscher Zwerchfellhernie infolge links-

seitigen Defekts. Das Kind starb 2 Stunden nach der Geburt. Die linke Brusthälfte war ausgefüllt von Dünndarmschlingen, denen obenan der Processus vermiformis lag. Darunter verläuft das eigentliche Colon ascendens und transversum. Rechts davon liegt in der Brusthöhle der Magen, der gleichsam um 90° um die Kardia gedreht mit der großen Kurvatur nach oben schaut. Unter dem Magen liegt die Milz, dicht neben der komprimierten Lunge. Das Herz ist mit dem Herzbeutel nach rechts verdrängt und liegt über der rechten Lunge. (Der Herzschlag war dementsprechend in vivo deutlich rechts fühlbar gewesen.) An der sonst normalen Stelle des Herzens liegt ein Teil des linken Leberlappens, der durch einen sichelförmigen Zwerchfellrest, der von der Wirbelsäule nach dem Sternum zieht und an der vorderen Thoraxwand dem Verlauf der 8. Rippe folgt, von dem übrigen linken Leberlappen abgetrennt ist. Ein zweiter Zwerchfellrest verläuft von der Lendenwirbelsäule aus als 2 mm starkes Muskelbündel, bildet das Foramen oesophageum und verliert sich an der hinteren Thoraxwand. Sonst besteht links ein fast vollständiger Zwerchfelldefekt.

Einen ähnlichen Fall beobachtete Vrendenberg. Bei einem 24 Stunden alten neugeborenen Mädchen fand Vrendenberg starke Dyspnoe, das Sternum außerordentlich stark bombiert, die ganze linke Hinterfläche des Thorax gedämpft. Herztöne rechts viel deutlicher, links äußerst schwaches Atemgeräusch, rechts verstärkt. Vom 2. Tage ab Anfälle von Zyanose, am 5. Tage nach der Geburt Exitus. Bei der Sektion linke Pleura fest adhärent, linke Thoraxhälfte mit Intestinis, u. a. dem Dickdarm angefüllt, links bestand das Zwerchfell aus einem $1^1/_2$—2 cm breiten Saum an der Vorderseite, sonst fehlte es links ganz. Links war auch die Lunge rudimentär. Herz normal.

Literatur.

Kaufmann, Spez. Pathologie. — Tillmanns, Spez. Chirurgie, 1 und 2. — Derselbe, v. Langenbecks Arch. f. klin. Chir. 27. H. 1. — Keller, Deutsche Klinik. — Biedert-Fischl, Kinderkrankheiten. — Baginsky, Kinderkrankheiten. — Leser, Spez. Chirurgie. — Becker. Gynäk. Gesellsch. in Breslau, 23. II. 1904, ref. Zentralbl. f Gynäk. 1904, S. 1519. — Vrendenberg, ref. Zentralbl. f. Gynäk. 1905. S. 966. — Nothnagel in Nothnagels Handb. d. spez. Path. u. Ther. 17. S. 327 u. f. — Ahlfeld, Mißbildungen. — Gaillard, Diss. Paris 1907. — Schreiber, Geb. Gesellsch. Paris, ref. Zentralbl. f. Gynäk. 1908. S. 1532. — Gminder, Fränk. Gesellsch. f. Geburtsh. u. Gynäk., 28. V. 1905, ref. Zentralbl. f. Gynäk. 1906. S. 185. — Planchau, Presse méd. 1904. Nr. 70. — Marchand, Geb. Gesellsch. Leipzig, 15. II. 1904, ref. Zentralbl. f. Gynäk. 1904. S. 585. — Liepmann, Arch. f. Gynäk. 68. H. 3. — Hirsch, Münch. med. Wochenschr. 1903.

Der Nabelschnurbruch, Hernia funiculi umbilicalis, Exomphalus, Omphalocele congenita.

Von der Nabelschnurhernie ist streng zu trennen die erworbene Nabelhernie, Hernia umbilicalis acquisita, Omphalocele acquisita, Nabelringbruch. Diese beiden Anomalien, die nichts miteinander zu tun haben, werden doch zuweilen miteinander verwechselt. Die Nabelhernie macht sich im Gegensatz zur Nabelschnurhernie erst einige Wochen oder Monate nach der Geburt bemerkbar. Sie wird begünstigt durch den Mangel an elastischen Fasern in der Nabelgrundnarbe (Herzog) und hervorgerufen in erster Linie durch Fettarmut der Bauchdecken und übermäßige Dehnung des Darms oder Anstrengung der Bauchpresse, wie sie besonders bei überfütterten, an Flatulenz, Koliken und Meteorismus sowie an Husten leidenden und viel schreienden Kindern zusammentreffen (Biedert-Fischl, S. 77). Nach Monti kommt als weiteres Moment ungeschicktes Wickeln der Kinder hinzu. Auch angeborene Phimose wird zur Erklärung herangezogen. Der Nabelring gibt nach und aus ihm heraus wölbt sich ein kleinerer oder größerer Tumor, dessen Inhalt meist aus einer Dünndarmschlinge, seltener auch aus Netz besteht. Näheres siehe u. a. Biedert-Fischl.

Die Nabelschnurhernie ist etwas ganz anderes. Es handelt sich bei ihr um eine Hemmungsbildung der ventralen Leibeswand, und zwar um die häufigste, da sich die Leibeshöhle am Nabel zuletzt schließt. Sind die Bauchdecken an dieser Stelle nur unvollkommen entwickelt, so ist die Bauchhöhle hier nur durch das Peritoneum und die Scheide der Nabelschnur, das Amnion, abgeschlossen. Durch gleichzeitig eingelagerte Eingeweide

Abb. 30. Eventration.
(Präparat aus der Sammlung der Göttinger Frauenklinik.)

ist dann die Nabelgegend mehr oder minder weit vorgebuchtet. Die Genese dieser Mißbildung stellt sich folgendermaßen dar. Die Bauchdecken des Embryo wachsen in die Keimblase hinein und umgreifen eine Höhle, die zukünftige Bauchhöhle, in welcher ein Teil der Keimblase, Amnion, abgeschnürt wird. (Biedert-Fischl, S. 77.) Dieser abgeschnürte Teil der Keimblase wird zum Darmkanal, welcher mit dem außerhalb der Bauchhöhle liegenden Teile der Keimblase, dem Nabelbläschen, durch einen

Gang, den Ductus omphaloentericus oder Darmnabel kommuniziert (siehe Abb. Seitz, v. Winckels Handb. 3. S. 188). Die diesen Gang umgebenden Ränder der Bauchplatte bilden den Hautnabel. Infolge dieser Vorgänge, hauptsächlich infolge Zerrung des Ductus omphaloentericus, liegt regelmäßig bis zum 3. Monat der embryonalen Entwicklung eine Darmschlinge, die sog. Nabelschlinge im Anfangsteil der Nabelschnur (vergl. Bolk). Normalerweise kommt es dann aber zu einer völligen Abschnürung des erwähnten Ganges, wodurch die Darmschlinge in die Bauchhöhle wieder zurückweicht. Zerreißt der Gang nicht, so kommt es zur Nabelschnurhernie. Dieser Modus der Entstehung ist von Ahlfeld durch den Nachweis des erwähnten rudimentären Ganges bei Nabelschnurhernien sichergestellt. Küstner macht darauf aufmerksam, daß durch dieses permanente Ziehen und Zerren des Ductus omphaloentericus am Darm auch der Enddarm stark nach oben disloziert wird. Hierdurch kann unter Umständen einmal verhindert werden, daß der Enddarm von dem ihm von der Haut entgegenwachsenden untersten Teil des späteren Rektum erreicht wird. So erklärt sich dann nach Küstner das mehrfach beobachtete Vorkommen der Atresia ani beim Nabelschnurbruch. Einen derartigen Fall, wo gleichzeitig ein geplatztes, offenes Meckelsches Divertikel vorhanden war, hat Seitz beschrieben (S. 184—185).

Eine weitere Folge dieser Zerrung des Ductus omphaloentericus an den prolabierten Intestina resp. an ihrem Mesenterium ist nach Küstner die Formveränderung der normalen kyphotischen Gestalt der fötalen Wirbelsäule, indem sich dabei allmählich eine Lordose resp. Hyperlordose herausbildet. Ist die Bauchspalte sehr breit, so daß fast die ganzen Eingeweide der Bauchhöhle eventriert sind, so kann die Lordose so hochgradig werden, daß der kindliche Hinterkopf fast die Kreuzbeingegend berührt. Im Gegensatz zu Küstner hält Hohl die Biegung der Wirbelsäule für primär und die Brust- resp. Bauchspalte für sekundär (S. 129). Außer der durch Ahlfeld festgestellten, vielleicht häufigsten Genese der Nabelschnurhernie sollen ätiologisch in Betracht kommen: abnorme Kürze der Nabelschnur und dadurch bedingte permanente Zerrung, abnorme Anschwellung der Baucheingeweide, besonders der Leber, abnorme Retraktion bezw. Kontraktion der Bauchmuskulatur, Verwachsung von Eingeweiden mit der Nabelschnur. Seitz läßt diese Momente zwar für einzelne Fälle zutreffen, für die große Mehrzahl der Fälle kommen sie jedoch nach ihm nicht in Betracht. Die großen Hernien, bei denen eine Bauchspalte vorhanden ist und wo sich ausgedehnte Eventrationen finden, sind wohl als Wachstumshemmungen, wobei sich die Bauchdecken nur mangelhaft vereinigen, aufzufassen. Hervorgerufen wird diese Wachstumshemmung nach Ahlfeld, v. Winckel u. a. in der Regel durch amniotische Fäden. Für diese Anschauung spricht die Tatsache, daß neben der Nabelschnurhernie häufig auch andere amniogene Mißbildungen vorhanden sind, wie Hemikephalie, Spina bifida, Spontanamputationen.

Gegen die oben erwähnte Ahlfeldsche Anschauung wendet sich Aschoff in einer ausführlichen Arbeit. Nach seinen Untersuchungen, die allerdings eine recht erhebliche Beweiskraft haben, ist z. B. die Leber beim Nabelschnurbruch nicht sekundär in den Nabelschnurbruchsack hereingekommen, sondern primär dort angelegt worden. Die sog. „Verwachsungen" der Leber mit der Bruchsackwand sind keine Entzündungsfolgen, sondern die Leber befindet sich noch im ursprünglichen Zusammenhang mit der Bauchwand. Die Abspaltung derselben ist teilweise unterblieben. Nach Aschoff handelt es sich ferner nicht um eine abnorme Weite der Nabelschnurscheide im engeren Sinne, sondern der Bruchsack wird von der ganzen vorderen Bauchwand gebildet. Die häufig vorhandene Lordose ist nach demselben Autor primär. Der abnorme Tiefstand des Bodens der Herzbeutelhöhle bei Nabelschnurbrüchen beruht auf einer anormalen Anlage des primitiven Diaphragma.

Nur die kleineren Nabelschnurbrüche haben ein größeres praktisches Interesse, da Kinder mit großen Nabelschnurbrüchen infolge der dann meist vorhandenen Eventration des Bauchhöhleninhalts lebensunfähig sind. Derartige Früchte werden entweder schon mazeriert geboren, oder sie gehen unter der Geburt oder bald nachher zugrunde. Sehr kleine Nabelschnurbrüche sind mehrfach übersehen worden, ein Umstand, der für das Kind sehr folgenschwer sein kann, indem dann bei der Abnabelung sehr leicht im Bruchsack befindliche Darmschlingen mit abgebunden werden können, wodurch es zur Nabelkotfistel kommt. Am leichtesten werden kleine zylindrische Brüche übersehen, indem sie einfach als verdickter Teil der Nabelschnur imponieren. Es empfiehlt sich daher, vor jeder Abnabelung prinzipiell die Nabelschnur an ihrem fötalen Ende zu untersuchen und besonders bei einem breiten trichterförmigen Übergang der Nabelschnur in die Bauchhaut an Nabelschnurbruch zu denken.

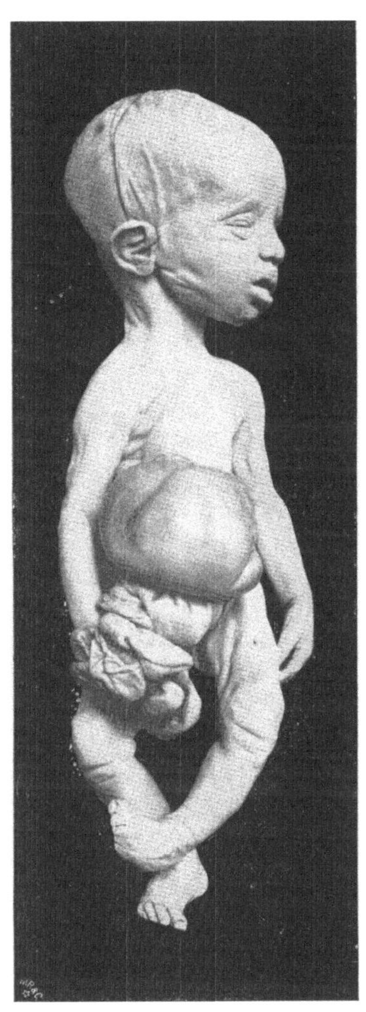

Abb. 31. Nabelschnurhernie, intrauterin geplatzt.
(Präparat aus der Sammlung der Göttinger Frauenklinik.)

Bei den großen Nabelschnurbrüchen kann der Bruchsack schon intrauterin platzen. Dann wird das Kind mit auf den Bauchdecken frei liegendem Bruchinhalt geboren. In einem kürzlich von mir beobachteten Fall platzte der gut faustgroße Bruchsack, in dem sich die ganze Leber, der Dünndarm, der ganze Magen und die Milz befanden, im Moment des Durchschneidens. Die Geburt erfolgte in Schädellage. In der Göttinger Sammlung befindet sich ein Präparat (Abb. 31), wo der Bruchsack intrauterin geplatzt war und Leber und Dünndarm frei zutage liegen. Infolge dieser intrauterinen Ruptur des Bruchsacks kann es zu folgenschweren falschen Diagnosen kommen, wie ein von Neugebauer mitgeteilter Fall demonstriert. Bei einer in utero rupturierten Nabelschnurhernie fühlte ein Arzt im Uterus Darmschlingen, die er als mütterliche ansprach und infolgedessen Uterusruptur diagnostizierte. Bei der Laparotomie fand man den Uterus intakt.

Was die Häufigkeit der Nabelschnurbrüche anbetrifft, so wurde auf etwa 2000—5000 Geburten eine Nabelschnurhernie festgestellt.

Bei der Untersuchung findet man eine rundliche oder ovale Geschwulst von, wie erwähnt, sehr verschiedener Größe (kirschen- bis über kindskopfgroß). Die große Mehrzahl der Nabelschnurhernien sind ungefähr apfelgroß. In diese Geschwulst geht der Nabelstrang direkt über. Der Bruchsack der Nabelschnurhernie besteht von außen nach innen zu: 1. aus dem Amnion. Dasselbe setzt sich an der Basis des Bruchsackes scharf gegen die Bauchdeckenhaut ab, wie unter normalen Verhältnissen ja auch an der Insertionsstelle der Nabelschnur in die Bauchhaut. In seltenen Fällen geht die Haut, zuweilen sogar einige Bauchmuskelzüge, noch etwas auf die Bruchsackwand über. In andern Fällen wieder erreicht sie noch nicht einmal die Basis der Geschwulst. Der Überzug des Amnions im Bereich des Bruchsackes ist wie das übrige Amnion gefäßlos. Er muß also später auch der Mumifikation oder anderen mortifizierenden Prozessen anheimfallen. 2. Aus einer mäßig dicken Lage Whartonscher Sulze. 3. Aus dem Peritoneum. Die Tillmannssche Angabe, daß die ausgetretenen Baucheingeweide ohne Bauchfellüberzug in der Nabelschnur liegen, habe ich anderswo nicht bestätigt gefunden (2, 2, S. 181). Die erwähnten Teile der Bruchsackwand sind fast immer, bald mehr, bald weniger fest untereinander verwachsen.

Die Bruchpforte wird von den Rändern des Bauchwanddefektes gebildet und ist von wechselnder Größe. Der Inhalt des Bruches ist sehr verschieden.

Oft findet man nur Darmschlingen, nicht ganz so häufig den Magen, Teile der Leber oder die ganze Leber. Letztere ist sehr oft in ihrer Gestalt verändert und mit dem Peritoneum des Bruchsackes verwachsen (siehe jedoch oben Aschoff). Verhältnismäßig oft findet man einen zungenförmigen Fortsatz der Leber in der Hernie. Nach Biedert-Fischl erfolgt die Herausstülpung der Leber deshalb sehr leicht, weil sie durch die Nabelvene gewissermaßen direkt hingeleitet wird. Außer den erwähnten Organen sind im Bruchsack noch gefunden Pankreas, Nieren, Milz, Blase, weibliche Genitalien, ja sogar Teile des Herzens oder das ganze Herz. Ein derartiger Fall ist von Arndt beschrieben. Er fand das pulsierende Herz, das durch einen Zwerchfelldefekt hindurch in die Bauchhöhle geschlüpft war, ohne Perikard im Bruchsack. Die Operation war ohne Erfolg, da das Herz nach ausgeführter Operation durch die entstandene starke Kompression zu sehr geschädigt wurde.

Koller-Aeby hat ferner einen Fall von angeborenem Herzdivertikel in einer Nabelschnurhernie beschrieben. Bei einem weiblichen Fötus von 7 Monaten pulsierte während der 3 Lebensstunden oberhalb einer brillenglasgroßen Nabelhernie ein knopfförmiger Tumor von 1 cm Durchmesser, der sich als Fortsetzung der Herzspitze und zwar des linken Ventrikels erwies. In seltenen Fällen hat man auch abgeschnürte Darmteile (und entsprechende Darmdefekte) im Bruchsack gefunden. Die Nabelschnurgefäße verlaufen vom Nabel aus getrennt zwischen Amnion und Peritoneum über den Bruchsack zur Bruchpforte, die Vene zur Lebergegend, die Arterien zur Blasengegend. Die Insertion der Nabelschnur liegt seltener auf der Höhe der Geschwulst, häufiger seitlich. Gefäßanomalien, z. B. Fehlen einer Nabelarterie, sind nicht selten. Sieht man einen Nabelschnurbruch bald nach der Geburt, wenn das Amnion noch nicht eingetrocknet ist, so kann man zuweilen die mit Mekonium gefüllten, grün durchschimmernden, sich bewegenden Därme beobachten (vgl. die Abbildung von Seitz, S. 185).

Die Diagnose ist nach diesen Ausführungen fast immer sehr leicht zu stellen. Schwierigkeiten können eigentlich nur bei den oben erwähnten kleineren Nabelschnurhernien entstehen. Doch wird man Darmschlingen wohl immer durch die Palpation und durch den Nachweis der Darmgeräusche erkennen können.

Überläßt man nun derartige Nabelschnurbrüche sich selbst, so platzt entweder der Bruchsack, oder es wird nur das Amnion unter Entzündung und Eiterbildung abgestoßen und das Peritoneum bedeckt sich mit Granulationen. In seltenen Fällen kann es so zu einer Spontanheilung durch Granulationsbildung kommen, wobei der Bauchdeckendefekt allmählich immer kleiner und schließlich geschlossen wird. Häufiger wird jedoch der ganze Bruchsack brandig und es tritt allgemeine Sepsis, Peritonitis oder Arteriitis umbilicalis mit ihren Folgen ein.

Die Prognose der Nabelschurhernien ist bei nicht zu großen Hernien nicht so ungünstig, wie früher. Häufig trüben allerdings anderweitige gleichzeitig vorhandene Mißbildungen die Prognose. Bei den sehr großen Brüchen mit ausgedehnter Eventration vermag auch die operative Therapie nicht viel, da es in den meisten Fällen nicht gelingt, die ausgedehnten Eingeweideverlagerungen zu reponieren (vgl. jedoch unten die Therapie). Bei den kleineren und mittleren Nabelschnurhernien ist die Prognose heute günstiger wie früher, wo alle Fälle mit Kompressionsverbänden behandelt wurden, vereinzelt sogar mit gutem Erfolg.

So sah dies Fischl unter einfachem Selbstverband bei einer reichlich 5 cm im Durchmesser betragenden Hernie, ferner Fleischmann u. a. (Baginsky, S. 102).

Nach den Erfahrungen der letzten Jahre gibt die operative Therapie, wenn sie möglichst bald nach der Geburt eingeleitet wird, die besten Resultate (Lindfors, Krukenberg, Knoop, Olshausen, Klausner, Runge, Buschan, Karewski u. a. vgl. Lit. bei Seitz). So konnte z. B. Knoop im Jahre 1903 über 35 in 10 Jahren operierte Fälle berichten, wobei 71 Proz. Heilung gefunden wurden. Watravens (Seitz, S. 190) fand, daß 80 Proz. Heilungen erzielt werden, wenn in den ersten

24 Stunden operiert wird, aber nur 33 Proz., wenn nach 48 Stunden operiert wird. Gutzeit operierte einen Nabelschnurbruch allerdings noch am 7. Tage nach der Geburt mit Erfolg, nachdem bereits Gangrän des Bruchsackes eingetreten war.

Die Operation gestaltet sich folgendermaßen: Der Bruchsack wird gespalten und möglichst vollkommen abgetragen. Etwaige Adhäsionen zwischen Bruchinhalt und Bruchwand werden gelöst, die Nabelgefäße mit Catgut unterbunden. Exakte Gefäßligierung ist durchaus nötig; so verblutete sich ein von Borelius operiertes Kind nach gelungener Operation aus nicht ligierten Gefäßen der Bauchwand.

Die Bruchpforte wird, nach Reposition des Bruchinhaltes, angefrischt und dann wird sehr exakt vernäht, die einzelnen Schichten, Peritoneum Faszie, Muskel und Haut isoliert. Wegen der häufig vorhandenen starken Spannung empfiehlt sich unter Umständen die Applikation von durchgreifenden Silkworm- oder Silberdraht-Knopfnähten. Bei stärkerer Spannung kann man auch seitliche in der Längsrichtung des Körpers verlaufende Entspannungsschnitte machen. Nach Beendigung der Operation kommt das Kind in die Wärmewanne und wird möglichst mit Frauenmilch ernährt. Eine Schwierigkeit ergibt sich bei der Operation manchmal dann, wenn die Bruchpforte zu eng ist und große Organe, z. B. die Leber, im Bruchsack liegen. Unter diesen Umständen bleibt dann nichts übrig, als die Bauchdecken nach unten und oben zu spalten. Küstner resezierte ein Stück Lebergewebe, das sich nicht reponieren ließ, mit Erfolg mit dem Pacquelin. Das Kind ging am 21. Tage aus andern Gründen ein. Ebenso operierte u. a. Olshausen einen von Zillmer mitgeteilten Fall erfolgreich mit Leberresektion. In einem von Borelius beschriebenen Fall von apfelgroßer Nabelschnurhernie ließ sich die Leber nicht reponieren und mußte außerhalb der Bauchhöhle liegen bleiben. Das Kind starb.

Allem Anschein nach hatte Borelius die ergiebige Spaltung der Bauchdecken nach oben und unten zu unterlassen. Eine Modifikation der Operation ist von Olshausen angegeben. Der Autor empfiehlt, das Amnion zu spalten, dasselbe mit der Whartonschen Sulzeschicht abzutrennen, das Peritoneum aber nicht zu eröffnen (extraperitoneales Verfahren) und dann die angefrischten Bauchdecken zu vernähen. Dies Verfahren ist natürlich nur anwendbar, wenn der Bruch reponibel ist und wenn keine Verwachsungen zwischen Amnion und Peritoneum vorhanden sind. Die Methode hat den Nachteil, daß man den Bruchinhalt nicht übersehen und etwa vorhandene Adhäsionen, z. B. zwischen den Darmschlingen nicht lösen kann. Sie mißlingt, wenn der Bauchdeckenspalt sehr weit ist. Für diese letzten Fälle empfiehlt Ahlfeld den antiseptischen Okklusivverband mit Alkoholkompressen, in Narkose ausgeführt. Ahlfeld empfiehlt diese Methode überhaupt allgemein, ihrer Einfachheit halber, für die Praxis. Sie hat nach dem Autor den Vorteil, daß man nach Belieben in einer späteren Lebenszeit, unter günstigeren Bedingungen als gleich nach der Geburt, das Resultat vervollständigen kann. Die Methode besteht in folgendem: „Das neugeborene Kind wird leicht narkotisiert. Mit weicher Watte und Seife wird mit warmem Wasser die Bauchwand und die Bruchhülle gründlich geseift und gewaschen. Der Nabelschnurrest wird, fest umschnürt, bis auf 1 cm abgetragen. Dann wäscht man einige Minuten hindurch den Sack samt Haut der Umgebung mit Alkohol 96 Proz., drängt, was nur in der Narkose geht, den Inhalt in die Bauchhöhle zurück und bedeckt den Leib mit glatt aufliegender, mäßig durchtränkter Alkoholkompresse und umgibt schließlich den ganzen Leib fest mit einer breiten Mullbinde, so daß — und das ist ein sehr wichtiger Punkt — selbst beim kräftigsten Schreien kein Bauchhöhleninhalt austreten kann. Ungemein schnell verkleinert sich bei dieser Behandlung die Bauchspalte. Nach 3—4 Tagen nimmt man, wiederum in Narkose, einen Verbandwechsel vor, löse dabei die Kompresse unter Benutzung von warmem, sterilem Wasser sorgfältig vom Bruchsacke los, wo sie etwa festkleben sollte und verbinde wieder von neuem. Von der Peripherie her überhäutet sich der stark retrahierte Bruchsack und nach 14 Tagen genügt der Verband mit Watte und einfacher Bauchbinde. In 2 Fällen mit umfangreichen Nabelschnurbrüchen, von denen der eine bestimmt, der andere wahrscheinlich nicht auf operativem Wege hätte geheilt werden können, war das Resultat ein vollständig befriedigendes. Im ersten Fall wurde die kreisrunde Narbe von der Größe eines Fünfmarkstücks exzidiert und zugleich zwei Leistenbrüche operiert." Ich habe diese Methode ausführlicher auseinandergesetzt, weil sie mir für die großen inoperablen Nabelschnurhernien sehr beachtenswert zu sein scheint. Bei den übrigen Fällen tut man nach den Erfahrungen der letzten Jahre gut, wenn man sie sofort nach der Geburt operiert.

Die geburtshilfliche Bedeutung (im engeren Sinne) der Nabelschnurhernien ist nicht sehr groß. Infolge der Nachgiebigkeit des Bruchinhaltes wird es selbst bei großen Hernien zu einem wirklichen Geburtshindernis nicht kommen. Nur dann, wenn die verlagerten Organe, z. B. die Leber, durch entzündliche Prozesse oder durch Tumorbildung stark vergrößert sind, kämen operative Eingriffe zur Beendigung der Geburt in Frage. So berichtet z. B. Költsch über einen Fall, bei dem die in einer Nabelhernie liegende Leber zum Geburtshindernis wurde. Bei derartigen Geburtsstörungen wird das Kind nur bis zur Nabelgegend geboren, dann stockt die weitere Geburt. Die Diagnose wird durch Eingehen mit halber oder ganzer Hand leicht gestellt werden können. Als therapeutischer Eingriff bei wirklichen Geburtshindernissen käme wohl nur die Embryotomie in Frage. Man darf bei derartigen Geburten nie vergessen, daß Kinder auch mit großen Nabelschnurbrüchen unter geeigneter Behandlung durchaus am Leben bleiben können. Nach Hohl (S. 134, 161, 229) kommen bei Spaltbildungen der vorderen Körperfläche deshalb bisweilen Geburtsstörungen vor, weil die Lage oft fehlerhaft ist. So können sich die Kinder z. B. mit den prolabierten Eingeweiden in Querlage u. a. zur Geburt einstellen. Hohl fand unter 13 Fällen von Spaltungen der vorderen Körperfläche 8 mal fehlerhafte Lagen, darunter 5 „Bauchlagen" In den übrigen Fällen bestand einmal Steißlage mit vorgefallenem Arm, 4 mal Kopflage. Hohl selbst mußte in einem Fall, wo die vergrößerte Leber mit einem Teil der Därme nur vom Bauchfell bedeckt war, wegen Vorliegens dieser Partie die Wendung machen und hält auf Grund dieses

Falles die Erkennung derartiger Spaltbildungen unter Umständen für recht schwierig. Er gibt mit Recht an, daß man besonders bei der Wendung und Extraktion vorsichtig sein müsse, um nicht den Bruchsack zu zerreißen.

Eine weitere geburtshilfliche Bedeutung der Nabelschnurhernie liegt in der Tatsache, daß dabei häufig abnorme Kürze der Nabelschnur beobachtet wird. Nach Küstner (S. 592) sind die meisten Fälle von Zerreißungen der Nabelschnur unter der Geburt bei Bauchspalten beobachtet worden. Eine weitere Bedeutung kommt den Hernien unter Umständen einmal dann zu, wenn die bereits erwähnte starke Hyperlordose der Wirbelsäule vorhanden ist. So teilt Küstner einen Fall mit, wo die wegen Querlage indizierte Wendung dadurch aufs äußerste erschwert war. Die Bemühungen, den Fuß, wie unter normalen Verhältnissen korrekt, an der Bauchseite des Fötus herabzuholen, scheiterten. Erst nach langen Anstrengungen gelang es, die Füße über den Rücken des Fötus herabzuleiten und dann die Mißbildung zu extrahieren.

Literatur.

Ziegler, Allg. Pathologie. — Kaufmann, Spez. Pathologie. — Spiegelberg, Geburtshilfe. — Tillmanns, Spez. Chirurgie. — Keller, Deutsche Klinik. 7. — Küstner in Müllers Handb. d. Geburtsh. — Leser, Spez. Chirurgie. — Baginsky, Kinderkrankheiten. — Biedert-Fischl, Kinderkrankheiten. — Ahlfeld, Mißbildungen. — Derselbe, Lehrb. d. Geburtsh. — Hohl, Geburten mißstaltener usw. Kinder. — Runge, Lehrb. d. Geburtsh. — Derselbe, Krankheiten der ersten Lebenstage. 1. Aufl. Stuttgart 1893, Enke. — Monti, Kinderheilkunde. H. 20. — Borelius, ref. Zentralbl. f. Gynäk. 1903. S. 223. — Lotheisen, Wiener klin. Wochenschr. 1903. Nr. 42. — Brodführer, Med. Woche 1903. Nr. 31. — Osterloh, Gynäk. Ges. Dresden, 15. X. 1903. — Zillner, Zeitschr. f. Geburtsh. u. Gynäk. 51. H. 2. — Fournier, Geb. Ges. Paris, 17. III. 1904. Ref. Zentralbl. 1904. S. 1144. — Gutzeit, Deutsche Zeitschr. f. Chirurgie. 73. H. 1—3. — Lindner, Geb. Ges. Wien, 14. VI. 1904. Ref. Zentralbl. f. Gynäk. 1905. S. 378. — v. Neugebauer, Monatsschr. f. Geburtsh. u. Gynäk. 20. H. 6. — Ahlfeld, Monatsschr. f. Geburtsh. u. Gynäk. 22. H. 2. — Kindl, Diss. Leipzig 1904. — Kannegießer, Gynäk. Ges. Dresden 22. XII. 1905. Ref. Zentralbl. f. Gynäk. 1906. S. 552. — Küstner, Gynäk. Ges. Breslau 20. III. 1906. Ref. Zentralbl. f. Gynäk. 1906. S. 1257. — Olshausen, Arch. f. Gynäk. 29. S. 443. — Küstner, Zentralbl. f. Gynäk. 1901. Nr. 1. — Arndt, Zentralbl. f. Gynäk. 1896. Nr. 24. — Lindfors, ref. Zentralbl. f. Gynäk. 1884. S. 255 u. 472. 1889. S. 482. Samml. klin. Vortr. 1893. Nr. 63. — Krukenberg, Arch. f. Gynäk. 20. S. 269. — Knoop, Samml. klin. Vortr. Nr. 348. — Klausner, Münchner med. Wochenschr. 1889. — Karewski, Die chirurgischen Krankheiten des Kindesalters. Stuttgart 1894, Enke. — Aschoff, Virchows Arch. 1896. 144. — Finkelstein, Säuglingskrankheiten. — Paquy et Esmonet, ref. Zentralbl. f. Gynäk. 1903. S. 955. — Költsch, Monatsschr. f. Geburtsh. u. Gynäk. 10. S. 13. — Bolk, ref. Zentralbl. f. Gynäk. 1908. S. 54. — Fiedler, Deutsche med. Wochenschr. 1907. Nr. 3. — Ringel, Münchner med. Wochenschr. 1907. Nr. 34. — Weck, Diss. Erlangen 1907. — Durlacher, Münchner med. Wochenschr. 1908. Nr. 11. — Küstner, Gynäk. Ges. Breslau 30. VI. 1908. Ref. Zentralbl. f. Gynäk. 1909. S. 108.

Verdauungsorgane.

Mißbildungen und kongenitale Erkrankungen des Mundes siehe S. 69.

Ösophagus.

Ich folge hier im großen und ganzen der ausführlichen Monographie von Kraus im Handbuch von Nothnagel (S. 93 ff.).

Die angeborenen Bildungsfehler des Ösophagus sind in den meisten Fällen derartig schwer, daß die Kinder bald nach der Geburt sterben. Nur bei den Anomalien geringeren Grades können die Personen ein höheres Alter erreichen.

Folgende Bildungsfehler sind am Ösophagus zur Beobachtung gekommen.

1. **Totaler Mangel des Ösophagus (und des Pharynx).**

Die sehr seltene Mißbildung wird fast nur bei Acardiacis und anderweitigen hochgradigen Defektbildungen der oberen Körperhälfte beobachtet. Dabei enden Mund und Cardia blind. Sie sind durch einen dünnen muskulösen Strang verbunden.

2. **Vollständige oder partielle Verdoppelung des Ösophagus - Diösophagie.**

Bei dieser extrem seltenen Mißbildung münden zwei getrennte Cardiae in den Magen.

3. **Reine Ösophago-Trachealfisteln.**

Diese abnormen Kommunikationen zwischen Trachea und Ösophagus sind leicht zu verstehen, wenn man sich die Entwicklung dieser Teile klar macht. Der ganze Verdauungskanal vom Mund bis zum After bildet sich aus 3 Teilen, aus dem Munddarm, dem eigentlichen Darm oder Urdarm und dem Afterdarm. Der eigentliche Darm setzt sich wieder aus 3 Teilen zusammen, dem Vorder-, Mittel- und Enddarm. Aus dem Vorderdarm entstehen Schlund und Ösophagus. Der Munddarm wächst diesem Vorderdarm als äußere Einstülpung entgegen. Die dünne trennende Membran verschwindet allmählich. Ihre Reste sind, an der Verbindungsstelle von Mund- und Vorderdarm, die Gaumenbögen und die Uvula. In der ersten Zeit der embryonalen Entwicklung stehen Schlund und Ösophagus in Zusammenhang mit dem Respirationsapparat. Später erfolgt die Trennung, die beim Menschen bereits im Beginn des 2. Monats vorhanden ist. Nach diesen kurzen entwicklungsgeschichtlichen Bemerkungen kehre ich zu den reinen Ösophago-Trachealfisteln zurück. Es sind das fistulöse Verbindungen zwischen dem sonst wohlgebildeten Ösophagus und der Trachea. Fast immer liegen sie in der Gegend der Bifurkation der Trachea und man ist wohl berechtigt anzunehmen, daß sich die zwischen Ösophagus und Trachea ausbildende Scheidewand hier zuletzt schließt. Sind die Fistelöffnungen sehr klein, oder aber ist die Fistelöffnung durch eine Schleimhautfalte verdeckt, so können die betreffenden Personen ohne Beschwerden am Leben bleiben und die Fistel findet sich als Nebenbefund gelegentlich einer Autopsie. Sind derartige günstige Verhältnisse nicht vorhanden, so gehen die Kinder zugrunde, in den von Kraus zitierten Fällen am 5. Tage bis spätestens nach 7 Wochen. In diesem letzten Fall war der Exitus an Pneumonie eingetreten.

Die in der Gegend zwischen Bifurkation der Trachea und Ösophagus zuweilen gefundenen, etwa wallnußgroßen Zysten mit Flimmerepithel und schleimigem Inhalt betrachtet Kraus als degenerierte Reste des oben erwähnten Verbindungsganges zwischen Ösophagus und Trachea, nachdem ein Verschluß desselben nach beiden Seiten hin stattgefunden hat.

4. Partielle Obliterationen.

a) Einfache blinde Endigung der Speiseröhre. Einen hierher gehörenden typischen Fall von Atresia oesophagei congenita beschreibt Kraus mit instruktiver Abbildung (S. 96). In diesem Falle hörte der Ösophagus — Schlund, Trachea usw. waren normal gebildet — 6 cm unterhalb der Larynx vollkommen auf. Zwischen diesem Ösophagusrudiment und dem am Zwerchfell adhärierenden Magen fand man bei der Autopsie einen dünnen, innig mit der Trachea verwachsenen muskulösen Strang. Die Ösophagusschleimhaut war normal. In anderen Fällen fand man neben diesen oder ähnlichen Mißbildungen auch unvollkommene Entwicklung des Gehirns, des Unterkiefers (Agnathie, Synothie), der Trachea, des Larynx, Fehlen des Magens, Zwei- oder Vierteilung des Darmes, Atresia ani usw.

b) Die Speiseröhre endet blind, wie eben geschildert, aber es besteht eine Kommunikation des unteren erhaltenen Teils mit der Trachea — Ösophago-Trachealfisteln im weiteren Sinne. Diese Mißbildung ist am häufigsten. Gewöhnlich ist dabei das obere blind endende Ösophagusstück erweitert, unter Umständen derartig, daß die Trachea von hinten nach vorn zu komprimiert wird. Das untere Stück ist meist trichterförmig zugespitzt und mündet an oder über der Bifurkationsstelle in die Hinterwand der Trachea. Beide Ösophagusteile sind häufig durch einen soliden Muskelstrang verbunden.

c) Oben normal durchgängiger, nur an der Stelle der Bifurkation der Trachea oder dicht unterhalb derselben vollständig obliterierter Ösophagus. Sehr seltene Mißbildung.

Kinder mit derartigen (unter 4 aufgezählten) Mißbildungen sind natürlich nicht lebensfähig, um so weniger, als häufig die erwähnten anderweitigen Mißbildungen gleichzeitig vorhanden sind. Sie sterben sehr bald nach der Geburt an zunehmender Inanition, besonders durch Wassermangel, Schluckpneumonien oder Sauerstoffmangel. Die Kinder können entweder überhaupt nicht schlucken, oder aber die verschluckte Nahrung regurgitiert in unverändertem Zustande selbst bei Zuführung kleinster Mengen und fließt durch Mund oder Nase wieder ab. Meist sind eigenartige Stickanfälle vorhanden, die auf eine Verbindung zwischen Speise- und Luftröhre schließen lassen (Finkelstein). Der Leib ist eingefallen. Interessant ist die Tatsache, daß neugeborene Kinder mit Verschluß der Speiseröhre meist nur mäßig entwickelt sind. Diese Tatsache wird z. B. von Ahlfeld als Beweis für die Rolle des Fruchtwassers als Nahrungsmittel für den Fötus herangezogen. Doch kann die Entwicklung der Kinder auch völlig ungestört sein (2 Fälle von Schwalbe I, S. 122). Die Diagnose wird sichergestellt durch Sondierung. Die Sonde stößt auf einen höher oder tiefer lokalisierten Widerstand. Die operative Behandlung derartiger Anomalien dürfte fast stets an der sich bald bemerkbar machenden Hinfälligkeit des Kindes und an der schlechten Prognose operativer Eingriffe bei Neugeborenen überhaupt scheitern. In Frage kommt die Gastrostomie und Ernährung von der Magenfistel aus. Einen derartigen Fall hat Helferich durch Hoffmann mitteilen lassen. Späterhin könnte man dann daran denken, die zwischen den Blindsäcken befindliche solide Zwischenschicht operativ zu beseitigen

(Kraus S. 101). In den zahlreichen Fällen, wo eine Kommunikation mit der Trachea vorhanden ist, bliebe diese allerdings immer noch übrig, wodurch der ganze Erfolg in Frage gestellt werden könnte.

5. **Membranöse, klappenartige Stenosen.**

Sie sind nach Kraus überaus selten. Die Membran wird in der Regel durch eine ringförmige vorspringende Schleimhautfalte gebildet. In einem von Brenner mitgeteilten Fall lag unter einer derartigen Ringfalte eine Ösophago-Trachealfistel. Das Leiden wurde durch Oesophagotomia externa vollkommen geheilt.

6. **Einfache kongenitale Stenosen.**

Sie sind gleichfalls nur selten und sind deshalb als angeboren zu betrachten, weil das Gewebe des Ösophagus außer der Stenose vollkommen normal ist und die Beschwerden in derartigen Fällen seit der Geburt datieren. Die verengte Partie ist entweder ringförmig, nur auf einen kleinen Bezirk beschränkt, oder aber in Form eines mehr oder minder längeren engen Kanals vorhanden. Einen derartigen Fall zitiert Kraus (S. 102). Es handelte sich um ein 9 jähriges Mädchen, daß schon als Säugling die Nahrung in ausgedehntem Maße wieder zurückbrachte. Nach der Entwöhnung gelang es dem Kinde nicht, feste Nahrung herunterzuschlucken. Dieselbe kam nach einigen Minuten wieder zurück. Infolgedessen lebte das Kind 9 Jahre von Milch und Beeftea. Die Untersuchung ergab eine Stenose am unteren Ende der Speiseröhre. Durch methodische Sondierung kam der Fall zur Heilung. Die Symptome derartiger Stenosen bestehen demnach in erster Linie in Dysphagie, d. h. also erschwerte Passage der Speisen durch den Ösophagus in den Magen. Meist bleiben die Speisen oberhalb der Stenose sitzen und kommen entweder zurück, oder aber sie werden langsam durch die stenosierte Partie durchgewürgt. Oberhalb der Stenose kommt es infolge der Stagnation der Speisen gewöhnlich zu einer mehr oder weniger erheblichen Dilatation der Speiseröhre. Werden die Stenosen nicht behandelt, so können die betroffenen Kinder an Inanition zugrunde gehen, seltener an Perforation der Wand infolge geschwüriger Prozesse. Die Diagnose wird durch die Sondierung, Ösophagoskopie, eventuell durch eine Röntgenaufnahme ermöglicht. Die Behandlung besteht in langsamer, allmählicher Erweiterung, brüsker Dilatation oder blutiger Trennung der Striktur (Oesophagotomia interna oder externa). Siehe die chirurgischen Lehrbücher u. a. Leser, S. 256, Tillmanns, S. 565.

7. **Angeborene Ektasien. Erweiterungen des Ösophagus.**

Dieselben sind allgemein oder partiell. Ist nur ein umschriebener Teil der Wand ausgestülpt, so bezeichnet man das als Ösophagusdivertikel. Die Ektasien treten nach den obigen Ausführungen häufig sekundär oberhalb von Stenosen auf. Die angeborenen Ektasien können derartig ausgedehnt sein, daß der ganze Ösophagus bis zu Armdicke erweitert ist. In einzelnen Fällen erstreckte sich die Ektasie auf eine umschriebene Partie dicht oberhalb des Zwerchfells (Vormagen, Luschka) oder dicht unterhalb des Zwerchfells (Antrum cardiacum, Luschka). Beide Anomalien sind nach Riegel nicht selten. Häufig verlaufen sie symptomlos. In anderen Fällen bleiben gröbere Speisepartikel im Vormagen oder

Antrum cardiacum stecken und verursachen stärkere Beschwerden. Die klinischen Erscheinungen der übrigen Ektasien sind nicht einheitlich. Ist das Primäre eine Stenose, so werden die oben geschilderten Erscheinungen derselben in den Vordergrund treten. Bei reinen Ektasien stellen sich nur in den ausgedehnteren Fällen Beschwerden ein, in erster Linie schwere Ernährungsstörungen, indem die Speisen im Ösophagus stecken bleiben und nach längerer oder kürzerer Zeit wieder herausgewürgt werden. Ist ein derartiger Sack, der unter Umständen von außen gefühlt werden kann, ganz mit Speisen aufgebläht, dann können durch Kompression der Trachea und der Lungen Respirationsbeschwerden ausgelöst werden. Die Behandlung besteht in zweckmäßiger Ernährung. Bei primären Stenosen dürfte wie oben angegeben zu verfahren sein.

Auch die ganz umschriebenen Ektasien, die Divertikel des Ösophagus resp. der unteren Pharynxwand (Pharyngozele) sind nach einigen Autoren (Ribbert, Klebs, König, v. Bergmann, vgl. Kaufmann, S. 397 und 399) häufig angeboren. Man nimmt an, daß es sich um Überreste der einzelnen inneren Kiemenfurchen handelt. Auch diese Divertikel bestehen oft ganz symptomlos. Doch kann es auch infolge Zersetzung von Speisen und deren Folgen zu Geschwürsbildung, Phlegmonen und zur Perforation kommen. Die Symptome bestehen in Regurgitation von Speisen, Auftreten von Anschwellungen am Halse, Druckerscheinungen auf die Luftwege. Die Diagnose gelingt durch die Sonde oder das Röntgen-Verfahren. Die Behandlung besteht in zweckmäßiger Ernährung ev. in Exstirpation des Sackes.

Ohne auf die Kasuistik der angeborenen Ösophagusanomalien näher einzugehen, erwähne ich kurz einen interessanten Fall aus der jüngeren Literatur. Eustache demonstrierte in der Pariser geburtshilflichen Gesellschaft ein im achten Schwangerschaftsmonat ausgestoßenes Kind mit Atresia ani et recti, Obliteration des oberen Ösophagusendes, Kommunikation des unteren Ösophagusendes mit der Trachea. Das Kind starb 16 Stunden nach der Geburt nach einem vergeblichen operativen Versuch, die Atresie zu beseitigen.

Literatur.

Kraus in Nothnagels Handbuch der spez. Pathologie und Therapie. 16. H. 2. — Kaufmann, Spez. Pathologie. — Schmaus, Pathol. Anatomie. — Leser, Spez. Chirurgie. — Tillmanns, Spez. Chirurgie. — Baginsky, Kinderkrankheiten. — Biedert-Fischl, Kinderkrankheiten. — Keller, Deutsche Klinik. — Ahlfeld, Lehrb. d. Geburtsh. — Derselbe, Mißbildungen. — Hoffmann, (Helferich) Diss. Greifswald 1899. — Mekus, Zentralbl. f. Gynäk. 1888. S. 686. — Eustache, Geb. Ges. Paris, 17. XII. 1903. Ref. Zentralbl. f. Gynäk. 1904, S. 1087. — Riegel in Nothnagels Handbuch der spez. Pathologie und Therapie. 16. H. 2. — Finkelstein, Säuglingskrankheiten. — Schwalbe, Mißbildungen.

Magen.

Agastrie, vollkommener Mangel des Magens ist extrem selten. Ebenso auch die abnorme Kleinheit desselben, Mikrogastrie.

Verdoppelungen des Magens sind mehrfach beschrieben worden; es handelt sich dabei um Divertikelbildungen, die, wenn sie groß sind, als Verdoppelungen imponieren können (siehe auch unter kongenitalem Sanduhrmagen).

Häufiger sind kongenitale Verlagerungen des Magens beobachtet worden. So kann der Magen bei Zwerchfellhernie in die Brusthöhle disloziert werden (siehe S. 113). Ebenso bei Bauchspaltungen, speziell Nabelschnurhernie vor die Bauchdecken (vgl. S. 118). Einen interessanten Fall von angeborenem Prolaps von Magenschleimhaut durch den Nabel hat Tillmanns beschrieben. Es handelte sich um einen 13jährigen Knaben, bei dem auf dem Nabel eine wallnußgroße, gestielte, mit Schleimhaut überzogene Geschwulst gefunden wurde. Die Verdauungsversuche mit dem Sekret der Geschwulstschleimhaut und die mikroskopische Untersuchung der letzteren ergab, daß es sich um einen angeborenen Prolaps von Magenschleimhaut handelte. Eine Kommunikation mit dem Magen bestand nicht mehr. Die Sekretion der Geschwulst war ziemlich beträchtlich. Tillmanns nimmt für diesen Fall an, daß ursprünglich ein Nabelschnurbruch mit eingelagertem Magendivertikel vorhanden war. Mit der Nabelschnur wurde nach der Geburt des Kindes auch das Magendivertikel abgebunden und es bildete sich ein Prolaps der Schleimhaut dieses am Nabel offenen, nach dem Magen aber geschlossenen Divertikels.

Situs inversus ist einige Male beim Magen beobachtet. Als Situs sagittalis bezeichnet man die Persistenz der fötalen senkrechten Stellung des Magens. Über Vormagen siehe unter Ösophagusanomalien, S. 125.

In vereinzelten Fällen fand sich ein kongenitaler Sanduhrmagen. Tillmanns beobachtete bei einem Neugeborenen einen Sanduhrmagen, welcher nach dem Duodenum hin vollständig verschlossen war. Das Magenende des Duodenums endigte ebenfalls blind, so daß Magen und Duodenum in keinem Zusammenhange standen. Ein analoger Fall wurde in der Literatur nicht gefunden. Die Ursache des angeborenen Sanduhrmagens ist eine Verkürzung der Ringmuskulatur zwischen Kardia und Pylorus. Der Magen hat die Form eines Zwerchsackes und zerfällt in zwei Teile, einen Kardia- und ein Pylorus-Teil. Beide Teile können gleich groß, aber auch untereinander different in der Größe sein. Die mäßigen Grade dieser Anomalie verlaufen völlig symptomlos. Die Störungen durch den Sanduhrmagen können, wie Riegel hervorhebt, dadurch entstehen, daß die Speisen durch das Heraufziehen der großen Kurvatur nach oben über einen Berg hinweg müssen. Die Diagnose gelingt meist durch Aufblähen des Magens mit Luft oder Kohlensäure. Ein weiteres diagnostisches Merkzeichen ist der Nachweis von Plätschergeräuschen im zweiten Magen, wobei es trotzdem nicht gelingt, mit der Sonde Mageninhalt zu entleeren. Eine Heilung gelingt bei ausgesprochenen Fällen nur auf operativem Wege (Gastroanastomose, Magenresektion u. a.). Neben dem echten Sanduhrmagen kommen auch Scheidewandbildungen kongenital vor.

Sehr selten ist der angeborene Verschluß des Magens, in erster Linie des Pylorus und der Kardia (vgl. den obenerwähnten Fall Tillmanns). Häufiger ist eine angeborene Stenose des Pylorus zur Beobachtung gekommen. Dabei besteht fast immer gleichzeitig eine muskuläre Hypertrophie am Pylorus. Über Wesen, Ursache, anatomischen Befund dieser

interessanten Anomalie gehen die Ansichten weit auseinander. Teils
wird organische Verengerung, teils spastische Kontraktur (daher die Bezeichnung Pylorospasmus), vielleicht auf Grund angeborener örtlicher
Empfindlichkeit bei ererbter allgemeiner nervöser Veranlagung, teils geschwulstartige Hypertrophie (Hypertrophia muscularis, Myom?) der Ringmuskulatur, Verdickung der Mukosa usw. angenommen (vgl. Kaufmann,
Biedert-Fischl, Finkelstein). Eine sekundäre Erweiterung des Magens
ist meist nicht vorhanden. Die klinischen Erscheinungen sind dyspep-
tischer Natur. Beobachtet werden unstillbares Erbrechen meist voluminöser Massen, heftige Schmerzen, die Flasche oder Brust wird unter
Geschrei zurückgewiesen, Vortreiben der Magengegend, hartnäckige Obstipation, die zuweilen mit Durchfällen abwechselt, spärlicher Urin, sichtlich fortschreitende Abmagerung u. a. Zuweilen gelingt es, den verdickten
Pylorus zu palpieren. Nach Biedert beträgt die Lebensdauer derartiger
erkrankter Kinder 3 Wochen bis 6 Monate, wenn nicht eingegriffen wird.
Heubner stellt die Prognose sehr günstig, Finkelstein für weniger
günstig (S. 144). Die Therapie besteht in zweckmäßiger Ernährung,
möglichst mit Frauenmilch, Darreichung von Karlsbader Mühlbrunnen,
methodischen Magenspülungen, beruhigenden Medikamenten (siehe Finkelstein, S. 144 ff.). In verzweifelten Fällen kommen chirurgische Eingriffe
in Frage (Gastroenterostomie, Pyloroplastik).

Literatur.

Kaufmann, Spez. Pathologie. — Tillmanns, Spez. Chirurgie. — Ahlfeld,
Mißbildungen. — Keller, Deutsche Klinik. — Biedert-Fischl, Kinderkrankheiten.
— Riegel in Nothnagels Handbuch. — Tillmanns, Deutsche Zeitschr. f. Chirurgie
18. — Savonat, Diss. Lyon 1905. — Finkelstein, Säuglingskrankheiten. —
Champetier, Guinon, Fredet, Geb. Ges. Paris, 13. I. 1908. Ref. Zentralbl. f.
Gynäk. 1908, S. 1097.

Darm.

Situs inversus kann beim Darm isoliert vorkommen, häufiger als
Teilerscheinung eines allgemeinen Situs inversus. Auch sonst sind abnorme
Lagerungen des Darms kongenital beobachtet, so kann z. B. bei abnormer
Kürze des Kolons das Coecum in der Nabelgegend und noch höher liegen.
In einzelnen Fällen lag der ganze Dickdarm links, so daß das Colon
ascendens in der Milzgegend im spitzen Winkel in das Colon descendens
übergeht.

Mehrfach wurden angeborene Hernien in der Leisten- und Schenkel-
gegend beobachtet (vgl. Ahlfeld, S. 260). Die Ursache liegt meist in
einem Offenbleiben des Processus vaginalis. Die im Bruchsack befindlichen
Darmschlingen können untereinander verwachsen. Diese Adhäsionen sind
sekundär und nicht etwa als Ursache der Hernien aufzufassen. In der
überwiegenden Mehrzahl der Fälle werden sie bei Knaben beobachtet.

Über Hernia uteri und ovarii siehe S. 175.

Verdoppelungen einzelner Darmteile sind sehr selten. Ahlfeld
zitiert einen von Schreiber mitgeteilten Fall (S. 121), bei dem sich eine
partielle Duplizität des Colon ascendens fand. Ahlfeld hält es für wahr-

scheinlich, daß die Fälle von Verdoppelung des Darms als abgeschnürte Darmzysten aufzufassen sind.

Über die Darmverhältnisse bei Doppelmißbildungen siehe S. 258.

Vollkommenes Fehlen des Darmes kommt nur sehr selten bei Akardiacis schwersten Grades vor. Auch größere Darmdefekte werden fast nur neben anderweitigen schweren Mißbildungen beobachtet. Einen derartigen Fall ohne anderweitige Mißbildungen außer Nabelschnurbruch hat neuerdings Clogg mitgeteilt. Das betreffende Kind kam am 6. Tage nach der Geburt zur Operation. Der Dünndarm endete blind im Bruchsack. Der Dickdarm fehlte eigentlich ganz. Nur an der Stelle des Querkolons fand sich ein hohler Strang von geringer Dicke. Das Kind starb bald nach der Operation, bei der ein Drain in den geöffneten Darm eingeführt und nach außen geleitet wurde.

Häufiger sind dagegen partielle Darmdefekte. So kann der Wurmfortsatz fehlen, oder aber es ist die Kontinuität des Darmes an irgendeiner Stelle auf mehr oder weniger große Strecken unterbrochen. Einen derartigen Fall hat David kürzlich beschrieben. Es handelte sich um ein 2000 g schweres Kind, das drei Tage nach der Geburt unter den Erscheinungen eines akuten Ileus zugrunde gegangen war. Bei der Sektion fand sich neben einer Perforation des stark dilatierten Dickdarms in der Gegend des Coecums ein vollständiger Verschluß des Colon descendens. Dasselbe endigte in einem Blindsack, und der Darm fehlte auf einer Strecke von 1 cm bei wohlgebildetem Mesenterium. An diese Partie schloß sich das normal entwickelte S romanum mit dem Rektum. David lehnt als Ursache dieser Mißbildung die sonst fast allgemein supponierte fötale Peritonitis mit Adhäsionsbildung und weiterhin auch die fötale Enteritis mit sekundärer Schrumpfung ab. Er nimmt vielmehr eine primäre ungenügende Gefäßentwicklung an.

In seltenen Fällen hat man in Nabelschnurbrüchen resp. am Nabel vollständig abgeschnürte Darmschlingen mit entsprechenden Darmdefekten gefunden. So zitiert Tillmanns (S. 10) einen von Ahlfeld beobachteten Fall, wo sich bei einem neugeborenen, fast ausgetragenen und kräftig entwickelten Kinde auf der Seitenfläche des Nabelkegels ein apfelgroßer gewulsteter Tumor fand, welcher durch einen sehr dünnen Stiel mit dem Nabel zusammenhing. Die Geschwulst bestand aus einem Konvolut abgeschnürter Därme und zwar, wie durch die Sektion festgestellt wurde, aus dem unteren Teil des Ileum, dem Coecum und Colon ascendens nebst den entsprechenden Teilen des Mesenterium.

Die angeborenen Verengerungen, Stenosen und Verschließungen, Atresien des Darmes, sind, abgesehen von der weiter unten erwähnten Atresia ani sehr selten. Im Dünndarm sind sie häufiger als im Dickdarm, am häufigsten im Duodenum, da, wo der Ductus choledochus und Wirsungianus einmünden, oberhalb oder unterhalb der Einmündungsstelle, ferner beim Übergang des Duodenum ins Jejunum. Im Ileum sitzen sie meist oberhalb der Bauhinschen Klappe oder an einer, der Abgangsstelle des Ductus omphalo-mesentericus entsprechenden Stelle. Der teils vollständige, teils unvollständige Verschluß ist meist membranöser, septum-

artiger Natur, seltener ringförmig, narbenartig. Der Verschluß kann weiter,
wie Tillmanns hervorhebt (S. 100), durch eine Achsendrehung des Darms
infolge von Drehung der Nabelschnur hervorgerufen werden.

Einen Fall von angeborener Duodenalatresie hat u. a. Voron mitgeteilt. Das Kind brach stets wenige Minuten nach Beginn des Saugens
die unveränderte, nicht koagulierte Milch ohne Gallenbeimischung wieder
aus. Am 4. Tage Exitus. Das Gewicht war von 2570 g auf 1800 g heruntergegangen. Die Sektion ergab Imperforation des Duodenum. Das untere
Ende des oberen etwas dilatierten Blindsackes verlor sich in das Gewebe
des Pankreaskopfes, ebenso wie das des unteren. Zwischen beiden ein
dünner Verbindungsstrang, ohne Lumen. Galle und Pankreassaft ergossen
sich in den unteren Blindsack.

Kuliga berichtet in seiner sehr ausführlichen kritischen Arbeit über
einen Fall, bei dem es sich um Sanduhrmagen und mehrere Stenosen des
Dünndarms handelte. Die Anlegung eines Anus praeternaturalis konnte den
Exitus nicht verhindern.

Einen Fall von Darmatresie im Bereich des Ileum hat u. a. Clogg
beschrieben. Das Kind kam am 4. Lebenstage mit stark aufgetriebenem
Abdomen zur Operation. Das Darmrohr war im Bereich des unteren
Ileumabschnittes verschlossen. Hier fand sich nur ein solider Strang.
Der Zustand des Kindes ließ eine weitere Operation (Anastomose) nicht
zu. Es starb kurz darauf. Einen weiteren Fall von Ileumverschluß
hat Nijhoff beschrieben. Hier war es vor der Geburt zur Perforation
des Darms und Austritt von Mekonium in die Bauchhöhle gekommen,
wodurch sogar die Geburt erschwert wurde (übermäßige Ausdehnung
des kindlichen Bauches).

Im Dickdarm sitzen die angeborenen Stenosen und Atresien meist im
Bereich der Flexura sigmoidea. Sie können neben einer Entwicklungs-
hemmung durch eine Drehung des Darms infolge fötaler Entzündung des
Mesenteriums hervorgerufen werden. Brindeau und Moncany demon-
strierten bei einem Neugeborenen eine 15 cm lange Stenose des Querkolon.
Wegen Ileuserscheinungen wurde ein Anus praeternaturalis angelegt. Das
Kind starb 48 Stunden nach der Operation. Jeannin und Cathala
demonstrierten eine Darmperforation bei einem Neugeborenen unterhalb
einer vollständigen Kolonatresie. Die Därme bildeten einen unentwirrbaren
Knäuel.

Als Ursache dieser Anomalien werden die verschiedensten Dinge
herangezogen, Peritonitis foetalis — von der man übrigens oft nicht sagen
kann, ob sie primär oder sekundär ist —, fötale Enteritis, Verschließung
der Mesenterialarterie, Achsendrehung oder Invagination des Darmes, angeborenes Enterokystom, Anomalien des Dotterganges, Meckelsches
Divertikel, primäre mangelhafte Lumenbildung des Darms, Kompression
durch angeborene Geschwülste, sowie durch den vergrößerten Kopf des
Pankreas. Die septumartigen Bildungen werden meist als übermäßig ausgebildete Kerkringsche Falten gedeutet. Über einen Fall von Darm-
okklusion durch einen angeborenen großen Nierentumor hat Bonnaire
kürzlich berichtet. Auch dieser Fall ging, trotz Anlegung eines Anus

praeternaturalis zugrunde. Im übrigen muß man bezüglich der Ätiologie wohl Kuliga recht geben, wenn er die große Mehrzahl dieser Anomalien als die Folge von Entwicklungsstörungen betrachtet.

Bei der Sektion dieser Anomalien findet man neben der Stenose oder Atresie die Darmpartien dicht oberhalb der Stenose resp. Atresie durch die verschluckten Fruchtwassermengen gewöhnlich erheblich dilatiert. Die Muskularis ist meist dabei verdickt. Infolge dieser Veränderungen kommt es extrauterin häufig zu Geschwürsbildung und Perforation. Ausnahmsweise erfolgte die Perforation intrauterin (siehe oben). Das unterhalb der verengten oder verschlossenen Stelle gelegene Darmstück ist kollabiert, die Wand atrophisch, das Lumen kann schließlich ganz obliterieren.

Mehrfach sind jedoch auch hochgradige angeborene Erweiterungen des Dünndarms ohne Stenose beschrieben worden. So berichtet Torkel über eine angeborene zylindrische Erweiterung eines Jejunumabschnittes bei Mangel jeglichen Hindernisses in den weiter abwärts gelegenen Teilen. Auch fanden sich keine Anomalien im Bau der erweiterten Darmwand. Torkel führt diese Veränderung auf eine Entwicklungsstörung zurück.

Die Diagnose derartiger Darmmißbildungen stößt meist auf große Schwierigkeiten, besonders bei den Stenosen. Das Abdomen ist infolge Aufblähung des oberhalb der Stenose gelegenen Darmteils aufgetrieben. Der Perkussionsschall ist laut und tief. Mekonium kann bei Stenosen und Atresien der oberen Darmpartien abgehen. Hier würde dann erst das Ausbleiben fäkulenter Stühle den Verschluß beweisen. Da dünnflüssiger Kot auch hochgradige Stenosen oft lange passieren kann, so bleiben Dünndarmstenosen meist länger latent als Verengerungen im Dickdarm. Die Stenosen des Dick- und Mastdarms bedingen in erster Linie eine auffallende Stuhlverstopfung. Bei den völligen Atresien sind die Symptome meist so akut und prägnant, daß wenigstens die Diagnose eines Darmverschlusses gestellt werden kann. Wichtig sind hier Verhaltung von Stuhl und Blähungen, Erbrechen sehr bald fäkulenter Massen, Auftreibung des Leibes und kolikartige Schmerzen. Ganz besonders stürmisch ist der Verlauf bei hochsitzenden Dünndarmatresien. Hier findet man nach Jaffé eine starke Indikanurie. Bei den Duodenalstenosen und Atresien unterhalb der Einmündungsstelle des Ductus choledochus und pankreaticus besteht massenhaftes galliges Erbrechen. Der reichliche und andauernde Übertritt der Galle in den Magen ist ein Hauptsymptom für die tiefe Duodenalstenose. Die Stuhlentleerungen sind hierbei acholisch. Bei hochsitzendem Hindernis kann ferner die miskroskopische Untersuchung des Mekonium zur Entscheidung beitragen (Finkelstein, S. 150).

Da vom verschluckten Fruchtwasser nichts weiter befördert wird, findet man im Darminhalt der mit Atresie behafteten Neugeborenen keine Lanugohaare.

Die Prognose derartiger Darmanomalien ist meist schlecht. Die meisten Fälle, besonders von Atresie, gehen in der 1. oder 2. Woche, seltener in der 3. oder 4. Woche an Inanition oder septischer Peritonitis zugrunde. Auch bei den Stenosen verfallen die Kinder meist bald, da der stagnierende Darminhalt sich sehr bald abnorm zersetzt und zur

Bildung schwerer Darmkatarrhe Anlaß gibt. Die operative Behandlung
dürfte bei der schlechten Prognose operativer Eingriffe beim Neugeborenen
überhaupt kaum jemals Erfolge zeitigen, und das um so weniger, als die
Kinder dann, wenn die Diagnose gestellt ist, meist schon zu sehr verfallen sind. Finkelstein (S. 151) hat in der ganzen Literatur nur einen
durch die Operation geretteten Fall gefunden. Es handelte sich um einen
Ileus durch einen komprimierenden Bauchfellstrang, der leicht gelöst
werden konnte.

Angeborene Erweiterung des Colon descendens, Dilatatio Coli congenita, Megacolon congenitum, Hirschsprungsche Krankheit.

Bei dieser zuerst von Hirschsprung beschriebenen und später auch
von zahlreichen anderen Autoren beobachteten angeborenen Anomalie
handelt es sich um eine abnorme Verlängerung und Erweiterung des Colon
descendens und der Flexur bis zu 25 cm und darüber. In der Mehrzahl
der Fälle ist die angeborene Erweiterung und Hypertrophie des Dickdarms
primär. Man kann dann den Prozeß wohl als partiellen Riesenwuchs auffassen. Doch kann die Erweiterung auch sekundär eintreten, z. B. im
Anschluß an ventilartige Verschlüsse (Kaufmann, S. 439).

Klinisch verlaufen die Fälle unter dem Bilde einer hochgradigen
Stuhlverstopfung und Auftreibung (Meteorismus) des Leibes, Symptome,
welche sich sehr bald nach der Geburt bemerkbar machen. Die Stuhlentleerung kann 10—12 Tage und noch länger ausbleiben, auch der Me-
koniumabgang läßt lange Zeit auf sich warten. Infolge dieser Anomalie
gehen die Kinder verhältnismäßig oft an Ernährungsstörungen zugrunde.
Bei längerem Bestehen des Leidens kommt es leicht zu geschwürigen
Prozessen im Bereich der Schleimhaut und infolgedessen auch zu Perfora-
tionen der Wand. Die Therapie hat, wie aus der Literatur hervorgeht,
keine besonderen Resultate bei diesem Leiden gezeitigt, auch nicht die
operative.

Als operative Maßnahmen kommen in Betracht die Resektion des
Colon descendens resp. der Flexur und die Anlegung eines Anus praeternaturalis.

Atresia ani congenita und ähnliche Mißbildungen.

Bei dieser Mißbildung besteht ein kongenitaler Verschluß des Afters,
so daß die normale Defäkation nicht erfolgen kann. Sehr häufig kombiniert sich diese Anomalie mit anderweitigen Mißbildungen. So demonstrierte Bürger in der Wiener geburtshilflichen Gesellschaft ein 11 Tage
altes Kind mit angeborenem Defekt des rechten Unterkiefers, teilweiser
Verkümmerung der oberen Extremitäten, einer operativ beseitigten Atresia
ani, Leistenhoden, Phimosis, Hydromyelie usw. Maygrier und Farvy
demonstrierten einen Fötus mit Atresie der Urethra und dadurch bedingter Urinretention, Fehlen des rechten Ureters, Verkümmerung der
entsprechenden und zystische Entartung der anderseitigen linken Niere,
Atresie des Rektums und Auslaufen des Dickdarmendes in die hintere
Blasenwand, Atrophie und Mißbildung der Extremitäten. Als Ursache

wird in diesem Fall Fruchtwassermangel angegeben. Orthmann demonstrierte ein Kind mit fötaler Peritonitis, Uterus duplex separatus, Vagina duplex separata, Hydrometra et Hydrokolpos congenita, Atresia ani et vaginae. Eustache zeigte ein Kind, das außer Atresia ani et recti eine Obliteration des oberen Ösophagusendes zeigte. Das untere Ösophagusende kommunizierte mit der Trachea. R. Freund demonstrierte einen siebenmonatlichen Fötus mit Uterus bipartitus, Atresie der Blase, der Scheide, des Anus. Nach Freund handelt es sich in diesem Falle um eine Persistenz desjenigen embryonalen Zustandes, der noch die Kommunikation von Allantois und Mastdarm ohne Kloakenbildung repräsentiert.

Die hierher gehörenden Anomalien sind leicht zu verstehen, wenn man sich die Bildung des normalen Afters vergegenwärtigt (vgl. Kaufmann, Hertwig, Biedert-Fischl, Tillmanns). Der Mastdarm bildet sich aus dem anfangs blind endigenden untersten Teil des embryonalen Darms,

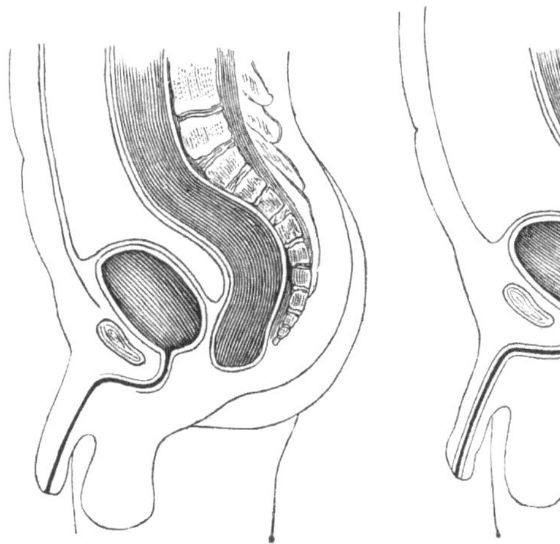

Abb. 32a. Atresia ani.
(Nach Leser, Fig. 119.)

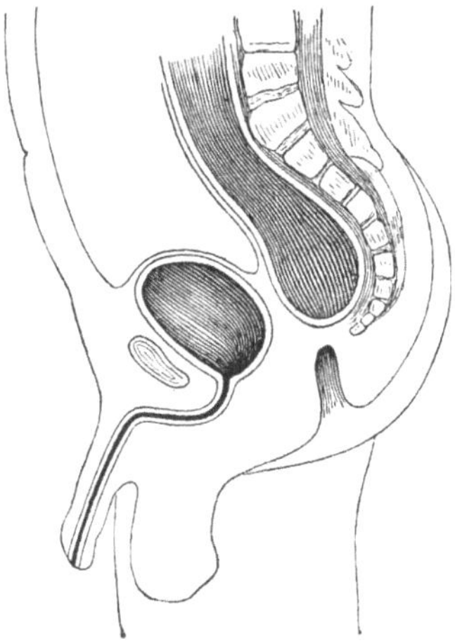

Abb. 32b. Atresia recti.
(Nach Leser, Fig. 120.)

aus dem End- oder Afterdarm. Die Afteröffnung selbst entsteht durch Einstülpung von außen, welche etwa in der 4. Woche beginnt. Der erwähnte Enddarm und die Einstülpung wachsen einander entgegen und verbinden sich zu einem offenen Kanal. In dieser Zeit ist der Enddarm noch in offener Verbindung mit dem Endstück der Allantois (Urachus und der späteren Harnblase), ferner auch mit den Wolffschen Gängen. Es besteht also eine Kloake, d. h. eine Verbindung zwischen Harn- und Geschlechtswegen einerseits und Enddarm andererseits. Bis zur 10. Woche ungefähr schnüren sich die einzelnen Teile von einander ab. Tritt der geschilderte Vorgang nicht in normaler Weise ein, so kommt es zur Bildung der Atresia ani mit oder ohne Kloakenbildung. Die Ursachen dieser Hemmungsmißbildung sind nicht ganz eindeutig. Nach Ahlfeld spielt eine große ätiologische Rolle der übermäßige oder abnorm lange fortdauernde Zug von seiten des Ductus omphalomesentericus am Darm. Durch diesen Zug wird die Vereinigung von Enddarm mit der

Aftereinstülpung verhindert. Die einzelnen Formen der Atresia ani sind folgende:

1. **Atresia ani simplex**, eigentliche Atresia ani. Die Afteröffnung fehlt. Das blind endende Rektum reicht bis an die äußere Hautdecke. Der Verschluß des Mastdarms wird in einigen Fällen durch einen leicht mit dem Finger zu lösenden Epithelüberzug, in andern Fällen durch eine mehr oder minder dicke Gewebsschicht gebildet. In seltenen Fällen wurde der Mastdarmverschluß nicht durch Verwachsung sondern durch fibrinös-epitheliale „Konkrementpfröpfe" bedingt (vgl. Finkelstein, S. 151).

2. **Atresia ani et recti.** Mastdarm und After fehlen. Der Mastdarm resp. das Kolon endigt blind hoch oben, zwischen Kolon und Damm ist ein mehr oder weniger weiter Abstand. Die Aftergrube fehlt. An ihrer Stelle findet sich eine flache Delle. An Stelle des Mastdarms ist ein solider Gewebsstrang vorhanden.

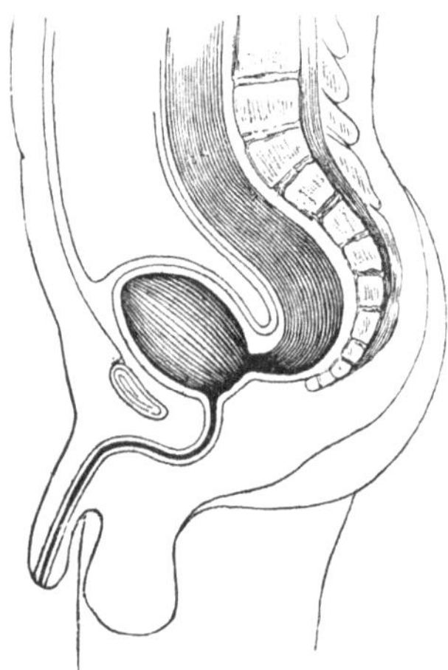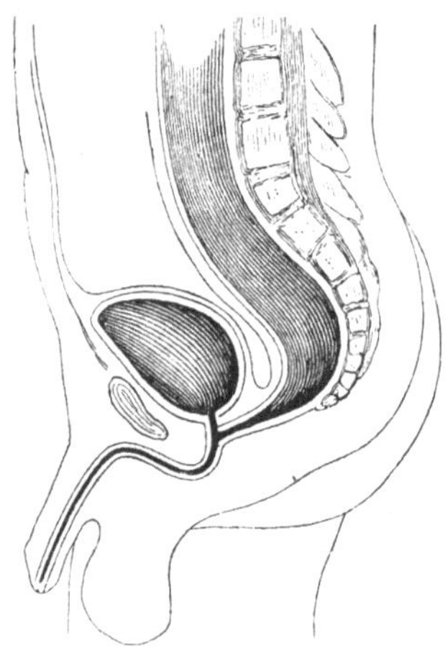

Abb. 32c. Atresia ani vesicalis.   Abb. 32d. Atresia ani urethralis.
(Nach Leser, Fig. 121.)   (Nach Leser, Fig. 122.)

3. **Atresia recti simplex.** Die Afteröffnung ist vorhanden, endigt aber blind (Aftergrube). Das vorhandene Rektum ist verschlossen und reicht mehr oder weniger nahe bis zur Aftergrube heran.

4. **Die angeborenen Kloakenbildungen mit gleichzeitiger Atresia ani.** Bei diesen Mißbildungen fehlt der Anus und das Rektum kommuniziert mit der Harnblase oder Harnröhre beim Manne, beim Weibe mit der Vagina. Man unterscheidet hier

a) **Atresia ani vaginalis** s. Atresia ani et Communicatio recti cum vagina, wobei also neben einem Afterverschluß das Rektum in die Scheide einmündet. In vereinzelten Fällen mündete auch die Afterausstülpung bei geschlossenem Rektum in die Vagina. Sehr selten ist die Atresia ani uterina, wobei der Mastdarm mit dem Uterus in Verbindung steht.

b) **Atresia ani vesicalis** s. Atresia ani et Communicatio recti cum vesica urinaria. After verschlossen, der Mastdarm mündet in die Harnblase. Sehr selten mündete das Rektum in einen Ureter.

c) **Atresia ani urethralis (prostatica)** s. Atresia ani et communicatio recti cum parte prostatica urethrae. After geschlossen, Mastdarm mündet in die pars prostatica urethrae oder in die Glans penis. Hierher gehört z. B. ein Fall von Kafferata. Das sonst normale Kind zeigte in den ersten beiden Tagen nichts Abnormes. Dann trat Erbrechen auf, wobei nach kurzer Zeit Mekonium durch den Mund entleert wurde. Der After fehlte und die bis dahin stattgefundenen geringen Mekoniumentleerungen waren durch die Harnröhre erfolgt. Bei der Sektion fand man das S Romanum enorm dilatiert und in einen blinddarmähnlichen Sack endigend. Eine kleine, etwa 2 mm breite Öffnung vermittelte die Kommunikation desselben mit dem hinteren Teil der Harnröhre. Der Harn in der Blase war rein, dagegen die Urethra mit Mekonium gefüllt.

5. **Atresia ani (s. recti) mit Fistelbildung.** Es sind das nicht eigentliche Hemmungsmißbildungen, sondern die Folgen pathologischer Prozesse. Die Fistelöffnungen entstehen durch einen abnormen Durchbruch des Mekoniums. Dabei ist die Fistelwand häufig narbig und nur zum Teil epithelisiert. Die Öffnung kann am Skrotum liegen, Atresia ani cum fistula scrotali, an der Raphe des Penis resp. der Urethra, Atresia ani cum fistula suburethrali, im Vestibulum vaginae resp. im Bereich des labium pudendum, Atresia ani cum fistula vestibulari, in der Raphe des Dammes resp. der Kreuzbeingegend, Atresia ani cum fistula perineali.

6. Des Mastdarm und ein Teil des Kolon fehlen ganz, aber es besteht ein **widernatürlicher After am Nabel** oder sonstwo.

Die klinischen Erscheinungen dieser Anomalien sind bei Berücksichtigung dieser Einteilung nicht einheitlich. Fehlt der Anus vollkommen und ist eine Kloake oder Fistelöffnung nicht vorhanden, so gehen die Kinder ohne Therapie unter den bekannten Symptomen des Ileus in etwa 4—8 Tagen, selten später, zugrunde. Das am meisten auffallende Symptom ist das Ausbleiben des Mekoniumabganges. Die Besichtigung des Afters führt sofort zur Diagnose, wenn nur der After selbst verschlossen ist. Hat sich aber die äußere Anus-Einstülpung normal entwickelt, wie bei Atresia ani simplex, so findet man am After dieselben Verhältnisse wie beim normal gebildeten Kinde. Erst nachdem längere Zeit kein Mekonium abgegangen ist, der Leib sich mehr und mehr auftreibt, und die Kinder auch sonst einen abnormen Eindruck machen, die Brust nicht nehmen, unruhig werden usw. wird man die Diagnose stellen können, wenn man beim Verabfolgen eines Klistiers auf ein Hindernis stößt oder wenn die ganze Flüssigkeit dabei wieder zurückkommt.

Die Untersuchung mit der Sonde resp. mit dem kleinen Finger klärt dann die Verhältnisse auf. Nach Jakubowitsch liegt dann ein totaler Defekt des Rektums resp. ein strangförmiges Rudiment desselben vor, wenn das Becken sehr klein und eng ist und der Damm sich nicht vorwölbt. Auch dann, wenn der Mastdarm in die Harnblase oder die Urethra einmündet, kommt es doch häufig zur Kotstauung mit ihren Folgen. Selbst wenn die Kommunikation hier weit genug ist, treten durch die zeitweise vorhandene Retention der Kotmassen infolge der Sphinkteren doch bald unangenehme und unter Umständen deletäre sekundäre Komplikationen ein:

Zystitis, Pyelitis, Nephritis, Nierenabszesse u. a. Die Diagnose wird in diesen Fällen dadurch sicher gestelllt, daß man beim Katheterisieren mit Mekonium vermischten Urin erhält. Am günstigsten liegen noch die Fälle von Kommunikation des Darms mit der Scheide. Hier kann der Kot, unbehindert durch Sphinkterverschluß, permanent abfließen, und wenn auch der Zustand der Kinder dadurch ein sehr übler ist, daß sie dauernd nach Kot riechen und an den Schenkeln und Genitalien dauernd beschmutzt sind, so kann doch ein höheres Alter erreicht werden (Fall Pupke, Köbrich u. a.). Tillmanns teilt einen Fall mit, wo ihm ein 3jähriges Kind von der Mutter zugeführt wurde, bei welchem die Atresia ani vaginalis erst im 2. Lebensjahr bemerkt worden war. Doch kann es auch bei Atresia ani vaginalis zu hochgradigen Kotstauungen kommen, wie wir kürzlich bei einem 15jährigen Mädchen beobachten konnten.

Unter der Geburt beansprucht die Atresia ani ohne Fistel- resp. Kloakenbildung insofern unser Interesse, als hier bei asphyktischen Zuständen oder Steißlage Mekonium nicht abgeht.

Die Therapie dieser Anomalien ist, wenn man von epithelialen Verklebungen, die sehr leicht stumpf zu lösen sind, absieht, eine rein chirurgische. Die Erfolge der chirurgischen Therapie werden leider dadurch nur allzu oft in Frage gestellt, daß die Hebammen das Leiden nicht gleich erkennen und die Kinder infolgedessen meist erst in einem bereits wenig aussichtsvollen Zustande dem Chirurgen zugeführt werden. Am günstigsten ist die Prognose beim membranösen und epithelialen Verschluß des Afters. Hier kann man den Verschluß mit einem Troikart, spitzen Bistouri oder auch nur mit dem Finger beseitigen. Liegt zwischen dem verschlossenen Anus und dem Rektum nur eine dünne Gewebsschicht, so wird das Rektum eröffnet und die Schleimhaut des Rektum an die äußere Haut angenäht. In andern Fällen macht man die Proktoplastik, d. h. die Bildung eines neuen Afters (vgl. Tillmanns, S. 125). Kommt man auf diesem Wege nicht zum Ziele, so kann man vom Damm aus in die Tiefe dringen, das Bauchfell eröffnen und eine gerade dort vorliegende tiefe Darmschlinge am Damm einnähen und eröffnen. Oder aber man macht die Kolostomie, indem man einen Anus praeternaturalis am S romanum anlegt. Die Prognose derartiger Operationen ist, abgesehen von der bereits erwähnten vor der Operation vorhandenen Dekrepidität der Kinder dadurch im allgemeinen ungünstig, daß die Kinder sehr leicht an Peritonitis, Phlegmonen und Entkräftung nach der Operation zugrunde gehen. Nach den Ausführungen von Baginsky (S. 878) gibt die Operation nach Kalisen, d. h. die von hinten her gemachte Kolostomie schlechte Resultate, während die Littresche Operationsmethode mit Eröffnung der Bauchhöhle in der Regio ilaca sinistra fast 30 Proz. Heilungen ergibt. Nach Finkelstein ergeben neuere Statistiken im Durchschnitt bis zu 37 Proz. Heilungen.

Das angeborene Meckelsche Divertikel, Diverticulum verum.

Das ziemlich häufige Meckelsche Divertikel ist der Rest des aus der Entwicklungsgeschichte bekannten Ductus omphalo-mesentericus (Dottergang). Bekanntlich enthält die Nabelschnur des Embryo außer den beiden

Nabelarterien und der Nabelvene noch zwei Gänge, den Ductus omphalo-mesentericus und den Urachus. Ersterer verbindet den Nabel mit dem untersten Teil des Ileum. An diesem entsteht durch den Zug des Dotterstranges eine zylindrische oder knopfförmige Anschwellung, die als Meckelsches Divertikel bezeichnet wird. Die Ursprungsstelle des Ganges am Darm befindet sich an der konvexen, freien, dem Mesenterialansatz gegenüberliegenden Seite des Darms, etwa $^1/_2$—1 m oberhalb der Bauhinschen Klappe beim Erwachsenen, und 3—4 cm beim Neugeborenen. Seine Länge beträgt 3—10 cm, sein Durchmesser $1^1/_4$—5 cm. In seltenen Fällen erreichte seine maximale Länge 25 cm, während es in den geringsten Graden nur eine bucklige Hervorwölbnng des Ileum bildete. In seltenen Fällen besitzt es ein eigenes Mesenteriolum. Das Divertikel zeigt in seinem Bau dieselbe Anordnung resp. Struktur wie der Darm. Sein Lumen ist fast immer enger als das Darmlumen. Da es als ausgezogenes Stück des Darms zu betrachten ist, so erklärt sich daraus die Faltenlosigkeit der Schleimhaut und die geringere Entwicklung der Muskelschicht (Ahlfeld, S. 192). An der Einmündungsstelle des Divertikels in den Darm beobachtet man mitunter eine Klappenbildung. Wie bereits erwähnt, ist das Divertikel nicht selten. Auf etwa 50 Sektionen wird ein Divertikel gefunden. Zuweilen findet man neben dem Divertikel noch die persistierende Nabelvene.

In seltenen Fällen bleibt der Ductus omphalo-mesentericus ganz offen. Man findet dann am Nabel des neugeborenen Kindes eine kotabsondernde Fistel, welche zum Ileum führt (offenes Meckelsches Divertikel). Diese Fistelöffnung entsteht entweder nach Abfall des Nabelrestes, oder aber, wenn der Ductus omphalo-mesentericus bis in die Nabelschnur verlief, infolge Unterbindung derselben. Seitz macht darauf aufmerksam, daß zuweilen auch noch nachträglich, längere Zeit nach Abfall des Restes, eine Sprengung des blinden Divertikelendes in der Nabelgegend durch Eiterung am Nabel, erhöhten intraabdominellen Druck (Schreien, Pressen) erfolgen kann. Man nennt diesen Vorgang eine Nabelkotfistel resp. Divertikelfistel des Nabels. Diese Nabeldarmfisteln heilen dann leicht spontan aus, wenn die Kommunikation mit dem Darm sehr eng ist. Die Wand derartiger schlauchförmiger Bildungen zeigt ganz den Bau des Ileum. Man findet Lieberkühnsche Drüsen und zuweilen auch Peyersche Placques. Die Schleimhaut dieses schlauchförmigen Ganges kann am Nabel prolabieren — Darmdivertikelprolaps des Nabels — und dann sehr leicht bluten. Meist bildet sich dann ein granulöser Tumor auf dem Nabelkegel (Ahlfeld). Es ist auch beobachtet, daß sich größere Abschnitte des Dünndarms durch die Nabelöffnung hervordrängten, wodurch Einklemmungserscheinungen hervorgerufen wurden. Hierher gehört jedenfalls ein im Zentralbl. f. Gynäk. unklar referierter Fall von Jaswitzki, wo sich bei einem Neugeborenen Coecum und Proc. vermiformis vor dem Nabelring fanden. Das weitere Schicksal des Kindes blieb unbekannt, weil das Kind von den Eltern nicht wieder dem Arzte zugeführt wurde.

Aus der Wand dieser offenen Gänge können sich im späteren Leben größere Tumoren entwickeln (Kleinhans, Kaufmann u. a.). Im Fall Kleinhans bestand ein zystischer Tumor mit adenomartiger Proliferation,

im Fall Kaufmann ein Spindelzellensarkom von Hühnereigröße bei einer
72jährigen Frau. In anderen Fällen steht der Gang mit dem Darm nicht
mehr in Verbindung, sondern endet vorher blind.

Wieder in anderen Fällen bleibt die Kommunikation zum Darm offen,
während sich das Nabelende schließt. Dann können gleichfalls Geschwülste
entstehen, welche Mekonium enthalten, sich allmählich vergrößern und nach
außen perforieren können. Die erwähnte Nabelkotfistel, die durch das Meckelsche Divertikel bedingt wird, ist übrigens nicht zu verwechseln mit jenen
Nabelkotfisteln, wie sie bei Nabelschnurbrüchen beobachtet sind (vgl. S. 117).
Hier entstehen dieselben, wie an jener Stelle näher ausgeführt, durch
fahrlässige Unterbindung der Nabelschnur, wobei eine in der Nabelschnur
liegende Darmschlinge mit unterbunden wird.

In den meisten Fällen ist das distale, dem Darm abgewandte Ende des
Meckelschen Divertikels obliteriert. Der obliterierte Strang kann am Nabel
adhärent sein, sich dann später auch wieder ablösen und frei in der Bauchhöhle liegen. Derartige Stränge können später Anlaß zu Ileus durch Strangulation geben (innere Einklemmung). Über derartige Fälle von Ileus bei
Meckelschem Divertikel berichtet z. B. Brehm. Er operierte 2 Fälle, von
denen einer starb. Das freie Ende kann nachträglich irgendwo wie der
adhärent werden (Mesenterium, Dünndarm, Coecum, Kolon, Inguinalring,
Netz, Beckeneingeweiden, Bauchwand). In anderen Fällen kam es zur
ampullenartigen Anschwellung des freien Strangendes, wodurch eine Darm-
strangulation mit Ileus noch leichter zustande kommen soll. Schließlich
kann das Divertikel sich auch in das Darmlumen umstülpen — Intus-
suszeption des Meckelschen Divertikels. In einigen seltenen Fällen war der
Darm unterhalb der Einmündungsstelle des Divertikels stenosiert oder
sogar atretisch, wodurch die weitere Prognose natürlich sehr ungünstig ist.
Über die chirurgische Behandlung dieser Anomalien siehe die chirurgischen
Lehr- und Handbücher. Über die Beziehung des Ductus omphalo-mesentericus zur Ätiologie der Nabelschnurhernie siehe S. 116.

Zuweilen findet man im Divertikel ein linsen- bis erbsengroßes aberriertes
Pankreas (Kaufmann, S. 443).

Zum Schluß dieses Kapitels noch einige Worte über die geburtshilfliche Bedeutung dieser Anomalien. Hennig hat einen Fall von Zyste im
Bereich des Darmtraktus mit gleichzeitigem Aszites mitgeteilt, wo es durch
die Größe der Zyste zu einem Geburtshindernis kam, das erst behoben
wurde, nachdem Hennig die Bauchhöhle punktiert hatte und 3 l Flüssigkeit
abgeflossen waren. Bei der Sektion der Bauchhöhle fand Hennig einen
schlaffen Sack zwischen den Blättern des Mesenteriums und dem Ileum
ohne jede Kommunikation. Der Inhalt war schleimig, von rötlicher Farbe.
Die Innenwand war mit Zylinderepithel ausgekleidet. In der Wand wurden
Darmdrüsen nachgewiesen. Einen weiteren, vielleicht hierher gehörenden,
auch von Kleinhans zitierten Fall (Peter Frank) teilt Hohl (S. 286) mit.
Leider kann man aus der etwas mystischen Darstellung kein klares Bild gewinnen. „Peter Frank teilt einen Geburtsfall eines Kindes mit Darmwasser-
sucht mit. Da das tote Kind bei einer guten Lage und Spaltung (?) nicht
folgte und eine Bauchwassersucht vermuten ließ, wurde die Parazentese mit

einem Federmesser gemacht. Da aber wenig Wasser abfloß, mußte die Geburt durch die Extraktion noch mühsam beendet werden. Die Ursache, weshalb nur wenig Wasser abgegangen war, lag in der Ansammlung desselben in Blasen, welche sich in den Därmen, besonders in den dicken, befanden (?)."

Was die geburtshilflichen Verletzungen des Darmes, besonders des Dickdarmes, anbetrifft, so wird das Vorkommen derselben durch äußere Gewalteinwirkung auf das Abdomen (fehlerhafte Lage der Hände bei der Extraktion am Beckenende) von zahlreichen Autoren bestritten (vgl. Stumpf in v. Winckels Handb., S. 504). Derartige Verletzungen, meist multiple Darmperforationen, kommen auch bei spontanen Geburten vor und sind vielleicht auf eine strotzende Füllung des Darmes mit Mekonium oder aber auf Mißbildungen zurückzuführen.

Verletzungen am Anus durch rohe Untersuchungen und Verkennung der Kindslage sind mehrfach beobachtet (Stumpf, S. 505). So wurde in einigen Fällen der Anus für den rigiden Muttermund gehalten. Bei der deshalb vorgenommenen manuellen Dilatation kam es zu ausgedehnten Verletzungen des Anus.

Literatur.

Kaufmann, Spez. Pathologie. — Ahlfeld, Mißbildungen. — Keller, Deutsche Klinik. — Tillmanns, Spez. Chirurgie. — Leser, Spez. Chirurgie. — Biedert-Fischl, Kinderkrankheiten. — Baginsky, Kinderkrankheiten. — Finkelstein, Säuglingskrankheiten. — Seitz in v. Winckels Handb. d. Geburtsh. 3, 3. S. 180. — Nothnagel in Nothnagels Handb. d. spez. Path. u. Ther. 17. — Leichtenstern, in v. Ziemssens Handb. d. spez. Path. u. Ther. 7, b. — Hirschsprung, Jahrb. f. Kinderheilk. 1888. — Monti, Allg. Wiener med. Zeitschr. 1894. Nr. 35. — Jakubowitsch, Arch. f. Kinderheilk. 7. — Bürger, Geb. Ges. Wien, 22. IV. 1902. Ref. Zentralbl. f. Gynäk. 1903. S. 51 u. 923. — Bouloumie, Diss. Nancy 1903. — Voron, Lyon méd. 10. IV. 1904. Ref. Zentralbl. f. Gynäk. 1905. S. 158. — Kuliga, Diss. Heidelberg 1903. — Clogg, Lancet 1904. Ref. Zentralbl. f. Gynäk. 1905. S. 944. — Nijoff, Ref. Zentralbl. f. Gynäk. 1905. S. 1072. — Jaswitzki, Ref. Zentralbl. f. Gynäk. 1903. S. 474. — Brindeau u. Moncany, Geb. Ges. Paris, 16. III. 1905. Ref. Zentralbl. f. Gynäk. 1905. S. 1387. — Jeannin u. Cathala, Geb. Ges. Paris, 18. V. 1905. Ref. Zentralbl. f. Gynäk. 1905. S. 1388. — Torkel, Deutsche med. Wochenschr. 1905. Nr. 9. — Funck-Brentano u. Deroide, Hämatemesis infolge Duodenalatresie. Geb. Ges. Paris. 11. XI. 1907. Ref. Zentralbl. f. Gynäk. 1908. S. 539. — Kleinhans in v. Winckels Handb. d. Gynäk. — Derselbe, Prager med. Wochenschr. 1907. Nr. 25. — R. Freund, Geb. Ges. Leipzig, 18. V. 1908. Ref. Zentralbl. f. Gyn. 1908. S. 1147. — Broca, Ref. Zentralbl. f. Gynäk. 1908. S. 1357. — Chrobak u. Rosthorn in Nothnagels Handb. d. spez. Path. u. Ther. 20. — Bonnaire, Geb. Ges. Paris, 19. III. 1908. Ref. Zentralbl. f. Gynäk. 1908. S. 1152. — Pupke, Diss. Leipzig 1903. — Köbrich, Diss. Halle 1903. — Cafferata, Arch. de méd. des enfants 1904. Nr. 12. — Brehm, Petersb. med. Wochenschr. 1904. Nr. 24. — Maygrier u. Faroy, Geb. Ges. Paris, 15. III. 1906. Ref. Zentralbl. f. Gynäk. 1906. S. 1137. — Clochard, Diss. Bordeaux 1901. — Orthmann, Geb. Ges. Berlin, 11. XII. 1903. Ref. Zentralbl. f. Gynäk. 1904. S. 146. — Eustache, Geb. Ges. Paris, 17. XII. 1903. Ref. Zentralbl. f. Gynäk. 1904. S. 1087. — Bauereisen, Fränk. Ges. f. Geburtsh. u. Gynäk., 28. I. 1905. Ref. Zentralbl. f. Gynäk. 1905. S. 469. — Hyde, ref. Zentralbl. f. Gynäk. 1905. S. 1070. — Ihl, Festschr. f. Olshausen. Stuttgart 1905, Enke. — Hennig, Zentralbl. f. Gynäk. 1880. S. 398. — Hohl, Geburten mißstalteter Kinder. — Kersten, Berliner klin. Wochenschr. 1907. Nr. 43. — David, Geb. Ges. Paris, 21. III. 1907. Ref. Zentralbl. f. Gynäk. 1907. S. 944. (Darmverschluß und Peritonitis bei Kolondefekt.) — Stumpf in v. Winckels Handb. d. Geburtsh. — Fuhrmann, Angeborene Darmatresie. Med. Klinik 1907. Nr. 46. — Unger, Fötale Peritonitis. Monatsschr. f. Geburtsh. u. Gynäk. 29, 5.

Die Mißbildungen und kongenitalen Erkrankungen von Leber, Milz und Pankreas.

Leber.

Kongenital kommen Formveränderungen der Leber vor, die man als Hepar lobatum bezeichnet. Es sind das abnorme Lappungen der Leber durch Inzisuren des scharfen Leberrandes, oder aber es handelt sich um gestielte polypöse Bildungen von Bohnen- oder Haselnußgröße. Infolge dieser Einschnürungen und Abschnürungen kommen sog. Nebenlebern zustande. Ausgesprochene Duplizität der Leber ist sehr selten. Auf der anderen Seite kommt es vor, daß die normale Leberlappung überhaupt fehlt. Weitere Veränderungen der Leberform sind die dreieckige, viereckige, platte, breite und runde Gestalt der Leber. Bei Mißgeburten wird auch totaler Mangel der Leber beobachtet. Was die Lageveränderungen der Leber anbetrifft, so findet man die Leber bei kongenitaler Transposition der Eingeweide (situs inversus) auf der linken Körperseite. Bei angeborener rechtsseitiger Zwerchfellspalte (vgl. oben) kann die Leber in die rechte Pleurahöhle verlagert werden. Bei den Nabelschnurbrüchen findet man gleichfalls Teile der Leber, ja sogar die ganze, oft beträchtlich vergrößerte Leber im Bruchsack. Meist handelt es sich um zungenförmige Fortsätze derselben. Wie Ahlfeld hervorhebt, schmiegt sich die Leber bei ihrem Wachstum jedem freien Raume, jeder Lücke an.

Verhältnismäßig häufig ist die kongenitale Lebersyphilis. Dabei findet man teils diffuse kleinzellige Infiltration, teils herdförmige Erkrankung in Form der bekannten Gummiknoten. Die Leber wird dadurch beträchtlich, oft um das 2—3fache vergrößert, wobei ihre Konsistenz meist derb wird. In den seltneren Fällen kommt es infolge der Lebersyphilis zu Verkleinerungen der Leber, wobei dieselbe ein mehr höckeriges Aussehen annimmt. Diese Verkleinerung der Leber kommt durch Schrumpfung des neugebildeten Bindegewebes zustande. In noch seltneren Fällen werden bei der kongenitalen Lebersyphilis größere Gummiknoten gefunden. Diese Lebersyphilis kann ohne besondere Störungen verlaufen. In anderen Fällen aber kommt es durch Lokalisation des Prozesses im periportalen Bindegewebe zu Störungen der Pfortaderzirkulation, indem durch den syphilitischen Schrumpfungsprozeß eine größere Anzahl von Pfortaderästen verschlossen werden. Es entwickelt sich dann eine Pfortaderstauung, deren Folgen Aszites und Milzschwellung sind. Durch die manchmal erhebliche Anschwellung des Leibes kann es zu Störungen der Austreibung des Kindes kommen, die so erheblich sein können, daß die operative Beseitigung des Geburtshindernisses geboten ist (Punktion, Perforation).

Weiterhin werden im Bereich der Leber angeborene Geschwülste beobachtet. In erster Linie handelt es sich um kavernöse Angiome. So beobachtete Kaufmann (S. 579) mitten am rechten Leberrande außen bei einem Neugeborenen eine 20-Centimesstück-große Stelle, auf welche eine große Anzahl injizierter Gefäße zulief. Auf dem Durchschnitt fand er eine 2 cm breite und 1 cm tiefe gut abgegrenzte Tumormasse, die

teils braunrot, kavernös, teils heller, weißrot und kompakt aussah.
Mikroskopisch bestehen derartige kavernöse Angiome aus weiten, vielfach miteinander kommunizierenden, mit Endothel ausgekleideten Blut-
räumen, die durch bindegewebige Septen voneinander getrennt sind. Bei
der Sektion fallen sie makroskopisch wenig auf, weil sie meist kaum über
die Oberfläche der Leber vorspringen. Beim Einschneiden kollabieren sie.
Steffen hat ein solitäres apfelgroßes, kongenitales Angiom beschrieben.
Hammer beschrieb einen Fall, wo ein Kind 7 Tage nach der Geburt
unter den Erscheinungen der Dyspepsie, Ikterus, aufgetriebenem Leib schnell
zugrunde ging. Bei der Sektion fanden sich in der Leber drei kavernöse
Angiome von Haselnuß- bis zu 5-Markstück-Größe, von denen das eine
geplatzt war. Infolgedessen war es zu einer tödlichen Blutung in die freie
Bauchhöhle gekommen.

Mehrfach sind ferner kongenitale Zystenlebern beobachtet. In vereinzelten Fällen waren sie derartig groß, daß Geburtsstörungen dadurch
ausgelöst wurden. Nach Hoppe-Seyler (S. 437) muß man hier zwei
Formen unterscheiden, die einfachen, häufig solitär auftretenden Zysten
und die multipel auftretenden Zysten, welche die ganze Leber durch-
setzen — Zystenleber, Zystadenome der Leber, zystische Degeneration
der Leber. Beide Formen sind kongenital beobachtet worden. Mehrfach
bestand gleichzeitig zystische Entartung der Nieren (vgl. S. 149), der
Ovarien, Ligamenta lata und anderer Organe. Die Entstehung der Zysten
ist in ihrer großen Mehrzahl wohl auf Entwicklungsstörungen im intra-
hepatischen Gallengangssystem zurückzuführen (Kaufmann, S. 581). Die
Innenwand der größeren Zysten trägt Platten-Zylinder- oder Flimmerepithel.
Mehrfach wurde bei der Zystenleber Aszites und Milzschwellung infolge
Pfortaderstauung beobachtet. (Ausführliches siehe bei Kaufmann, S. 581.)
Über die geburtshilfliche Bedeutung dieser Geschwülste siehe weiter unten.

Bei falscher Anwendung der geburtshilflichen Handgriffe, besonders
bei der Extraktion am Beckenende, sind mehrfach Rupturen der Lebersubstanz beobachtet. Bei größeren Leberrupturen ist der Exitus infolge
innerer Verblutung unvermeidlich. Einige Geburtshelfer wollen derartige
Leberverletzungen nach der Anwendung der Schultzeschen Schwingungen
zur Beseitigung der kindlichen Asphyxie gesehen haben. Allen diesen
Angaben gegenüber muß man, wie Runge hervorhebt, sehr skeptisch sein.
Etwas anderes als diese Blutungen durch Leberruptur sind die Blutergüsse,
die man verhältnismäßig oft unter dem Bauchfellüberzug der Leber beobachten kann. Dabei ist das Parenchym der Leber unverletzt. Sie sind,
wie Stumpf mit vollem Recht hervorhebt, dem Geburtshelfer nicht zur
Last zu legen und entstehen infolge hochgradiger venöser Stauung infolge
Asphyxie des Kindes.

Schließlich gehe ich noch ganz kurz auf die Veränderungen der kindlichen Organe bei Eklampsie der Mutter ein. Im großen und ganzen
findet man dieselben Veränderungen wie bei der Mutter, insbesondere im
Zentralnervensystem, in der Leber und den Nieren.

Die obenerwähnten Lebervergrößerungen erlangen dadurch zuweilen
eine geburtshilfliche Bedeutung, daß sie infolge ihrer Ausdehnung

oder des oft gleichzeitig vorhandenen Aszites die Austreibung des Kindes erschweren oder ohne Kunsthilfe sogar unmöglich machen.

Einen sehr interessanten Fall haben Sänger und Klopp mitgeteilt. Es handelte sich um eine zu früh geborene weibliche Frucht, die in Schädellage schnell bis zu den Schultern geboren wurde, dann aber stecken blieb. Der nach einigen Stunden hinzugezogene Arzt entwickelte das Kind, nachdem bei einer kräftigen Traktion die Bauchdecken platzten und viel Flüssigkeit abgeflossen war. Die Sektion ergab totalen Situs inversus der Brust- und Bauchhöhle, Umfang des Bauches über dem Nabel 49 cm, Nabelschnurbruch, 16 Einzelmilzen, große Zysten (die größte kindskopfgroß) in der rechten Bauchseite. Die Untersuchung der Zysten ergab, daß es sich um Zystenbildungen des Darmrohres und akzessorischer Gallenwege handelte. Im übrigen verweise ich auf die Originalarbeit.

Witzel beschrieb einen Fall von Hemikephalus mit großen Leberzysten, Zystennieren und anderweitigen Mißbildungen, bei dem es nach Entwicklung des hemikephalischen Kopfes ebenfalls zum Stillstand der Geburt gekommen war. Durch Punktion des enorm aufgetriebenen Leibes mit dem scherenförmigen Perforatorium entleerte Witzel drei Liter gelblicher Flüssigkeit. Die zystös entartete Leber füllte fast die ganze Bauchhöhle aus. Sie war größer als die Leber eines Erwachsenen und hatte eine unregelmäßige knollige Oberfläche. Jeder Leberlappen war in eine große Höhle umgewandelt. Jede Niere hatte die Größe einer Mannesfaust und war von einer Unzahl kleiner Zysten durchsetzt, deren Größe die einer Erbse im allgemeinen nicht überschritt.

Sonst finden sich in der Literatur nur wenige zerstreute Fälle von Geburtsstörungen bei Lebergeschwülsten. Hohl (S. 305) berichtet über einen von Seulen publizierten Fall, bei dem die Leber vergrößert war und allgemeine Wassersucht bestand. Infolgedessen kam es zur Erschwerung der Geburt. Er zitiert weiter einen von Haase mitgeteilten Fall, der durch Wendung, Extraktion und Eventeration beendet wurde, wobei das Kind eine fehlerhafte Lage mit Vorfall der Nabelschnur und eine durch „Physokonie‟ vergrößerte Leber hatte. Auf S. 286 schildert Hohl folgenden Fall: Müller machte bei einem mit Kopf, Schultern, Brust und Armen geborenen toten Kinde, das nicht weiter vorrückte, einen Einschnitt an der Seite, worauf eine große Menge Flüssigkeit ausfloß und man die Extraktion leicht beendete. Es fand sich neben der Wasseransammlung noch eine vier Pfund schwere Lymphgeschwulst der kindlichen Leber. Auf S. 289 berichtet er über den von Schlesinger mitgeteilten Fall: Derselbe fand das Kind mit dem Kopfe bis über den Hals geboren. Der Leib der Gebärenden hatte einen ungeheuren Umfang, obgleich das Fruchtwasser abgeflossen war. Die Füße der Frucht waren ödematös usw. Wegen Wassersucht des Bauches machte Schlesinger die Parazentese in Ermangelung eines Troikart mit dem Blatt einer langen Schere. Eine große Menge seröser Flüssigkeit floß ab, worauf das Kind augenblicklich geboren wurde. Schlesinger fand die Leber ungewöhnlich groß, ebenso die Nieren. Weiterhin hat Kleinhans (S. 1676) mehrere Fälle aus der Literatur zusammengestellt. Fall Nöggerath: Geburtshindernis durch eine $2^1/_4$ Pfund schwere Lebergeschwulst, die mikroskopisch angeblich sich als ein Karzinom auswies. Fall W. S. Bagot: Mutter Syphilis, Beendigung der Geburt nach Punktion des Leibes unterhalb des Processus xiphoides. Die Sektion ergab eine Zyste mit $1^1/_2$ l Inhalt im linken Leberlappen. Fall Porak und Couvelaire: Zystenleber mit Aszites, Geburtsstörung. Daneben Zystenniere, Exenkephalie, Achondroplasie, Polydaktylie.

Allgemeine Regeln für die Leitung von Geburten bei derartigen Leberveränderungen sind natürlich kaum aufzustellen. Die dahingehenden optimistischen Erörterungen Hohls dürften kaum praktische Bedeutung haben. Der Grundsatz ist auch hier: Niemals Anwendung roher Kraft bei Stockungen in der Austreibung des Kindes, Untersuchung mit halber oder ganzer Hand event. in Narkose, Versuch der Ausschaltung des Hindernisses durch Drehungen der Frucht (Bauch in die geräumigere Kreuzbeinhöhle), schließlich entsprechende operative Maßnahmen (Punktion, Evisceration).

Anhangsweise erwähne ich noch kurz einen Fall von angeborener Obliteration der Gallenwege und einige Fälle von Atresie des Ductus choledochus. Der erste Fall ist von Emanuel beschrieben. Das von gesunden Eltern stammende Kind bekam am 4. Tage nach der normal verlaufenen Geburt Gelbsucht und acholische dünne Stühle, dabei rapide Gewichtsabnahme. Leber und Milz vergrößert und hart. Die eingeleitete antisyphilitische Kur hatte keinen Erfolg. Der Exitus trat im 4. Monat ein. Die Sektion ergab eine totale Obliteration der Gallenwege, die Gallenblase war nur rudimentär entwickelt. An der Leber fand man weiterhin eine typische biliäre Zirrhose mit starkem Schwund des Parenchyms. Pankreas und Milz zeigten eine ausgedehnte Fibrose. Ein anderer, sehr interessanter Fall von totaler Atresie des Ductus choledochus stammt von Würtz. Das Kind, ein $6^1/_4$ Pfund schwerer Knabe, stammte von gesunden Eltern. Während der Geburt entleert das Kind weißen, fetzigen Stuhl. Die kindlichen Herztöne waren in der Austreibungszeit dauernd gut. Trotzdem gelang es nach der Geburt nur durch Anwendung starker äußerer Reizmittel, das Kind zum Schreien und ausgiebigen Atmen zu bringen. Die Haut war leicht ikterisch. Vom 3. Tage ab werden die Stühle rein weiß, der Urin dunkel, der Ikterus von stärkerer Intensität. Nabelabfall und Heilung anfangs ohne Störungen. Temperatur normal. Anscheinend leichte Benommenheit des Kindes. Am 8. Tage viel Aufstoßen. In der folgenden Nacht kleine Blutungen aus dem Munde. An der Zungenspitze und am Gaumen kleine Sugillationen. Im Laufe des Tages Zunahme der Blutungen und gegen Abend schwarzer Blutstuhl. Kind ziemlich verfallen. Stark zunehmender Ikterus, Blutbrechen. Am 10. Tage mehrere schwarze Stühle, Urin eiweiß- und gallenfarbstoffhaltig. Der bisher trockene Nabel wird blutig feucht. Kein Fieber. Bei der Blutentnahme aus dem Ohrläppchen zur bakteriologischen Untersuchung starke Blutung, die erst durch Verschorfung gestillt werden kann, Gelatine ohne Erfolg. Bei zunehmendem Sopor und starkem, fast bronzefarbenem Ikterus tritt in der Nacht vom 11. zum 12. Tage eine schwere Nabelblutung auf, die trotz Umstechung, Adrenalin, Gipsverband, Kompression usw. nicht zu stillen war. Blutbrechen und Blutstühle halten an. Kurz vor dem Tode am 12. Lebenstage diffuse Blutungen unter die Haut an den verschiedensten Stellen des Körpers. Die Sektion ergab eine völlige Atresie des Ductus choledochus bei einem sonst ganz normalen Kinde. Würtz konnte aus der Literatur 95 derartige Fälle zusammenstellen. Er faßt mit Beneke die Atresie der großen Gallengänge als eine Mißbildung auf. Vielleicht handelt es sich um eine „Abschnürung aus inneren Ursachen".

Chivie demonstrierte die Leber eines Neugeborenen, das am 7. Tage nach der Geburt gestorben war. Das Kind hatte niemals Mekonium gelassen und der später entleerte Stuhl war nicht gefärbt. Der Exitus erfolgte unter zunehmendem Ikterus. Bei der Sektion fand man sämtliche Gewebe mit Gallenfarbstoff imbibiert, die Leber grün gefärbt. Choledochus nur bis zum Übergang in den Hepatikus durchgängig. Hepatikus und Zystikus obliteriert. Gallenblase erweitert, mit schleimigem, farblosem Inhalt angefüllt. Kaufmann sah bei einem neugeborenen Kinde Fehlen aller Gallenwege vom Hilus hepatis bis zum Duodenum.

Weitere Abnormitäten der Gallenwege sind: abnorme Ausmündung der Papille, z. B. zu hohe Ausmündung, in der Gegend des Pylorus, Verdoppelung der Ausmündungsstelle, Verdoppelung des Ductus choledochus. An der Gallenblase sind beobachtet totaler Defekt (so sah Kaufmann, S. 595, zwei Fälle bei Erwachsenen) und Verdoppelung derselben. Dabei kann ein doppelter Gallengang vorhanden sein oder nur ein einfacher und beide Gallenblasen sind durch einen besonderen Gang untereinander verbunden. Einen hierher gehörenden interessanten Fall hat Ahlfeld (S. 122) beschrieben. Bei einem ausgetragenen Kinde bestand ein großer Nabelschnurbruch, in dem eine straußeneigroße Zyste lag, die die Geburt erschwert hatte. Die Zyste erwies sich bei der Untersuchung als eine zweite, oder wenigstens als eine abgeschnürte Partie der Gallenblase. Dafür sprach der Inhalt und die baumförmig auf der Zyste sich ausbreitende Lebersubstanz. Auf der Zystenoberfläche sah man, von Lebergewebe kleeblattförmig eingeschlossen, ein zweites Diaphragma. Außerdem bestand Situs inversus in bezug auf Herz, Leber, Milz.

Literatur.

Kaufmann, Spez. Pathologie. — Ahlfeld, Mißbildungen. — Biedert-Fischl, Kinderkrankheiten. — Baginsky, Kinderkrankheiten. — Strümpell, Spez. Pathologie und Therapie. 2. S. 276 ff. — Quincke und Hoppe-Seyler in Nothnagels spez. Pathologie und Therapie. 18. — Steffen, Jahrbuch für Kinderkrankheiten 1883. 19. S. 348. — Witzel, Zentralbl. f. Gynäk. 1880. — Sänger und Klopp, Arch. f. Gynäk. 1880. 16. S. 415. — Kleinhans in v. Winckels Handb. d. Geb. — Hohl, Geburten mißgestalteter usw. Kinder. — Gessner, Diss. Halle 1888. — Hammer, Zeitschr. f. Geburtsh. u. Gynäk. 50. — Paul Bar, L'obstétrique. Jahrg. 8, H. 4. — Chirie, Geb. Ges. Paris, 19. XII. 1906. Ref. Zentralbl. f. Gynäk. 1908. S. 1423. — Runge, Die Krankheiten der ersten Lebenstage. — Stumpf in v. Winckels Handb. d. Geb. — Birnbaum, Verletzungen des Kindes bei der Geburt. — Emanuel, Brit. med. journ. 17. VIII. 1907. — Würtz, Med. Klinik 1908, Nr. 52 (daselbst Literaturangaben).

Milz.

Alienie, angeborener Mangel der Milz, wird sehr selten beobachtet. Entweder fehlt sie bei Mißbildungen, z. B. den wahren Akephalen, wo dann meist gleichzeitig auch andere Organe fehlen (Leber, Magen, Pankreas, Bauchfell), oder aber sie fehlt, wenn auch extrem selten, bei äußerlich ganz normalen Individuen (Lemery, Schenk und Graffenberg, Sternberg u. a.). Abnorme Kleinheit der Milz wird wohl in erster Linie bei unreifen Föten gefunden. Abnorm große Milzen sind gelegentlich bei Mißbildungen beobachtet. Ich sehe hier natürlich ab von der Milzvergrößerung bei Lues, septischen Infektionen, Pfortaderstauungen u. a. Häufiger als die erwähnten Mißbildungen sind Abnormitäten der äußeren Form. Man findet zahlreiche Einkerbungen (Crenae lienales), Spaltung in mehrere Stücke, die Form kann nach Litten (S. 23) rundlich zungenförmig, scheiben- oder walzenförmig, halbkugelig, drei- oder viereckig sein. Sie kann ferner unten doppelt so breit sein wie oben (wie bei den meisten Vierfüßern). Auch doppelte Milzen von annähernd gleicher Form und Größe sind beschrieben. Mehrfach bestanden gleichzeitig anderweitige Mißbildungen (Fehlen des Pankreas, Sanduhrmagen). Als Lien succenturiatus, accessorius, Vielfachbildung der Milz, bezeichnet man die sog. Nebenmilzen. Es sind das kleine Gebilde von verschiedener Größe, von meist rundlicher, der Milz ähnlicher Form und von der gleicher Konsistenz und Farbe. Sie finden sich im Lig. gastro-lienale, im Netz, im Kopf des Pankreas. Albrecht fand in einem Fall 400 Nebenmilzen über das ganze Bauchfell verstreut (vgl. Kaufmann, S. 127). Bei einzelnen Mißbildungen, wie bei der Hernia diaphragmatica, gehört es fast zur Norm, daß zahlreiche Nebenmilzen gefunden werden (Ahlfeld). Bei Erkrankungen der Hauptmilz sind auch die Nebenmilzen in Mitleidenschaft gezogen — Anschwellung bei Leukämie, Typhus.

Kongenitale Lageveränderungen der Milz werden häufiger beobachtet. Unter Ektopie der Milz versteht man ihre Verlagerung bei angeborenen Zwerchfellhernien in die Pleurahöhle und in den Bruchsack bei Nabelschnurhernien und großen Bauchspalten. Bei der Sektion eines kongenitalen Hydrokephalus fand ich die Milz in der linken Pleurahöhle, der Wirbelsäule dicht aufliegend. Einen sehr merkwürdigen, von Preuß beobachteten Fall zitiert Litten. Preuß fand die Milz nach Eröffnung des ganz normal gebildeten Magens frei in der Höhle desselben, nur durch Gefäße mit der Schleimhaut des Magens verbunden. Die Milz war klein, aber normal gebildet. Auch die sog. Wandermilz wird kongenital beobachtet.

Relativ häufig ist die Milz bei kongenitaler Lues affiziert. Die Erkrankung tritt wie bei anderen parenchymatösen Organen in diffuser, seltener in zirkumskripter Form auf. Auch Perisplenitis wird dabei beobachtet. Das Gewicht der Milz kann infolgedessen erheblich zunehmen (normales Gewicht nach Kaufmann 9 g, bei kongenitaler Lues 20—40, ja sogar 100 g).

Auch Milztumoren infolge Malaria sind nach Mannaberg mehrfach kongenital bei Kindern dann beobachtet worden, wenn die Malaria intrauterin von der Mutter übertragen war. Doch gehört diese intrauterine Übertragung zu den Seltenheiten.

In ganz vereinzelten Fällen haben Milztumoren Anlaß zu Geburtsstörungen gegeben. Derartige Fälle sind von Spiegelberg und Kleinhans gesammelt (Petit-Maugin, Francis, Webber). Geburtshilfliche Verletzungen der Milz, Rupturen der Milz mit Blutungen sind sehr selten. Sie kommen bei falscher und roher Anwendung der Handgriffe bei der Extraktion des Kindes am Beckenende zustande (Fall Balantyne, vgl. Stumpf und Wyder).

Literatur.

Kaufmann, Spez. Pathologie. — Tillmanns, Spez. Chirurgie. — Ahlfeld, Mißbildungen. — Litten in Nothnagels Handb. 8. — Wyder in v. Winckels Handb. d. Geb. — Stumpf in v. Winckels Handb. — Kleinhans, ebenda. — Petit-Maugin, Gaz. méd. Paris 1833. — Francis, Med. Press. u. Circ. Ref. im Zentralbl. f. Gynäk. 1884, S. 253. — Webber, Med. Press. and Circ. London 1883. — Marfan, Revue mens. des malad. de l'enfance 1903. Ref. Zentralbl. f. Gynäk. 1903. S. 1520. — Mannaberg in Nothnagels Handb. 2.

Pankreas.

In seltenen Fällen findet man Pankreasgewebe an atypischen Stellen, am Magen, am Duodenum, am Jejunum und am Ileum, Nebenpankreas, Pankreas accessorium. Derartige Gebilde bestehen aus mark- bis talergroßen Drüsenläppchen. In der Regel haben sie einen besonderen Ausführungsgang. In seltenen Fällen sah man die Kombination eines Pankreas accessorium mit einem Darmdivertikel. Weiterhin sind eigentliche Pankreasanomalien beobachtet. Hierher gehören die Abschnürungen des Kopfes oder Schwanzes der Drüse, anderweitige Spaltungen des Pankreas in zwei gleiche oder ungleiche Teile, die ringförmige Anordnung des Pankreas um den absteigenden Teil des Duodenum usw. (vgl. Oser, S. 8ff.). Am Kopf des Pankreas findet sich zuweilen ein Anhang, der als Pankreas minus bezeichnet wird (Ahlfeld).

Nicht allzu selten kommen auch Varietäten der Ausführungsgänge zur Beobachtung. Kongenitaler Mangel des Pankreas ist sehr selten und kommt nur bei Mißbildungen vor, meist gleichzeitig mit Mißbildungen des Darmtraktus. Sehr selten fand man in der Substanz des Pankreasgewebes eingebettet kleine Nebenmilzen. Kongenitale Lageveränderungen des Pankreas sind selten. Es sind Verlagerungen in angeborene Zwerchfell- und Nabelschnurhernien beobachtet.

Bei kongenitaler Syphilis findet man zuweilen eine indurierte Pankreas. Mikroskopisch zeigen sich dann wie in anderen parenchymatösen Organen diffuse kleinzellige Infiltrationen oder eine herdförmige Erkrankung in Form von Gummiknoten.

Zystöse Entartung des Pankreas ist mehrfach (Beuker u. a.) bei zystischer Entartung der Nieren und anderweitigen Mißbildungen beschrieben worden. Glaug hat einen derartigen Fall beobachtet, bei dem wegen Dystokie die Exenteration gemacht werden mußte.

Kleinere disseminierte Blutungen in das Pankreasgewebe sind mehrfach bei Neugeborenen beobachtet, die an Erstickung unter der Geburt zugrunde gegangen waren. Eine sehr ausgedehnte Pankreasblutung hat Ipsen beobachtet. Er fand bei der Sektion ein großes subkapsuläres und interstitielles Hämatom. Andere Veränderungen (Lues u. a.) waren nicht nachzuweisen. Ipsen führt die Blutung auf grobes Anpacken des Kindes infolge ungeschickter Hilfeleistung bei der Geburt zurück. Der Tod soll nach seiner Meinung ähnlich zustande kommen, wie beim Goltzschen Klopfversuch (reflektorischer Herzstillstand durch Vermittlung des um die Bauchspeicheldrüse herum gelegenen Plexus solaris).

Literatur.

Kaufmann, Spez. Pathologie. — Tillmanns, Spez. Chirurgie. — Beuker, Diss. Erlangen 1902. — Glaug, Diss. Leipzig 1904. — Ipsen, Verhandl. deutsch. Naturforscher u. Ärzte, Dresden 1907, ref. Zentralbl. f. Gynäk. 1907, S. 1358. — Oser in Nothnagels Handb. der spez. Pathologie u. Therapie. 18. — Ahlfeld, Mißbildungen.

Die Mißbildungen und kongenitalen Erkrankungen von Niere, Nebenniere, Blase und Harnröhre.

Niere.

Mißbildungen der Niere sind verhältnismäßig häufig. Infolge der engen Beziehungen, die die Müllerschen Gänge zum Urnierengang haben, findet man oft dabei gleichzeitig Mißbildungen der Genitalorgane.

Der vollkommene Defekt beider Nieren resp. die hochgradige rudimentäre Anlage derselben ist sehr selten und kommt nur bei nicht lebensfähigen Monstrositäten vor. Zwar will Moulon (Senator, S. 100) bei einem 14jährigen Mädchen vollständigen Mangel beider Nieren, der Ureteren und der Harnblase beobachtet haben, doch dürfte diese Beobachtung auf einem gröblichen Irrtum beruhen. Der Defekt einer Niere (Agenesie oder Aplasie) resp. die Verkümmerung (Hypoplasie) derselben wird dagegen nicht so ganz selten beobachtet. °

So sah ich vor kurzem bei der Sektion eines sonst ganz normalen Knaben, der bei Placenta praevia unter der Geburt abgestorben war, einen vollkommenen Defekt der linken Niere und Nebenniere. Auch Ureter und Nierengefäße fehlten. Die rechte Niere war nicht vergrößert. Es war nur ein Ureter vorhanden. Bei der angeborenen Verkümmerung einer Niere können Harnkanälchen und Glomeruli ganz fehlen. Bei einseitigem Nierendefekt übernimmt die andere Niere die Funktion der fehlenden mit, wobei sie fast stets erheblich hypertrophiert. Fast immer ist der Defekt linksseitig. Das männliche Geschlecht wird doppelt so oft befallen als das weibliche. Die Ursache des einseitigen Nierendefektes hat man wohl so zu erklären, daß das Hervorwuchern des Nierenganges aus dem Wolffschen Gang durch irgend eine Störung behindert ist. Der Ureter fehlt beim einseitigen Nierendefekt meist auch, ebenso die Arterie und Vene. Seltener entspringen aus der einen normalen Niere zwei Ureteren, die getrennt zur Blase verlaufen. Schließlich kommt es vor, daß zwar von der Blase aus zwei Ureteren nach oben zur Nierengegend verlaufen, von denen jedoch nur der eine die Niere erreicht, während der andere blind endigt. Wenn auch bei Vorhandensein einer gut entwickelten Niere jede Störung fehlen kann, so hat der Defekt doch dann eine große praktische Bedeutung, wenn diese eine Niere erkrankt. Wird sie dann entfernt und ist die zystoskopische Untersuchung unterlassen, so ist der tödliche Ausgang natürlich unvermeidlich. Das ist zweifellos häufiger geschehen, als aus der Literatur ersichtlich ist.

In anderen Fällen ist der Befund nur einer Niere nur scheinbar vorhanden. Es sind das Anomalien, die durch mehr oder minder ausgedehnte Verwachsung beider Nieren zustande kommen. Diese Verwachsung tritt dann leicht ein, wenn die primitiven Anlagen der Nieren zu nahe aneinander liegen, resp. wenn die Enden der nach oben wachsenden Nierengänge zu frühzeitig in Verbindung treten. Bei dieser Verwachsung, ren concretus, die sehr häufig auch mit einer Verlagerung, Dystopia renis, verbunden ist, kann man alle möglichen Abstufungen beobachten, Am häufigsten kommt wohl die Hufeisenniere, ren arcuatus, zur Beobachtung. Dabei sind die unteren Pole der hier meist schmäleren und längeren Nieren einander genähert und nur durch Bindegewebe oder aber durch Nierengewebe selbst miteinander verbunden. Beide Nieren bilden also einen nach oben offenen Bogen. Die Ureteren verhalten sich dabei meist normal. Doch kommen auch alle möglichen Varietäten vor (vgl. Kaufmann, S. 772). Man findet derartige Hufeisennieren häufig nach der Gegend des Promontoriums zu verlagert; dadurch können diagnostische Irrtümer, Verwechselung mit Ovarialtumoren u. a. entstehen. Seltener sind die oberen Nierenpole miteinander verwachsen, noch seltener die vollkommene Verwachsung der medialen Flächen, Kuchenniere. Schließlich können die Nieren auch noch hinter- und übereinander gelagert sein.

Unter Dystopie der Niere versteht man die bereits kurz erwähnte angeborene ein- oder doppelseitige Verlagerung der Niere. Sie findet sich mit Vorliebe bei der Verwachsung beider Nieren, bei der Hufeisenniere. Im Gegensatz zu der später erworbenen Wanderniere ist die angeborene Lageabweichung der Niere meist fixiert. Eine Verlagerung beider, nicht verwachsener Nieren ist sehr selten. Häufiger ist die einseitige, meist linksseitige Verlagerung beobachtet, bei Männern häufiger als bei Frauen (20 : 9). Fast immer liegt die verlagerte Niere in der Nähe des Promontorium, seltener noch tiefer, im Becken, Beckenniere. Einigemale wurde sie vor dem Inguinalring gefunden. Der Gefäßverlauf resp. die Gefäßversorgung ist variabel (siehe Kaufmann, S. 772). Die Nebennieren liegen dabei fast immer an normaler Stelle. Häufig ist eine Mißbildung der Genitalien vorhanden, seltener des Darmes. Meist beanspruchen derartige Dystopien kein klinisches Interesse, weil sie symptomlos verlaufen. Doch sind auch Verwechselungen mit Adnex- und Uterustumoren vorgekommen. Infolge falscher Diagnosenstellung ist auch die operative Entfernung derartiger verlagerter Nieren gemacht worden, bei verwachsenen Nieren natürlich mit tödlichem Ausgang. In der poliklinischen Sprechstunde konnte ich kürzlich eine derartige Hufeisenniere diagnostizieren, die hinter dem Uterus in der Kreuzbeinhöhle lag und von anderer Seite als retrouteriner Adnextumor angesprochen und zur Operation geschickt war. Es liegt auf der Hand, daß derartige, besonders vergrößerte, im kleinen Becken fixierte Nieren gelegentlich auch Geburtsstörungen hervorzurufen imstande sind.

Was die äußere Form der Nieren bei Neugeborenen anbetrifft, so findet man hier noch die sog. fötale Lappung und Furchung. Diese

Furchung kann unter Umständen die ganze Dicke des Organs betreffen, wodurch vollständig abgetrennte Nierenabschnitte entstehen. Derartige sog. verirrte oder isolierte Nieren können später Veranlassung zur Bildung maligner Nierentumoren geben. Eine vollkommene, gleichmäßige Zweiteilung einer Niere mit zwei Hauptkelchen und einem gemeinsamen Becken und einem Ureter sah u. a. Kaufmann bei einem 66jährigen Manne. Im übrigen gehört die Bildung überzähliger Nieren zu den größten Seltenheiten (Ahlfeld, S. 123). Unter den häufigeren Mißbildungen am Nierenbecken sind bekannt die Verdoppelung oder mehrfache Teilung des Nierenbeckens mit einfachen oder mehrfachen Ureteren. Die Ureteren können doppelt auf einer Seite vorhanden sein und auch getrennt in die Blase einmünden. Einen derartigen Befund konnte ich vor kurzem zweimal bei der zystoskopischen Untersuchung erheben. Doch kommt es auch vor, daß die Ureteren nur oben verdoppelt sind und dann später sich vereinigen. Oder aber der eine Ureter mündet an normaler Stelle in die Blase, der andere endigt an abnormer Stelle, in der Urethra, gleich unterhalb der Blase, in einem Samenbläschen, vas deferens, auf dem Colliculus seminalis, Uterus, Vagina, Vestibulum. Ferner sind am Ureter ein- und auch doppelseitig Stenosen und Atresien mit mehr oder minder entwickelter konsekutiver Hydronephrose oder aber vollständiger Funktionsatrophie der Niere beobachtet. Es kann ferner das Ostium vesicale eines oder auch, wie Kaufmann beobachtete, beider Ureteren bis auf ein feinstes Loch derart verengt sein, daß der Ureter sich zystisch in die Harnblase vorwölbt und eventuell den Abfluß aus dem andern Ureter verhindern kann (vgl. Kaufmann, S. 773).

Schließlich sind am Ureter Klappenbildungen durch Schleimhautfalten, abnorme Knickungen, Torsionen, zu spitzwinklige Insertion am Nierenbecken mit eventuell nachfolgender Hydronephrose beobachtet.

Über Geburtsstörungen durch Erweiterungen der Ureteren siehe S. 163.

Angeborene Zystenniere, Hydrops renum cysticus congenitus.

Die angeborene zystische Entartung der Nieren ist in der Regel doppelseitig. So konnte Lejars unter 60 Fällen nur eine einseitige zystische Entartung feststellen (Senator S. 354). Die Zysten sind von verschiedener Größe, erbsen- bis kirschengroß, in seltenen Fällen auch faustgroß. Bei dieser zystischen Entartung kann die Gestalt der Niere im großen und ganzen unverändert bleiben und der Querschnitt zeigt dann ein honigwabenähnliches Aussehen, oder aber die Zysten springen mehr oder weniger über die Nierenoberfläche vor, und so resultiert ein traubenförmiges Aussehen, ähnlich dem traubenförmigen Ovarialkystom. Die Nierensubstanz, das Parenchym, fehlt ganz oder ist nur fragmentär in Form von Inseln oder Streifen in den bald dünneren, bald dickeren Septen erhalten. Die Größe der angeborenen Zystenniere kann derart sein, daß es, wie wir weiter unten sehen werden, zu Geburtsstörungen kommen kann. Nach Kleinhans beträgt die Ausdehnung der Niere in ausgesprochenen Fällen 10 : 20 cm und das Gewicht kann bis zu 2250 g heraufgehen. In derartigen Fällen können die Nieren bis zur Linea innominata und noch weiter nach abwärts reichen. Der Inhalt der Zysten ist meist serös, klar oder goldgelb, zitronengelb gefärbt, seltener schleimig, milchig oder kolloidartig und von bräunlicher, rötlicher, schokoladenartiger Farbe infolge intrazystöser Blutungen. Der Geruch der Flüssigkeit ist zuweilen urinähnlich oder ammoniakalisch, ihre Reaktion neutral oder alkalisch. Bei der chemischen Untersuchung findet man Eiweiß, Harnstoff, Harnsäure, oxalsauren Kalk. Mikroskopisch sind rote und weiße Blutkörperchen, Fett, Epithelzellen und Detritus nachgewiesen. Der Prozeß kann schon in den ersten Monaten des embryonalen Lebens in die Erscheinung treten. So konnte ich eine doppelseitige zystische Entartung beider Nieren mäßigen Grades bei einem im dritten Schwangerschaftsmonat ausgestoßenen Fötus beobachten. Die Nieren hatten das Aussehen eines feinporigen Schwammes oder einer kompakten Sagomasse, wie es Kaufmann sehr zutreffend bezeichnet. Die Zystenwand besteht aus faserigem Bindegewebe, welches nach innen in vielen Fällen mit einer Lage platter, polygonaler Zellen

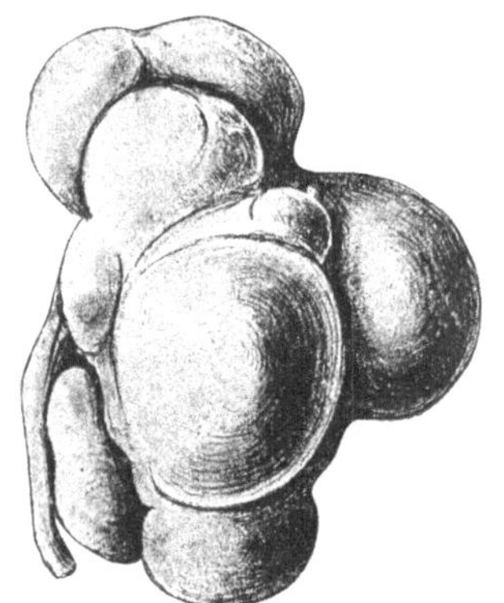

Abb. 33a. Linksseitige Zystenniere.
(Nach Kaufmann, Fig. 466.)

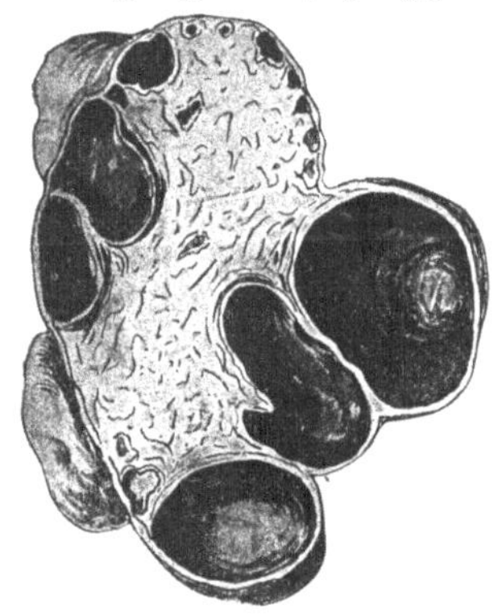

Abb. 33b. Dieselbe Zystenniere nach Frontalschnitt.
(Nach Kaufmann, Fig. 467.)

ausgekleidet ist. Zuweilen gleichen diese Epithelien ganz den Epithelien der Harnkanälchen (Senator S. 354). Neben dieser zystischen Nierenentartung fand man mehrfach gleichzeitig auch kongenitale Zysten in der Leber. Kaufmann fand sie gleichzeitig auch im Pankreas. Außerdem findet man bei der Zystenniere häufig noch anderweitige Mißbildungen, Atresie der Urethra, des Anus, Ureterenverschluß, Defekt der Blase, doppelten Uterus oder Scheide, Gehirnbrüche, Wolfsrachen usw.

Freund demonstrierte kürzlich in der Leipziger geb. Gesellschaft ein Kind mit doppelseitiger kongenitaler Zystenniere, Pankreaszyste und vollständigem Situs inversus, einer sehr seltenen Komplikation. Der Fall gab ein schweres Geburtshindernis ab. Nach Geburt des Kopfes gelang die Extraktion des Rumpfes nicht. Der Kopf riß ab. Die Geburt wurde schließlich durch Wendung und Extraktion nach vorhergehender Eviszeration beendet. Als Ursache nimmt Freund für seinen Fall eine Hemmungsmißbildung an.

Über die Entstehung der Zystenniere gehen die Meinungen erheblich auseinander. Klein, Rosenstein, Brigidi und Severi (Senator,

S. 355) sehen die erste Veranlassung zur Zystenbildung in Blutungen aus den Glomerulis, durch welche der Abfluß des transsudierten Harnwassers gehindert, die Kapseln ausgedehnt und in Zysten umgewandelt werden. Diese für die geringeren Grade der Zystenniere wohl plausible Hypothese versagt für die größeren, voluminösen Zystennieren. Andere, hauptsächlich ältere Autoren hielten die Zysten für Retentionszysten. Nach dieser Anschauung ist also irgendwo ein Hindernis für die Entleerung des Harns vorhanden. Dieses Abflußhindernis kann in den größeren Ableitungswegen, vom Nierenbecken abwärts nicht vorhanden sein, denn dann müßte es zur Hydronephrose kommen. Es ist also weiter aufwärts zu suchen. Nach Virchow liegt dieses Hindernis in einer Atresie der Papillen, wodurch die Einmündung der Sammelröhren in die Nierenkelche an vielen Stellen gänzlich unterbrochen resp. aufgehoben ist. Die Atresie der Papillen soll durch entzündliche Vorgänge mit ihren Folgen hervorgerufen werden, z. B. durch kleine Harnsäurekonkremente, embryonale Nephritis papillaris oder Pyelonephritis. Andere Autoren (vgl. Kaufmann, S. 827) verlegen die entzündlichen Veränderungen zwischen die Renculi, in die Arteriolae rectae. Auch primäre fibröse Nephritis wurde in einzelnen Fällen nachgewiesen (Arnold, Kaufmann u. a.). Eine weitere Gruppe von Autoren sah die Ursache in einer Mißbildung resp. Entwicklungshemmung. Für diese Ansicht sprechen die erwähnten, so häufig gleichzeitig bei Zystenniere gefundenen anderweitigen Mißbildungen, ebenso auch die mehrfach festgestellte Tatsache, daß Zystennieren bei mehreren Kindern derselben Mutter beobachtet wurden. Infolge dieser Entwicklungshemmung soll es zu einer partiellen Undurchgängigkeit der Harnkanälchen und dadurch wieder zu zystischen Ektasien der Harnkanälchen und Glomeruli kommen. Von den neueren namhaften Autoren hält u. a. Kaufmann diese Ansicht für das Gros der Fälle für zutreffend. Nach anderen Autoren (Ribbert, Hildebrand u. a.) kommt es zu entzündlichen Bindegewebswucherungen, die eine mangelhafte Vereinigung zwischen Harnkanälchen und Glomerulusanlagen zur Folge haben, wobei die gewundenen Harnkanälchen nicht zur Entwicklung kommen sollen. Gegen eine Verallgemeinerung dieser Hypothese spricht der von anderen Autoren geführte Nachweis von gewundenen Harnkanälchen in mehreren Fällen. Weitere Ausführungen über die Ätiologie der Zystenniere siehe bei Kaufmann.

Es sei nur noch erwähnt, daß einige Autoren die Zystennieren für geschwulstartige Neubildungen halten. Es läßt sich nicht leugnen, daß diese Anschauung für eine kleine Anzahl von Fällen sicher richtig ist. Nach dieser Ansicht handelt es sich um eine epitheliale Geschwulst, um ein multilokuläres Kystadenom, das sich aus atypischen Drüsenwucherungen in ursprünglich normalen oder auch mißbildeten Nieren entwickelt hat (Nauwerck, Hufschmid, v. Kahlden, Singer, Birch-Hirschfeld). Nach diesen Autoren sollen auch die bereits erwähnten häufig gleichzeitig vorhandenen Leberzysten Kystadenome sein. Schließlich sei noch erwähnt, daß Nieberding in einem von ihm beobachteten Falle einen vollkommenen Mangel des Ductus Botalli fand. Er nimmt auf Grund dieser Beobachtung an, daß die Zystenniere auch durch venöse Stauung in den Nieren infolge einer Drucksteigerung im Gebiet der Vena cava entstehen kann.

Werden Kinder mit angeborener ausgeprägter Zystenniere lebend geboren, so gehen sie wohl immer in kurzer Zeit zugrunde. Infolge des Zwerchfellhochstandes und Kompression der Lungen kommt es zur Asphyxie und Erstickung, ferner auch zu Herzstörungen. Über den Verlauf von zwar angeborenen aber erst später zur vollen Entwicklung kommenden Zystennieren verweise ich auf die einschlägigen Lehr- und Handbücher (Senator u. a.).

Es liegt auf der Hand, daß derartige Veränderungen der Niere zu Geburtsstörungen führen müssen, wenn sie ein ungewöhnliches Maß erreichen (siehe auch den oben erwähnten Fall Freund). Ausführliches über diese Frage findet sich bei Kleinhans und Hohl. Beide Autoren bringen allerdings in dem betreffenden Kapitel auch andere Ursachen für die Auftreibung des Leibes, doch finden sich darin auch mehrere interessante Geburtsgeschichten von Zystenniere. Bei stärkeren Graden von Zystenniere kann der Leib der Schwangeren erheblich über die Norm ausgedehnt werden. So stand in einigen Fällen der Fundus uteri im 7.—8. Monat schon am Schwertfortsatz. Die übermäßige Ausdehnung ist ganz besonders dann vorhanden, wenn gleichzeitig, wie so oft bei Mißbildungen, Hydramnion vorhanden ist. Infolge dieser Überdehnung des Uterus kommt es verhältnismäßig oft zu vorzeitiger Unterbrechung der Schwangerschaft. Nach Magenau (zit. bei Kleinhans) tritt die Geburt am häufigsten im 7.—8. Monat ein, unter 44 Fällen 25 mal. Nur in 6 Fällen waren die Früchte ausgetragen. Die Lage des Kindes bei der Geburt war häufig die Beckenendlage, ungefähr 10 mal so häufig wie sonst. Diese Tatsache dürfte ihre Erklärung in der Verlegung des Körperschwerpunktes nach unten finden. Schwere Geburtsstörungen werden nur bei den hochgradigen Formen von Zystenniere beobachtet. Leichtere Störungen sind allerdings öfter beschrieben. Magenau fand sogar unter 45 Fällen nur 6 mal einen spontanen Geburtsverlauf. Mir scheint diese Zahl für viel zu niedrig gegriffen. Die Diagnose dieser Mißbildung in der Schwangerschaft zu stellen, dürfte fast immer ein Ding der Unmöglichkeit sein. Hohl sagt über die spezielle Diagnose unter der Geburt folgendes: „Ist die Vergrößerung eines jener Organe (Nieren, Leber u. a.) allein die Ursache des starken Umfanges des Bauches, so finden wir ihn gespannter als bei der Bauchwassersucht, fester, die Bauchdecken leisten einen größeren Widerstand beim Druck gegen sie und wir stoßen auf einen festen Körper. Dieser wird uns in Hinsicht seiner Lage das Organ erraten und besonders dann erkennen lassen, wenn beide Nieren vergrößert sind, in welchem Falle der Bauch besonders nach den Seiten hin ausgedehnt ist." Er fährt dann weiter fort: „Wir werden bei einer solchen Untersuchung und Umschau nicht so leicht wie J. Fr. Osiander das Geburtshindernis durch enorme Nieren für Wassersucht des Bauches halten, noch wie jener Wundarzt in Hörings Fall den Bauch eröffnen, um das Wasser zu entfernen, wenn die Nieren entartet sind usw. usw." Meist wird zuerst die allgemeine Diagnose „Auftreibung des Leibes" gestellt, wenn die Austreibung des Kindes plötzlich stockt und die bekannten Handgriffe zur

Entwicklung des Kindes nicht zum Ziele führen. Durch Eingehen mit halber oder ganzer Hand wird man dann imstande sein, die Natur der Leibesauftreibung näher zu erkennen. Oft dürfte auch unter der Geburt die wahre Ursache der Auftreibung nicht sicher nachzuweisen sein, wenn man nicht in der Lage ist, nach Eröffnung der kindlichen Bauchhöhle eine genaue Austastung derselben vorzunehmen.

Die Prognose derartiger Geburten für die Mutter ist günstig. Eine pathologische Überdehnung des unteren Uterinsegments scheint, wie aus der Literatur hervorgeht, hierbei nicht vorzukommen.

Die Therapie resp. die Beseitigung von Geburtsstörungen besteht in der Eröffnung der Bauchhöhle und wenn möglich in multiplen Punktionen der krankhaft veränderten Nieren. Kommt man damit nicht zum Ziel, so ist man gezwungen, die vergrößerten Nieren stückweise am besten mit der Hand zu entfernen. Werden die Früchte bei Schädellagen nur bis zur Brust geboren, so kann die Eröffnung des Thorax und die Perforation des Zwerchfells notwendig werden, um an die zystischen Nieren überhaupt heranzukommen. Bei weniger hochgradigen Fällen kann man, besonders bei Beckenendlagen, versuchen, den vergrößerten Bauch der Frucht in die geräumige Kreuzbeinhöhle zu drehen. Nach Hohl kann man mit diesem Handgriff alle andern Handgriffe und operativen Maßnahmen meist umgehen. Da die Früchte immerhin am Leben bleiben können, so soll man diesen Handgriff in allen Fällen vor Ausführung anderer, blutiger Manipulationen stets erst versuchen.

An dieser Stelle mag erwähnt werden, daß auch bösartige Tumoren der Niere in seltenen Fällen kongenital beobachtet werden können. So sind z. B. von Stübinger 1903 in einer Zusammenstellung 3 Fälle von angeborenem Karzinom der Niere und 9 Fälle von angeborenem Sarkom derselben zusammengestellt. Er gibt in seiner Dissertation sämtliche Krankengeschichten ausführlich wieder. Die angeborenen Sarkome der Niere enthalten häufig eingelagerte drüsenschlauchartige Gebilde (Kaufmann, S. 820), die stellenweise so reichlich sein können, daß man an ein Adenokarzinom erinnert wird. Auch quergestreifte Muskelfasern, Fettgewebe, Knorpel und Knochen sind darin gefunden worden. Birch-Hirschfeld führt diese auf versprengte Teile des Wolffschen Körpers zurück, welche sich nach der Geburt weiterentwickelten. Ausführliches hierüber siehe Kaufmann, S. 830.

Bei kongenitaler Syphilis ist die Niere nach Kaufmann sehr oft affiziert. Der Prozeß spielt sich vornehmlich in der Rinde, aber auch in der Marksubstanz ab. Man findet kleinzellige, diffuse oder herdweise Infiltration, Vermehrung des interstitiellen Bindegewebes und vaskuläre und perivaskuläre Infiltrate, Kompression der Harnkanälchen im Mark und dadurch bedingte Zystenbildung, selten indurative Schrumpfung und größere Gummiknoten.

Über geburtshilfliche Verletzungen der Niere siehe S. 156.

Der Harnsäureinfarkt.

Fast in allen Nieren der Neugeborenen findet man bei der Sektion den von Virchow zuerst beschriebenen sog. Harnsäureinfarkt. Dabei handelt es sich um hellgelbliche bis ziegelrote Streifen in den Papillen und der Marksubstanz, welche büschelförmig nach der Spitze der Papillen zu konvergieren. Mikroskopisch erweisen sich diese Streifen als Anhäufungen von Harnsäure und Uraten. Entfernt man diese durch Salzsäure, so bilden sich beim Verdunsten tafelförmige Harnsäurekristalle und man sieht als Gerüst dieser Bildungen ein zartes helles Eiweißklümpchen. Nach den Untersuchungen von Flensburg (zit. bei Biedert-Fischl, S. 7) wird diese eiweißartige Substanz während des Fötallebens und kurz nach der Geburt in den Tubuli contorti abgesondert, mit dem Harnstrom weggeschwemmt und an den späteren Bildungsstätten des Infarktes abgelagert, wo sie das Gerüst für die erwähnten Harnsäure- und Uratniederschläge abgibt.

Der Harnsäureinfarkt ist eine physiologische Erscheinung. Er erreicht am ersten oder zweiten Tage seinen Höhepunkt und nimmt von da ab allmählich ab, so daß er nach dem 6. Tage nur noch ausnahmsweise angetroffen wird. Ist die Harnabsonderung sehr spärlich, wie das bei schlecht genährten, schwächlichen und besonders frühreifen Kindern der Fall ist, so ist der Harnstrom nicht kräftig genug, den Harnsäureinfarkt fortzuschwemmen, und unter diesen Umständen können die dann retinierten Massen Anlaß zu Steinbildung in der Kindheit geben.

Der Harnsäureinfarkt gilt als Ausdruck einer Harnsäureüberladung des Blutes. Nicht selten findet man die Harnsäure auch am Präputium Neugeborener und in den Windeln als gelb-rötliches bis braunes Pulver. Was die Ätiologie des Infarktes anbetrifft, so wird derselbe als die Folge des plötzlich nach der Geburt veränderten Stoffwechsels angesehen. Nach neueren Untersuchungen (Senator, S. 393) sind die Harnsäure nebst den sog. Xanthinbasen Abkömmlinge des Nukleins. Sie bilden sich bei starkem Zerfall von nukleinhaltigem Material, namentlich von Zellen in größerer Menge. Daß im kindlichen Körper kurz vor und nach der Geburt infolge der mannigfaltigsten Veränderungen ein starker Zerfall von Zellen vor sich geht, darf als feststehende Tatsache angenommen werden.

Der Harnsäureinfarkt galt früher als Lebensprobe, indem man annahm, daß er nur bei den Kindern nachgewiesen werden könnte, welche gelebt haben. Diese Annahme gilt heute in dieser bestimmten Fassung nicht mehr als richtig, da man den Infarkt sowohl bei Lebendgeborenen zuweilen nicht fand und derselbe andererseits bei sicher Totgeborenen nachgewiesen werden konnte. Näheres über diese Frage siehe Stumpf.

In einigen Fällen fand man bei ikterischen Kindern den sog. Bilirubininfarkt, der meist gleichzeitig mit dem Harnsäureinfarkt vorkommt. Nach Kaufmann (S. 823) sieht man makroskopisch eine prächtig orangerote, radiäre Streifung der Markpapillen, aus denen man die breiigen, gefärbten Massen ausdrücken kann. Mikroskopisch sieht man Bilirubin, teils formlos, hellgelb und körnig, teils nadel- und büschelförmig, teils als rhombische Kristalle von rubinroter Farbe. Die erwähnten Massen sind hauptsächlich in der Marksubstanz, weniger in der Rinde abgelagert.

Nebenniere.

Vollkommener Mangel der Nebennieren ist, wenn auch sehr selten, bei sonst ganz normalen Menschen beschrieben. Häufiger wird dieser Nebennierendefekt resp. die Nebennierenverkümmerung (Hypoplasie) bei Mißbildungen beobachtet und zwar in erster Linie bei den Formen, bei denen Großhirndefekte vorhanden sind, Hemikephalie, Anenkephalie, Zyklopie, Enkephalozele, Mikrokephalie, Synkephalie. Dagegen haben z. B. die Hydrokephalie und Defekte der hinteren Gehirnabschnitte keinen Einfluß auf die Ausbildung der Nebennieren. Auch zwischen den Nebennieren und den Geschlechtsdrüsen hat man einen gewissen Zusammenhang konstruieren können. So fand z. B. Marchand (Kaufmann, S. 766) bei rudimentärer Entwicklung der Ovarien und Hermaphroditismus erhebliche Hyperplasie der Nebennieren und einer akzessorischen Nebenniere im Ligamentum latum. Sehr selten ist einseitiger Nebennierenmangel. Die angeborene Hypoplasie des chromaffinen Systems, das sind Zellen in der Marksubstanz, welche sich mit chromsauren Salzen färben, spricht nach einigen Autoren (siehe Kaufmann) für eine geringe Widerstandsfähigkeit des Organismus. Dabei sollen schon bei geringen Schädlichkeiten Todesfälle vorkommen können. In den chromaffinen Zellen der Nebenniere findet man das Adrenalin.

Sehr selten sind die Lageveränderungen der Nebennieren. Wie bereits bei den Lageveränderungen der Niere erwähnt ist, machen die Nebennieren die Verlagerung der Nieren so gut wie niemals mit. Neußer berichtet (S. 6) über einen Fall, bei dem eine Vereinigung beider Nebennieren in Form einer Hufeisen-Nebenniere bestand.

Eine hohe Bedeutung haben die sog. akzessorischen Nebennieren. Es sind das kleine, stecknadelkopfgroße bis höchstens bohnengroße versprengte Nebennierenkeime, welche meist nur aus Rindensubstanz, seltener auch aus Marksubstanz bestehen und die sich nach Schmorl sehr häufig, in 92 Proz. aller Sektionen, finden sollen. Man findet sie in unmittelbarer Nähe der Nebennieren, spez. an ihrem Hilus, in der Renalgegend, im Plexus solaris, im Ganglion coeliacum, in und unter der Nierenkapsel, in der Nierensubstanz, spez. der Kortikalis, unter der Kapsel des rechten Leberlappens, im Pankreas, Lig. hepatoduodenale. Sie sind ferner auch in weiter Entfernung der Nebennieren beobachtet worden, an der Synchondrosis sacroiliaca, im Verlauf der Vasa spermatica interna und des Samenstrangs, in den Ligamenta lata, nahe dem Parovarium, im Corpus Highmori des Hodens, im retroperitonealen Bindegewebe. Robert Meyer fand bei den akzessorischen fötalen Nebennieren, daß bei ihnen häufig alle drei Schichten der Nebennierenrinde (Zona glomerulosa, fasciculata, reticularis) oder doch zwei von ihnen vorhanden sind, während er bei Erwachsenen die Sonderung in die Schichten nicht deutlich ausgebildet fand.

Die Bedeutung der akzessorischen Nebennieren liegt erstens darin, daß sie die eventuell entarteten Nebennieren ersetzen können, wodurch sonst eintretende krankhafte Störungen vermieden werden, zweitens können sie der Ausgangspunkt sehr bösartiger Geschwülste werden (Grawitz, Hypernephrome usw.).

Venöse Hyperämie der Nebenniere findet man häufig bei Neugeborenen, besonders bei Lues und bei Asphyxie. Blutungen in die Substanz der Nebennieren werden gleichfalls häufig bei Asphyxie unter der Geburt beobachtet. Sie erfolgen fast immer in die Marksubstanz. Verschiedene Autoren führen sie auf die Schultzeschen Schwingungen, bekanntlich die beste Methode zur Wiederbelebung scheintoter Kinder, zurück. Die große Mehrzahl der Geburtshelfer steht indes heute auf dem Standpunkt, daß derartige Blutungen nicht als Folge dieser Wiederbelebungsmethode aufzufassen sind. Dazu liegen bekanntlich die Nebennieren viel zu geschützt. Da es sich sehr oft um doppelseitige Blutungen handelt, so muß man wohl eine zentrale Ursache annehmen, welche in der tiefen Asphyxie zu suchen ist (Stumpf, S. 505). Nach Stumpf spielt der Druck auf das Abdomen vielleicht eine sekundäre Rolle. Piccolo (zit. bei Stumpf) sah ein Hämatom infolge Zerreißung der Nebenniere bei Applikation der Zange am Steiß. Garipuy und Schreiber haben einen Todesfall mitgeteilt, der durch eine Nebennierenblutung hervorgerufen wurde. Das Kind starb am 3. Tage post partum unter den Zeichen einer innerer Blutung. Bei der Autopsie fand man eine von der rechten Nebenniere ausgegangene starke Blutung, deren Ursache nicht sicher festgestellt werden konnte. Die beiden Autoren nehmen an, daß es sich um eine primäre Alteration der Nebennierenkapsel bzw. besondere Zerreißlichkeit der Nebennierensubstanz gehandelt hat, vielleicht verbunden mit einer akuten Steigerung des Blutdruckes.

Die geburtshilflichen Verletzungen der Nieren sind sehr selten. Es handelte sich fast immer um Rupturen derselben mit mehr oder minder ausgedehnten Blutungen. Krankhafte Vergrößerung der Nieren, wie sie nicht so sehr selten durch Mißbildung vorkommt, kann das Zustandekommen einer Ruptur erleichtern (Stumpf, S. 504).

Literatur.

Ziegler, Allg. path. Anatomie. — Kaufmann, Spez. path. Anatomie. — Olshausen-Veit, Geburtshilfe. — Ahlfeld, Mißbildungen. — Derselbe, Geburtshilfe. — Keller, Deutsche Klinik. — Baginsky, Kinderkrankheiten. — Biedert-Fischl, Kinderkrankheiten. — Kleinhans in v. Winckels Handb. d. Geburtsh. — Tillmanns, Spez. Chirurgie. — Leser, Spez. Chirurgie. — Senator in Nothnagels Handb. d. spez. Path. u. Ther. 19. 1. — Neusser in Nothnagel Handb. d. spez. Path. u. Ther. 18. — Runge, Krankheiten der ersten Lebenstage. — Hohl, Geburten mißstalteter usw. Kinder. — Nieberding, Münchner med. Wochenschr. 1887. S. 633. — Theilhaber, Monatsschr. f. Geburtsh. u. Gynäk. 9. S. 496. — Stübinger, Diss. Leipzig 1903. — Stumpf in v. Winckels Handb. d. Geburtsh. 3. 3. — Hauch, Geb. Ges. Paris, 19. II. 1908. Ref. Zentralbl. f. Gynäk. 1908. S. 1151. — Krull, Gynäk. Ges. Dresden, 19. VI. 1902. Ref. Zentralbl. f. Gynäk. 1903. S. 561. — Theuveny, Geb. Ges. Paris, 19. VI. 1902. Ref. Zentralbl. f. Gynäk. 1903. S. 669. — Seitz, Münchner gynäk. Ges., 17. XII. 1902. Ref. Zentralbl. f. Gynäk. 1903. S. 837. — Kirchner, Magyar Orvosek Lapja 1902. Nr. 31. Ref. Zentralbl. f. Gynäk. 1903. S. 1446. — H. Beucker, Diss. Erlangen 1902. — Ehrenfreund, Monatsschr. f. Geburtsh. u. Gynäk. 17. Ergänzungsheft. — Lafoccade, Diss. Lyon 1903. — M. Cadoré, Diss. Lille 1903. — O. Orth, Zentralbl. f. Gynäk. 1905. S. 7 ff. — Zimdars, Diss. Greifswald 1903. — Daniel, Monatsschr. f. Geburtsh. u. Gynäk. 20. Ergänzungsheft. — Engström, Mitteilungen aus der gynäk. Klinik. 6. 3. — Sträter, Niederl. gynäk. Ges., 14. V. 1905. Ref. Zentralbl. f. Gynäk. 1905.

S. 1304. — Hill, Bulletin of the Johns Hopkins Hospital 1906. Nr. 181—185. — Freund, Geb. Ges. Leipzig, 17. II. 1908. Ref. Zentralbl. f. Gynäk. 1908. S. 676. — Garipuy u. Schreiber, Geb. Ges. Paris, 15. I. 1908. Ref. Zentralbl. f. Gynäk. 1908. S. 1149. — Robert Meyer, Geb. Ges. Berlin, 3. IV. 1908. Ref. Zentralbl. f. Gynäk. 1908. S. 1453 ff. — Gilles, Zystenniere. Geb. Ges. Paris, ref. Zentralbl. f. Gynäk. 1908. S. 84. — Potenko, Zystenniere. Journ. f. Geburtsh. u. Gynäk. (russisch) 1906. 8—12. Ref. Zentralbl. f. Gynäk. 1908. S. 351.

Blase.

Die kongenitalen Mißbildungen der Blase sind an der Hand der Entwicklungsgeschichte leicht zu verstehen. In der 4. Lebenswoche des Embryo schließt sich der Nabel und der bis dahin vor der Leibeshöhle liegende Teil der Allantois, des Urharnsackes, verschwindet. Es bleibt nur der unterste Teil derselben als Harnblase zunächst bestehen. Ihr

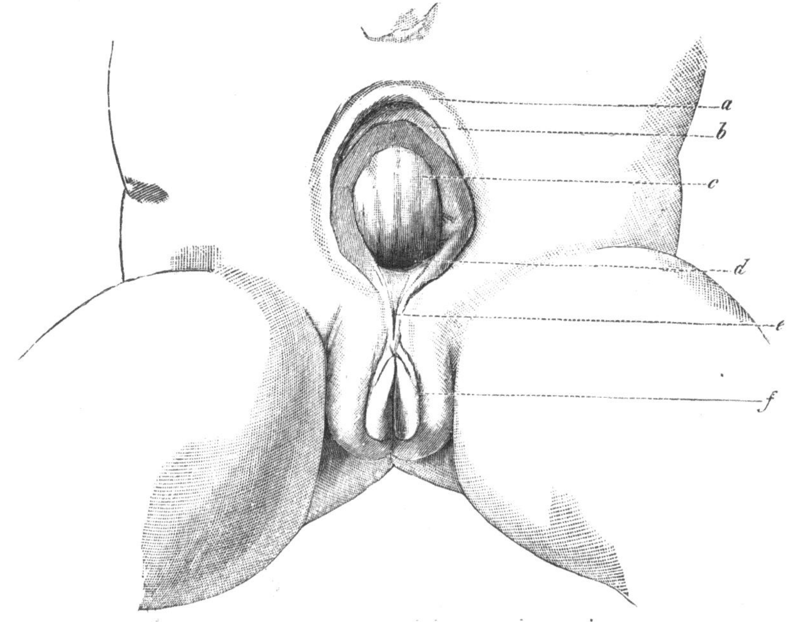

Abb. 34. Fissura abdominis et vesicae urinae.
(Nach Ziegler, Fig. 389.)
a) Hautrand. b) Peritoneum. c) Blase. d) Kleine, dem Trigonum Lieutaudii entsprechende Blasenhöhle.
e) Rinnenförmige Urethra. f) Die kleinen Schamlippen.

Scheitel steht mit dem Nabel durch den Urachus in Verbindung. Unter normalen Verhältnissen schließt sich später die Bauchwand über der Harnblase zusammen. Der Urachus obliteriert und wird zum Lig. vesico-umbilicale-medium. Bleibt dieser Urachusverschluß nach obenhin aus, so entsteht eine Fistel, die vom Blasenscheitel bis zum Nabel führt — Fistula vesico-umbilicalis, persistirender Urachus. Dabei fließt also der Urin teilweise beim Nabel heraus.

Bleibt der Urachus nur streckenweise offen, so bilden sich die sog. Urachuszysten, welche multipel, in verschiedener Größe vorhanden sein können. Größere Urachuszysten können sich in der Mittellinie des Leibes vorwölben und mit anderen Tumoren, z. B. Ovarialtumoren verwechselt werden. Die mehrfach in der Literatur beschriebenen stiellosen Ovarialgeschwülste sind wohl sicher derartige Urachuszysten (vgl. Tillmanns, S. 6—7).

Schließt sich bei der erwähnten normalen Entwicklung die Bauchwand nicht, so bleibt hier eine Spalte. Es entstehen dann verschiedene Mißbildungen. So kann z. B. die untere Blasenhälfte, die Urethra und der Geschlechtsapparat vollkommen normal geschlossen sein, aber die obere Bauchwand ist offen geblieben, ebenso besteht ein Defekt der vorderen Blasenwand. Es kann aber auch, und das ist noch häufiger, die ganze vordere Bauch- und Blasenwand fehlen, so daß die hintere Blasenwand frei zutage liegt. Man bezeichnet derartige Mißbildungen als Bauchblasenspalte, Ektopia, Ekstrophia vesicae, Eversio vesicae, Inversio vesicae. Nach Fischl unterscheidet man zwei Formen dieser Mißbildung, die partielle und die totale Spaltung. Bei der partiellen Form findet sich ein wohlgebildeter Nabel, normale Genitalien und eine Öffnung in der vorderen Bauchwand. Bei Neugeborenen findet man in der Gegend der Harnblase eine Lücke von etwa Talergröße mit scharfem Hautrand und dunkelrotem Grund, d. h. die hintere Blasenwand. Wie Fischl weiter ausführt, wird die Blasenwand meist erst nach der Geburt tumorartig durch die Anstrengung beim Schreien, Pressen bei der Stuhlentleerung usw. vorgestülpt. Die Oberfläche dieses Tumors ist feucht und schlüpfrig, und bei genauerer Untersuchung entdeckt man, wenn man die Geschwulst etwas nach oben disloziert, die Einmündungsstellen der beiden Ureteren als zwei feine knopfartige Vorsprünge, aus denen sich in periodischen Intervallen der Urin tropfenweise entleert, der sich sehr schnell in kohlensaures Ammoniak umwandelt. Der Prolaps verkleinert sich dann im Laufe der Jahre, indem der Hautring sich mehr und mehr zusammenzieht, resp. mehr zusammenwächst. Das dann immer noch prolabierende Blasenschleimhautstück wird oberhalb der Ureterenmündungen trocken, unterhalb derselben nimmt es infolge dauernder Benetzung mit ammoniakalischem Urin ein fungöses Aussehen an.

Bei der totalen Harnblasenspalte sind die Genitalien in Mitleidenschaft gezogen. Beim weiblichen Geschlecht ist die Klitoris gespalten und die Urethra fehlt, die Vulva klafft. Auch die Scheide kann fehlen. Der Damm ist sehr kurz und der Anus liegt unmittelbar hinter den Genitalien, ja er kann sogar in die hintere Blasenwand einmünden. In manchen Fällen sind Vagina und Uterus doppelt vorhanden. Häufig bleibt die Vereinigung der queren Schambeinäste aus. Dieselben können mehrere Zentimeter voneinander entfernt sein, Spaltbecken. Gleichzeitig besteht fast immer eine Diastase der Musculi recti. Bei Knaben findet sich neben der Bauchdecken-Blasenspalte ein rudimentärer Penis, dessen Glans in zwei Hälften gespalten ist. Das Präputium liegt als dicker Hautwulst nach unten davon. Gleichzeitig besteht Epispadie, d. h. die Harnröhre ist nach oben offen, sie bildet eine seichte Rinne auf dem Dorsum des Penis. Bei ausgedehnten Spaltungen ist auch das Skrotum betroffen. Daraus resultieren dann sehr leicht

Schwierigkeiten in der Geschlechtsbestimmung. Vermehrt wird diese Schwierigkeit noch durch die Tatsache, daß dabei die Hoden sehr häufig in der Bauchhöhle zurückgeblieben sind. Derartige Irrtümer sind besonders oft auf dem Lande beobachtet. Auch Leistenhernien sind mehrfach gleichzeitig gefunden. Schließlich sind dabei beschrieben Defekte im Bereich des Nierenbeckens, der Harnleiter, Atresia ani, Fehlen von Darmstücken, besonders im Bereich des Dickdarms, Dünndarmafter, Spina bifida usw. (Ausführliches siehe Ahlfeld, Mißbildungen.)

Die Folgen derartiger ausgedehnter Bauchblasenspalten sind natürlich sehr unangenehmer Natur. Die damit behafteten Kinder verbreiten dauernd einen unangenehmen Geruch nach zersetztem Urin, in der Umgebung der Spalte bilden sich ausgebreitete, stark nässende Ekzeme mit Jucken und Brennen.

Bei höheren Graden dieser Mißbildung besteht Zeugungsunfähigkeit. Die Blasenschleimhaut ist infolge ihrer offenen Lage sehr leicht zu Blutungen und Ulzerationen geneigt. Die Hauptgefahr besteht in der Möglichkeit der Niereninfektion durch Vermittlung der Ureteren. Diese Infektionen sind es, welche den nicht allzu seltenen tödlichen Ausgang herbeiführen. Immerhin sind Fälle bekannt geworden, wo derartige Individuen über 70 Jahre alt geworden sind. Fischl zitiert einen von Huxham beschriebenen Fall, der eine Frau betraf, die mit Prolapsus vesicae congenitus und Kloakenbildung behaftet war, im 23. Jahre heiratete, konzipierte und gebar.

Die erwähnten Spaltbildungen waren in seltenen Fällen bereits intrauterin zur Vernarbung und Ausheilung gekommen (vgl. Kaufmann, S. 844). Auf dem Boden der Blasenektopien können sich bösartige Neubildungen (Adenokarzinome, Gallertkrebs) entwickeln.

Über die Genese derartiger Mißbildungen gehen die Ansichten erheblich auseinander. Nach der einen Ansicht (Ahlfeld, Rokitansky u. a.) kommt es während der fötalen Entwicklung zu einer Harnstauung, z. B. infolge Atresie im hinteren Teil der Harnröhre oder infolge fehlender oder verspäteter Bildung der Eichelharnröhre. Dadurch soll es dann zu einer Ruptur der vorderen Blasenwand kommen, nachdem vorher die vordere Bauchwand durch die stark angefüllte Blase auseinandergedrängt wurde. Nach anderen Autoren (Meckel, P. Reichel u. a.) handelt es sich um eine Hemmungsmißbildung, um ein Verharren auf früher embryonaler Entwicklungsstufe. Ein derartiges fötales Entwicklungsstadium, d. h. also Blase an der Vorderseite gespalten, ist zwar bei Säugetieren bekannt, beim Menschen jedoch noch nicht beobachtet. Andere Hypothesen sind von Bartels, Perls, Rolgans u. a. aufgestellt worden (vgl. Tillmanns, S. 255). Ausführliches über die operative Therapie dieses unangenehmen Leidens siehe die chirurgischen Lehr- und Handbücher. Hier nur einige wenige Worte darüber.

Bei Urachusfisteln genügt meist die Anfrischung der Ränder und Vernähung derselben. Diese Methode genügt auch bei partiellen Blasenspalten im oberen oder unteren Teil der vorderen Wand. Dabei sind Entspannungsschnitte oft nicht zu umgehen. Bei hochgradigen Spalten muß man kompliziertere Verfahren in Anwendung ziehen. Thiersch, Czerny, Trendelenburg, Schlange, Mikulicz, Sonnenburg u. a. haben auf diesem diffizilen Gebiet Hervorragendes geleistet. Bei den vielfachen Methoden handelt es sich um plastische Operationen zur Deckung des Defektes mit Haut, Vereinigung der angefrischten Blasenränder, Hilfsoperationen zur Erzielung einer größeren Beweglichkeit, z. B. teilweise Trennung der Synchondrosis sacro-iliaca (Trendelenburg, Mikulicz), Exstirpation der ektopierten Blase (Sonnenburg, Rein, Maydl, v. Eiselsberg) und Implantation der Ureteren an anderer Stelle, Penisrinne, Rektum, äußere Haut. Diese Operationen können erst in vorgerückteren Jahren (4.—10.) vorgenommen werden. Gelingt die Operation nicht oder wird sie verweigert, so empfiehlt sich das Tragen eines von Earle angegebenen Apparates. Es ist das ein hohler Silberschild, in den ein Gummirohr mit Hahn führt und der mit doppeltem Bruchband vor die Lücke gedrückt wird.

Die übrigen Mißbildungen im Bereich der Blase sind sehr selten. So ist totaler Mangel der Harnblase mit Ausmündung der Ureteren in die Urethra beschrieben worden. Entwicklungsgeschichtlich ist diese Mißbildung so zu erklären, daß sich der oberhalb der Einmündung der Wolffschen Gänge gelegene Teil des Sinus urogenitalis nicht entwickelt.

Die Blase kann ferner nach der Urethra und den Ureteren zu verschlossen sein. Im ersten Falle kann dabei der Urachus offen sein, im andern Fall kommt es dann meist zu einer Hydronephrose. Die Blase kann ferner abnorm klein und abnorm groß sein. Letzteres findet sich meist bei angeborenem Verschluß der Urethra. Dabei kann die Blase derartig dilatiert sein, daß dadurch eine schwere Geburtsstörung hervorgerufen wird (siehe unten). Dasselbe kann eintreten bei ausgedehnten Hydronephrosen. Die übermäßige Harnstauung kann dadurch kompensiert werden, daß sich nachträglich der Urachus wieder öffnet und der Urin auf diesem Wege abfließen kann. Wirkliche Ektopie der verschlossenen Blase ist dann vorhanden, wenn dieselbe in eine Bauch- oder Nabelspalte verlagert ist.

Sehr selten ist das Offenbleiben der hinteren Blasenwand. Es findet sich dann eine Kommunikation der Blase mit der Bauchhöhle oder mit der Vagina, Fistula vesico-vaginalis congenita, oder mit dem Rectum, Fistula recto-vaginalis, Kloake. Gleichzeitig kann Atresia ani et urethrae bestehen.

Sehr selten ist auch die Vesica bipartita, Duplizität der Harnblase. Die Scheidewand kann horizontal oder sagittal verlaufen. In einem von Fürth beschriebenen Fall (zit. nach Zuckerkandl in Nothnagels Handb.) war die Blase durch eine Scheidewand in zwei seitliche Hälften geteilt. In jede von diesen mündete ein Ureter. Fast stets vereinigen sich die beiden Blasenhälften zu einer Harnröhre. Die Genese dieser seltenen Mißbildung ist bis jetzt nicht hinreichend erklärt worden (vgl. Zuckerkandl, S. 143). Nach Ahlfeld (S. 128) ist es wahrscheinlich, daß der Enddarm die Teilung der Allantois bewirkt, indem er durch übermäßige Ausdehnung oder durch Zug nach außen die hintere Wand der Allantois gegen die vordere drängt, die Allantoishöhle dadurch mehr oder weniger teilt.

Vesica bilocularis, unvollständige Trennung der Blase in zwei Teile ist schon etwas häufiger. Oft handelt es sich hier nur um Divertikelbildung. Blasius (zitiert nach Tillmanns, S. 257) hat einen Fall beschrieben, wo die Harnblase sogar aus fünf vollständig getrennten Hohlräumen bestand.

In extrem seltenen Fällen kombiniert sich die Bauchblasenspalte mit einer Spaltung des Darmes — Fissura abdominalis intestinalis seu vesico-intestinalis. Die Darmspaltung betrifft in erster Linie das Coecum oder den Anfangsteil des Kolons, also die Stelle, wo der Ductus omphalomesentericus anhaftete (vgl. Ahlfeld). Wie die Blasenschleimhaut bei Blasenspalte, so ektropioniert sich auch die Darmschleimhaut bei diesen Darmspaltungen — Inversio s. Ekstrophia intestini. Bei dieser Mißbildung wird nach Ahlfeld Ileum, Blind- und Dickdarm durch den Zug des Ductus omphalomesentericus weiter als gewöhnlich von der Wirbelsäule abgezogen, so daß sich an diesen Teilen das Mesenterium verlängert. Durch diese Lageveränderung des Darmes entsteht ein Raum zwischen Wirbelsäule und Darm, der nun durch Dünndarm, Niere oder Leber zum Teil ausgefüllt wird. Steißbein und unterster Kreuzbeinteil biegen sich ferner aus demselben Grunde scharf nach innen um. Infolge dieser Krümmung des untersten Wirbelsäulenabschnittes entsteht eine Erweiterung des Wirbelsäulenkanales

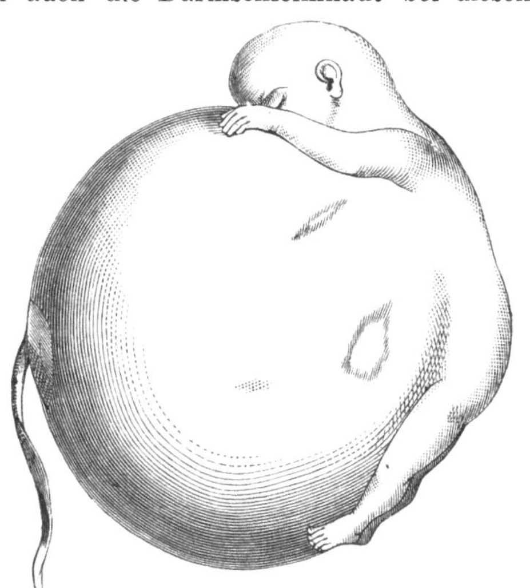

Abb. 35. Enorme Ausdehnung der fötalen Harnblase.
(Nach Hecker.)

an der geknickten Stelle, Ansammlung von Spinalflüssigkeit, Wirbelspalte und Spina bifida. Das so entstandene typische Becken hat Ahlfeld als Pelvis inversa beschrieben (vgl. Mißbildungen, S. 213 ff.).

Rein geburtshilfliches Interesse besitzt von diesen Mißbildungen allein die übermäßige Ausdehnung der Blase. In einer großen Anzahl von Fällen war diese Ausdehnung derartig, daß die Geburt nur durch die Punktion der Blase ermöglicht wurde. Die Ursache der exzessiven Blasenausdehnung liegt für gewöhnlich in einer Atresie oder in einem völligen Mangel der Harnröhre. Meist bestand Obliteration der Harnröhrenmündung oder partielle Defekte der Harnröhre. Nach einer Zusammenstellung von Magenau fand sich 32 mal Verschluß der Urethra, in 12 Fällen bestand vollständiger Defekt oder nur ein Zellstrang, in den übrigen nur teilweiser, zuweilen membranöser Verschluß. 7 mal war die Harnröhre durchgängig, aber in 3 dieser Fälle doch stenosiert. In einem von diesen Fällen

(Hartmann) wurde die Stenose durch eine Retentionszyste einer Littreschen Drüse gebildet.   In einem anderen Fall (Runge) war die Urethra bei der Sektion ebenfalls durchgängig gefunden worden, doch hatte vorher der atretische, mit Mekonium stark gefüllte Dickdarm die Urethra mechanisch verschlossen.   In anderen Fällen bestand mehr oder minder hochgradige Phimose.

Häufig, besonders bei völligem Defekt der Urethra, bestanden gleichzeitig anderweitige Mißbildungen: Mangel der äußeren Geschlechtsteile, Verkümmerung der inneren Genitalien, Atresia ani mit zuweilen vorhandener Kloakenbildung.   Herbinet und Faix beschrieben einen Fall mit vollständigem Defekt der Urethra und hochgradiger Urinstauung.   Die Geburt erfolgte erst, nachdem 1550 ccm Urin mittels Troikart entleert waren.   Bei der Sektion zeigte es sich nun ferner, daß außerdem eine Kommunikation des Blasengrundes mit dem Dickdarm vorhanden war.   Die gleiche seltene Mißbildung fanden sie bei einem 4 Monate alten Fötus.

Eine seltene Ursache der Harnstauung hat Rudaux beschrieben: Es bestand eine Kompression der Urethra infolge von Schleimansammlung in der Vagina.

In einem von Ziegler abgebildeten Fall (S. 552) war es durch die enorme Dilatation der Harnblase zur Kompression und Verkümmerung der Beine gekommen.

In einer Reihe von Fällen war gleichzeitig Aszites vorhanden (Hohl, S. 289, Kleinhans, S. 1675—76).   Fast stets sind die Ureteren mehr oder minder erweitert, teilweise auch atretisch.   In einzelnen Fällen fehlten Niere und Ureter auf einer Seite, in anderen, seltneren Fällen beide Ureteren bei Vorhandensein beider, allerdings hochgradig veränderter Nieren.   Kleinhans erklärt das Fehlen der Ureteren wohl mit Recht durch die frühzeitige Atrophie der Nieren infolge Harnverhaltung. Die an den Nieren gefundenen Veränderungen waren Atrophie, Hydronephrose, zystische Degeneration infolge Obliteration der Harnkanälchen. Die Wand der dilatierten Blase ist häufig hypertrophisch.   Die bei dilatierter Blase zuweilen vorhandene Durchgängigkeit des sonst obliterierten Urachus habe ich schon erwähnt (S. 157).   Die Ausdehnung der Blase setzt zuweilen schon so frühzeitig ein, daß es selbst schon bei sechsmonatlichen Früchten zu ernsten Geburtsstörungen kommen kann.

Meist sterben die Früchte infolge der Harnstauung im 7.—8. Monat. Die Diagnose dürfte in der Schwangerschaft und im Beginn der Geburt kaum mit einiger Sicherheit zu stellen sein.   Denn die eventuell vorhandene starke Ausdehnung des Leibes findet sich auch bei Hydramnion und allen möglichen Vergrößerungen des kindlichen Körpers (Aszites, Zystenniere, Lebergeschwülsten, Hydrokephalus, Meningozelen, Steißgeschwülsten, fötalen Inklusionen usw.).   Fast immer wird die Diagnose erst beim Austritt des Kindes gestellt werden können.   Man geht am besten mit halber oder ganzer Hand eventuell in Narkose ein, sobald die weitere Geburt stockt. Auch jetzt dürfte die spezielle Diagnose nicht immer leicht zu stellen sein, da ja einerseits mehrfach bei Blasendilatation Aszites gleichzeitig bestand, andererseits die Vergrößerung des Leibes auch durch andere Anomalien hervorgerufen sein kann. Die von Hohl angegebenen feineren diagnostischen Hilfsmittel zur Differenzierung der hier in Betracht kommenden Anomalien dürften kaum praktisches Interesse beanspruchen können. Pathologische Dehnung des unteren Uterinsegmentes und Uterusruptur scheinen bei dieser Anomalie sehr selten vorzukommen, wenigstens habe ich in der Literatur nur einen derartigen Fall finden können (siehe unten). Therapeutisch wird man so verfahren, daß man nur bei den geringeren Dilatationen der Blase ohne Eröffnung derselben vorgeht. In diesen Fällen wird man dem Vorschlag Hohls folgen und versuchen, den vergrößerten Bauch in die geräumige Kreuzbeinaushöhlung zu bringen. In anderen Fällen gelang die Entwicklung des Kindes, nachdem man den gleichzeitig vorhandenen Aszites durch Punktion entleerte. In allen Fällen erheblicher Blasendilatation ist man jedoch gezwungen, die Blase zu punktieren (Troikar, Perforatorium, Schere usw.). Es empfiehlt sich, immer erst einen Versuch mit der Punktion zu machen, da es ja nicht ausgeschlossen ist, derartige Kinder nach der Punktion am Leben zu erhalten. In ganz vereinzelten Fällen wurde die Eröffnung der Blase dadurch vermieden, daß sich der Urachus wieder öffnete und zur Bildung einer Nabel-Urachusfistel führte. Oder aber es kam zu einer Perforation des Blaseninhaltes in das Rektum oder durch die Bauchdecken nach außen. Bei Verschluß des peripheren Teils der Urethra kann es auch zum Platzen der Urethra und infolgedessen zur Hypo- oder Epispadie kommen (siehe das betr. Kapitel). Kann man bei Kopflagen die Blase resp. das Abdomen nicht erreichen, so wird man gezwungen sein, vom Thorax aus vorzugehen, indem man diesen zuerst eröffnet, dann das Zwerchfall perforiert und dann erst die Blase eröffnet. In einem von Kleinhans zitierten Fall (S. 1675) kam es bei den vergeblichen Extraktionsversuchen zur Uterusruptur mit tödlichem Ausgang (Fall Stevens, Dilatation der Blase, des Uterus und der Tuben).

In ganz vereinzelten Fällen kam es infolge isolierter Ureterdilatation zu einem Geburtshindernis. Derartige Fälle sind von Ahlfeld, Gervis, Freund, Morris, Magenau u. a. beschrieben worden. Teils waren hierbei die Ureteren allein zu zystischen Tumoren umgewandelt, teils war die Blase mit beteiligt (siehe Kleinhans, S. 1673).

An dieser Stelle mag auch der bekannte, von Olshausen mitgeteilte, als Unikum dastehende Fall erwähnt werden. Es bestand in dem Falle eine Blasendilatation, Erweiterung der Uterushöhle und ganz enorme Ausdehnung des Dickdarmes. Der Uterus stand durch je einen besonderen Gang mit Blase und Rektum in Verbindung. Infolge Harnaustrittes aus den Tuben war es zu einer fötalen chronischen Peritonitis gekommen. Olshausen eröffnete nach Geburt des Kopfes den Rumpf ohne Erfolg mit dem scherenförmigen Perforatorium. Es wurde deshalb der Kopf abgetrennt und die Entbindung durch Wendung auf die Füße und Extraktion leicht beendet.

Literatur.

Leser, Spez. Chirurgie. — Ziegler, Allgemeine Pathologie. — Ahlfeld, Mißbildungen. — Derselbe, Lehrb. d. Geburtsh. — Baginsky, Kinderkrankheiten. — Biedert-Fischl, Kinderkrankheiten. — Tillmanns, Spez. Chirurgie. — Kauf-

mann, Spez. Pathologie. — Zuckerkandl in Nothnagels Handb. d. spez. Path. u.
Ther. 19. — Hohl, Geburten mißstalteter usw. Kinder. — Olshausen-Veit, Lehrb.
d. Geburtsh. — Müllers Handb. d. Geburtsh. 2. — Kleinhans in v. Winckels Handb.
d. Geburtsh. — Magenau, Diss. Tübingen 1902. — Duparcque, Annal. d'obstetrique
1842. — Depaul, Gaz. hebdom. 1860. Nr. 20, und Soc. de Biologie 1864. — Hecker,
Klin. d. Geburtsh. 1861. 1. S. 122. — Derselbe, Monatsschr. f. Geburtsh. 18. S. 373.
— M. B. Freund, Breslauer Beitr. 2. S. 240. — Rose, Monatsschr. f. Geburtsh. 25.
S. 425. — Kristeller, Hartmann, ibidem. 27. S. 165 u. 273. — Olshausen,
Arch. f. Gynäk. 2. S. 280. — Arnold, Virchows Arch. 47. S. 6. — Whittaker,
Amer. Journ. Obstetr. 3. S. 389 — Duncan, Carmichael, Edinb. Med. Journ. 1870.
Aug., und Edinb. Obstetr. 11. S. 781. — Comelli, Wiener med. Wochenschr. 1879.
Nr. 37. — Wolczynsky, Wiener med. Presse 1882. Nr. 36 (gleichzeitig Aszites und
linksseitige Hydronephrose). — Robertson, Glasgow med. Journ. 1889. S. 113 (dabei
Verschluß des Anus). — Ahlfeld, Arch. f. Gynäk. 4. S. 161. — Gervis, London
Ob. Trans. 6. S. 221. — Morris, Med. Times. 1. 1876. S. 591. — Czerwinsky,
Kronika Lekarska. 1900. S. 239. Monatsschr. f. Geburtsh. u. Gynäk. 14. S. 670. —
Debrunner, Berichte und Erfahrungen usw. Frauenfeld 1901. S. 106. — Devé,
Soc. obst. et gyn. de Paris, 9. Mai. Frommels Jahresber. 1895. S. 674. — Jilden, Diss.
Würzburg 1890. — Müller, Arch. f. Gynäk. 47. S. 130. — Neumann, Monatsschr.
f. Geburtsh. u. Gynäk. 3. — Michelmann, Diss. Berlin 1902. — Schwyzer, Arch.
f. Gynäk. 43. S. 333. — Silbermann, Wiener med. Presse. 1890. S. 332. — Walther,
Zeitschr. f. Geburtsh. u. Gynäk. 27. S. 333. — Wolff, Arch. f. Gynäk. 65. S. 229. —
Henking, Diss. Marburg 1904. — Chaigneau, Diss. Bordeaux 1904. — Herbinet,
u. Faix. Geb. Gesellsch. Paris, 15. II. 1906, ref. Zentralbl. f. Gynäk. 1906. S. 1136. —
Rudaux, Geb. Gesellsch. Paris, 2. IV. 1906, ref. Zentralbl. f. Gynäk. 1906. S. 1378.

Harnröhre.

Siehe auch die Mißbildungen der Blase.

Über Epispadie und Hypospadie siehe S. 169.

Wie bereits bei den angeborenen Dilatationen der Harnblase erwähnt,
kommen im Bereich der Harnröhre kongenitale Verengerungen, Oblite-
rationen und Defekte vor. Auch vollständiger Mangel der Urethra wird
bei beiden Geschlechtern beobachtet. Häufig fehlt bei Knaben dann auch
der Penis. Meist besteht auch Kloakenbildung. Die Verengerungen der
Harnröhre sind partiell oder seltener total. Bei Mädchen kann die Blase
direkt in die Scheide münden. Die Stenosierung der Harnröhre kann
auch durch Druck von Retentionszysten, durch einen stenosierten und
durch Mekonium dilatierten Dickdarm, durch hypertrophische Entwicklung
des Colliculus seminalis u. a. herbeigeführt werden. Von den partiellen
Verschließungen bildet der häutige Verschluß der äußeren Harnröhrenmündung den leichtesten Grad — Atresia membranacea orificii externi.
In den ganz leichten Fällen besteht sogar nur eine epitheliale Verklebung.
In andern Fällen ist die ganze Eichelharnröhre verschlossen — Imper-
foratio glandis. Am seltensten ist nach Kaufmann der Verschluß des
Orificium internum der Harnröhre. Es ist bereits weiter oben ausgeführt
worden, daß Defekte, Stenosen usw. der Harnröhre zu derartigen Urin-
stauungen in der Blase führen können, daß dadurch ein schweres Geburtshindernis entstehen kann.

Verdoppelungen der Harnröhre sind, soweit mir aus der Literatur
bekannt, niemals einwandsfrei beobachtet worden. Doch sind sowohl
mehrfache Öffnungen der Harnröhre als auch blind endigende Gänge in

der Eichel neben der Urethra häufiger beschrieben worden (vgl. Tillmanns 2, S. 307).

Die angeborenen Penisfisteln sind im Gegensatz zu den gleich zu erwähnenden Harnröhrendivertikeln blind endigende Einstülpungen von außen, die mit den Cowperschen Drüsen, den Ductus ejaculatorii, der Prostata, aber nicht mit der Harnröhre in Zusammenhang stehen.

Am meisten Bedeutung haben für den Praktiker die oben erwähnten Verschlüsse der Harnröhre. Es ist deshalb sehr wichtig, Harnverschlüsse möglichst bald nach der Geburt zu erkennen, da die damit behafteten Kinder sonst verloren sind. Die Diagnose des äußeren Harnröhrenverschlusses ist leicht. Tiefere Verschlüsse können erst allmählich aus dem Ausbleiben des Urins (Trockenbleiben der Windeln), ev. auch an der allmählich zunehmenden Auftreibung des Leibes erkannt werden. Die Therapie gelingt am leichtesten beim epithelialen oder membranösen Verschluß des orificium externum. Derselbe läßt sich hier meist leicht mit dem Sondenknopf lösen. Eventuell schneidet man mit einem spitzen Messer die verschließende Membran ein. Auch tiefer gelegene Verschlüsse kann man durch Katheterisation mit einem feinen Katheter fast immer beseitigen, da sie, wie Ahlfeld hervorhebt, bei sonst lebensfähigen, wohlgebildeten Früchten meist nur in einer Verklebung bestehen. Bei Imperforationen der Glans penis soll man nach Voillemier von der Spitze der Eichel nach dem mutmaßlichen vorderen Ende der Harnröhre einen feinen Troikart oder eine Hohlnadel durchstoßen und den so geschaffenen Kanal durch Einlegen einer Metallröhre oder eines Laminariastäbchens offen halten (vgl. Tillmanns 2, S. 307). Kommt man bei den tieferen Verschlüssen mit dem erwähnten Katheterisieren nicht zum Ziele, handelt es sich also um ausgedehntere Verschlüsse, so kann man daran gehen, die Harnröhre präparatorisch aufzusuchen. Findet man sie nicht, so kann man von hier aus, unter Kontrolle eines in den Mastdarm eingeführten Fingers, einen Troikart bis in die Blase vorstoßen und dann einen Katheter einlegen. Dieses Verfahren ist immerhin nicht ungefährlich. Man tut deshalb nach Kaufmann besser, wenn man bei Verschlüssen im Bereich der pars membranacea urethrae diese vom Damm aus freilegt. Biedert operierte solche Fälle wiederholt derart, daß er die Blase mittelst Sectio alta öffnete und dann die Harnröhre von innen aufsuchte. Ist bei diesen Verschlüssen die Harnverhaltung eine hochgradige und ist also schleunige Entleerung der Blase geboten, so kann man auch zuerst die Blase durch Punktion entleeren. In anderen Fällen ermöglicht der oberhalb der Symphyse offen gebliebene oder unter der Harnstauung sich wieder öffnende Urachus eine intermittierende Harnentleerung. Selbstverständlich muß unter diesen Umständen der Urachus nach Beseitigung des Harnröhrenverschlusses durch Anfrischung und Naht wieder geschlossen werden.

Was die angeborenen Verengerungen der Urethra anbetrifft, so wird wohl am häufigsten die Verengerung des orificium externum urethrae beobachtet. Die Folge ist mehr oder minder erschwertes Urinlassen. Die Therapie ist einfach: Spaltung nach dem Frenulum hin, Vernähung des Eichelrandes mit der Urethralschleimhaut. Die übrigen, selteneren angeborenen Verengerungen der Harnröhre werden im Bereich der Fossa navicularis, der Pars prostatica in Form von Klappen- und Faltenbildung beobachtet. Die Behandlung besteht in der Anwendung von Bougies, Kathetern, Laminariastiften, Inzision von außen zur Beseitigung von Klappenbildungen usw.

Die angeborenen Erweiterungen, Divertikel der Harnröhre sind recht selten. Bokai, de Paoli u. a. haben solche Fälle beschrieben. Dabei handelt es sich um sackartige Ausbuchtungen hauptsächlich der unteren Urethralwand (vgl. Abbildungen in Tillmanns 2, S. 307 und 308). Die Ausbuchtungen sind in leerem Zustande schlaff, füllen sich aber bei der Urinentleerung mit Harn und können selbst Hühnereigröße erreichen. Der Katheter kann beim Sondieren in ihnen stehen bleiben, aber auch vorübergleiten. Infolge der Urinstagnation kann es zu katarrhalischen Prozessen und Eiterungen kommen, wodurch der Exitus bedingt werden kann. Die Ursache dieser Divertikel ist nach Kaufmann in einer fötalen Harnstauung zu suchen, wie sie durch membranöse Verschlüsse, die ev. gesprengt werden können, Verengerungen, Faltenbildungen usw. entstehen kann. Die Therapie besteht in der Exstirpation des Divertikels und Wiederherstellung normaler Harnröhrenverhältnisse. Eventuelle Faltenbildungen usw. werden gleichzeitig entfernt. In die Harnröhre kommt am Schluß der Operation ein Dauerkatheter.

Literatur.

Vgl. auch die Literatur bei den Mißbildungen der Blase.

Kaufmann, Spez. Pathologie. — Ziegler, Allgemeine pathologische Anatomie. — Biedert-Fischl, Kinderkrankheiten. — Baginsky, Kinderkrankheiten. — Tillmanns, Spez. Chirurgie. — C. Kaufmann, Deutsche Chirurgie. Lief. 50. 1886. — Englisch, Arch. f. Kinderheilk. 2. Stuttgart 1881. — Derselbe, Zentralbl. f. Krankh. d. Harn- u. Sexualorgane. 3. 1892 u. 6. 1895. — Lindemann, Diss. Jena 1903. — v. Bókay, Jahrb. f. Kinderheilk. 28. S. 138. — Lhept, Diss. Bordeaux 1906. — Foisy, Diss. Paris 1905.

Die Mißbildungen und kongenitalen Erkrankungen der Geschlechtsorgane einschließlich der Brustdrüsen.

Mißbildungen der männlichen Geschlechtsorgane.

Zum Verständnis dieses und des folgenden Kapitels sind einige kurze Bemerkungen über die Entwicklung des Urogenitalapparates durchaus erforderlich. Die Keimdrüse, die bekanntlich aus dem Keimepithel abstammt, bildet sich entweder zum Hoden oder Eierstock aus. Beim Mann erhält ferner der Wolffsche Gang eine besondere Ausbildung, während der Müllersche Gang sich zurückbildet, beim Weib der Müllersche Gang, während der Wolffsche Gang sich zurückbildet. Die Entwicklung der männlichen Geschlechtsorgane stellt sich dabei folgendermaßen dar: Die Keimdrüsen werden zum Hoden. Der vordere, kopfwärts gelegene Abschnitt der Urnieren bildet sich zum Kopf des Nebenhodens um, der Wolffsche Gang wird zum Vas deferens des Hodens. Sein Anfangsteil bildet den Schwanz des Nebenhodens. Aus dem hinteren Abschnitt der Urniere entstehen die Vasa aberrantia epididymidis, das Giraldèssche Organ

(Paradidymis). Aus dem sich beim Manne, wie erwähnt, stark zurück-
bildenden Müllerschen Gang entsteht die Hydatide des Nebenhodens. Seine
Einmündungsstelle in den Sinus urogenitalis bleibt als Uterus masculinus
oder Sinus prostaticus der Harnröhre erhalten. Die Samenblasen sind einfache Ausstülpungen der hinteren Wand des Vas deferens, das von hier
ab nach abwärts als Ductus ejaculatorius bezeichnet wird. Die Prostata
besteht aus glatter Muskulatur und Drüsen. Diese sind Ausstülpungen der
Urethralschleimhaut, jene stammt vom Mesenchym.

Die Hoden, die ursprünglich an der hinteren Bauchwand liegen, gelangen beim weiteren Wachstum des Embryo infolge Zug durch das Guber-
naculum Hunteri (Leistenband) allmählich in die Leistengegend. Dann
bildet sich eine Ausstülpung des Peritoneum, der Processus vaginalis,
welcher in eine Hautfalte in der Gegend der äußeren Genitalien, den
späteren Hodensack, hineinwächst. Hier hinein wandert der Hoden mit
dem Vas deferens.

Die Entwicklung der weiblichen Geschlechtsorgane vollzieht sich
folgendermaßen: Die Keimdrüse wird zum Eierstock. Der vordere Abschnitt des Müllerschen Ganges wird zur Tube, die unteren Abschnitte
beider Müllerschen Gänge lagern sich dicht nebeneinander. Beide verschmelzen schließlich zu einem Rohr, aus dessen oberem Abschnitt der
Uterus, aus dessen unterem Teil die Vagina entsteht. Aus dem oberen Teil
der Urniere entsteht beim Weibe das Epoophoron (Parovarium), aus dem
unteren das Paroophoron. Der Wolffsche Gang bildet sich fast ganz zurück.

Zuweilen findet man Rudimente seines unteren Abschnittes neben
der Cervix uteri. Aus dem Leistenband wird das Ligamentum rotundum
uteri. Auch beim Weibe findet ein ähnlicher Descensus wie beim Hoden
des männlichen Fötus statt. Doch steigt das Ovarium nur in das kleine
Becken herab und gelangt nicht in die Leistengegend.

Es erübrigt nun noch eine kurze Schilderung der Entwicklung der
äußeren Geschlechtsorgane. Ursprünglich mündet das Rektum gemeinsam
mit der Allantois (Sinus urogenitalis) nach außen in die sog. Kloake. Später
entsteht eine Scheidewand zwischen beiden und dadurch eine Sonderung
beider. Die Scheidewand wächst zum Damme aus. Die äußeren Geschlechtsorgane bilden sich um die Mündung des Sinus urogenitalis herum, und
zwar aus folgenden Anlagen:

1. Dem Geschlechtswulst, das ist ein die Mündung des Sinus urogenitalis ringartig umgebender Hautwulst.

2. Dem Geschlechtshöcker, das ist eine vorspringende Stelle der Haut
am vorderen Teil des Geschlechtswulstes.

3. Der Geschlechtsrinne, das ist eine rinnenartige Fortsetzung des
Sinus urogenitalis auf die hintere (untere) Fläche des Geschlechtshöckers.

4. Den Geschlechtsfalten, welche die freien Ränder der beschriebenen
Rinne begrenzen.

Die Entwicklung der äußeren weiblichen Genitalien geschieht daraus folgendermaßen: Der Geschlechtswulst wird zu den großen Labien,
der Geschlechtshöcker zur Clitoris, die Geschlechtsrinne zum Vestibulum
vaginae, die Geschlechtsfalten zu den kleinen Schamlippen.

Beim männlichen Geschlecht gehen größere Veränderungen vor sich. Der Geschlechtswulst wird sehr groß und bildet den Hodensack, in den sich, wie oben erwähnt, der Hoden von der Bauchhöhle her einsenkt. Der Geschlechtshöcker wächst erheblich in die Länge und wird zum Penis. Ebenso wächst auch die an der Unterfläche des Geschlechtshöckers gelegene Rinne in die Länge, und die freien Ränder derselben, die erwähnten Geschlechtsfalten, verwachsen später miteinander und schließen die Rinne zu einem an der Unterfläche des Penis verlaufenden Kanal, der Urethra (Michaelis, Hertwig).

Mißbildungen der äußeren Genitalien. Vollständiger Mangel der äußeren Genitalien findet sich fast ausschließlich bei der sog. Sirenenmißbildung oder bei anderen schweren Mißbildungen des gesamten Körpers, bei Blasenspalte, Kloakenbildung. Fast immer sind dabei gleichzeitig die inneren Genitalien mißbildet. Totaler Mangel des Penis (Aplasia penis) und kümmerliche Entwicklung desselben (Hypoplasia penis) sind ebenfalls selten. Totaler Mangel findet sich immer nur gleichzeitig mit anderen schweren Mißbildungen der äußeren Genitalien. In ganz vereinzelten Fällen waren dabei die Hoden erhalten. In anderen Fällen fehlt der Penis nur scheinbar, indem er unter der Haut des Skrotums steckte. Die mangelhafte Entwicklung des Penis ist meist mit Hypospadie und Epispadie (vgl. weiter unten) verbunden.

Noch seltener ist die Verdoppelung des Penis-Diphallus. Meist besteht dabei eine unvollkommene Verdoppelung des unteren Körperendes, z. B. drei untere Extremitäten. Tillmanns sah allerdings einen Fall von vollständiger Verdoppelung des Penis bei einem sonst ganz normalen Kinde.

Angeborene Hypertrophie des Penis ist mehrfach beobachtet. Dabei sind auch die äußeren Geschlechtsteile auffallend entwickelt. Meist kommt es dabei zur Frühreife.

Die angeborene Verengerung der Vorhaut, Phimosis, ist relativ häufig. Dabei ist die Vorhaut, besonders das innere Blatt derselben, so eng, daß das Präputium nicht über die Eichel zurückgezogen werden kann. Auch kann das Präputium rüsselartig verlängert und hypotrophisch sein (hypertrophische Phimose). Wie Leser mit Recht betont, findet sich bei fast allen männlichen Neugeborenen schon physiologisch eine abnorme Enge des Präputiums, erst später dehnt sich das Präputium derartig aus, daß es über die Eichel zurückgezogen werden kann. Häufig werden bei Phimosis epitheliale Verklebungen zwischen Präputium und Eichel beobachtet. In den epithelialen Massen findet man nicht selten Epithelperlen. Wie Bókai nachgewiesen hat, ist diese epitheliale Verklebung beim Neugeborenen physiologisch. Die völlige Trennung von Eichel und Präputium vollzieht sich unter normalen Verhältnissen erst in den ersten Lebensjahren, wie Fischl annimmt, durch Smegmabildung. Ist das Präputium zu eng, so daß die Eichel nicht hindurchtreten kann, dann bleiben diese Verklebungen auch später bestehen. Als höchsten Grad der Phimosis findet man bei Neugeborenen eine vollständige Atresie des Orificium praeputii infolge fötaler Entzündung. Dann kann der Urin nicht entleert werden und das Präputium wird durch den Urin zu einer durchscheinenden großen Blase ausgedehnt. Häufiger ist die Öffnung des Präputium nur sehr verengt, enger als das orificium urethrae, so daß also der Urin schneller in den Präputialsack hereinfließt als abfließt. Auch hierbei kommt es naturgemäß zu einer blasenförmigen Ausdehnung des Präputium. In den meisten Fällen von Phimose ist die Verengerung des Präputium weniger ausgesprochen. Die Folgezustände dieser Anomalie sind Balanitis, in schweren Fällen mit Ulzerationen, Retentio urinae durch entzündliche Prozesse, Enuresis nocturna, Veranlassung zur Onanie, Unmöglichkeit des Koitus, erleichterte syphilitische und gonorrhoische Infektion, Präputialsteine (entstanden aus dem Smegma), Karzinom, Epilepsie, Hydrozele, Leisten- und Nabelbrüche durch das starke Pressen, tödliche Urämie infolge Harnverhaltung. Baginsky hat ferner einen Fall von tödlicher Pyämie nach einem ausgebreiteten Ekzem bei Phimosis beschrieben. Unter diesen Umständen ist, besonders da auch schon bei Säuglingen schwere Störungen auftreten können, die Beseitigung des Leidens durchaus geboten. Prinzipiell muß bei neugeborenen Knaben das Präputium auf diese Anomalie hin untersucht werden. Zuweilen kommt man damit aus, daß man bei mehr oder weniger ausgedehnten epithelialen Verklebungen von Präputium und Eichel diese mit der Sonde beseitigt. Sonst muß das Präputium in der obersten Mittellinie längs inzidiert oder aber andere Operationen zur Beseitigigung des Leidens vorgenommen werden (siehe chirurgische Lehrbücher).

Auch die Paraphimosis kommt in seltenen Fällen angeboren vor. Es handelt sich dabei um eine Entwicklungshemmung des Präputiums, indem dasselbe nicht hinter der Eichel vorwächst, wie gewöhnlich, sondern nur als ein mit dieser verwachsenes Rudiment sich zeigt. (Biedert-Fischl, S. 649). Zuweilen ist gleichzeitig Hypospadie vorhanden. Die Angabe Ammons, daß die angeborene Paraphimose ein Folgezustand der jüdischen Beschneidung sei, hält Fischl nicht für zutreffend. Einen derartigen Fall von kongenitaler Paraphimose mit Eichelhypospadie haben wir kürzlich in der Göttinger Frauenklinik beobachtet. Das Kind war im übrigen wohlgebildet. Das Orificium urethrae externum war bis auf zwei ganz feine Öffnungen verschlossen.

Die häufigsten Mißbildungen der Harnröhre sind die Epispadie und die Hypospadie. Unter Epispadie oder Fissura urethrae superior versteht man eine Hemmungsmißbildung der Harnröhre resp. des Penis, bei welcher die Rückenfläche des Penis und damit auch die obere Wand der Harnröhre mehr oder minder gespalten ist; die Harnröhre stellt also eine offene Rinne dar. Man unterscheidet eine leichte und eine schwere Form dieser Mißbildung. Bei der ersten Form erstreckt sich die Epispadie nur auf die Eichel (Eichelepispadie). Die Harnröhrenmündung liegt hinter der Glans. Bei der schweren Form betrifft die Spaltbildung den ganzen Penis. Oft besteht dabei gleichzeitig Ektopia vesicae (vgl. S. 158). Die Störungen infolge der Epispadie sind sehr unangenehm. Infolge der steten Benässung durch die häufig gleichzeitig vorhandene mangelhafte Schlußfähigkeit des Sphincters kommt es zu ausgebreiteten Exkoriationen und dauernden Ulzerationen. Bei der seltenen Eichelepispadie fehlt die

Inkontinenz. Die Erektionsfähigkeit des Penis ist zwar vorhanden, doch ist gewöhnlich nur bei der Eichelepispadie die Zeugungsfähigkeit erhalten, während bei totaler Epispadie des Penis das Sperma meist überhaupt nicht in die Vagina gelangt. Die Therapie besteht in plastischem Verschluß der offenen Rinne. Ich verweise darüber auf die chirurgischen Lehrbücher.

Häufiger noch ist die Hypospadie oder Fissura urethrae inferior, bei welcher der Boden der Harnröhre in größerer oder geringerer Ausdehnung fehlt; die Harnröhre bildet dabei eine nach unten offene Rinne. Die Mündung der Urethra befindet sich nicht an der Spitze, sondern an der Unterseite des Penis, bei höheren Graden sogar an der Wurzel des Penis oder hinter dem Skrotum am Damm (Hypospadia perineo-scrotalis). Auch hier unterscheidet man, je nach der Schwere der Hemmungsmißbildung, eine Eichelhypospadie, die Penishypospadie und die erwähnte Hypospadia perinealis. Bei den schwereren Formen ist der Penis meist kleiner als normal und im erigierten Zustande nach unten oder nach der Seite gerichtet. Zuweilen besteht eine Verwachsung zwischen Skrotum und Penis, besonders bei der Eichelhypospadie. Bei der ausgeprägteren dritten Form ist das Skrotum durch eine Furche in zwei völlig getrennte Hälften geteilt, die Urethralöffnung liegt am Damm, etwa 4—5 cm vom Anus entfernt. Ganz besonders ist hierbei der Penis rudimentär entwickelt, nach unten konkav gekrümmt und fixiert. Hierbei kommt es sehr leicht zum Erreur de sexe. Die Geschlechtsbestimmung ist deshalb oft so schwierig, weil bei derartig mißbildeten Individuen auch der Descensus testiculorum meist ausbleibt. Dann werden die beiden leeren Skrotalhälften sehr leicht für die großen Schamlippen gehalten. Eine derartig ausgesprochene Hypospadie wird als Pseudohermaphroditismus masculinus externus (Scheinweiblichkeit) bezeichnet. Die damit behafteten Personen werden häufig als Mädchen erzogen und heiraten auch als solche. Der Geschlechtsirrtum stellt sich meist erst dann heraus, wenn die männlichen Eigenheiten und Charaktere sich geltend machen (Geschlechtstrieb, Bartwuchs, männlicher Habitus und Stimme). In manchen Fällen tritt der Irrtum erst in der Ehe zutage, in seltenen Fällen schließlich überhaupt nicht. Die Funktionsstörung bei der Hypospadie ist ähnlich wie bei der Epispadie. Es kommt meist zu ausgebreiteten Ekzemen und Ulzerationen am Penis und seiner Umgebung. Zuweilen ist dabei die Öffnung der Harnröhre so eng, daß dadurch Störungen ausgelöst werden. Die Ausübung des Koitus ist bei starker Verkümmerung des Penis unmöglich, sonst gilt vice versa hier dasselbe für die Zeugungsfähigkeit, wie bei der Epispadie bereits erwähnt. Auch hier kann die Behandlung in der Regel nur eine operative, plastische sein.

In der hiesigen Frauenklinik wurden unter 4200 Geburten nur zwei Fälle männlicher Penishypospadie beobachtet. Beide Male handelte es sich um Mehrgebärende, die sonst stets normale Kinder geboren hatten. In der Anamnese war irgend ein ätiologischer Faktor nicht zu eruieren. Die Kinder waren kräftig entwickelt und gediehen gut. (Siehe auch die Mißbildungen der Harnröhre.)

Mißbildungen des Hodens.

Anorchie, Aplasia testis, nennt man die seltene Mißbildung, wo beide Hoden fehlen. Bei derartigen Personen findet man kindlichen Habitus, besonders fällt die abnorme Kleinheit des Kehlkopfes auf. Bei anscheinender Anorchie wird man jedoch immer daran denken müssen, daß ein doppelseitiger abdominaler Kryptorchismus vorliegt. Bei Monorchie ist nur ein Hoden vorhanden. Derselbe ist meist kompensatorisch hypertrophiert. Auch hier ist an ausgebliebenem Deszensus des vermißten Hodens zu denken. Mikrorchie, Hypoplasia testis, ist die ein- oder doppelseitige mangelhafte Ausbildung der Hoden. Sehr selten ist die Verdoppelung der Hoden (Ahlfeld, S. 126). Ebenso ist der teilweise oder vollständige Defekt des Nebenhodens bei ausgebildetem Hoden. Häufiger ist jene Mißbildung, die man Kryptorchismus oder Retentio testis bezeichnet. Wie bereits erwähnt, steigen die Hoden, die ursprünglich in der Bauchhöhle liegen, während des Fötallebens in das Skrotum herab. Dieser Deszensus ist etwa im 8. Fötalmonat vollendet. Zuweilen tritt dieser Deszensus erst in den ersten Lebensjahren ein. Als Descensus testiculi serotinus bezeichnet man das nachträgliche und meist nicht vollständige Herabsteigen der Hoden im Beginn der Pubertät. Bei der Retentio testis bleibt der eine oder auch beide Hoden (Monorchismus, Kryptorchismus) irgendwo auf seiner Wanderung stecken, in der Bauchhöhle, Retentio testis abdominalis, Bauchhoden, im oder dicht vor dem Leistenkanal, Retentio testis inguinalis, Leistenhoden.

Etwas ganz anderes ist die Ektopia testis, Aberratio, Dystopia testis. Hierbei verläßt der Hoden auf seiner Wanderung den oben erwähnten Weg ganz und lagert sich an anderen Stellen, z. B. in der Gegend des Dammes, Ektopia testis perinealis, in der Schenkelbeuge, Ektopia testis cruralis, oder zwischen Skrotum und Oberschenkel, Ektopia testis scroto-femoralis usw. Natürlich geht der Ektopia testis stets eine Retentio testis voraus. Bei der Dystopia transversa liegen beide Hoden auf einer Seite des Skrotums. Wenn beide Hoden in der Bauchhöhle liegen bleiben, kann es, allerdings nur sehr selten, zu einer Verwachsung beider Hoden, Synorchidie kommen.

Die Retentio testis hat insofern geburtshilfliches Interesse, als bei doppelseitiger Affektion und Steißlage sehr leicht Irrtümer in bezug auf die Geschlechtsbestimmung unter der Geburt auftreten können. Bekanntlich gelingt die Geschlechtsbestimmung unter der Geburt bei Steißlagen einigermaßen sicher nur bei männlichen Föten. Die retinierten Hoden können später atrophieren, besonders aber Anlaß geben zu entzündlichen Prozessen und in erster Linie zu malignen Entartungen. Ferner kommt es dabei verhältnismäßig oft zu Hernienbildung. Die Ursachen dieser Mißbildung sind verschieden: abnorme Bildung der Geschlechtsorgane, Verwachsungen des Hodens mit den Därmen, Enge des Leistenkanals; es kann ferner der Zugang zum Leistenkanal z. B. durch eine verlagerte Niere behindert sein (Kaufmann, S. 875).

Aus den obigen Ausführungen ergibt sich, daß alle Kinder mit derartigen Mißbildungen in Beobachtung bleiben müssen. Die Beseitigung des Leidens geschieht durch Massage, passende Bandagen, oder durch die Operation. Die Therapie bei der obenerwähnten Ektopia testis deckt sich mit derjenigen bei Retentio testis.

Inversio testis ist die Drehung des Hodens um seine vertikale, häufiger um seine horizontale Achse. Meist kommt dabei der Nebenhoden nach vorn.

Hydrocele testis, Wasserbruch, kommt nicht selten angeboren vor. Die Erkrankung ist meist einseitig, gewöhnlich rechts, seltener doppelseitig. Dabei kann der Processus vaginalis in seinem ganzen Verlauf oder aber nur im Bereich des Samenstranges offen bleiben. Ersteres bezeichnet man als Hydrocele processus vaginalis, oder auch als Hydrocele congenita communicans, letzteres als Hydrocele funiculi spermatici. Derartige Hydrozelen können unter der Geburt zu diagnostischen Irrtümern Anlaß geben. Da sich die kongenitale Hydrokele spontan zurückbilden kann, so wird man sich vorläufig exspektativ verhalten. Beim Ausbleiben der spontanen Rückbildung kommt die Punktion der Hydrozele, mit oder ohne nachfolgender Injektion von Jodtinktur, Alkohol usw., und ev. die Operation in Frage. Ich verweise darüber auf die chirurgischen Lehrbücher.

Demelin und Cathala haben ferner einen Fall von angeborener Hämatozele der Hoden beobachtet. Es fanden sich bei einem in Kopflage geborenen Kinde Blutungen in die beiderseitige Hodensubstanz. Die Mutter hatte Albuminurie. Sonst war irgend ein ursächliches Moment nicht vorhanden.

Schließlich kommen am Hoden, allerdings sehr selten, angeborene Geschwülste vor. Mikroskopisch stellen sich diese als Hodenteratome dar, Geschwülste, die sich also aus den verschiedensten Geweben zusammensetzen und welche je nach ihrem Bau als Chondrosarkome, Adenokystome, Adenomyosarkome, Zystosarkome, Zystokarzinome usw. bezeichnet werden. Es sind derartige Tumoren bis zu Kindskopfgröße beobachtet worden. Ziegler gibt in seinem Lehrbuch der allgemeinen Pathologie (S. 519) eine sehr gute Abbildung eines kongenitalen Adenokystoms (Teratoms) des Hodens mit Pigmentierung und Knorpelbildung.

Angeborene Formfehler der Prostata sind sehr selten. Bei mangelhafter Entwicklung der Hoden kann auch die Prostata mangelhaft entwickelt sein. Ebenso bei Epispadie mit Blasenspalten. Völliger Mangel der Prostata kommt nur bei hochgradiger Mißbildung des Urogenitalapparates vor. Aberrierte kleine prostatische Drüsen kommen in der Nähe der Blase vor. Mehrfach sind angeborene Retentionszysten durch Verschluß des Sinus prostaticus beschrieben worden. Auch sonst sind Zysten im Bereich der Prostata infolge von Entwicklungsstörungen beschrieben worden (aus Resten des Wolffschen und Müllerschen Ganges, Dermoidzysten).

Auch an den Samenblasen sind Mißbildungen sehr selten. Mangel der Samenblasen, Fehlen des Ductus ejaculatorius, Verschmelzung der Samenblasen und des Ductus ejaculatorius zu einem unpaaren Gebilde, sind wohl alle Anomalien, die hier beschrieben sind.

Die geburtshilflichen Verletzungen im Bereich der männlichen Genitalien sind nicht allzu häufig. Mehrfach wurde bei Beckenendlagen das geschwollene, ödematöse Skrotum für die Fruchtblase gehalten und infolge dieses Irrtums bei „Sprengungsversuchen" schwer verletzt. Die äußeren Genitalien sind ferner mehrfach bei operativen Maßnahmen zur Beendigung der Geburt verletzt worden, in erster Linie bei Anwendung des stumpfen, sog. Steißhakens. Durch den Druck seiner Spitze können Penis und Hoden stark gequetscht werden (Stumpf). Weniger schwere Verletzungen kommen bei rohen und ungeschickten Untersuchungen vor.

Mißbildungen der weiblichen Genitalien.

Atresia vulvae, angeborener Verschluß der Vulva. Meist handelt es sich um eine sog. zellige Atresie der Schamspalte, indem die kleinen Labien ganz oder teilweise miteinander epithelial verklebt sind, so daß das Vestibulum vaginae fehlt. Auch die großen Schamlippen können an der Verklebung beteiligt sein. Die Verwachsung kann zur Erschwerung der Urinsekretion, ja zu völliger Harnverhaltung führen. Nach Zweifel handelt es sich bei dieser Verklebung um eine mangelhafte Verhornung der oberflächlichen Epithelschichten. In anderen Fällen bestand eine feste Verwachsung der Schamlippen. Die Diagnose wird gewöhnlich bald nach der Geburt infolge der Urinbeschwerden gestellt werden können. Die Beseitigung erfolgt bei der epithelialen Verklebung leicht mit der Sonde, bei der festeren Verwachsung mit dem Messer. Das erneute Zusammenwachsen wird durch Einlagen von Jodoformgaze in die Scheide oder aber durch entsprechende Nähte verhindert.

Atresia hymenalis. Hierbei findet sich an Stelle des durchlöcherten Hymens eine derbe undurchbrochene Membran, die das Abfließen der Sekrete verhindert und infolgedessen in der Pubertät zu Stauungen des menstruellen Blutes in der Scheide, dem Uterus und den Tuben führen muß (Hämatokolpos, Hämatometra, Hämatosalpinx). Finden sich in einer derartig derben Membran einige kleine Öffnungen, so kann zwar das menstruelle Blut abfließen, aber es kommt bei eintretenden Schwangerschaften — und die sind dabei mehrfach beobachtet, da ja bekanntlich Schwangerschaft ohne immissio penis eintreten kann — zur Geburtsstörung, indem diese Membran dem austretenden kindlichen Kopf einen Widerstand bietet. Die Therapie besteht in Spaltung resp. Exzision dieser Membran.

Die Atresia ani vaginalis ist bereits oben bei der Atresia ani erwähnt worden.

Die übrigen Mißbildungen der weiblichen Geschlechtsorgane sind an der Hand der Entwicklungsgeschichte (siehe Einleitung dieses Kapitels) leicht zu verstehen. Ich folge hier der Einteilung, wie sie Kaufmann in seinem Lehrbuch der speziellen pathologischen Anatomie gegeben hat (S. 871—875). Danach handelt es sich um drei große Gruppen.

1. Es besteht eine unvollständige Aneinanderlagerung oder unvollkommene Verschmelzung von Teilen, welche vereinigt sein sollten. Die Folge ist Verdoppelung, Duplizität der Organe. Hierher gehört:

1. der Uterus didelphys oder Uterus duplex separatus. Dabei besteht innerlich und äußerlich eine vollkommene Verdoppelung von Uterus und Scheide. Häufig bestehen dabei gleichzeitig andere Mißbildungen (Kloakenbildung, Bauchblasenspalte u. a.).

2. Uterus bicornis duplex. Der Uterus ist vollkommen doppelt. Die beiderseitigen Gebärmutterkörper divergieren keulenförmig. Dagegen liegen die doppelten Halsteile der Gebärmutter eng aneinander. Die Scheide ist einfach oder doppelt.

3. Uterus bicornis unicollis. Ähnliche Verhältnisse wie bei 2. Doch sind Cervix und Vagina einfach.

4. Uterus arcuatus. Als einzige Andeutung der Bikornität besteht am Fundus eine leichte Einziehung.

Zu dieser Gruppe gehören ferner die Mißbildungen, die durch mangelhafte Verschmelzung der Müllerschen Gänge entstanden sind, d. h. äußerlich vereinigen sich die Gänge, aber sie verschmelzen nicht zu einem Kanal. Man hat also äußerlich einen Uterus vor sich, derselbe ist aber durch die persistierende Scheidenwand in zwei Höhlen getrennt, ebenso die Scheide. Hierher gehört in erster Linie der Uterus bilocularis cum vagina septa oder Uterus septus duplex. Hier kommen ferner alle möglichen Abstufungen vor. Der Uterus ist doppelt, aber die Scheide einfach, oder die Scheidenwand des Uterus ist nur unvollkommen — Uterus septus unicollis und Uterus subseptus. Derartige rudimentäre Septen können auch nur in der Scheide vorkommen.

2. Bei dieser Gruppe handelt es sich um eine Aplasie (vollständigen Mangel) oder Hypoplasie (rudimentäre Bildung) von Tuben, Uterus, Scheide und Ovarien. Was die Aplasie anbetrifft, so können die Müllerschen Gänge vollkommen verkümmert sein, oder aber die Verkümmerung ist nur stückweise, aber symmetrisch auf beiden Seiten vor sich gegangen. Ferner kann nur der eine Müllersche Gang verkümmert sein. Bei völliger Aplasie fehlen Tuben, Uterus und Scheide. Die äußeren Genitalien münden dann in einen ganz kurzen Blindsack. Ist die Aplasie weniger ausgesprochen, so kann z. B. der Uterus fehlen oder aber nur ganz rudimentär, stückweise entwickelt sein, während Scheide, äußere Genitalien, Tuben und Ovarien vorhanden sind. Als Typus ausgesprochener asymmetrischer Aplasie ist der Uterus unicornis anzusprechen, d. h. der eine Müllersche Faden ist verkümmert, der andere vollkommen normal entwickelt, nur etwas nach der Seite der Tube zu abgewichen. Die Hypoplasien, d. h. die rudimentären Bildungen entstehen dadurch, daß sich die Müllerschen Gänge ganz oder teilweise unvollständig entwickeln. Diese Veränderungen können symmetrisch und asymmetrisch auftreten und sich auf Uterus, Tuben und Scheide erstrecken. So kann z. B. der Uterus in Formeines soliden muskulösen und bindegewebigen Rudiments entwickelt sein. Entwickelt sich nur ein Horn rudimentär, so resultiert daraus der Uterus unicornis mit sog. rudimentärem Nebenhorn, das mit der wohlentwickelten Uterushöhle fast nie in Verbindung steht. Zwischen beiden befindet sich vielmehr fast immer eine bindegewebige solide Brücke. Das Nebenhorn selbst kann solide, aber auch, wie in der Mehrzahl der Fälle, hohl sein.

Auch Schwangerschaft kann in dem rudimentären Nebenhorn durch die äußere Überwanderung des Eies, seltener durch äußere Überwanderung des Samens zustande kommen. Fast immer kommt es dabei, wenn nicht vorher operativ eingegriffen wurde, zur Ruptur des Fruchtsackes in frühen Monaten. Menstruiert die Schleimhaut des rudimentären Nebenhorns, so bildet sich allmählich eine Hämatometra. Die Tube der rudimentären Seite kann normal, aber auch zu einem soliden Strang umgewandelt sein. Ebenso kann das Ovarium vollkommen normal entwickelt sein, aber auch mehr oder minder ganz fehlen.

Unter Uterus fötalis versteht man das Verharren der Entwicklung des Uterus auf fötaler Stufe.

3. Die dritte Gruppe umfaßt die Atresien, wie sie am äußeren Muttermund, im Bereich der ganzen Cervix, in der Vagina vorkommen. Die zellige Atresie und die Atresia hymenalis sind bereits von mir abgehandelt worden. Die Atresien des Uterus und der Scheide führen zu Hämatokolpos, Hämatometra und Hämatosalpinx.

Auch Verlagerungen des Uterus sind kongenital beobachtet worden, z. B. Retroflexio uteri, Prolaps des Uterus, Verlagerung des Uterus in eine Hernie, z. B. Leistenhernie, Hernia uteri inguinalis (Birnbaum, daselbst Literatur), Schenkelhernie, Hernia uteri cruralis, Nabelhernie usw. Es sind weiter beobachtet Schieflage, Obliquitas uteri, Lateropositio, d. h. extramediane Verlagerung.

Mißbildungen der Tuben. Völliger Defekt der Tuben wird beim Fehlen des Uterus beobachtet. Akzessorische Tubenostien finden sich gelegentlich in der Nähe des Fimbrienendes. Nicht selten sind die sog. Nebentuben. Sie kommen nach Kaufmann an der Ala vespertilionis, am Tubenstamm, am Ligamentum latum und zwischen dessen Blättern vor und können Fransen, ein offenes abdominales Lumen und Schleimhautfalten haben. Sie sind teils gestielt, teils ungestielt. Im ersteren Falle stehen sie mit dem Lumen der Haupttube nicht in Verbindung. Sehr selten ist die Verdoppelung der Tube. Mehrfach sind Tubendivertikel beschrieben. Die Nebentuben und die Tubendivertikel können Anlaß geben zur Entstehung einer Tubenschwangerschaft, indem das befruchtete Ei in den erwähnten Gebilden liegen bleibt. Ebenso nach W. A. Freund das Persistieren der fötalen Tubenschlängelung im extrauterinen Leben. Ob die Morgagnischen Hydatiden und andere kleine Zysten, die gestielt entweder von einer Fimbrie oder der Tube selbst oder in der Nähe derselben entspringen, als Mißbildungen anzusprechen sind, ist noch nicht sicher entschieden (Reste des Wolffschen Ganges? Lymphangiektasien? Keimepithelzysten? Peritonealzysten? usw.). Sehr selten ist die kongenitale völlige Atresie der Tuben.

Mißbildungen der Ovarien. Die Ovarien können, wie bereits erwähnt, ein- oder beiderseits fehlen oder aber rudimentär gebildet sein. Auch sind Fälle beobachtet worden, wo ein drittes und viertes Ovarium bestand. Dabei findet man stets auch überzählige Tuben. Ferner sind mehr oder weniger weitgehende Abschnürungen am Ovarium beschrieben (Ovaria succenturiata, Ovaria lobata, partita usw.). Derartige abgeschnürte Ovarien können, streng genommen, nicht als überzählige Ovarien im eigentlichen Sinne bezeichnet werden. Schließlich sind auch funktionierende Ovarialkeime, versprengte Keimepithelanlagen in Form von Eiballen oder Primärfollikeln im Bereich des Ligamentum latum gefunden worden. Von derartigen Ovarialkeimen können allerlei Geschwulstbildungen, besonders Embryome, ihren Ausgang nehmen (Chrobak-Rosthorn, S. 253 ff.). Es kann ferner ein oder beide Ovarien in einen Bruchsack hinein kongenital verlagert werden, z. B. in einen Leistenbruch, Hernia ovarii inguinalis, in eine große Schamlippe, Hernia ovarii labialis usw.

Die Mißbildungen im Bereich der Geschlechtsorgane geben naturgemäß nur selten Anlaß zu Geburtsstörungen. Bereits von mir erwähnt ist der Fall Olshausen (S. 163). Hier bestand Erweiterung der Blase, erhebliche Ausdehnung des Uterus und des Dickdarmes infolge Harnansammlung. Die Blase war mit dem Rektum und dem Uterus durch je einen Kanal verbunden. Infolge Urinaustrittes durch die Tuben in die Bauchhöhle war es zu einer chronischen Peritonitis gekommen. Ferner berichten Gervis und Davies über Geburtsstörungen durch Auftreibung des Uterus mit Flüssigkeit bei Verschluß des Gebärmutterhalses resp. Fehlen desselben resp. der Scheide. Rogers hat ferner einen Fall mitgeteilt, wo die in der Bauchhöhle retinierten und in große fibrozystische Tumoren umgewandelten Hoden zu einer Geburtserschwerung geführt hatten.

Auch geburtshilfliche Verletzungen der weiblichen Genitalien sind, wenn auch sehr selten, beobachtet worden. Stumpf zitiert mehrere Fälle, wo es durch rohe Einführung resp. Einbohrung eines Fingers in die Scheide zu einer Zerreißung des Septum recto-vaginale gekommen war.

Zwitterbildung.

Ehe ich das Kapitel der Mißbildungen an den Genitalorganen verlasse, gehe ich noch kurz auf das besonders auch für den Praktiker sehr wichtige Kapitel der Zwitterbildung ein. Eine ausgezeichnete neuere Abhandlung über diese Frage findet sich in der Monographie von Chrobak und Rosthorn im Handbuch von Nothnagel, ferner bei Stumpf im Handbuch von v. Winckel. Ebenso verweise ich auf die zahlreichen exakten und grundlegenden Arbeiten Neugebauers auf diesem Gebiet.

Man unterscheidet zwei Gruppen von Zwitterbildung, den Hermaphroditismus verus (Androgynie), die echte Zwitterbildung, d. h. bei einem Individuum finden sich gleichzeitig Hoden und Eierstock, und den Pseudohermaphroditismus oder Hermaphroditismus spurius, das Scheinzwittertum, d. h. doppelgeschlechtliche Entwicklung der übrigen Sexualorgane bei eingeschlechtlicher Bildung der Keimdrüsen.

Am bekanntesten ist die von Klebs 1876 angegebene Einteilung der verschiedenen Formen von Zwittertum. Er unterscheidet:

1. Hermaphroditismus verus (Hoden und Eierstock bei einem Individuum).

a) bilateralis, d. h. auf beiden Seiten Hoden und Eierstock.

b) unilateralis, d. h. auf einer Seite Hoden und Ovarium, auf der anderen Seite nur eine Keimdrüse, Hoden oder Ovarium.

c) lateralis, d. h. auf der einen Seite Hoden, auf der anderen Ovarium.

Bekanntlich spielt der Hermaphroditismus mythologisch eine große Rolle. Ferner dürfte sein nicht allzuseltenes Vorkommen im niederen Tierreich bekannt sein. Auch beim Schwein ist mehrfach wahre Zwitterbildung nachgewiesen. Was den Hermaphroditismus beim Menschen anbetrifft, so gibt es auch heute noch zahlreiche Autoren, die sein Vorkommen hier strikt ablehnen. Andere Autoren lassen dagegen den Hermaphroditismus lateralis gelten, während sie den H. bilateralis und unilateralis nicht anerkennen. In neuerer Zeit sind jedoch Fälle mitgeteilt worden, die auf Grund histologischer Untersuchungen als H. verus angesprochen wurden (Salén, Garré-Simon, Pick, vgl. Chrobak und Rosthorn, S. 35 ff., Stumpf, S. 654). Diese Autoren fanden bei ihren Fällen eine sog. Zwitterdrüse, ein Ovitestis, d. h. ein Organ, in dem histologisch Hoden- und Ovarialsubstanz nachgewiesen wurde.

2. Pseudohermaphroditismus.

A) P. masculinus (nur Hoden)

a) internus, männliche Bildung der äußeren Scham, Persistenz der Müllerschen Gänge.

b) externus et internus (completus), weibliche Bildung der äußeren Scham, Persistenz der Müllerschen Gänge.

c) externus, weibliche Bildung der äußeren Scham, keine Reste der Müllerschen Gänge.

B) P. femininus (nur Ovarium)

a) internus, weibliche Bildung der äußeren Scham, Persistenz der Wolffschen Gänge.

b) externus et internus (completus), männliche Bildung der äußeren Scham, Persistenz der Wolffschen Gänge.

c) externus, männliche Bildung der äußeren Scham, keine Reste der Wolffschen Gänge.

Nach den oben gemachten Ausführungen handelt es sich also in den meisten Fällen um Pseudohermaphroditismus, und zwar viel häufiger um den P. masculinus als femininus (Gynandroides). Das Verhältnis ist 427 : 125. Wie aus dem Schema von Klebs hervorgeht, zeigt der P. masculinus internus außer dem Hoden typische äußere Genitalien, während innerlich die Müllerschen Gänge mehr oder minder zu Uterus, Tuben und Vagina entwickelt sein können. Der P. masc. ext. et int. (completus) weist außer dem Hoden, den Vasa deferentia und der Prostata weiblichen Charakter der äußeren und inneren Genitalien auf, an den letzteren in mehr oder weniger ausgebildeter Form. Der P. masc. ext. zeigt außer dem Hoden usw. weiblichen Typus der äußeren Genitalien, während die Müllerschen Gänge nicht zur Entwicklung gekommen sind.

Durch alle diese Mißbildungen wird natürlich der Geschlechtscharakter verwischt und es kommt infolgedessen sehr leicht zu groben Irrtümern bei der Geschlechtsbestimmung. Dadurch gewinnen diese Anomalien ein hohes soziales und forensisches Interesse. Wie Chrobak und Rosthorn hervorheben, sind derartige Irrtümer in erster Linie darauf zurückzuführen, daß der Versuch der Geschlechtsbestimmung beim lebenden Individuum meist nur nach dem allgemeinen Habitus und den äußeren Geschlechtsmerkmalen geschehen kann. Wissenschaftlich sind daher, in erster Linie für den Hermaphroditismus verus, nur jene Fälle verwertbar, wo die Obduktion resp. die Operation einen genügenden Überblick über die inneren Genitalien ermöglicht und die histologische Untersuchung der betreffenden Geschlechtsdrüse vorgenommen werden kann. Bei dem Pseudohermaphroditismus masculinus ist immer am auffallendsten die große Ähnlichkeit der äußeren Genitalien mit weiblichen Genitalien. Es erklärt sich diese Tatsache sehr leicht daraus, daß Teile, die im fötalen Leben verwachsen sollten, offen geblieben sind. Der Penis ist nur mangelhaft entwickelt, Penis clitoridien, der Hodensack ist gespalten, dazu kommt, daß häufig dabei Kryptorchismus besteht, wodurch die Ähnlichkeit der leeren Skrotalhälften mit den großen Schamlippen naturgemäß noch täuschender wird. Sehr häufig ist dabei ferner Hypospadie, bei deren höheren Graden der Penis klitorisartig verkümmert ist. Der Sinus urogenitalis ist weit offen und tief. Wenn derartig mißbildete Individuen ferner der sog. sekundären männlichen Geschlechtscharaktere und des äußeren männlichen Habitus entbehren, wenn man also weibliche Brüste, Gynäkomastie, Bartlosigkeit, weibliche, weiche Körperformen, hohe Stimme, fehlenden Geschlechtstrieb zum Weibe konstatiert, so wird es ohne weiteres einleuchten, daß diese Personen für weibliche Wesen gehalten werden können (Scheinweiblichkeit).

Der Pseudohermaphroditismus femininus ist, wie bereits auseinandergesetzt, viel seltener. Hier fehlen die weiblichen Brüste (Andromastie), und die äußeren Geschlechtsorgane können durchaus männlichen Habitus annehmen, d. h. die Klitoris vergrößert sich erheblich und nimmt so eine penisartige Form an — Clitoris d'aspect phalloide, das Vaginalrohr verengt sich, indem die Schamlippen mehr oder minder ausgedehnt verwachsen, Urethra und Vagina können getrennt im Sinus urogenitalis ausmünden. Die Täuschung ist in derartigen Fällen besonders leicht möglich, wenn die Ovarien in die großen Schamlippen verlagert sind und so der Eindruck eines Hodensackes hervorgerufen wird (Scheinmännlichkeit). Auch hier können wieder die sekundären weiblichen Geschlechtscharaktere und der weibliche Habitus fehlen (Libido sexualis zum weiblichen Geschlecht, männlicher Körperbau, d. h. also grober Knochenbau, stark entwickelte Muskulatur, männliche Stimme, Bartwuchs). Wie Chrobak und Rosthorn hervorheben, dürfen Neigung und Gewohnheit des betreffenden Individuums niemals bei der Geschlechtsbestimmung mit herangezogen werden, weil dabei der Faktor Erziehung doch eine zu bedeutsame Rolle gespielt hat. Die erwähnten Autoren geben auf S. 54—57 tabellarisch eine genaue Zusammenstellung aller wesentlichen Hilfsmomente, die bei der Diagnosenstellung in zweifelhaften Fällen sich als wichtig erwiesen haben.

Für den Arzt, speziell für den Geburtshelfer und gerichtlichen Sachverständigen hat das Kapitel der Zwitterbildung eine große Bedeutung. Es ist, wie bereits angedeutet, sehr oft vorgekommen, daß derartige mißbildete Individuen, z. B. männlicher Natur, nur auf den Ausspruch der Hebamme hin als weibliche Wesen erzogen wurden und daß sich dieser Irrtum erst viel später, zuweilen überhaupt nicht bei Lebzeiten herausstellte. Das preußische Hebammenlehrbuch schreibt allerdings den Hebammen bestimmt vor, daß sie sich in derartigen zweifelhaften Fällen an den Arzt wenden sollen. Es ist ferner vorgekommen, daß ein Hermaphrodit, z. B. männlichen Geschlechts, bald nach der Geburt richtig als Knabe eingetragen, nach kurzer Zeit jedoch auf die Fehldiagnose eines Arztes hin als Mädchen auf dem Standesamt umgeschrieben wurde und schließlich, nach Feststellung des wahren Geschlechts, auf Grund von Gutachten wissenschaftlicher Autoritäten endlich wieder nach vielen Mühen zu seinem Recht kam. Daß die Richtigstellung derartiger Irrtümer auf den Standesämtern sehr große Schwierigkeiten macht, dürfte bekannt sein.

Ein derartiger „Erreur de sexe" ist zweifellos sehr häufig vorgekommen. So hat Neugebauer eine große Anzahl von Ehen zusammenstellen können, wo es sich bald oder später herausstellte, daß beide Eheleute dasselbe Geschlecht hatten. In der Regel spielen dabei ihren Keimdrüsen nach männliche Individuen die Rolle der Frau. Derartig irrtümlich geschlossene Ehen können naturgemäß nur selten einen glücklichen Verlauf nehmen. Häufig kommt es zu Ehescheidungsklagen, bei denen der Arzt als Sachverständiger die größte Rolle spielt. Es bedarf wohl weiter keiner weiteren Ausführung, daß derartige Ehen vor dem Gesetz nicht gültig sind. In vereinzelten Fällen dürfte die Abgabe eines bestimmten Gutachtens nicht möglich sein, weil es nach den obigen Ausführungen Fälle gibt, wo erst der Obduzent resp. der Operateur in der Lage ist, das wirkliche Geschlecht festzustellen. Doch sind von Neugebauer auch durchaus glückliche Ehen mitgeteilt, wo der eine Ehegatte Hermaphrodit war. Interessant ist die Angabe von Neugebauer u. a., daß männliche Scheinzwitter auch als Puellae publicae mit großem Erfolg fungiert haben. Schließlich sind auch Fälle bekannt geworden, wo die Libido eines Zwitters nach beiden Seiten hin Befriedigung suchte und fand. Sind von derartigen Individuen strafbare Handlungen begangen worden (Sittlichkeitsdelikte, Perversitäten, § 175 des Reichsstrafgesetzbuches), so ist es forensisch von großer Wichtigkeit, das Geschlecht derartiger Personen festzustellen. Da Zwitter sehr häufig auch psychische Degenerationszeichen zeigen, so muß auch dieser Faktor von dem ärztlichen Sachverständigen berücksichtigt werden. Chrobak und Rosthorn bringen am Schlusse ihrer Monographie eine Übersicht über die Gesetzesbestimmungen, die für diese Mißbildungen in Frage kommen. Ich gehe hier nur kurz auf die rechtliche Seite ein (über die Bestimmungen des früheren preußischen Landrechtes siehe dort S. 61, Allg. Landrecht, T. 1, Tit. 1, §§ 19—23). Das neue bürgerliche Gesetzbuch kennt ebensowenig wie das österreichische weder das Wort noch den Begriff des Zwitters. Es ist der Meinung, daß jedes mißbildete Individuum einem bestimmten Geschlecht zugewiesen werden kann, event. auf das Gutachten eines sachverständigen Arztes hin (Entwurf eines BGB. 4, Familienrecht, S. 48). Die Ansicht des bürgerlichen Gesetzbuches, daß es nach der heutigen Auffassung keine Zwitter mehr gibt, kann nach den obigen Ausführungen als richtig nicht anerkannt werden. Demnach besteht nach dieser Richtung hin eine zweifellose Lücke im Gesetz. Siehe auch unten über Rechtsverhältnisse der Mißbildungen.

Literatur.

Kaufmann, Spez. Pathologie. — Ahlfeld, Mißbildungen. — Chrobak u.
Rosthorn in Nothnagels Handb. 20. (Lit.) — Stumpf in v. Winckels Handb. —
Ziegler, Allgemeine Pathologie (Lit.). — Olshausen-Veit, Geburtshilfe. — Klein-
hans in v. Winckels Handb. — Michaelis, Kompendium der Entwicklungsgeschichte.
— Hertwig, Entwicklungsgeschichte. — v. Frisch in Nothnagels Handb. 19. 2. —
Spiegelberg-Wiener, Geburtshilfe. — Tillmanns, Spez. Chirurgie. — Leser,
Spez. Chirurgie. — Biedert-Fischl, Kinderkrankheiten. — Baginsky, Kinder-
krankheiten. — Gebhard, Pathologische Anatomie der weiblichen Sexualorgane.
Leipzig 1899, Hirzel. — Gütschow, Weibliche Epispadie. Diss. Rostock 1904. —
Mackenrodt, Hypospadia femin. Geb. Gesellsch. Berlin, 10. III. 1905. Ref. Zentralbl.
f. Gynäk. 1905. S. 554. — Über Mißbildungen von Uterus, Tuben, Ovarien, Scheide
vgl. die gynäk. Lehr- und Handbücher (Veit, Hofmeier, Runge, Fritsch,
Küstner u. a.). — Stolper, Zwitter. Ärztl. Sachverst.-Ztg. 1905. Nr. 1. — Neu-
gebauer, Samml. klin. Vortr. N. F. Nr. 393. Leipzig, Breitkopf & Härtel. Die übrigen
Arbeiten Neugebauers finden sich in den Literaturangabeu. — L. Pick, Über
Neubildungen am Genitale bei Zwittern usw. Arch. f. Gynäk. 76. 2. — Demelin u.
Cathala, Kong. Hämatokele des Hodens. Gynäk. Gesellsch. Paris, 21. XII. 1905. Ref.
Zentralbl. f. Gynäk. 1906. S. 640. — Merkel, Einseitige Hodenverdoppelung usw.
Beitr. z. path. Anat. u. allg. Path. 32. — Beuttner, Atresia hymen. cong. Beitr. z.
Geburtsh. u. Gynäk. 6. H. 3. — Schickele, Tubenmißbildungen. Beitr. z. Geburtsh.
u. Gynäk. 11. H. 1 u. 2.

Brustdrüse.

Im Anschluß an die Mißbildungen der Genitalorgane möge hier eine
Besprechung der Mißbildungen der Brustdrüse folgen. Sehr selten ist der
angeborene Defekt der Brustdrüse, Amazia. Ebenso die kongenitale
abnorme Kleinheit der Brustwarzen oder der ganzen Drüse, Mikromastie.
Häufiger ist die kongenitale Brustdrüsenvermehrung, Polymazia,
Hyperthelie, Hypermastie, Polymastie, Mamma succenturiata,
accessoria. Dabei werden häufig auch überzählige Warzen, Polythesie,
Hyperthesie beobachtet. Entweder findet man eine doppelte Warze auf
einem gemeinsamen Warzenhofe, oder aber sie gehören, wenn sie getrennt
vom Warzenhof gelegen sind, einer Mamma succenturiata an (Ahlfeld). Hug
beschrieb kürzlich einen Fall von Dreiteilung der linken Mamille. Beide
ebengenannten Mißbildungen kommen bei Knaben und noch häufiger bei
Mädchen vor und werden meist als Rückschlag auf mehrbrüstige Vor-
fahren aufgefaßt (Atavismus). Die accessorischen Mammae sitzen meist in
der Richtung zweier Linien, die von der Achselhöhle nach der Inguinal-
gegend zu konvergieren. Ausnahmsweise findet man sie auch wohl in der
Gegend der Achselhöhle, des Akromion, am Rücken, in der Mitte des
Bauches (in der Gegend des Nabels), am Oberschenkel, ja sogar auf dem
Labium majus. Diese an und für sich meist kleinen Nebendrüsen können
in der Schwangerschaft hypertrophieren und Milch produzieren. In einigen
Fällen konnten sie sogar zum Stillen mitbenutzt werden. So zitiert
Ahlfeld einen von Robert Magendie beschriebenen Fall, wo eine Frau
außer den normalen Brustdrüsen eine weitere Drüse mit wohlgebildeter
Warze am Oberschenkel besaß. Neben ihrem eigenen Kinde, das 30 Mo-
nate nur an der Schenkeldruse gesäugt wurde, nährte die Frau noch
3 fremde Kinder sehr lange Zeit. Auf dem Boden derartiger akzessorischer
Mammae können sich Karzinome und gutartige Adenome entwickeln. Die

Ätiologie dieser interessanten Mißbildung ist nicht ganz eindeutig. Nach Ahlfeld ist es wahrscheinlich, daß durch den Druck des Amnion Teile abgetrennt und am Amnion haftend auf der Körperoberfläche transplantiert werden. Mehrfach ist direkte Vererbung der Anomalie von Mutter auf Kind beobachtet. Selten ist die angeborene Hypertrophie der Mamma. Meist kommt es bei derartigen Personen zur Frühreife (frühes Eintreten der Menstruation, frühzeitige Behaarung usw.).

Gynäkomastie ist die Bildung weiblicher Brüste bei Männern. Meist bestehen dabei genitale Mißbildungen (Hermaphroditismus, Hodenatrophie u. a.). Merkwürdig ist ein von A. v. Humboldt mitgeteilter Fall von Gynäkomastie. Danach soll ein 32jähriger Mann sein Kind nach dem Tode seiner Frau 5 Monate lang gestillt haben. Nach Stieda unterscheidet sich das Brustdrüsengewebe bei der Gynäkomastie wesentlich vom weiblichen Brustdrüsengewebe.

Literatur.

Kaufmann, Spez. Pathologie. — Ziegler, Allgemeine pathologische Anatomie. — Tilmannns, Spez. Chirurgie. — Ahlfeld, Mißbildungen. — Hug, Diss. Straßburg 1908.

Mißbildungen des Skeletts, einschließlich Becken, Extremitäten und Muskeln.

Über kongenitale Bildungsfehler des Schädels siehe S. 25, über Spina bifida S. 18.

Die Wirbelsäule verläuft beim Neugeborenen bekanntlich noch geradlinig. Erst später bilden sich beim Sitzen, Stehen und Gehen des Kindes die typischen physiologischen Krümmungen der Wirbelsäule infolge der Belastung und des Muskelzuges.

Angeborene Verbiegungen der Wirbelsäule sind selten. Mehrfach ist Skoliose, also die seitliche Verbiegung und Verkrümmung der Wirbelsäule angeboren beobachtet worden. Meist handelt es sich um nicht lebensfähige Früchte mit anderweitigen schweren Mißbildungen der Wirbelsäule und des Zentralnervensystems. Die statische Skoliose bei Kindern mit einer kongenital verkürzten unteren Extremität kommt nach den obigen Ausführungen erst nach der Geburt allmählich zustande.

Über die kongenitale lordotische Verkrümmung der Wirbelsäule bei Nabelschnurhernien vgl. S. 116. Die lordotische Verkrümmung der Lendenwirbelsäule bei kongenitaler Hüftluxation entsteht erst nach der Geburt infolge der dabei vorhandenen stärkeren Beckenneigung.

Hohl bringt auf S. 125 ff. eine reichliche Kasuistik über kongenitale Verkrümmungen der Wirbelsäule. So sah Meckel in zwei Fällen den Hals- und Rückenteil der Wirbelsäule so stark nach vorn gebogen, daß die obere und untere Hälfte der Wirbelsäule unter einem spitzen Winkel ineinander übergingen und der Kopf auf dem Lendenteil aufzusitzen schien. Carus sah bei einem Kinde, dessen Mutter früher an Rachitis gelitten hatte, eine kongenitale Skoliose. Ebenso v. Froriep, Potthof, Siebenhaar, Burnett, Herrmann, Humby, Henot, Klein, Nivert (bei Hydrokephalus), Castelli (Hydrokephalus). Jörg beschrieb einen Fall, wo bei einem neugeborenen Kinde die obere Hälfte des Rumpfes sich so nach hinten gebogen hatte, daß die Schultern in der Gegend der Lendenwirbel und des Kreuzbeins lagen und sich hier oberflächlich (durch die Haut) vereinigt hatten. Einen ähnlichen Fall beschrieben Montault, Breschet. In mehreren von diesen Fällen bestand gleichzeitig Brust- oder Bauchspalte.

Verkrümmungen der Wirbelsäule können auf den Geburtsverlauf einen Einfluß ausüben, indem sie die Geburt erschweren. So beschreibt Hohl auf S. 106 ff. ausführlich einen Fall, bei dem eine starke Verbiegung der Wirbelsäule und andere Mißbildungen bestanden. Die Geburt mußte mit der Zange beendet werden. Die Extraktion des verbogenen Rumpfes bot besondere Schwierigkeiten, so daß das Kind unter der Geburt abstarb. Infolge der Verbiegung der Wirbelsäule zeigten die Wirbel teilweise starke Veränderungen. Der schiefe Kopf war in seinem Längsdurchmesser größer als der Rumpf. Die Sektion ergab einen beträchtlichen Hydrokephalus. Hohl nimmt an, daß der große Kopf den Rumpf von oben gegen den Uterus gedrückt und so teils die freie Entwicklung des Rumpfes gehindert hat, teils die in diesem Falle vorhandene eigentümliche Haltung der unteren Extremitäten bedingt und durch diese und den Druck die Biegung der Wirbelsäule und die gleichfalls vorhandene schiefe Stellung des Beckens bewirkt habe.

Die Erkennung der kongenitalen Wirbelsäulenverbiegungen unter der Geburt, wenn Stockungen in der Austreibung des Kindes auftreten, dürfte recht schwer sein. Man wird mit halber oder ganzer Hand, ev. in Narkose eingehen, um eine möglichst ergiebige Abtastung der Frucht vornehmen zu können. In dem oben zitierten Fall Jörg gelang die Geburt erst nach Durchtrennung der Hautverbindung. Häufig war infolge fehlerhafter Lage ein Eingriff nötig, besonders die Wendung. Nach Hohl ist bei diesen Anomalien die Wendung auf die Füße nur dann möglich, wenn die Krümmung so beschaffen ist, daß sie eine Streckung des Rumpfes zuläßt. Sonst soll der Steiß, oder bei Verkrümmung nach hinten, die vordere Beckenfläche des Kindes in den Beckeneingang herabgezogen und das Kind so extrahiert werden.

An der Wirbelsäule werden ferner, wie auch sonst am Skelett (vgl. unten), Defektbildungen, Hypoplasie und Hypertrophie beobachtet. Bei den Defektbildungen fehlt ein Knochenteil ganz oder aber seine Weiterentwicklung ist intrauterin gehemmt worden. So können z. B. Teile der Wirbelbögen fehlen. Besteht eine Kontinuitätstrennung der Interartikularportion des fünften Lendenwirbelbogens infolge ausgebliebener Verschmelzung der vorderen und hinteren Knochenkerne des Wirbelbogens (kongenitale Spondylolyse), so kommt es zur Spondylolisthesis des fünften Lendenwirbels und zum spondylolisthetischen Becken mit Verengerung des geraden Durchmessers im Beckeneingang. Dabei schiebt sich der fünfte Lendenwirbel mit dem darüber liegenden Teil der Wirbelsäule über die Basis des Kreuzbeins nach vorn und abwärts. Es kommt also gleichzeitig auch zu einer hochgradigen Lordose der Wirbelsäule. Der Wirbelkörper des fünften Lendenwirbels kann dabei derartig verlagert werden, daß er mit seiner Basis der vorderen Kreuzbeinfläche direkt aufliegt. Das nach vorn und abwärts Gleiten geschieht nach den oben gemachten Bemerkungen erst nach der Geburt, bei Frauen in erster Linie während der Schwangerschaft.

Außer den Defektbildungen an der Wirbelsäule sind auch überzählige Wirbel an allen Abschnitten der Wirbelsäule, allerdings selten, beobachtet worden. Ferner sind sog. Schwanzbildungen, die eine Verlängerung der Wirbelsäule darstellen, in der Steißgegend beschrieben. Man unterscheidet wahre und falsche Schwänze. Erstere enthalten Knochen, letztere weder Knochen noch Knorpel. Diese letzten gehören z. T. den Teratomen an (vgl. S. 189).

An den Rippen sind gleichfalls überzählige Bildungen beobachtet worden, z. B. die nicht seltenen Hals- und Lendenrippen. Häufiger noch ist die gabelige Teilung der Rippen. Meist finden sich bei überzähligen Rippen auch überzählige Wirbel. An dieser Stelle sei auch der sehr seltenen Verdoppelung beider Stirnbeine gedacht (vgl. Ahlfeld, S. 116).

In dieses Kapitel gehört ferner das abnorm geringe Längenwachstum, die Hypoplasie des Skeletts, wobei es zu einer auffallenden Kürze der Extremitäten, zur Mikromelie, in höheren Graden zur Phokomelie (wegen der Robbenähnlichkeit) kommt. Dabei sind die Weichteile normal entwickelt und demgemäß für die kurzen Knochen zu lang und zu weit. Die Haut legt sich wie ein zu weites Gewand in Falten. Sie ist entweder ödematös oder nur sehr fettreich. Zuweilen besteht auch allgemeiner Hydrops oder nur Anasarka, wodurch es zu Geburtsstörungen kommen kann. Infolge der kurzen Extremitäten erscheint der sonst normale Rumpf stets auffallend dick.

Die meisten Fälle von Mikromelie werden durch die sog. Chondrodystrophia fötalis hervorgerufen. Wir verdanken E. Kaufmann über diese Knochenerkrankung resp. Mißbildung grundlegende Arbeiten, welche die Natur des Prozesses klargestellt haben. Kaufmann hat das Verdienst, in dieses Gebiet, wo mancherlei nicht zusammengehörende Dinge durcheinandergeworfen wurden, Klarheit und System gebracht zu haben. Alle diese Fälle wurden früher, teilweise auch heute noch, fälschlicherweise als fötale Rachitis oder sog. fötale Rachitis, Müllersche Krankheit, wohl auch als Mikromelia chondromalacica bezeichnet. Die Franzosen bezeichnen den Prozeß als Achondroplasie. Die gangbarste Bezeichnung ist wohl „kongenitale Rachitis", unter welcher Bezeichnung aber, wie erwähnt, ganz verschiedenartige Prozesse zusammengeworfen werden. Wie Kaufmann nachgewiesen hat, handelt es sich bei dem Prozeß um eine mangelhafte Knorpelwucherung und frühzeitiges Aufhören der endochondralen Ossifikation (vgl. Kaufmann, Lehrb. der spez. Pathologie S. 703 bis 708). Die Diaphysen bleiben kurz, werden aber oft infolge relativ starker periostaler Knochenbildung mehr oder weniger sklerotisch. Im Gesicht kommt es infolge des Prozesses entweder zu einer tiefen Einziehung der Nasenwurzel, wodurch das Gesicht einen kretinartigen Ausdruck annimmt, oder aber die Nasengegend tritt als Ganzes nicht hervor. Die meisten damit behafteten Kinder werden tot geboren oder aber sterben sehr bald nach der Geburt, spätestens nach einigen Wochen.   Nur sehr in seltenen Fällen bleiben sie am Leben und können 30 Jahre und älter werden.   Diese Menschen sind dann sehr klein, es sind plumpe, kurzgliedrige, disproportionierte Zwerge mit meist guter Intelligenz.   Am Becken kommt es zum sog. Zwerchbecken, Pelvis nana. Nach v. Franqué muß man die Ursache dieser fötalen Knochenerkrankung hauptsächlich in einer Raumbeschränkung suchen. Man soll dazu um so mehr berechtigt sein, als häufig gleichzeitig Klumpfüße, Spaltbildungen, sowie Defektbildungen an den Extremitäten beobachtet werden.   Interessant ist die Tatsache, daß derartige Mißbildungen mehrfach von derselben Frau ausgestoßen wurden, weshalb die Vermutung nahe liegt, daß die Ursache im mütterlichen Organismus gelegen ist.   So wird z. B. hier herangezogen schlechte Ernährung der Mutter während der Schwangerschaft.   Die Tatsache, daß mehrfach Hydramnion bei derartigen Früchten beobachtet ist, sagt nicht viel, da bekanntlich Hydramnion bei allen möglichen Mißbildungen und fötalen Erkrankungen eine sehr häufige Begleiterscheinung ist.

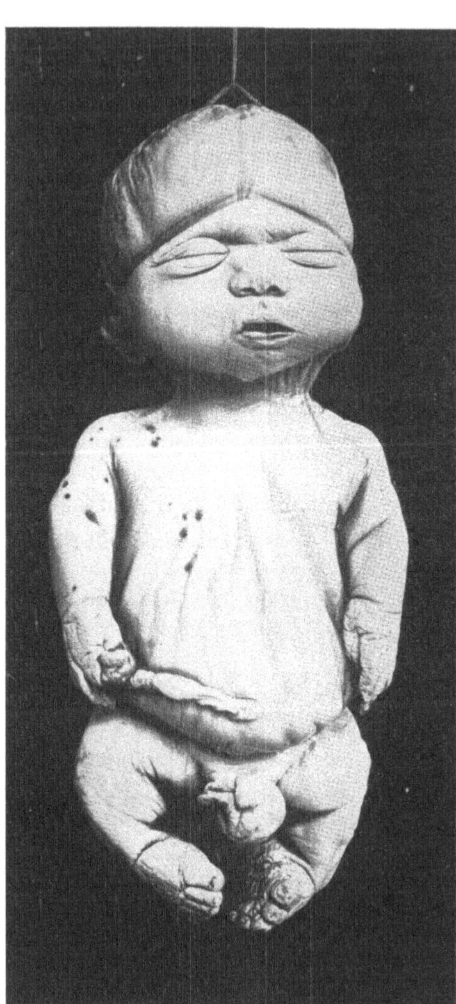

Abb. 36. Chondrodystrophia foetalis.
(Präparat aus der Sammlung der Göttinger Frauenklinik.)

Die früher als sog. Müllersche Krankheit (vgl. Küstner in Müllers Handbuch der Geburtshilfe) bezeichnete kongenitale Knochenaffektion, die nach Müller große Ähnlichkeit mit der Rachitis hat, wenn sie auch nach demselben Autor wesentliche anatomische Unterschiede gegenüber der Rachitis bietet, gehört wohl sicher hierher. Auch die von Winkler mit großer Entschiedenheit vertretene Ansicht, daß es zwei Formen fötaler Rachitis gebe, ist heute nach den Untersuchungen Kaufmanns nicht mehr aufrecht zu erhalten. Winkler unterscheidet die Rachitis mikromelica, auch kurz Mikromelie genannt, die er als abgelaufene Rachitis ansieht und deren Folge dann die Mikromelie ist, und die Rachitis annulans. Bei dieser zweiten Form soll die Rachitis im floriden Stadium sein, so daß es schon intrauterin zu Knochenbrüchen gekommen ist.   In anderen Fällen entstehen die Frakturen erst extrauterin. Infolge der ringförmigen, übereinander liegenden Kallusbildungen an den Extremitätenknochen ist Winkler zu der Bezeichnung Rachitis annulans gekommen. Man kann heute wohl mit Sicherheit behaupten, daß seine Rachitis mikromelica zur Chondrodystrophie, die Rachitis annulans zur Osteopsathyrosis infolge Osteogenesis imperfecta gehört.

Die Chondrodystrophie ist nun durchaus nicht die alleinige Ursache der Mikromelie. Die Mikromelie ist daher, worauf Kaufmann mit Recht aufmerksam macht, keine Erkrankung sui generis, sondern nur ein Symptom. So führt z. B. auch die sog. Osteogenesis imperfecta zur Mikromelie. Nach den Untersuchungen von Harbitz, Buday, Kaufmann u. a. handelt es sich dabei um eine mangelhafte Anbildung von Knochensubstanz, und zwar sowohl von seiten der Markosteoblasten, wie von seiten des Periosts.

Im Gegensatz zur Chondrodystrophie ist jedoch die endochondrale Ossifikation annähernd normal (vgl. Kaufmann, S. 706). Infolge dieses Krankheitsprozesses werden die Knochen außerordentlich leicht brüchig — Osteopsathyrosis, Osteoporosis congenita, Fragilitas ossium

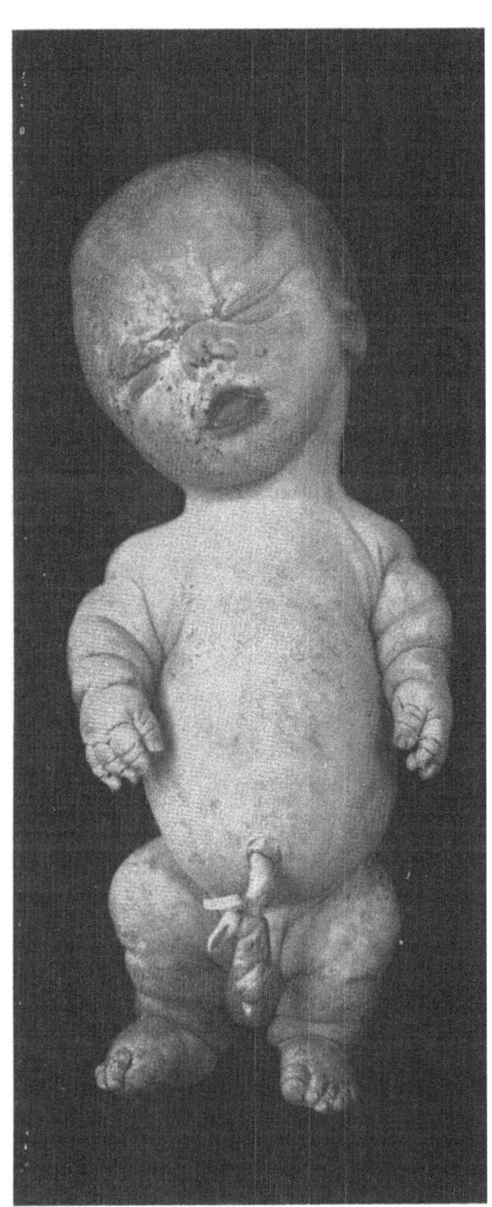

Abb. 37. Chondrodystrophia foetalis.
(Präparat aus der Sammlung der Göttinger Frauenklinik.)

congenita. Diese Osteopsathyrosis ist zweifellos eine der häufigsten Ursachen der intrauterinen und auch der extrauterinen Frakturen. Schon während des Fötallebens kann es bei diesem krankhaften Knochenprozeß zu zahlreichen Frakturen und Infraktionen, insbesondere im Bereich der Rippen und der Extremitätenknochen, kommen. Die Brüche können unter starker Kallusbildung bei der Geburt schon geheilt sein. Auch unter der Geburt kommt es leicht zu derartigen Frakturen (vgl. jedoch unten die Bemerkungen über intrauterine Frakturen). Kaufmann bringt auf S. 708 seines Lehrbuches zwei instruktive Abbildungen von Osteogenesis imperfecta mit zahlreichen Frakturen. In der Göttinger Frauenklinik kam unter 4500 Geburten nur ein Fall von Osteogenesis imperfecta zur Beobachtung. 26 jährige 2 p. kommt kreißend in die Klinik. In Fußlage wird eine 1050 g schwere, 33 cm lange weibliche Frucht ausgestoßen, die eine Stunde nach der Geburt stirbt. Extremitäten verkürzt, stark verbogen, so daß die Gegend der Gelenke äußerlich nicht unterschieden werden kann. Rippen sehr weich, fast sämtliche Knochen zeigen Krepitation. Auch im Bereich des Unterkiefers abnorme Beweglichkeit und Krepitation. Schädelknochen sehr leicht eindrückbar. Beim Bloßlegen der Knochen zeigen sich diese vollständig unregelmäßig verknöchert und an vielen Stellen frakturiert. An der Thyreoidea besteht geringe Hypertrophie.

Die früher als chronische parenchymatöse Ostitis (Jul. Schmidt, vgl. Küstner in Müllers Handbuch der Geburtshilfe) bezeichnete Knochenerkrankung gehört wohl auch hierher. Auch bei dieser Erkrankung bestanden frischere und ältere intrauterine Frakturen. Beim geringsten Druck kam es zu Knochenfrakturen und Infraktionen.

Die in dieses Kapitel gehörende Zwergbildung, Nasosomie, ist bereits früher (S. 17) abgehandelt. Beim Kretinismus findet man sehr häufig auch Wachstumsstörungen des Skeletts. (Ausführliches siehe Kaufmann, S. 710.)

Die geburtshilfliche Bedeutung der Chondrodystrophie besteht darin, daß infolge der erwähnten, meist vorhandenen allgemeinen Ödeme oder Höhlenhydropsien Schwierigkeiten beim Austritt des Kindes entstehen können. So berichtet z. B. Winkler über eine schwierige Extraktion bei einer derartigen Mißbildung. Bei der Sektion des Kindes fanden sich Ergüsse in allen serösen Höhlen, sehr dicker Panniculus adiposus und ödematöses subkutanes Bindegewebe. Ahlfeld bildet auf S. 422 seines geburtshilflichen Lehrbuches einen sehr schönen Fall von Chondrodystrophia fötalis ab, bei dem es infolge des sehr starken Aszites zu einem Geburtshindernis gekommen war. Die Abbildung zeigt die typische Nasenbildung bei dieser Mißbildung. In der Göttinger Frauenklinik hatten wir kürzlich Gelegenheit, die Geburt einer derartigen Mißbildung zu beobachten. Es handelte sich um eine kräftige, gesunde Frau, die 3 Jahre vorher ein ganz gesundes Kind geboren hatte. Die Geburt verlief bei guter Wehentätigkeit ziemlich schnell in gemischter Steißlage. Der Kopf wurde in Walcherscher Hängelage unter großen Schwierigkeiten entwickelt. Mäßiges Hydramnion. Außer der Mikromelie bestand mäßiger Hydrokephalus, allgemeine leichte Ödeme, mäßiger Aszites. Das Kind war unter der Geburt abgestorben, Geschlecht männlich, Gewicht 3500 g, Länge 39 cm, Umfang des Kopfes 30 cm.

Ein weiteres Präparat von ausgetragenem Fötus mit Chondrodystrophie und Hydrokephalus befindet sich in der Sammlung der Frauenklinik.

Wie aus der Literatur hervorgeht, macht die Ausstoßung derartiger Früchte meist keine besonderen Schwierigkeiten. Bei den Kindern mit Osteogenesis imperfecta können nach den gemachten Ausführungen unter der Geburt, spontan, besonders aber bei geburtshilflichen Operationen (Extraktion, Armlösung) sehr leicht Knochenfrakturen, besonders der Oberarme, der Oberschenkel und der Schlüsselbeine, eintreten, die natürlich dem geburtshilflichen Operateur nicht zur Last fallen können.

An dieser Stelle sei auch der Riesenwuchs, Makrosomie, erwähnt, obwohl er, streng genommen, nicht hierher gehört. Bei dieser Mißbildung findet sich eine gesteigerte Wachstumstendenz und zwar allgemeiner oder partieller Natur. Wie Kaufmann hervorhebt, handelt es sich um eine Hypertrophie auf kongenitaler Grundlage, die aber erst nach der Geburt zum Ausdruck kommt. Die sog. Riesenkinder, die bei der Geburt Länge und Gewicht erheblich überschreiten, haben in den meisten Fällen hiermit nichts zu tun (vgl. S. 209).

Ebenso erwähne ich hier kurz die prämaturen Synostosen. Wenn an den Nähten oder den Synchondrosen eine frühzeitige Verknöcherung eintritt, so steht das Knochenwachstum an diesen Stellen völlig still. Am Schädel kommt es zur sog. Mikrokephalie (vgl. S. 25). Am Becken kommt es infolge ein- oder doppelseitiger prämaturer Synostose der Synchondrosis sacroiliaca mit konsekutivem Defekt oder mangelhafter Entwicklung eines oder beider Kreuzbeinflügel zum schrägverengten, Nägelischen Becken oder querverengten, Robertschen Becken. Beide können bei hochgradiger Verengerung des schrägen oder queren Beckendurchmessers schwere Geburtsstörungen hervorrufen. Siehe darüber die geburtshilflichen Lehrbücher.

Eine häufige angeborene Erkrankung des knöchernen Skeletts ist die kongenitale Syphilis, die beim Fötus mit Vorliebe die Knochen befällt. Seltener tritt die kongenitale Knochensyphilis als Periostitis ossificans, mit oder ohne Osteochondritis ossificans und gummöser Osteomyelitis auf. Häufiger und allgemein bekannt seit Wegner ist die Osteochondritis syphilitica, wie sie besonders schön an der Knorpel-Knochengrenze der langen Röhrenknochen zu beobachten ist (Femur, Tibia, Humerus). Der Nachweis der Osteochondritis syphilitica ist beweisend für die Diagnose der ererbten Syphilis. Der Nachweis gelingt auch bei mazerierten Früchten. Dieser Krankheitsprozeß an den Knochen läßt sich sehr leicht auch dann noch nachweisen, wenn andere syphilitische Organveränderungen nicht vorhanden sind. Ja, man schloß eine Zeitlang, wenn man diese Veränderung nicht fand, Syphilis congenita überhaupt aus. Heute haben wir bekanntlich in dem Nachweis der Spirillen ein noch erheblich feineres und sicheres diagnostisches Hilfsmittel. Während die normale Knorpel-Knochengrenze eine feine gerade Linie darstellt, finden wir bei der Osteochondritis syphilitica eine mehr oder weniger gezackte, unregelmäßige, verbreiterte Zone von gelblicher, oft käsiger Farbe zwischen Epiphyse und Diaphyse. Mikroskopisch besteht der Prozeß in einer kleinzelligen Einlagerung mit Zerfallsprodukten, später in Eiterbildung. In schweren Fällen kann es schon intrauterin durch das entstandene Granulationsgewebe zu einer völligen

Ablösung der Epiphyse von der Diaphyse kommen, was man als syphilitische Epiphysenlösung im Gegensatz zur traumatischen bezeichnet. Die beiden so getrennten Knochenpartien können bereits intrauterin wieder zusammenheilen. Es liegt auf der Hand, daß es infolge dieses Knochenprozesses bei geburtshilflichen Operationen, Armlösung, Herunterholen eines Fußes, Extraktion am Steiß usw. infolge der vorhandenen Lockerung zwischen Epiphyse und Diaphyse besonders leicht zu diesen Epiphysenlösungen kommen kann, wobei dem Geburtshelfer eine Schuld nicht beizumessen ist.

Was die geburtshilflichen Verletzungen des Skeletts anbetrifft, so verweise ich auf die diesbezüglichen Bemerkungen bei den einzelnen Kapiteln. Hier nur einige Worte über die Zerreißungen der Wirbelsäule. Zerreißungen der Halswirbelsäule werden bei sehr schwieriger und forcierter Entwicklung des Kopfes, besonders beim engen Becken, dann beobachtet, wenn der Zug nicht in der Richtung der Wirbelsäule erfolgt, oder wenn die Wirbelsäule gleichzeitig torquiert wurde. Die Trennung der Substanz erfolgt beim Wirbel in der Regel in der Epiphysengrenze des Wirbelkörpers, seltener in der Intervertebralscheibe. Meist kommt es dabei auch zu Blutungen in den Wirbelkanal, Zerrung und Zerreißung des Rückenmarks und der von ihm ausgehenden Nerven, Blutungen in das prävertebrale Bindegewebe usw.

Die Mazeration der Früchte, sowie hochgradige allgemeine Ödeme der Frucht begünstigen diese Wirbelverletzungen. Die häufigste Ursache war früher der heute fast ganz obsolete Prager Handgriff, wobei die Halswirbelsäule winklig geknickt wird. Verletzungen der Brust- und Lendenwirbelsäule sind erheblich seltener. Bei ihnen liegt der Angriffspunkt der Kraft meist tiefer. Am Becken ist in erster Linie bei der Extraktion am Steiß oder an den Füßen die Sprengung der Articulatio sacro-iliaca beobachtet. Nach Ruge kann sich im Anschluß an diese Verletzung ein sog. ankylotisch-schräg verengtes Becken entwickeln. Die erwähnten Wirbelverletzungen haben meist den sofortigen Tod zur Folge. Ahlfeld sah allerdings nach der Fraktur eines Brustwirbels eine Lebensdauer von 9 Tagen.

Literatur.

Kaufmann, Spez. Pathologie. — Tillmanns, Spez. Chirurgie. — Baginsky, Kinderkrankheiten. — Breus u. Kolisko, Die pathologischen Beckenformen. Leipzig u. Wien, Deuticke. — Müller, Handb. d. Geburtsh. — v. Winckel, Handb. d. Geburtsh. — Biedert-Fischl, Kinderkrankheiten. — Ahlfeld, Lehrb. d. Geburtsh. — Derselbe, Mißbildungen. — Spiegelberg-Wiener, Lehrb. d. Geburtsh. — Hohl, Geburten mißgestalteter usw. Kinder. — Braun-Fernwald, Geburtshilfe. — Stumpf in v. Winckels Handb. d. Geburtsh. — Birnbaum, Verletzungen des Kindes bei der Geburt. — Wyder, Geburtsh. Operationen in v. Winckels Handb. d. Geburtsh. — J. S. Fowler, Osteogenesis mit zahlreichen Frakturen. Edinb. Med. Journ. 1906, Jan. — Fleury, Angeborene Skoliose. Diss. Paris 1901. — Knoop, Chondrodystrophia foetalis. Versamml. deutsch. Naturf. u. Ärzte, Köln 1908. — Bürger, Intraut. Osteoporose. Geb. Gesellsch. Wien, 3. VI. 1902. Ref. Zentralbl. f. Gynäk. 1903. S. 374f. — Michel, Osteogenesis imperf. mit kongenitalen Frakturen. Virchows Arch. 172. — Lindemann, Osteogenesis imperf. Diss. Berlin 1903. — Nau, Angeborene Skoliose. Diss. Paris 1904. — Bar, Kongenitale Kyphose. Geb. Gesellsch. Paris, 16. VI. 1904. Ref. Zentralbl. f. Gynäk. 1905. S. 1383.

Kongenitale Steißgeschwülste.

Ich bespreche an dieser Stelle im Zusammenhang die sog. kongenitalen Steißtumoren, obwohl sie streng genommen ihrer Genese nach nicht gemeinsam rubriziert werden können. Alle diese Tumoren sind entweder in der Gegend des Kreuzbeins oder des Steißbeins oder im Bereich beider lokalisiert. Es werden unter diesem Namen, wie bereits angedeutet, ganz verschiedene Bildungen zusammengefaßt. Hierher gehören

1. die bereits besprochenen Mißbildungen, die als Spina bifida usw. bezeichnet werden (S. 18).

2. Tumoren, die von der Luschkaschen Steißdrüse ausgehen sollen. Einige Autoren (Arnold, Ahlfeld u. a.) bestreiten diese Art der Entstehung.

3. kongenitale Lipome, Lymphangiome, die meist aus dem Raum zwischen Kreuzbein und Mastdarm ausgehen.

4. Schwanzbildungen (vgl. S. 183).

5. Geschwülste, die als örtliche Entwicklungsstörungen anzusehen sind, wobei eine Gewebsverlagerung oder Abschnürung innerhalb eines Einzelindividuums stattgefunden hat — monogerminale Teratome und teratoide Zysten. Nach Ziegler (S. 522) läßt sich in der Steißgegend die Mannigfaltigkeit der Gewebsbildung dadurch erklären, daß sowohl Teile der Schwanzwirbelsäule und des Beckens mit Muskelgewebe, als auch Reste des Schwanzdarmes und des Medullarrohres an dem Aufbau des Teratoms teilnehmen. Diese Tumoren sind Dermoidzysten mit verschiedenen Geweben, Knochen, Knorpel, Muskel, drüsigen Gebilden, Haaren, Talg usw.

6. Teratome mit rudimentären Extremitäten oder verschiedenen Körperbestandteilen, die als eine Doppelmißbildung, als ein rudimentärer Pygopagus oder auch als Dipygus parasiticus (vgl. S. 241) aufzufassen sind — bigerminale Teratome, foetus in foetu, wobei der ausgebildete Fötus als Autosit, der rudimentäre Zwilling als Parasit, hier speziell als Epipygus bezeichnet wird.

Die Steißgeschwülste werden in dorsale und ventrale eingeteilt. Ich beschränke mich hier hauptsächlich auf eine Besprechung der dorsalen Tumoren. Nach v. Bergmann kommen 87 Proz. der mit derartigen Tumoren behafteten Kinder tot zur Welt oder aber sterben in den ersten Tagen nach der Geburt. Meist handelt es sich um weibliche Früchte. Die genauere makroskopische Diagnose dieser Tumoren nach der Geburt derartiger Kinder ist durchaus nicht immer leicht. Findet sich eine Lücke im Wirbelkanal, läßt sich der Tumor durch Kompression verkleinern, so ist es eine Meningozele. Sehr wichtig ist bei der Untersuchung die rektale Exploration. Die Teratome zeigen in ihrem Innern Organrudimente. Bei der Punktion der Dermoide wird man event. Talg nachweisen können. Das Unterhautzellgewebe ist bei den Teratomen sehr oft ödematös, auch Zysten werden gleichzeitig neben dem Teratom beobachtet. Sie gehören dann dem Autositen an. Die Ernährung der Tumoren erfolgt meist durch Äste der Arteria sacralis media. Wie Ahlfeld hervorhebt, bilden sich alle Steißteratome unterhalb der Muskulatur der Glutäen; sehr häufig drängen sie den Damm und das Rektum vor sich her. Dabei ist der Anus und auch die Genitalorgane meist derartig nach vorn disloziert, daß es so aussieht, als ob sie dem vorderen oberen Teile des Teratoms aufsäßen. In ganz seltenen Fällen sind innerhalb der Sakraltumoren Bewegungen wahrgenommen worden, die wahrscheinlich durch Muskelfasern hervorgerufen wurden (vgl. Ahlfeld, S. 56). Ganz besonders entstehen diagnostische Schwierigkeiten dann, wenn die Dermoide spontan oder nach Traumen vereitern und Fistelbildungen entstehen.

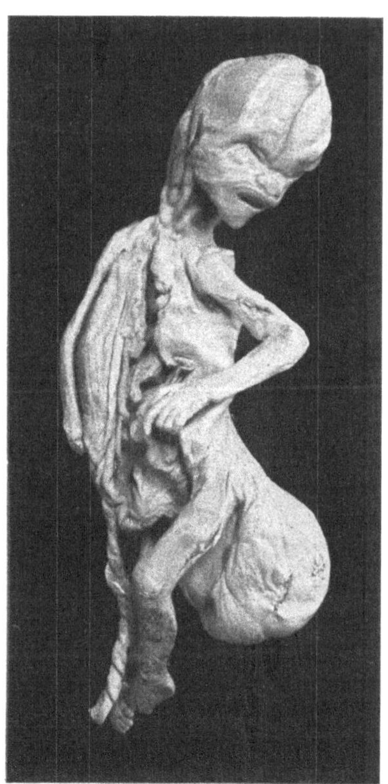

Abb. 38. Steißteratom.
(Präparat aus der Sammlung der Göttinger Frauenklinik.)

Die Größe der Tumoren schwankt zwischen Wallnuß- und Kindskopfgröße. Die Behandlung derartiger Bildungen besteht am besten in der Exstirpation der Tumoren. Große Vorsicht ist natürlich nach den oben gemachten Ausführungen dann geboten, wenn Spina bifida nicht mit Sicherheit ausgeschlossen werden konnte. In der Literatur sind eine ganze Reihe von Fällen beschrieben worden, wo die Exstirpation von Sakraltumoren mit Glück ausgeführt werden konnte.

Die geburtshilfliche Bedeutung der kongenitalen Sakraltumoren liegt darin, daß bei den größeren Tumoren Schwierigkeiten bei der Austreibung der Kinder entstehen können. Bei weitem die große Mehrzahl der Früchte wird allerdings ohne jede Schwierigkeiten spontan ausgestoßen, obwohl die Schwangerschaft dabei meist das normale Ende erreicht. Auf die Größe der Tumoren allein kommt es nicht an. Die Größe des Kindes, die Konsistenz und Resistenz der Tumoren, die Weite des Beckens, die Wehen und die Art des Austritts spielen hierbei gleichfalls eine wichtige Rolle. Von 40 Fällen, die Hohl mitteilt, wobei allerdings auch einige Tumoren an anderen Regionen des Körpers mitgezählt sind, mußte in 18 Fällen Kunsthilfe angewandt werden (Zange, Wendung, Extraktion, Punktion, Zerreißung des Sackes, Perforation desselben, scharfer Haken u. a.). In weiteren 6 Fällen war die Geburt „schwierig". Unter 79 von Braune gesammelten Fällen trat in 22 Fällen eine Erschwerung der Geburt ein. Auffallend ist es, daß sich derartige Früchte meist in Schädellage zur Geburt einstellen, obwohl der Körperschwerpunkt nach dem Beckenende zu verlegt ist. Der Grund hierfür ist wohl der, daß Steiß und Sakraltumor nicht gut zusammen in das untere Uterinsegment passen.

Doch sind auch mehrfach fehlerhafte Lagen und Einstellungen beobachtet worden. In den meisten Fällen wird sich also das Geburtshindernis erst dann bemerkbar machen, wenn Kopf und Schultern geboren sind. Man wird wohl kaum jemals in die Lage kommen, derartige Tumoren durch die äußere Untersuchung festzustellen. Die spezielle Diagnose wird auch nach Geburt von Kopf und Schultern nicht immer einfach sein. Man wird an zusammengewachsene Zwillinge, überhaupt an das Vorhandensein einer zweiten Frucht denken (Kollision von Zwillingen bei gleichzeitigem Eintritt in das Becken), an eine zweite Fruchtblase, wenn der Tumor zystisch und die Tumorwand sehr dünn ist. Die Verwechselung einer Steißgeschwulst mit einer Fruchtblase ist dann besonders leicht möglich, wenn der Tumor der vorangehende Teil ist. Derartige Irrtümer sind, wie aus der Literatur hervorgeht, häufiger begangen worden. Auch an Spina bifida, fötale Inklusion usw. wird zu denken sein. Zur Klärung der Situation ist auch hier das Eingehen mit halber oder ganzer Hand, event. in Narkose nötig, um eine genaue Abtastung des Fruchtkörpers und seines Anhangs vornehmen zu können. Vorher wird man sich, wenn möglich, durch eine gründliche äußere Untersuchung überzeugt haben, daß Zwillinge nicht vorhanden sind, ein Nachweis, der bekanntlich bei Zwillingsschwangerschaft durchaus nicht immer gelingt. Ferner muß bei Schädellagen nach Geburt des Kopfes Brust und Bauch genau abgetastet werden, um zu entscheiden, ob etwa hier die Ursache für die Erschwerung der Geburt zu suchen ist. Hohl gibt auch hier feinere Unterscheidungsmerkmale an, mit denen man in der Lage sein soll, die einzelnen Tumoren näher zu differenzieren. Wenn auch verschiedene Fingerzeige durchaus wertvoll sind, so handelt es sich in der Hauptsache doch nur um theoretische Spekulationen, die kaum praktisches Interesse beanspruchen dürften.

Die Prognose bei derartigen Tumoren unter der Geburt ist in der Regel für die Mutter gut, für die Kinder nach den gemachten Ausführungen weniger gut. Doch muß man sich stets der Tatsache wohl bewußt sein, daß, wie bereits angedeutet, eine ganze Reihe von Kindern mit kongenitalen Sakraltumoren mit Erfolg operiert worden sind. Man wird also, wenn kein absolutes Geburtshindernis vorliegt, möglichst schonend vorgehen. Bei der Mutter kann es bei allzu forcierten Entbindungsversuchen zur Uterusruptur oder anderweitigen Verletzungen des weichen Geburtsweges kommen. Die Uterusruptur kann auch spontan eintreten, wenn das Hindernis nicht erkannt ist und das untere Uterinsegment dann mehr und mehr ausgezogen wird. Als entbindende Operationen kommen in Betracht die Zange, wenn der Kopf nicht zu klein ist, die Wendung, die Extraktion, das Herunterholen eines oder beider Füße, die Punktion oder Inzision der Geschwulst. Ein sehr empfehlenswerter Vorschlag geht dahin, das Geburtshindernis in die geräumige Kreuzbeinhöhle zu drehen, event. durch Zug oder sonst geeignete Manipulationen an den heruntergestreiften unteren Extremitäten oder am Rumpf. In einigen Fällen gelang es, mit oder ohne Punktion, den Tumor mit der Hand oder mit Instrumenten herunterzuholen, worauf die weitere Geburt leicht verlief. In anderen Fällen platzte der Tumor bei forcierten Extraktionsversuchen. Bei abgestorbener

Frucht oder bei absolutem Geburtshindernis und Gefahr für die Mutter wird man das Hindernis dadurch beseitigen, daß man die Geschwulst durch Punktion, Perforation, Inzision, Zerdrücken beseitigt. Letzteres soll man allerdings nach Hohl, als nicht kunstgerechten Eingriff, besser vermeiden. Stets gilt hier, wie immer bei Ausübung der „Ars obstetricia", der Grundsatz, erst die Mutter, dann das Kind. Es wäre unter keinen Umständen zu rechtfertigen, wenn man die Mutter in Lebensgefahr brächte, um ein Kind zu gewinnen, dessen weitere Erhaltung immerhin doch fraglich ist. In der Sammlung der Göttinger Frauenklinik befindet sich ein Fötus mit einem Sakraltumor (vgl. Abb. 38), der bereits 1827 in einer anatomischen Zeitschrift genauer beschrieben worden ist.

Literatur.

Kaufmann, Spez. Pathologie. — Ziegler, Allgemeine Pathologie. — Tillmanns, Spez. Chirurgie. — Baginsky, Kinderkrankheiten. — Biedert-Fischl, Kinderkrankheiten. — Müller, Handb. d. Geburtsh. — Kleinhans in v. Winckels Handb. d. Geburtsh. — Spiegelberg-Wiener, Geburtshilfe. — Hohl, Geburten mißgestalteter usw. Kinder. — Brünn, Diss. Ref. Zentralbl. f. Gynäk. 1903. S. 219. — Gramm, Diss. München 1902. — Véron, Geb. Gesellsch. Paris, 19. VI. 1902. Ref. Zentralbl. f. Gynäk. 1903. S. 670. — Peiser, Vereinigung Breslauer Frauenärzte, 17. III. 1903. Ref. Zentralbl. f. Gynäk. 1903. S. 908. — Engelmann, Arch. f. klin. Chirurgie. 62. H. 4. — Füth, Geb. Gesellsch. Leipzig, 15. II. 1904. Ref. Zentralbl. f. Gynäk. 1904. S. 591. — Uthmöller, Vereinigung Breslauer Frauenärzte, 21. VII. 1903 Ref. Zentralbl. f. Gynäk. 1904. S. 899. Monatsschr. f. Geburtsh. u. Gynäk. 19. — Hoppe, Diss. Breslau 1903. — Chiari, Histol. Untersuchungen von 13 Sakraltumoren. Verhandl. d. deutsch. path. Gesellsch. 1904. H. 2. — Boissard, Geb. Gesellsch. Paris, 7. VII. 1904. Ref. Zentralbl. f. Gynäk. 1905. S. 1383. — Frank, Deutsch. Zeitschr. f. Chir. 77. H. 4—6. — Kjelsberg, ref. Zentralbl. f. Gynäk. 1905. S. 1142. — Fruhinsholz, ref. Zentralbl. f. Gynäk. 1905. S. 1149. — Hoffmann, Diss. Leipzig 1904. — Thies, Geb. Gesellsch. Leipzig, 26. II. 1906. Ref. Zentralbl. f. Gynäk. 1906. S. 932. — Thaler, Deutsche Zeitschr. f. Chir. 79. — Ahlfeld, Mißbildungen. — Braune, Die Doppelmißbildungen und abnormen Geschwülste der Kreuzbeingegend. Leipzig 1862. — R. Keller, Arch. f. Gynäk. 85. H. 3.

Schultergürtel.

Sehr selten ist der angeborene partielle oder totale Defekt des Schlüsselbeins. Tillmanns bildet auf S. 483 (Teil 2, 2) einen Fall von doppelseitigem Defekt des Schlüsselbeins ab. Die Arme der betr. Kranken ließen sich über der Brust vollständig bis zur Berührung aneinanderbringen. Eine besondere Funktionsstörung war nicht vorhanden.

Häufiger ist der kongenitale Hochstand des rechten oder linken, oder beider Schulterblätter. Tillmanns hat einen selbstbeobachteten Fall auf S. 483 abgebildet, wo bei einem sonst gesunden Mädchen das rechte Schulterblatt nach oben um 4 cm ohne Funktionsstörung des betr. Armes verschoben war. Nach demselben Autor muß man den kongenitalen Hochstand des Schulterblattes auf eine abnorme Lage des Fötus im Uterus resp. auf ein Mißverhältnis zwischen Größe des Kindes und der Uterushöhle zurückführen. Einer besonderen Therapie bedarf es bei dieser Affektion meist nicht.

Die angeborenen Schulterluxationen sind ein- und doppelseitig beobachtet worden. Bei derartigen kongenitalen Luxationen fehlt die Gelenkpfanne am Schulterblatt ganz, oder aber sie ist stark difformiert. Gleichzeitig besteht ein Schlottergelenk. Am häufigsten kommt von den bekannten hier möglichen Luxationen die Luxatio humeri congenitalis subcoracoidea und die Lux. cong. humeri infraspinata zur Beobachtung, wobei der Humeruskopf also unter den Processus coracoideus resp. unterhalb der Spina scapulae verlagert ist. An diesen Stellen kommt es dann meist zur Anlage einer abnormen Pfannenbildung. Die Therapie vermag bei diesen seltenen Formfehlern nicht sehr viel. Etwas anderes als diese fötalen Mißbildungen des Schultergelenkes sind natürlich jene abnormen Verlagerungen des Humeruskopfes, wie sie unter der Geburt, besonders bei Kunsthilfe entstehen infolge Epiphysentrennung, Schädigung des Plexus brachialis usw.

Traumatische Luxationen im Bereich des Schultergürtels kommen nach Küstner weder in der Schwangerschaft noch unter der Geburt durch Trauma zustande. Denn, wie Küstner nachgewiesen hat, erzeugt dieselbe Gewalt, welche beim Erwachsenen eine Luxation hervorrufen würde, beim Fötus eine epiphysäre Diaphysenfraktur. Doch sind in neuerer Zeit einige sichere Schulterluxationen bei schwierigen Armlösungen beobachtet worden (Olshausen, Luxat. subcoracoidea, vgl. Stumpf, S. 510).

An dieser Stelle sei ferner kurz erwähnt, daß es bei stark vermehrtem Schulterumfang, wie er bei Riesenkindern und Hemikephalen beobachtet wird, leicht zu Störungen beim Austritt des Kindes kommen kann. Vgl. dort.

Die geburtshilflichen Verletzungen, die intra partum am Schultergürtel beobachtet werden, sind die Fraktur des Schlüsselbeins, Epiphysentrennungen am Collum scapulae, Fraktura colli scapulae, Absprengung des Akromion, Querbrüche durch die Scapulae. Am meisten Interesse, weil am häufigsten, beanspruchen die Klavikularfrakturen. Dieselben können, worauf Muus auf Grund von Beobachtungen aus der Kopenhagener Klinik aufmerksam gemacht hat und was dann von mehreren Autoren bestätigt werden konnte, schon bei spontan verlaufenen Geburten beobachtet werden. Die häufigsten Klavikularfrakturen erfolgen jedoch im Anschluß an geburtshilfliche Operationen. Dabei entstehen sie entweder direkt oder indirekt. Direkt z. B. bei Ausübung des Veitschen Handgriffes, indirekt durch Vermittlung des Oberarms oder der Schulter, wenn z. B. die Schulter bei der Extraktion zu weit nach unten gezogen wird, so daß sie eingekeilt im Becken ist. Ferner bei schwieriger Armlösung, wobei sich der Druck durch die Skapula auf die Klavikula überträgt. Die Fraktur ist meist an der Grenze des mittleren und äußeren Drittels der Klavikula gelegen. Sie wird häufig übersehen, da sie fast immer ohne Störung spontan ausheilt. Die Diagnose erfolgt durch die Palpation, durch den Nachweis der Beweglichkeit der Bruchenden, der Krepitation, des Tieferstehens der betreffenden Schulter, eventuell der Verminderung der entsprechenden Hälfte der Schulterbreite. Das einzige Symptom, das man zuweilen findet, ist, daß die Kinder den Arm der betroffenen Seite nicht bewegen. Die Prognose ist gut. Eine Therapie ist nur bei größerer Dislokation der Bruchenden notwendig. Dann bandagiert man den Arm einfach an den durch Watte geschützten Thorax. Bei asphyktischen Neugeborenen mit Klavikularfraktur sind die Schultzeschen Schwingungen besser zu unterlassen, da bei Ausführung derselben mehrfach Verletzungen der Lungen durch die spitzen Bruchenden des Knochens beobachtet sind. Doch sind derartige Verletzungen nach Runge, Schultze u. a. bei vorsichtiger Ausführung der Schwingungen zu vermeiden.

Literatur:

Tillmanns, Spez. Chirurgie. — Küstner in Müllers Handb. d. Geburtsh. — Birnbaum, Verletzungen des Kindes bei der Geburt. — Stumpf in v. Winckels Handb. d. Geburtsh. — Wyder, Ebenda. — Spiegelberg-Wiener, Geburtshilfe. — Runge, Krankheiten der ersten Lebenstage. — Kirmisson, Schulterhochstand. Geb. Gesellsch. Paris, 8. VI. 1903. Ref. Zentralbl. f. Gynäk. 1903. S. 1309. — Mercier, Schulterhochstand. Geb. Gesellsch. Paris, 17. III. 1904. Ref. Zentralbl. f. Gynäk. 1904. S. 1145. — Kayser, Schulterhochstand. Deutsche Zeitschr. f. Chir. 68. — Haroutioun, Schulterhochstand. Diss. Nancy. 1904. — Serrès, Schulterhochstand. Diss. Paris 1905.

Obere Extremität.

Ich gehe an dieser Stelle kurz auf die Frage der sog. intrauterinen Knochenfrakturen ein. Über intrauterine Amputationen vgl. S. 7.

Es werden gar nicht so selten Kinder mit sog. Intrauterinfrakturen geboren. Man findet, hauptsächlich an den langen Röhrenknochen, besonders an der Tibia, Verbiegungen der Knochen, die früher allgemein und auch heute noch von einer Reihe von Autoren als die Folge intrauterin acquirierter, schlecht geheilter Knochenbrüche angesehen werden. Dafür schien der Umstand zu sprechen, daß gleichzeitig Kallusbildung und narbig veränderte Hautpartien gefunden wurden. Man nahm nun an (Gurlt u. a.), daß es Traumen sind, welche in der Schwangerschaft den mütterlichen Leib betroffen haben, wobei die dazwischen liegenden mütterlichen Weichteile meist unverletzt bleiben, wie ja auch bei Erwachsenen schwere innere Verletzungen nach Kontusionen vorkommen können, ohne daß äußerlich intensive Spuren dieser Gewalt nachgewiesen werden können. Ließ sich ein Trauma, Fall, Schlag, Stoß usw. anamnestisch nicht nachweisen, so war man auch geneigt, die Uteruskontraktionen in der Schwangerschaft ätiologisch heranzuziehen. (Über Intrauterinfrakturen und intra partum entstandene Frakturen bei Osteogenesis imperfecta vgl. S. 185.) In neuerer Zeit ist man jedoch meist geneigt, gestützt auf mikroskopische Untersuchungen (siehe Keller), diese Verbiegungen usw. als die Folge von Entwicklungsstörungen zu betrachten, um so mehr, als häufig gleichzeitig anderweitige Defekte, z. B. der Fibula u. a., bestanden. Aus den mikroskopischen Untersuchungen geht hervor, daß nichts gefunden wurde, was auf eine frühere oder ältere Knochenfraktur hinwies. Die erwähnte Kallusbildung wird vielmehr als Versuch der Ausgleichung der winkligen Knochenbildung angesehen. Die Untersuchung der Haut ergab ferner mikroskopisch nichts von Narbengewebe. Auch die Röntgenbilder zeigten einen negativen Befund. Wie Keller hervorhebt, können die winkligen Knochenverbiegungen in der Regel nur entstehen in jener Zeit der fötalen Entwicklung, wo die Ossifikation noch nicht begonnen hat, oder sogar, wo die innere Differenzierung der Extremitätenstummel noch nicht vollendet ist. Nach neuerer Auffassung kommen als ätiologische Momente hier in Betracht Raumverminderung infolge Fruchtwassermangel oder Myome, weiterhin amniotische Stränge und Falten. Für die Entstehung durch amniotische Stränge sprechen die dabei häufig beobachteten Hautveränderungen, die Kallusbildung durch Periostitis und die mangelhafte Entwicklung des peripher von der Knickungsstelle gelegenen Extremitätenabschnittes.

Im Bereich der oberen Extremität interessieren uns in erster Linie die geburtshilflichen Verletzungen desselben. Es kommen hier in Frage die Fraktur des Humerus und die Epiphysentrennungen am oberen Humerusende. Beide Verletzungen entstehen fast nur durch Kunsthilfe unter der Geburt. Nach Küstner sollen beide Verletzungen etwa in gleicher Häufigkeit beobachtet werden, doch sprechen andere Statistiken für das häufigere Vorkommen der Humerusfraktur. Die Fraktur des Humerus ist auch spontan, unter der Geburt entstanden, beobachtet. Stets handelte es sich dann um eine abnorme Knochenbrüchigkeit bei Osteogenesis imperfecta u. a. In der großen Mehrzahl der Fälle entsteht die Fraktur bei ungeschickter, oder falscher, oder aber sehr schwieriger Armlösung, z. B. beim engen Becken, besonders dann, wenn die Arme in die Höhe geschlagen sind, ferner wenn bei der Extraktion zu lange nach abwärts gezogen wurde. Seltener wird die Fraktur beobachtet beim Herabschlagen eines Armes neben dem Kopf, um den Schulterumfang zu verringern. Doch gibt es auch Fälle, wo der z. B. zwischen Kopf und Becken eingekeilte Arm absichtlich gebrochen werden muß, um ein lebendes Kind zu erzielen. Der Entstehungsmechanismus der Oberarmfraktur ist fast immer der, daß der betreffende Geburtshelfer den Zug resp. Druck nicht in das Ellenbogengelenk, sondern auf die Mitte des Oberarms verlegt. Meist hört man deutlich das Krachen im Moment der Fraktur. Das markanteste Symptom der vollzogenen Humerusfraktur ist die Funktionsstörung. Der betreffende Arm hängt unbeweglich und schlaff herab. Dabei können die Finger meist gut bewegt werden. Bei der Untersuchung findet man die bekannten Zeichen der Knochenfraktur, abnorme Beweglichkeit, Krepitation, Schmerz. In unklaren Fällen käme das Röntgenverfahren in Betracht. Die Prognose der Fraktur ist gut, wenn schon es gelegentlich vorkommt, daß die Bruchenden nicht in einer geraden Linie, sondern in einem nach außen offenen Winkel verheilen. Auch sind in seltenen Fällen durch Kompression des sich bildenden Kallus Radialislähmungen beobachtet worden. Die Therapie ist sehr einfach. Man bandagiert den im Ellenbogengelenk rechtwinklig gebeugten Arm an den Thorax, nachdem man die Haut vorher eingefettet und mit Watte genügend bedeckt hat. Hand und Finger müssen außerhalb des Verbandes bleiben, um nicht zu versteifen (vgl. Birnbaum, S. 725).

Die Epiphysenlösungen am oberen Humerusende sind früher oft verkannt worden, indem man sie für Nervenlähmungen, Luxationen oder Frakturen des Collum scapulae hielt. Küstner hat die wahre Natur dieser Verletzung aufgeklärt. Die Epiphyse wird durch die an ihr inserierenden Auswärtsroller maximal nach außen rotiert, während die Diaphyse durch die Muskelwirkung des Latissimus dorsi und Teres minor stark nach innen rotiert wird. Wenn nun die richtige Diagnose nicht gestellt und die notwendige Therapie unterlassen wird, so erfolgt die Heilung in dieser fehlerhaften Stellung und der Arm kann infolgedessen weder einwärts noch auswärts rotiert werden. Die Verletzung kommt fast immer dann zustande, wenn der Druck auf den Humerus bei seiner Lösung in der Nähe des Schultergelenks erfolgte oder wenn der zu lösende Arm abnorm, z. B. nach hinten, gedreht wurde. Die Therapie erfolgt auch hier, nach Richtigstellung der an der Fraktur beteiligten Teile, durch einen entsprechenden Verband. Näheres siehe Küstner, Stumpf, Birnbaum.

Weitere Verletzungen sind das absichtliche Abschneiden eines vorgefallenen Armes, die Brachiotomie, die heute allgemein verworfen wird (vgl. einige gerichtliche Fälle bei Stumpf, S. 507).

Auch Ausreißen eines Armes bei rohem Zug am vorgefallenen Arm, besonders bei Querlage ist beschrieben worden. Dabei können schwere Muskelverletzungen im Bereich der Schultermuskulatur entstehen. Derartige Muskelzerreißungen sind auch am Arm bei schwieriger Wendung und Armlösung gesehen (Abreißen des Flexor carpi ulnaris von seiner Ansatzstelle).

Wenn der Arm neben dem Kopf vorgefallen und im Becken, besonders zwischen Kopf und Promontorium, eingekeilt ist, können Druckstellen, ja sogar Gangrän am Arm entstehen. Ebenso sind Armverletzungen beobachtet, wenn derselbe bei Zangenextraktionen mitgefaßt wurde.

Außer diesen Verletzungen kommen im Bereich der oberen Extremität Lähmungen zustande, die durch Schädigungen einzelner Nerven oder Nervenkomplexe entstanden sind. Auch zentrale Lähmungen durch Verletzungen bestimmter Gehirnteile, Blutergüsse auf die Gehirnkonvexität, Verletzungen des Rückenmarkes sind beschrieben. Weiterhin kommen Lähmungen dadurch zustande, daß der betr. Nerv durch die Knochenbruchenden bei einer Fraktur geschädigt wurde (vgl. Birnbaum, S. 727 bis 732). Am bekanntesten und häufigsten ist die zuerst von Duchenne und Erb beschriebene kombinierte Lähmung der Armmuskeln (Deltoideus, Biceps, Brachialis internus, Supinator longus). Auf die Ursache, die Symptome usw. gehe ich hier nicht weiter ein, sondern verweise auf die Arbeiten von Finkelstein, Küstner, Birnbaum. Nur so viel sei erwähnt, daß die Prognose der Lähmung keine sehr gute ist.

In sehr seltenen Fällen wurden auch Epiphysenlösungen am unteren Teile des Humerus beobachtet. Andere sehr seltene Verletzungen in dieser Gegend sind Kapselzerreißungen am Ellenbogengelenk und Luxation des Capitulum radii, meist nach vorn. Schließlich sei bereits an dieser Stelle erwähnt, daß auch Luxationen der Hand bei geburtshilflichen Eingriffen erfolgen können (vgl. Stumpf, S. 510).

Auch die angeborenen Luxationen des Ellenbogengelenks sind sehr selten. Sie sind als Mißbildungen aufzufassen. So ist z. B. Luxatio congenita radii hinter den Condylus externus humeri mehrfach beschrieben worden (vgl. Tillmanns, S. 531). Ronnenberg hat über eine ganze Anzahl isolierter Luxationen kongenitaler Natur berichtet. Sie ist nach außen, vorn und hinten möglich. Über die Symptome und ihre Therapie vgl. die chirurgischen Lehr- und Handbücher.

Echte Spaltungen, Verdoppelungen der ganzen Extremitäten sind mit Sicherheit nicht beobachtet worden. Die zusammengelagerten Extremitäten bei Doppelmißbildungen sind natürlich etwas ganz anderes.

Mißbildungen am Vorderarm und Carpus.

Unter Abrachius versteht man den Mangel der oberen Extremität bei ausgebildeten unteren Extremitäten. Bei Monobrachius besteht Defekt nur einer oberen Extremität. Entweder handelt es sich um eine reine Mißbildung oder aber um eine sog. Spontanamputation durch amniotische Abschnürung oder Druck einer festumschlungenen Nabelschnur. Ebenso kann der Vorderarm partiell oder total fehlen. Abnorme Kürze des Vorderarms bei normal ausgebildeter Hand (Peromelie, Phokomelie) wird bei Chondrodystrophie beobachtet (vgl. oben). Abnorme Kürze entsteht ferner durch winklige Verbiegungen des Vorderarms z. B. bei Osteogenesis imperfecta. Nach Tillmanns soll auch die primäre Obliteration der Blutgefäße und Anomalien im Zentralnervensystem hierbei eine Rolle spielen können. Schließlich kann auch ein Vorderarmknochen, in erster Linie der Radius, seltener die Ulna, total oder partiell fehlen. Fehlt der Radius, so kommt es meist zur sog. Klumphand, wobei ein Defekt des Daumens häufig beobachtet wird. Bei Defekt der Ulna fehlen ebenso meist einzelne Finger der ulnaren Handseite.

Sehr selten ist auch die Luxation im Bereich des Radiokarpalgelenks. Die erwähnte Klumphand (Talipomanus) kann auch, wie der später zu erwähnende Klumpfuß, durch Fruchtwassermangel und dadurch bedingten Druck der Uteruswandung zustande kommen. Sehr oft sind die Früchte dann auch sonst mißbildet (vgl. auch Hohl, S. 124).

Mißbildungen der Hand und Finger.

Unter Syndaktylie versteht man die partielle oder totale Verwachsung zweier benachbarter oder mehrerer Finger untereinander, wie man sie zuweilen bei sämtlichen Mitgliedern einer Familie beobachten kann. Meist handelt es sich um die Finger mit drei Phalangen, am häufigsten um den dritten und vierten Finger. Es ist diese Anomalie als Hemmungsmißbildung aufzufassen, indem die Epitheleinsenkung, welche die Trennung der einzelnen Finger bewirkt, mehr oder minder ganz ausgeblieben ist. Infolge dieser Mißbildung ist die Adduktion und Abduktion der Finger verhindert und die Beugebewegung erschwert. Die Therapie ist sehr einfach, wenn die im übrigen wohlgebildeten Finger nur durch eine Hautbrücke verbunden sind. Doch ist sehr oft Lappenbildung erforderlich. Siehe die chirurgischen Lehrbücher.

Bei der Spalthand, dem Gegenstück der Syndaktylie, kommen nur die äußeren Finger zur Entwicklung. Dabei können auch Mißbildungen, Defekte u. a. im Bereich der Karpal- und Metakarpalknochen vorhanden sein (Perochirus). In seltenen Fällen beobachtete man auch einen doppelten Nagel an einem Finger. Achirus ist vollkommener Mangel der Hand, wie sie in erster Linie durch amniotische Abschnürungen zustande kommen kann.

Makrodaktylie, angeborener Riesenwuchs der Hand. Entweder besteht eine gleichmäßige Größenzunahme der Knochen und Weichteile, oder aber es handelt sich um lipomatöse oder kavernöse Geschwülste der Weichteile. Daraus ergibt sich die verschiedene Therapie bei derartigen Anomalien. Zur Makrodaktylie gehört auch die Verlängerung eines Fingers durch eine überzählige Phalanx.

Brachydaktylie bedeutet die Verkürzung eines Fingers durch Fehlen einer Phalanx. Ektrodaktylie ist der Defekt ganzer Finger.

Perodaktylie ist die Verkümmerung von Fingern, wie sie in erster Linie durch amniotische Schnürfäden zustande kommt (vgl. Abb. 7). Dabei können ganze Finger oder Teile derselben vollkommen abgeschnürt werden, Spontanamputation, spontane Daktylolyse. Meist kommt es im distalen Teil, also peripher von dem Schnürfaden, nur zu Verkümmerungen der Finger.

Polydaktylie ist wohl die häufigste Mißbildung an der Hand. Es handelt sich dabei um sog. überzählige Finger, die zwar an jeder Stelle der Hand zur Beobachtung kommen, aber doch in erster Linie an der radialen oder ulnaren Seite der Hand lokalisiert sind. Sehr häufig findet sich die Mißbildung in einzelnen Familien durch mehrere Generationen immer wieder vererbt. Die Ursache liegt wohl in einer doppelten Keimanlage. Ahlfeld hält auch Erkrankungen des Amnion für einen wahrscheinlichen ätiologischen Faktor. Tillmanns bildet in anschaulicher Weise die verschiedenen Grade der Polydaktylie ab (S. 586). Oft machen derartige überzählige Finger, wenn sie sehr klein sind, den Eindruck kleiner Geschwülste (Fibrome u. a.). In den meisten Fällen überzähliger Finger handelt es sich um häutige, fingerförmige Auswüchse, seltener findet sich ein phalangenähnliches Knochengerüst. Ja, es kann auch ein vollständig ausgebildeter, überzähliger Finger vorhanden sein, der ev. an einem überzähligen Metakarpalknochen inseriert. Sonst setzt sich der überzählige Finger an dem betreffenden Metakarpalkopf der ulnaren oder radialen Seite an. Wenn die Knochen verdoppelt sind, so pflegen Muskeln, Sehnen Nerven und Gefäße ebenfalls doppelt angelegt zu sein und die Finger sind dann zum Teil gebrauchsfähig (Ahlfeld). Der niedrigste Grad der Polydaktylie ist das Vorhandensein zweier Nägel auf einer Nagelphalanx, z. B. des Daumens. Wenn ein derartiger überzähliger Finger den Träger stört, muß er entfernt werden. Beim Hautfinger durchtrennt man einfach die Hautbrücke, beim ausgebildeten Finger macht man am besten die Exartikulation. Auch wenn der Finger nicht stört, soll man ihn auf den Wunsch der Mutter hin entfernen. Derartige Kinder haben im Volksmunde ein gewisses Odium. Lehnt man die Forderung der Mütter ab, so beruhigen sie sich dabei nicht und finden schließlich doch einen dazu bereiten Arzt. Vor kurzem sah ich bei einem neugeborenen Mädchen an der Außenseite des kleinen rechten Fingers eine über kirschengroße Geschwulst, die an einem sehr dünnen und kurzen Stiel befestigt war. Nach Entfernung der Geschwulst ergab die mikroskopische Untersuchung, daß es ein überzähliger Finger mit hochgradigem Ödem und Vermehrung des embryonalen Bindegewebes war.

Klinodaktylie ist die kongenitale Abweichung der Phalangen von ihrer normalen Richtung, z. B. in dorsaler, volarer oder lateraler Stellung.

Auch angeborene Kontrakturen, in erster Linie Flexionskontraktur im Bereich der Phalangealgelenke, sind beschrieben.

Schließlich bringe ich noch einige bekanntere Anomalien, die zum Teil schon erwähnt sind. Amelus, die Extremitäten fehlen völlig, an ihrer Stelle finden sich nur warzen- oder stummelförmige Rudimente.

Peromelus, sämtliche Extremitäten sind verkümmert.

Phokomelus (siehe oben), von $\varphi\omega\varkappa\acute{\eta}\ \mu\varepsilon\lambda o\varsigma$. Von den Extremitäten sind nur Hände und Füße vorhanden, die der Schulter und dem Becken unmittelbar aufsitzen.

Mikromelus, abnorm kleine aber gut ausgebildete Extremitäten.

Die kongenitalen Mißbildungen des Hüftgelenks und der unteren Extremität.

Die Luxatio coxae congenita, die angeborene Hüftluxation, ist die häufigste kongenitale Luxation. In der Regel handelt es sich um eine Luxation des Schenkelkopfes nach hinten, Luxatio iliaca, seltener nach vorn, Luxatio pubica. Häufig ist die Luxation doppelseitig. Bei Mädchen ist sie häufiger als bei Knaben, da nach Tillmanns bei ersteren die Darmbeinschaufeln steiler stehen. Nach Roser kommen diese Luxationen bei Knaben deshalb seltener zur Beobachtung, weil diese sich einer stärkeren Adduktion, wodurch die Luxation ja zustande kommt, infolge des dadurch auf die Geschlechtsorgane ausgeübten Druckes erwehren, wozu bei Mädchen kein Anlaß vorliegt. Bei einseitiger Luxation besteht Hinken, bei doppelseitiger Watscheln beim Gehen, wie bei einer Ente. Häufig wird das Leiden erst erkannt, wenn die Kinder anfangen zu laufen oder längere Zeit gelaufen haben. Bei der Untersuchung findet man beim Stehen der Kinder die Oberpfannengegend ausgefüllt, der Trochanter steht oberhalb der Roser-Nelatonschen Linie. Bei einseitiger Luxation fällt naturgemäß die Verkürzung des betreffenden Beines auf. Die übrigen Veränderungen, die man bei älteren Kindern beobachtet, starke Lordose der Lendenwirbelsäule, vermehrte Beckenneigung, überhängen des Bauches usw., treten erst später infolge des Gehens auf.

Über die Ätiologie der angeborenen Hüftluxation sind verschiedene Hypothesen aufgestellt. Meist handelt es sich wohl um eine lokale Hemmungsmißbildung, d. h. die Pfanne, die sich zwar an normaler Stelle befindet, bleibt klein infolge frühzeitiger Verknöcherung, oder infolge mangelhafter Wachstumstendenz, so daß der Oberschenkelkopf nicht mehr in sie hereinpaßt. In der Tiefe der Pfanne findet man dann meist reichlich Fett. Das Ligamentum teres ist sehr lang, kann auch ganz fehlen. Die Kapsel ist lang und beutelartig. Infolge der physiologischen starken Flexions- und Adduktionsstellung des Oberschenkels in utero wird dann das Herausgleiten des Gelenkkopfes aus der Pfanne begünstigt, besonders wenn der Uterus abnorm klein oder zu wenig Fruchtwasser (Oligohydramnie) vorhanden ist. Weiterhin kommen ätiologisch oder wenigstens als prädisponierendes Moment in Betracht die entzündlichen Störungen im Hüftgelenk während des Fötallebens (Gelenkergüsse mit sekundärer Ausdehnung und Erschlaffung der Kapsel). Nach Tillmanns spielt bei der Entstehung der kongenitalen Hüftluxation ferner eine kongenitale Verbildung des Caput und Collum femoris eine Rolle, indem der Schenkelkopf in solchen Fällen gleichsam an der Pfanne vorbeiwächst. Über die Diagnose siehe oben. In unklaren Fällen wird eine Röntgen-Aufnahme nicht zu umgehen sein. Näheres über diese Mißbildung, spez. über ihre Therapie, vgl. die chirurgischen Lehr- und Handbücher.

Coxa vara congenita ist eine sehr seltene angeborene Schenkelhalsverbiegung, die in Verringerung des Winkels des Schenkelhalses zum Schaft besteht (Kaufmann, S. 763). Auch das Gegenstück, die coxa valga mit Vergrößerung des beschriebenen Winkels, kommt kongenital zur Beobachtung.

Ich gehe nunmehr zu den geburtshilflichen Verletzungen im Bereich des Oberschenkels über. Bei der Extraktion am Steiß sind Quetschungen in der Weichengegend nicht selten. Die Gewebe werden besonders dann verletzt, wenn der stumpfe Haken oder die Schlinge angewandt ist. Das nekrotisierte Gewebe stößt sich in den ersten Lebenstagen ab und es kommt unter Umständen zu ausgedehnter Narbenbildung.

Traumatische Hüftluxationen unter der Geburt sind nicht allgemein anerkannt, z. B. von Küstner nicht, der sich dabei auf seine Leichenexperimente stützt. Doch sind einige einwandsfreie Fälle beschrieben worden.

Verhältnismäßig häufig ist die Oberschenkelfraktur. Sie entsteht fast immer unter der Geburt infolge geburtshilflicher operativer Eingriffe, seltener bei der Wendung und beim Herunterholen eines Fußes bei schon im Becken feststehendem Steiß, häufiger bei Steißlagen, wenn bei der Extraktion der extrahierende Finger oder das Instrument (Steißhaken, Schlinge) aus der Schenkelbeuge nach dem Oberschenkel zu abweicht und der Angriffspunkt der Kraft hierher verlegt wird. Die Fraktur ist ferner beobachtet, wenn das spontane Herausfallen der Beine bei der Extraktion einer Beckenendlage nicht abgewartet wird, sondern die Beine durch ungeschickten Zug am Oberschenkel vorher herausbefördert werden. Der Oberschenkel bricht fast immer quer in seinem oberen Drittel und zwar da, wo der Knochen plötzlich erheblich dünner wird. Bei der Wendung kann die Fraktur nur dann entstehen, wenn die Beine bei der Umdrehung gekreuzt lagen oder der Operateur statt am Fuß am Oberschenkel manipulierte. Die Diagnose der vollzogenen Fraktur ist leicht und wird gestellt aus der Funktionsstörung, der abnormen passiven Beweglichkeit, aus der Krepitation und schließlich bei unklaren Fällen durch das Röntgenverfahren (Therapie, vgl. unten).

Die sehr seltenen Epiphysenlösungen am Femur können ebenso wie diejenigen des Unterschenkels nur dann entstehen, wenn an Stelle des hier allein angebrachten Zuges in der Längsachse drehende oder hyperextendierende Bewegungen während der Extraktion ausgeführt wurden. Dabei können die Beine derartig verdreht werden, daß die Zehen nach hinten stehen (Küstner).

Die Therapie dieser beiden Verletzungen besteht am besten in permanenter Extension nach Reposition, wobei die untere Extremität in senkrechte Elevation gebracht wird. Die völlige Heilung, die meist unter auffallend starker Kallusbildung vor sich geht, nimmt meist drei Wochen in Anspruch. Mißerfolge sind bei dieser Behandlung so gut wie ausgeschlossen, und auch der früher dieser Methode gemachte Vorwurf, daß die Kinder dabei nicht natürlich ernährt werden können, trifft nicht mehr zu. Man kann in leicht transportablen, nicht zu schweren Betten auch bei dieser Methode die Mutterbrust reichen lassen, obwohl es sich allerdings nicht leugnen läßt, daß diese natürliche Ernährung sich bei der jetzt zu beschreibenden Methode besser und einfacher durchführen läßt. Nach dem Vorschlag von Credé soll man den gebrochenen Oberschenkel am Rumpf in die Höhe schlagen und ihn hier mit einer Binde oder mit einem durch die Kniekehle durchgeführten Heftpflasterstreifen fixieren. Bei diesem Verfahren soll nach einigen Autoren die Dislocatio ad longitudinem nicht genügend ausgeglichen werden und das Bein also verkürzt bleiben. Andere Autoren sind mit dieser, allerdings sehr einfachen Methode, sehr zufrieden. Ich selbst habe drei Fälle von Oberschenkelfraktur gesehen und auch längere Zeit verfolgen können, die nach der Methode Credés behandelt waren. In einem Fall war allerdings eine geringe Verkürzung eingetreten, die anderen beiden Frakturen waren tadellos verheilt. Sicherer ist auf alle Fälle die Behandlung mit permanenter Extension. Die Schultzeschen Schwingungen zur Beseitigung einer etwa unter der Geburt entstandenen Asphyxie sind bei diesen Verletzungen besser zu unterlassen.

Ich bespreche bei dieser Gelegenheit auch die geburtshilflichen Verletzungen im Bereich der übrigen unteren Extremität. Es sind als seltene Verletzungen noch beobachtet Epiphysenlösungen am oberen oder unteren Tibiaende, Frakturen der Tibia bei Abknickung derselben in der Richtung von hinten nach vorn bei noch fixiertem Knie, Kniegelenksluxationen bei Verdrehungen des Unterschenkels, Paraplegie beider unterer Extremitäten infolge Zerrung und Zerreißung des Rückenmarkes sowie nach intrameningealen Blutungen im Bereich des Lendenmarkes. Letztere entstehen infolge starker Dehnung der Wirbelsäule bei sehr schweren Extraktionen. Sonst sind Lähmungen im Bereich der unteren Extremität sehr selten. Sie entstehen z. B. im Anschluß an Verletzungen des Gehirns sowie auch bei Spina bifida. Die zerebralen Lähmungen charakterisieren sich als halbseitige Lähmungen, wobei meist auch der gleichseitige Facialis und die obere Extremität betroffen ist. Ätiologisch kommen hier in Frage abnorm schwere Zangenextraktionen, besonders bei engem Becken und hoher Zange. Die myelogenen Lähmungen sind im Gegensatz dazu, wie bereits erwähnt, doppelseitig.

Die kongenitalen Mißbildungen des Femur sind sehr selten. Vereinzelt wurden Defekte des ganzen Femur beschrieben. So bildet Ziegler (S. 555) einen Fall von Defekt des Femur und der Fibula ab.

Die kongenitalen Luxationen des Kniegelenks, richtiger gesagt, die Luxationen der Tibia, sind selten. Meist handelt es sich um eine Luxation der Tibia nach vorn, seltener nach außen. Die Therapie (vgl. die chirurgischen Lehrbücher) besteht in Reposition in Narkose und Gipsverband oder Extensionsverband. Hierbei kann auch die Patella mehr oder minder defekt sein, wodurch die Beweglichkeit des Kniegelenks erheblich beeinträchtigt sein kann. Auch Kontrakturen des Kniegelenks können sich dabei herausbilden.

Ebenso selten sind die kongenitalen Luxationen der Patella, von denen man zwei Formen unterscheiden muß, die permanente und die habituelle. Meist ist die Patella nach außen luxiert. Handelt es sich um eine komplette Patellarluxation, so folgt daraus eine erhebliche Funktionsstörung im Kniegelenk. Die Therapie vermag in geeigneten Fällen Besserung oder sogar Heilung zu erzielen.

An dieser Stelle gedenke ich auch der seltenen angeborenen Kontrakturen des Kniegelenks. Meist bestehen gleichzeitig anderweitige Mißbildungen. Es sind Beugungs-, Streckungs-, Abduktions- (Genu valgum) und Adduktionskontrakturen (Genu varum) beobachtet. Die Ursache liegt in einer Verlängerung von Muskeln oder in Gelenkverbildungen, ferner in primärem Fruchtwassermangel oder amnialer Hydrorrhoe. In anderen Fällen, besonders bei Fruchtwassermangel, ist die Kontraktur die Folge von sog. Flughautbildung im Bereich des Kniegelenks. Derartige Flughautbildungen sieht man gelegentlich auch zwischen Brust und Oberarm. Hier ist die chirurgische Therapie meist von Erfolg.

An der Tibia sind, und zwar wohl am häufigsten von allen Knochen, kongenitale Verbiegungen, meist mit Knickungen der Tibia nach vorn, beobachtet. Früher (vgl. oben über die sog. intrauterinen Frakturen) war man geneigt, diese Verbiegungen als die Folge schlecht geheilter intrauterin erworbener Knochenfrakturen anzusehen. Heute führt man diese Anomalien in ihrer großen Mehrzahl auf Entwicklungsstörungen zurück. So findet man neben diesen Verbiegungen der Tibia nicht selten gleichzeitig Defekte der Fibula und Valgusstellung des Fußes. Seltener kommen in Betracht Raumverminderung durch Fruchtwassermangel, Myome und amniotische Stränge und Falten, die sich auch mit reinen Entwicklungsstörungen kombinieren können. Echte geheilte resp. nicht geheilte Knochenfrakturen und Infraktionen dürften sich nur bei angeborener Knochenbrüchigkeit, wie sie bei Osteogenesis imperfecta beobachtet wird, finden, wobei dann bestimmte Momente (siehe oben) die Fraktur hervorrufen können. Oft entstehen diese Frakturen und Infraktionen erst unter der Geburt.

Tibia und Fibula können auch ganz fehlen. Teils handelt es sich um eine Hemmungsmißbildung, teils um amniotische Abschnürungen. Bei der ersteren Form bestehen gleichzeitig meist Deformitäten des Knie- oder Fußgelenks. Einen derartigen Fall von angeborenem Defekt der ganzen Tibia bildet z. B. Tillmanns (S. 787) ab.

Was die kongenitalen Mißbildungen des Fußes anbetrifft, so vgl. S. 197 die ähnlichen Mißbildungen der Hand. Auch hier werden beobachtet

Mikropus, Apus, Peropus, Monopus, Perodaktylie, Spaltfuß, Polydaktylie, Makrodaktylie, Syndaktylie.

Eine Mißbildung im Bereich der unteren Extremität, die besonders für den Geburtshelfer Interesse hat, ist die Sirenenmißbildung, Symmelie, Sympus, Monopus. Die unteren Extremitäten sind hier zu einem einfachen, fischschwanz-ähnlichen Gebilde verschmolzen (vgl. Abb. 39 und die Röntgentafel). Bei dieser Verschmelzung sind die Beine so um ihre Achse nach hinten gedreht, daß die sonst äußeren Teile aneinanderstoßen, resp. die Kniekehle nach vorn sieht. Das knöcherne Becken kann dabei fehlen oder es ist sehr mangelhaft entwickelt (gespalten usw.). Ebenso fehlen fast immer die Genitalien, häufig auch Blase, Harnröhre, Anus und Mastdarm. Einen genauen Sektionsbefund bei Sirenenmißbildung hat Kuliga kürzlich mitgeteilt: Anal- und Urogenitalöffnungen fehlen, auch die Raphe des Perineums. Anstatt der äußeren Genitalorgane findet sich nur ein von Haut überzogener gebogener Zapfen. Die inneren weiblichen Genitalien sind rudimentär, aber doppelt. Sie sitzen seitlich an einem großen Sack, der als Kloake gedeutet wird, da auch der Dickdarm und der linke Ureter in ihn einmünden. Linke Niere hypoplastisch, der zugehörige Ureter und das Becken dilatiert. Rechte Niere, Ureter und Ureteren fehlen, desgleichen Rektum und Processus vermiformis. Jejunum, Ileum, Colon ascendens und der rechte Teil des Colon transversum haben ein gemeinsames Mesenterium. Außerdem finden sich mehrere Gefäßanomalien. Am Skelett besteht eine geringe Kyphoskoliose, Unregelmäßigkeiten in der Form und Zahl der Lenden- und Kreuzbeinwirbel und Defekt der Steißbeinwirbel. Die Ossa ilei zeigen Abnormitäten ihrer Form, Lage und Verbindung mit der Wirbelsäule. Die Ossa ischii und die Ram. desc. oss. pub. sind bis zur Berührung genähert und bindegewebig verwachsen. Kuliga glaubt als Zeit der Anlage der Mißbildung die dritte Embryonalwoche ansprechen zu müssen. Ätiologisch kommen nach ihm Schädlichkeiten in Betracht, die auf mechanischem Wege wirken.

Abb. 39. Sirenenmißbildung.
(Präparat aus der Sammlung der Göttinger Frauenklinik.)

Am Ende der verschmolzenen unteren Extremitäten können die Beine völlig fehlen — Sympus apus, es können ferner nur einzelne Zehen entwickelt sein oder aber man findet einen oder beide Füße — Sympus monopus, dipus. Bei allen Monopoden soll man nach Levy (vgl. Hohl, S. 86) nur eine Arteria umbilicalis finden.

Die Geburt verläuft bei den Sirenenmißbildungen meist ohne Schwierigkeiten in Schädellage. In anderen Fällen erwies sich die Wendung auf die verwachsenen Beine und die Extraktion des meist voluminösen Rumpfes als notwendig.

Einen interessanten Fall von Sirenenmißbildung hat Cichorius mitgeteilt. Das Kind lebte noch eine Woche nach der Geburt in der Leipziger Frauenklinik. Bei der Sektion fanden sich in der Brusthöhle vollkommen normale Verhältnisse. Anders lagen die Verhältnisse in der Bauchhöhle. Der Darm endigte in einem eiförmigen Blindsack. An Stelle der verwachsenen Nieren fand sich eine tief im kleinen Becken sitzende Hufeisenniere. Ovarien und Tuben waren vorhanden, der Uterus ganz rudimentär. Das Becken war erheblich verändert, der Femur nach unten und innen luxiert. Ätiologisch kommen nach dem Autor in diesem Falle ein in der Gravidität erlittenes Trauma und eine abnorm geringe Fruchtwassermenge in Betracht.

Einen originellen Bericht einer Hebamme über die Geburt einer Sirenenmißbildung las ich kürzlich in der Allgemeinen deutschen Hebammenzeitung (Nr. 17, Jahrg. 1908). Die Hebamme konstatierte Schädellage und Nabelschnurvorfall. Infolgedessen kam das Kind tot zur Welt. Die Hebamme gibt über die Mißgeburt folgende Schilderung: „Es handelte sich um eine Verwachsung der Ober-, der Unterschenkel und Füße zu einem großen Teile, der seiner Form nach wie das Schwanzende eines großen Fisches aussah. Die Beinknochen konnte man durchfühlen, das Geschlecht war nicht zu erkennen. Vom Kopfe an war alles gerade, von der Rückseite gesehen sah das Kind aus wie ein abgeschabter Fisch. Bei dem Anblick erschrak ich so, daß ich mich erst hinsetzen mußte. Als ich es der Schwester und Mutter zeigte, fielen beide in Ohnmacht, eine nette Bescherung, ich war mit den Ohnmächtigen allein. Es war Nacht und eine solche Hitze, wie sie die Europäer kaum kennen, da schwitzt man sein bißchen Kraft richtig aus. Ich habe das Kind am nächsten Tage photographiert (herzlich schlecht gelungen!). Der Vater des Kindes ist ein verkommenes Genie und leidet an Syphilis.‟

Sehr ausführlich über die Sirenenmißbildung verbreitet sich Hohl (S. 83, 155, 187 ff.). Er gibt auch eine Übersicht über die in der älteren Literatur niedergelegten Fälle. Nach Hohl ist es möglich, daß bei Monopoden die Bewegungen der Frucht in der Schwangerschaft von der Mutter weniger gefühlt werden. Derselbe Autor berichtet über vier Geburten bei Monopoden. Bei drei Fällen war eine fehlerhafte Lage vorhanden. Die betreffenden Früchte mußten gewendet und extrahiert werden. In einem Fall waren Zwillinge vorhanden, ein gesundes Kind in Schädellage, das andere, Monopus, in fehlerhafter Lage. Von den erwähnten fehlerhaften Lagen war eine Schulterlage, bei den anderen Fällen lagen die vereinten unteren Extremitäten quer auf der oberen Beckenapertur. Im ersten Fall wurde die Wendung gemacht, in den beiden anderen die verschmolzenen Füße herabgeleitet, was wegen der Steifigkeit in den Knien und Hüftgelenken einige Schwierigkeiten machte. Nach Hohl ist es diese Steifigkeit im Bereich der unteren Extremitäten, welche Veranlassung zu Lageabweichungen gibt, indem das Kind die gewöhnliche Haltung nicht annehmen kann. Größere Schwierigkeiten bleiben jedoch bei der Geburt meist deshalb aus, weil derartige Früchte in der Regel nicht groß sind.

Abnorme kongenitale Stellungen der Füße werden häufiger gesehen. Hierher gehören der Pes equinus, d. h. Fixation des Fußes in Plantarflexion, Hackenfuß, Pes calcaneus, Kontraktur in Dorsalflexion, Pes varus, Klumpfuß, d. h. Supinationskontraktur, Pes valgus, Plattfuß, d. h. Pronationskontraktur. Alle diese Mißbildungen, besonders der kongenitale Klumpfuß, finden sich sehr häufig mit anderen Mißbildungen vergesellschaftet. Sie sind in erster Linie auf Entwicklungsstörungen, Hemmungsbildungen, seltener auf mechanische Einwirkungen auf die im Wachstum befindlichen Extremitäten zurückzuführen (wenig geräumige Uterushöhle, Fruchtwassermangel, schon von Hippokrates angenommen, amniale Hydrorrhoe). Meist handelt es sich wohl um eine Kombination beider ätiologischer Faktoren. Zuweilen kann man noch bei der Geburt charakteristische Druckschwielen nachweisen. In einigen Fällen wurde an einem Bein Pes varus, am anderen Pes valgus infolge Raummangels im Uterus und dadurch bedingte Kompression der Füße beobachtet. Ein geringer Grad von Pes varus und Pes calcaneus ist bekanntlich beim Neugeborenen physiologisch. Alle diese Mißbildungen können ein- und doppelseitig sein. Der Pes varus kann auch infolge Tibiadefekt oder durch Lähmungen infolge angeborener Störungen der Zentralnervenorgane bedingt sein. Auch eine Vererbung dieser Mißbildung wie auch des Pes valgus wird zuweilen gesehen. Letzterer wird auch bei Defekt der Fibula, bei Synostosen im Fußgelenk und bei zerebralen Lähmungen beobachtet. Näheres über diese Stellungsanomalien, besonders über die pathologische Anatomie und Therapie siehe die chirurgischen Lehr- und Handbücher.

Schließlich sei noch einer sehr seltenen Mißbildung, der kongenitalen Luxation des Talo-Kruralgelenks gedacht, wie sie nach außen und innen bei Defektbildungen des einen oder anderen Malleolus beschrieben ist. Es handelt sich dabei, wie Tillmanns hervorhebt, nicht eigentlich um eine Luxation, sondern um eine echte Mißbildung, resp. angeborene Kontraktur des Fußgelenks.

Bei der Durchsicht der geburtshilflichen Journale unserer Klinik finde ich Klumpfuß mehrfach verzeichnet, häufiger einseitig als doppelseitig. Meist ist vermerkt, daß auffallend wenig Fruchtwasser vorhanden war.

Anhangsweise bespreche ich an dieser Stelle die kongenitalen Muskeldefekte. Dieselben galten früher als sehr selten. Die in den letzten Jahren stark angesammelte Literatur hat uns jedoch gelehrt, daß kongenitale Defekte auch ganzer Muskeln resp. Muskelgruppen nicht selten sind. Am bekanntesten ist der Pektoralisdefekt. 1902 konnte Bing bereits über 102 Fälle dieser Mißbildung berichten. Es wurden ferner beobachtet Defekt des Cucullaris 18, Serratus anterior major 14, Quadratus femoris 16, Omohyoideus 8, Semimembranosus 7 mal, je 4 mal Deltoideus, Latissimus dorsi, Bauchmuskeln, Gastroknemii, je 3 mal Sterno-cleido-mastoideus, Rhomboidei, Supra- und Infraspinatus, Biceps brachii, je 2 mal Platysma, Extensor carpi ulnaris, die kleinen Handmuskeln, Quadriceps femoris, je 1 mal die Gesichtsmuskeln, Stylohyoideus, Intercostales, Longissimus dorsi, Supra- und Infraspinatus, Levator scapulae, Subscapularis, Triceps brachii, Brachialis internus, Supinator longus, Extensor digiti 5 proprius, Flexor digitorum sublimis, Glutaei. Auch Augenmuskeldefekte sind beschrieben worden. Außer den erwähnten Kombinationen von Muskeldefekten sind noch andere, seltenere Kombinationen beschrieben (vgl. die Monographie von Lorenz im Handbuch von Nothnagel). Neben den Muskeldefekten fanden sich in einigen Fällen auch Knochendefekte. Auffallenderweise bestand häufig auch Flug- oder Schwimmhautbildung. Über die Ätiologie der Mißbildung gehen die Ansichten auseinander. Druck auf die Frucht in utero, amniotische Verwachsungen, Traumen des schwangeren Uterus, fehlerhafte Keimanlage, Wachstumshemmung werden angeschuldigt. Nach anderen Autoren handelt es sich um die Folgen einer intrauterin entstandenen und frühzeitig stationär gewordenen Form der Muskeldystrophie. Über die klinischen Symptome, die genaueren anatomischen Befunde usw. siehe Lorenz. Über die geburtshilflichen Verletzungen der Muskeln (Hämatom des Sterno-cleido-mastoideus, Zerreißungen der Armmuskeln siehe oben).

Am Schluß dieses Kapitels gehe ich kurz auf die geburtshilfliche Bedeutung der Extremitätenmißbildungen ein. Über die geburtshilfliche Bedeutung der Wirbelsäulenkrümmungen usw. siehe S. 182, der Sirenenmißbildung S. 203.

Verbogene, ankylosierte und luxierte Extremitäten, Verwachsungen derselben mit dem Rumpf und Verwachsungen einzelner Körperteile untereinander können auf den Geburtsverlauf von Einfluß sein, indem sie einerseits zu Störungen der Austreibung des Kindes führen, andererseits die Diagnose außerordentlich erschweren können. Am ausführlichsten läßt sich Hohl über derartige Anomalien und ihren Einfluß auf die Geburt aus (S. 117, 160, 227 ff.), während sich die anderen Autoren mit kurzen, mehr allgemeinen Bemerkungen begnügen, oder aber überhaupt nicht hierauf eingehen. Hohl bringt auch eine sehr ausführliche Kasuistik. Die Steifigkeit in den Gelenken wird man, ebenso wie starke Verbiegungen der Extremitäten, Klumpfüße, Verwachsungen einzelner Körperteile usw. bei der inneren Untersuchung erkennen können, wenn man nur an die Möglichkeit derartiger Abnormitäten denkt. Unter der Geburt können die ankylosierten und verbogenen Extremitäten dann Schwierigkeiten machen, wenn sie vom Körper der Frucht abstehen. Dabei kann es spontan zu Knochenfrakturen kommen, oder dieselben erfolgen bei operativen Maßnahmen, die zur Beseitigung der Geburtserschwerung nötig werden. So berichtet Hohl über einen Fall, wo bei Aszites der Frucht die in den Knien ankylosierten unteren Extremitäten derartig gebogen waren, daß ihre vordere Fläche eine Konkavität bildete, so daß die Beine dicht am Bauch lagen. Bei der vorhandenen Steißlage gelang die Herableitung der Füße nicht. Auch die Wendung und Extraktion dürfte bei derartigen Abnormitäten unter Umständen sehr erschwert sein. Hohl berichtet weiter über einen Fall, bei dem sämtliche Extremitätengelenke ankylosiert waren. Nachdem hier der Kopf mit der Zange extrahiert war, zögerte die Geburt des Rumpfes und bei der nun folgenden Extraktion wurden die Oberarm- und Oberschenkelknochen gebrochen. Geburtsstörungen durch Ankylosen sind auch bei der amnialen Hydrorrhoe beschrieben worden (vgl. S. 4).

Der Rigor mortis, die intrauterine Totenstarre des Kindes bietet gleichfalls zuweilen Anlaß zu Geburtsstörungen. Ich benutze die Gelegenheit, hier kurz auf das Wesen dieser interessanten Erscheinung einzugehen. Sie galt früher als sehr selten, Schwarz z. B. leugnete sie noch vollkommen. Heute gilt ihr Vorkommen als ganz sicher und es sind auch bereits eine ganze Anzahl von Fällen, darunter mehrere mit Dystokie, mitgeteilt worden. Man nahm anfänglich an, daß die Leichenstarre erst bei Früchten nach dem 7. Monat auftreten könne. L. Seitz hat jedoch an der Hand von 10 Fällen nachgewiesen, daß dieselbe schon bei erheblich jüngeren Embryonen auftreten kann, wahrscheinlich schon mit dem Auftreten der Querstreifung an den Muskeln. Das eigentliche Wesen der Totenstarre ist noch nicht geklärt, der Anreiz, welcher die Totenstarre auslöst, ist noch unbekannt geblieben (Dohrn). Sie beruht, das ist wohl sicher, auf Gerinnung des Muskeleiweißes, wie beim extrauterinen Menschen. Die Mehrzahl der Autoren (Seitz, Lange, Wolff u. a.) nimmt heute an, daß jeder Fötus bald nach dem Absterben der Totenstarre anheimfällt, daß sich diese aber, wie auch beim extrauterinen Menschen, nach einiger Zeit, die verschieden lang ist, wieder löst. Seitz führt, wohl mit Recht, die relative Seltenheit der Fälle von Rigor mortis darauf zurück, daß die Frucht in dem relativ kurzen Zeitintervall des Bestehens der Totenstarre, das meistens nur wenige Stunden umfaßt, selten geboren wird und ferner, daß leichtere Grade von fötaler Leichenstarre leicht übersehen werden. Letztere Tatsache scheint mir dabei eine bedeutende Rolle zu spielen. Auch bei Zwillingsschwangerschaft ist Rigor mortis des einen Kindes bei lebendem zweiten Zwilling beobachtet worden. Nach Wolff erreicht die Totenstarre ihren Höhepunkt etwa 3—4 Stunden post mortem des Kindes und ist 4—5 Stunden nach dem Absterben bereits im Zurückgehen begriffen. Besonders häufig ist Totenstarre bei Eklampsie der Mutter gesehen. In seltenen Fällen konnte man bei Kindern, die mit Rigor mortis geboren wurden, noch deutliche Herzschläge konstatieren. So machte Dohrn bei Eklampsie der Mutter den klassischen Kaiserschnitt und entwickelte ein Kind mit deutlicher Rigor mortis, das aber noch einen lebhaften Herzschlag zeigte. Diese Tatsache ist auf die automatische Selbständigkeit des Herzens zurückzuführen. Eine ähnliche Beobachtung kann man bekanntlich verhältnismäßig häufig bei tief asphyktischen Kindern machen. Das Herz arbeitet dabei, während die willkürlichen Muskeln auf unsere Wiederbelebungsversuche noch versagen. Näheres über die Physiologie der Totenstarre siehe Seitz in v. Winckels Handbuch der Geburtshilfe. In einem von Ahlfeld mitgeteilten Fall (Lehrbuch der Geburtsh., S. 423) bestanden sogar Totenflecke. Begünstigt wird die Totenstarre durch hohe

Temperaturen, Anämie und, wie bereits erwähnt, Eklampsie. Die Häufigkeit der Fälle bei Eklampsie erklärt Wolff damit, daß einerseits die Möglichkeit vorliege, daß das eklamptische Gift die Totenstarre beschleunige, andererseits die Eklampsie oft Gelegenheit gäbe, aus dem Körper einer in Agonie befindlichen Frau das Kind zu entwickeln. Die Annahme, daß es sich nicht um einen echten Rigor mortis, sondern um einen tetanischen Spasmus der Muskulatur muß zurückgewiesen werden, da bei intrauteriner Leichenstarre regelmäßig handele, die normale intrauterine Haltung des Fötus nachzuweisen ist. Wie bereits erwähnt, kommen Störungen bei der Austreibung des Kindes infolge intrauteriner Leichenstarre zur Beobachtung. In einigen Fällen war die Lösung der Arme erschwert (Martin, Schultze) oder die Entwicklung der Schultern, oder es entstanden Schwierigkeiten bei anderen geburtshilflichen Manipulationen (K. Das, schwere Zange, Caruso, desgl., v. Oordt, desgl., Ulrich, schwere Schulterentwicklung, Jones, großer Dammriß infolge Totenstarre usw.). Derartige Geburtserschwerungen treten aus begreiflichen Gründen dann besonders leicht ein, wenn der geburtshilfliche Eingriff in die Zeit des Maximums des Rigor mortis fällt.

In der hiesigen geburtshilflichen Poliklinik kam folgender Fall von Rigor mortis mit Dystokie zur Beobachtung (11. I. 1895). Bei einer 1 p., bei der das Fruchtwasser seit 14 Tagen abgeflossen war, wurde bei Wehenschwäche mit Stillstand der Geburt seit 12 Stunden die Zange angelegt. Herztöne waren mit Sicherheit nicht mehr nachweisbar. Bei der Zangenextraktion war bereits die Entwicklung des Kopfes sehr schwer. Nach Entwicklung desselben gelingt es nicht, das Kind weiter heraus zu befördern. Einhaken der Finger in die Achselhöhle nützt nichts. Nach Einsetzen des stumpfen Hakens in die Achselhöhle folgen Schultern und Arme, aber der Rumpf bleibt zurück. Ein Versuch, mit der Hand in den Uterus einzudringen, um das nun vermutete Geburtshindernis (zusammengewachsene Zwillinge, sackförmige Anhänge, Hydrops, Tumoren?) zu eruieren, scheitert an dem eng sich um den Bauch des Kindes herumlegenden Muttermund. Unter größter Kraftanstrengung, Zug von unten und Druck von oben, wird schließlich ein totes Kind extrahiert und als Ursache der Dystokie Leichenstarre des Kindes festgestellt. Die Extremitäten liegen in fötaler Haltung.

Wichtig ist die Kenntnis der Totenstarre auch in forensischer Beziehung. Das lehrt der Fall Parkinson (zitiert bei Seitz, S. 1270). Eine Frau war des Kindsmordes angeklagt. Bei der Untersuchung des Kindes fand man Totenstarre. Der Sachverständige gab sein Gutachten dahin ab, daß das Kind extrauterin gelebt habe, da bei totgeborenen Früchten Totenstarre nicht beobachtet werde. Die Frau wurde übrigens trotzdem freigesprochen.

Literaturangabe über intrauterine Frakturen, Extremitätenmißbildungen und Verletzungen, Sirenenmißbildung, Muskeldefekte.

Kaufmann, Spez. Pathologie. — Ziegler, Allgemeine Pathologie. — Leser, Spez. Chirurgie. — Tillmanns, Spez. Chirurgie. — Ahlfeld, Mißbildungen. — Derselbe, Geburtshilfe. — Birnbaum, Verletzungen des Kindes bei der Geburt. — Stumpf in v. Winckels Handb. d. Geburtsh. — Wyder in v. Winckels Handb.

d. Geburtsh. — Keller, Deutsche Klinik. 7. — Küstner in Müllers Handb. d.
Geburtsh. — Olshausen-Veit, Geburtshilfe. — Braun v. Fernwald, Lehrb. d.
gesamten Gynäk. Wien, Braumüller (Sirenenmißbildungen). — Spiegelberg-Wiener,
Geburtshilfe. — Runge, Geburtshilfe. — Derselbe, Krankheiten der ersten Lebenstage. — Ronnenberg, Zeitschr. f. orth. Chir. 2. — Lorenz in Nothnagels Handb.
11. 3, S. 713 f. (Muskeldefekte). — Finkelstein, Säuglingskrankheiten. — Bernard,
Kongenitale Radiusluxation, Diss. Lille 1907. — Bonnaire, Kongenitale Radius-
luxation, geb. Gesellsch. Paris, 19. III. 1908. Ref. Zentralbl. f. Gynäk. 1908, S. 1152.
— Riß, Kongenitale Radiusluxation, Diss. Paris 1902. — Springer, Peromelie,
Prag. med. Wochenschr. 1902, Nr. 51. — Holzapfel, Perocheirie, Beitr. z. Geburtsh.
u. Gynäk. 8, 1. — Fränkel, Kongenitale Kniegelenksluxation, gynäk. Gesellsch.
Breslau 17. XI. 1903. Ref. Zentralbl. f. Gynäk. 1904, S. 1025. — Keller, Klumpfuß,
Gelenkkontrakturen, Arch. f. Gynäk. 67, 2. — Peiser, Ätiologie des Klumpfußes,
Diss. Breslau 1902. — Cichorius, Sirenenmißbildungen. geb. Gesellsch. Leipzig,
15. II. 1904. Ref. Zentralbl. f. Gynäk. 1904, S. 590. — Kuliga, Sirenenmißbildungen,
Monatsschr. f. Geburtsh. u. Gynäk. 27. 4. — Olshausen, Traumatische Luxatio
humeri, geb. Ges. Berlin, 14. VII. 1905. Ref. Zentralbl. f. Gynäk. 1905, S. 1484. —
Dubrac, Fibuladefekt, Diss. Paris 1904. — Bolk, Polydaktylie, Nederl. Tijdschr. v.
Geneesk. 1904. 1. Nr. 8. — Levy, Perobrachius, ref. Zentralbl. f. Gynäk. 1905, S. 534.
— Champétier de Ribes, Kongenitale Hüftgelenksluxation, geb. Gesellsch. Paris,
14. XI. 1904. Ref. Zentralbl. f. Gynäk. 1905, S. 1066. — Vinzent, Kongenitale
Kniescheibenluxation, Diss. Paris 1904. — Bauereisen, Sirene, Fränk-Ges. f. Ge-
burtsh. 28. I. 1905. Ref. Zentralbl. f. Gynäk. 1905, S. 469. — Lemp, Mißbildungen
der Finger und Zehen, Diss. München 1905. — Hennig, Wachstum der weiblichen
Pfannen, geb. Ges. Leipzig, 21. V. 1906. Ref. Zentralbl. f. Gynäk. 1906, S. 1122 u.
1160. — Meygrier und Lemeland, Kong. Genu recurvatum, Klumpfuß, geb.
Gesellsch. Paris 15. VI. 1905. Ref. Zentralbl. f. Gynäk. 1906, S. 530. — Hirsch,
Ätiologie der kongenitalen Fußverkrümmungen, Diss. München 1905. — Serrès,
Kongenitale hintere Schulterluxation, Diss. Paris 1905. — Kayser, Kongenitale
Schultermuskeldefekte. Deutsche Zeitschr. f. Chir. 68. — Haroutioun, Kongenitale
Luxation des Schulterblattes, Diss. Nancy 1904. — Larue, Kongenitale Kontrakturen,
Diss. Paris 1906.

Literatur über intrauterine Leichenstarre.

Seitz in v. Winckels Handb. d. Geburtsh. 2. 2, S. 1269. — Spiegelberg-
Wiener, Geburtshilfe. — Runge, Geburtshilfe. — Olshausen-Veit, Geburtshilfe. —
Ahlfeld, Geburtshilfe. — Ballantyne, Antenatal Pathology and Hygiene. — K. Das,
Journ. obstet. gyn. brit. empire 1903 Dez. — Caruso, Arch. di ost. e gin. 1905 April. —
Van Oordt, Nederl. Tijdschr. v. Geneesk. 1906. 1. 1. — Müller, Korrespondenzbl.
d. allg. ärztl. Vereins v. Thüringen 1905, Nr. 8. — Ulrich, Zentralbl. f. Gynäk. 1907,
S. 1007. — Jones, Journ. of obst. and gyn. of the brit. empire 1906. 10. Nr. 4 u. 5.
— Feis, Arch. f. Gynäk. 46. — Lange, Zentralbl. f. Gynäk. 1894, S. 1217. —
Martin, Zeitschr. f. Geb. u. Gynäk. 1. S. 55. — Schultze, Deutsche Klinik 1887,
Nr. 41. — Seitz, Samml. klin. Vortr. (Volkmann), Nr. 343. — Wolff, Arch. f. Gynäk.
68. 3. — Dohrn, geb. Gesellsch. Dresden, 12. X. 1907. Ref. Zentralbl. f. Gynäk.
1908, S. 530 f. — Schwarz, Die vorzeitigen Atembewegungen, Leipzig 1858, S. 230
Anm. — Parkinson, Brit. Med. Journ. 1908, Februar 8.

Der fötale Riesenwuchs.

Ich bespreche an dieser Stelle nur jene allgemeine Gewebszunahme,
wie sie während der Zeit der embryonalen Entwicklung nicht selten beobachtet wird, allgemeiner fötaler Riesenwuchs. Über den zwar wohl auch
auf kongenitaler Anlage beruhenden, aber erst nach der Geburt in die
Erscheinung tretenden Riesenwuchs vgl. S. 187. Es handelt sich beim
fötalen Riesenwuchs, wie der Name sagt, um abnorm große Kinder. Eine

bestimmte Grenze in bezug auf das Gewicht ist insofern gezogen, als man sich im allgemeinen daran gewöhnt hat, alle die Kinder als Riesenkinder zu bezeichnen, welche mehr wie 10 Pfund wiegen. In der Hebammenpraxis wird mit der Bezeichnung „Riesenkind" ein großer Unfug getrieben, indem die Kinder von den Hebammen einfach auf ein bestimmtes Gewicht taxiert werden, ohne daß das Gewicht mit der Wage genau festgestellt ist. Auch die Mütter sind in verzeihlichem Stolz selbst leicht dazu geneigt, ein übergroßes Gewicht ihrer Kinder taxatorisch festzustellen. Ganz besonders leicht tritt die Überschätzung des Gewichtes ein, wenn die Geburt aus irgendwelchen Gründen (vorzeitiger Blasensprung, Wehenschwäche, rigide Weichteile, enges Becken) lange gedauert hatte. Abgesehen davon sind aber doch eine ganze Reihe einwandsfreier Riesenkinder mitgeteilt worden. Es ist von Wichtigkeit, mit Küstner hervorzuheben, daß Gewicht, Länge und Kopfumfang bei den Riesenkindern nicht in geradem Verhältnis zueinander zuzunehmen pflegen. In folgendem bringe ich eine kleine Tabelle von sicher festgestellten Riesenkindern.

A. Martin: 7470 g, ohne Gehirn, Blut und Schädeldach, zitiert bei Olshausen-Veit.

Ortega: 11300 g, Länge 70 cm, zitiert bei Kleinhans (das sind Maße wie beim 1jähr. Kinde).

Thoyer-Rozat: 9900 g, Länge 61 cm.
Schwab: 10260 g, Länge 57 cm, mazeriert.
Fuchs: 6105 g, Länge 60 cm.
Fuchs: 7550 g, Länge 65 cm.
Schubert: 6550 g, Länge 64 cm.
Maclean: 8000 g.
Lichtenstein: 7000 g.

Vgl. ferner die Literatur im Zentralblatt für Gynäkologie, die Tabellen von Ahlfeld, Geburtshilfe, S. 416—417 und Küstner in Müllers Handbuch der Geburtshilfe, S. 680 S.

Die meisten bekannt gewordenen Riesenkinder wogen etwa 6000 g.

Was die Ursache dieser abnorm starken intrauterinen fötalen Entwicklung anbetrifft, so handelt es sich häufig um Heredität. So beobachtete man in einigen Fällen eine habituelle Produktion von Riesenkindern. Mehrfach waren die Früchte übertragen, partus serotinus, Spätgeburt. Doch ist die Kaufmannsche Angabe, daß die Ursache derartiger Riesenkinder immer in einer zu langen Schwangerschaftsdauer (300—320 Tage anstatt 280 Tage) gelegen ist, nicht ganz zutreffend. Es werden derartige Riesenkinder häufig genug am normalen Geburtstermin, also am 280. Tage der Schwangerschaft geboren. Die Ursache, weshalb in derartigen Fällen die fötale Entwicklung eine beschleunigte ist, ist nicht immer ganz eindeutig. Es spielen hier ohne Frage alle diejenigen Faktoren eine Rolle, welche für Länge und Gewicht des Neugeborenen überhaupt in Frage kommen, also Alter der Mutter, Geschlecht des Kindes, Größe der Eltern, Ernährungsverhältnisse der Mutter in der Schwangerschaft, Zahl der Schwangerschaften. Das will also sagen, daß das Gewicht des Kindes mit dem Alter der Mutter und der Zahl der Schwangerschaften zunimmt, daß Knaben durchschnittlich größer sind als Mädchen, (wie es sich bei Riesenkindern ja auch meist um Knaben handelt), daß sehr heruntergekommene, mangelhaft ernährte Mütter häufig auch dürftige Kinder gebären, daß sehr große Mütter oft auch sehr große Kinder zur Welt bringen.

Die Lage derartiger Kinder ist meist Schädellage. Auch die sonst seltenen Stirnlagen sind hier mehrfach verzeichnet.

Bei der Austreibung derartiger Riesenkinder machen sich durch die Größe des Kopfes und die Breite der Schultern unter Umständen die allergrößten Schwierigkeiten geltend. Bei derartigen Dystokien ist nicht nur der Umfang des Kopfes allein hinderlich, in Betracht kommt ferner seine schlechtere Konfigurationsfähigkeit, indem die Knochen sehr hart und die Nähte und Fontanellen sehr eng sind. Infolgedessen kann sich der Kopf dem Becken bei der Geburt schlecht adaptieren. Es kommt ferner in Betracht, daß Thorax und Schultern bei diesen Kindern viel weniger kompressibel sind als unter normalen Gewichtsverhältnissen. So ist es erklärlich, daß bei derartigen Früchten operative Eingriffe, insbesondere die Zange, die Perforation und die unten zu besprechenden Maßnahmen zur Entwicklung der Schultern häufig notwendig werden. Diesen Faktoren gegenüber sind die Länge und das Gewicht der Kinder geburtshilflich ziemlich gleichgültig.

Bei den höheren Graden des fötalen Riesenwuchses haben wir nach diesen Ausführungen unter der Geburt, selbst bei normalen Beckenverhältnissen, praktisch oft dieselben Verhältnisse, resp. die gleiche Geburtserschwerung, wie beim allgemein verengten Becken, eine Tatsache, die ja für unsere Therapie von außerordentlicher Wichtigkeit ist. Ebenso erklärt sich hieraus, daß bei derartigen Geburten Störungen auftreten, wie wir sie häufig beim engen Becken beobachten, z. B. sekundäre, Ermüdungswehenschwäche, Dehnung des unteren Uterinsegments, ev. bis zur Uterusruptur, Quetschungen der mütterlichen Weichteile usw. Beim Kinde Asphyxie, Verletzungen desselben, besonders bei der Extraktion des nachfolgenden Kopfes (Impressionen der Schädelknochen, besonders der Scheitelbeine), Hirndruck (vgl. auch Kleinhans, S. 1663). Was die Erschwerung der Austreibung des Kindes durch die verbreiterten Schultern anbetrifft, so kann es schon zu Störungen beim Eintritt der Schultern in das Becken kommen. Häufiger aber zeigen sich die Schwierigkeiten erst beim Austritt der Schultern aus dem Becken. Im ersteren Falle wird der schon tiefstehende Kopf trotz guter Wehen nicht geboren, so daß man an tiefen Querstand, Trichterbecken oder aber an umschlungene resp. zu kurze Nabelschnur und dadurch bedingte Behinderung des Austritts denken könnte. Im andern Fall folgen die Schultern nach der Geburt des Kopfes nicht, so daß man an zusammengewachsene Zwillinge, sackförmige Anhängsel (Spina bifida, Teratome, Nabelschnurhernie usw.), Aszites, überdehnte Blase usw. usw. denken könnte. In diesem zweiten Falle, wo also die Schultern nach Geburt des Kopfes längere Zeit im Becken stecken bleiben, kommt das Kind durch die Pressung des Thorax und die dadurch hervorgerufene mangelhafte Inspiration mit ihren Folgen, sowie durch die Kompression der

Nabelschnur in die Gefahr des Erstickungstodes. Bei Beckenendlagen stößt man bei der Lösung der Arme und des Kopfes auf große Schwierigkeiten. Bei Querlagen kann der vermehrte Schulterumfang die Wendung erheblich erschweren. Bei der Mutter kann die enorme Schulterbreite auch nach Geburt des Kopfes noch erhebliche Dammrisse erzeugen.

Die Diagnose des fötalen Riesenwuchses in graviditate et sub partu dürfte meist auf große Schwierigkeiten stoßen. Der Leib ist, ohne daß viel Fruchtwasser vorhanden ist oder Zwillinge vorliegen, über die Norm ausgedehnt, der Kopf ist größer als gewöhnlich. Auffallend ist die Enge seiner Nähte und Fontanellen und die Härte der Schädelknochen. Zuweilen wird man durch die Länge der Pfeilnaht resp. die weite Entfernung der beiden Fontanellen aufmerksam gemacht. Auffallend ist ferner, daß der Kopf unter der Geburt trotz guter Wehen verhältnismäßig lange über dem Becken beweglich stehen bleibt, ohne daß eine Beckenverengerung, ein Hydrokephalus oder sonst ein Hindernis (Myom, Ovarialtumor usw.) nachgewiesen werden kann. Bei Fußlagen oder Querlagen mit Armvorfall würde der Umfang der gefühlten oder sichtbaren Kindesteile dem aufmerksamen Beobachter auffallen.

Die Prognose für Mutter und Kind ergibt sich aus den vorstehenden Ausführungen von selbst. Therapeutisch kommen in Frage in erster Linie die Zange und die Perforation. Bei hochgradigem Riesenwuchs wäre in geeigneten Fällen die Hebosteotomie indiziert, um die Perforation des lebenden Kindes zu umgehen.

Besteht bei einer Frau die Neigung zur Anlage von Riesenkindern, wie das in der Literatur mehrfach beschrieben ist, so könnte man die Prochowniksche Diätkur, die bekanntlich beim engen Becken eine Rolle spielt, einleiten. Noch besser wäre in derartigen Fällen die Einleitung der künstlichen Frühgeburt.

Unter der Geburt macht die Entwicklung der Schultern bei weitem die meisten Schwierigkeiten. Küstner hebt hervor, daß selbst Praktiker mit immerhin einiger Erfahrung hierbei die größten operativen Planlosigkeiten begehen. Stehen die Schultern noch über dem Becken und hindern sie den Austritt des Kopfes, so tut man in derartigen Fällen nach Spiegelberg am besten, durch einen oberhalb der vorderen Beckenwand in der Richtung nach hinten und unten ausgeübten stetigen Druck die Schultern vorwärts zu drängen, während man den Kopf mit der Zange langsam anzieht. Ahlfeld empfiehlt, mit vier Fingern hinter die vordere Schulter einzugehen, um durch Drehung die Schultern in den größten Durchmesser des Beckeneinganges, den Querdurchmesser, zu bringen. In allen Fällen mit sehr großen Kindern wird dieser Vorschlag kaum verwirklicht werden können, da der noch im Ausgang stehende Kopf der Hand den Weg zu den Schultern versperrt und auch die dabei mehrfach empfohlenen seitlichen Inzisionen der Vulva nicht genügend Raum schaffen. In diesen Fällen dürfte das Kind fast immer verloren sein. Es dürfte höchstens gelingen, das Kind unter enormer Zerrung des Halses zu entwickeln. Wenn das nicht gelingt, käme die Perforation des Kopfes in Frage, um so Raum zu schaffen und zu den Armen zu gelangen, einen oder beide herabzustreifen,

wodurch der Umfang der Thoraxbreite verringert würde und so das Kind
durch Zug an denselben zu entwickeln. Im anderen Fall, wenn also die
Schultern im Beckenausgang stecken bleiben, kann man zunächst so vorgehen, wie man das immer bei zögerndem Schulteraustritt, auch unter
normalen Verhältnissen, tut. Man fordert die Frau auf, kräftig mitzupressen.
Wenn das mißlingt, nimmt man den Kopf zwischen die beiden Hohlhände,
wobei das Gesicht frei bleiben muß, drückt ihn nach abwärts und hinten,
so daß die vordere Schulter hinter die Schamfuge herabrückt und sich in
den Schambogen gut hereinlegt. Dann führt man den Kopf nach aufwärts
und läßt so vorsichtig die hintere Schulter über den Damm gleiten. Kommt
man so nicht zum Ziel, so könnte man die Entwicklung des Kindes an
den Schultern versuchen (Einhaken der beiden Zeigefinger von der Rückenfläche des Kindes in die ungleichnamige Achselhöhle). Etwaige Nabel-
schnurumschlingungen sind natürlich zu lockern. Nach Spiegelberg kann
man auch folgendes Verfahren anwenden. Man drängt bei sehr beengtem
Raum zunächst die vordere Schulter hinter der Schamfuge über diese
zurück in die Höhe, so daß der Hals im Schambogen steht. Man findet
dann zum Angriff an der hinteren Schulter Platz, zieht diese nun bis an
den vorderen Rand des Dammes herab und leitet darauf die vordere
Schulter, durch Zurückdrängen des Rumpfes gegen den Damm oder durch
Einsetzen des Zeigefingers in die vordere Achselhöhle, hervor. Dabei
können größere Episiotomien sehr nützlich sein. Zuweilen leistet auch der
stumpfe Haken bei der Extraktion gute Dienste. Man setzt ihn am besten
in die hintere Achselhöhle ein, unter Umständen auch gleichzeitig in die
vordere. Dabei riskiert man natürlich, wenn der Haken nicht direkt in
die Achselhöhle, sondern auf den Humerus kommt, Brüche resp. Epiphysenlösungen desselben. Andere Autoren empfehlen, den hinteren Arm oder
auch beide herunterzuholen, wodurch der Umfang der Schultern vermindert
wird und wodurch man gleichzeitig eine Handhabe zur Extraktion hat.
Spiegelberg rät von diesem „Lösen“ der Arme bei lebenden Kindern
wegen der Gefahr der Gelenk- und Knochenverletzungen ganz ab. Nach
seiner Ansicht kann, wenn zu dieser Manipulation des „Lösens“ der Arme
Raum genug vorhanden ist, die Extraktion auch auf die vorhin geschilderte
Weise zu Ende geführt werden. Wesentlich ist bei allen Extraktionsversuchen kräftiges Mitpressen der Kreißenden, eventuell die Expression von
außen (Kristeller) durch eine andere Person. Wenn alle die geschilderten
Versuche der Extraktion mißlingen, so wird das Kind allmählich durch
die mangelhafte Ventilation der Lungen oder Druck auf die Nabelschnur
abgestorben, erstickt sein. Dann ist die beste Methode, um die Dystokie
zu beseitigen, die ein- oder doppelseitige Durchtrennung der Schlüsselbeine,
die Kleidotomie (v. Herff, Phänomenoff). Dadurch wird der Schulter-
durchmesser erheblich verringert. In einzelnen Fällen versagte allerdings
auch diese Methode und man war gezwungen, außerdem noch die Exenteration zu machen. Lichtenstein berichtet über einen Fall, wo die Kleidotomie nach Abschneiden des Kopfes mißlang. Es wurde dann die Schulter
zurückgeschoben und Wendung und Extraktion nach vorhergehender Eviszeration gemacht.

In der Göttinger Frauenklinik sind Riesenkinder im wahren Sinne des Wortes (über 5000 g) nicht geboren worden. Setzt man die Grenze etwas zurück, etwa auf 4500 g, so sind unter 4200 Geburten 40 Kinder mit einem Gewicht von über 4500 g geboren, und zwar 30 Knaben und 10 Mädchen. 1mal war die Perforation notwendig, 4mal die Zange (3mal wegen drohender Asphyxie des Kindes und 1mal wegen Fieber der Mutter), 1mal mußte die Wendung gemacht werden, 1mal Lösung der Arme und des Kopfes bei Fußlage. 2mal ist eine atonische Nachgeburtsblutung verzeichnet. 38mal war die Lage Schädellage, 1mal Fußlage, 1mal Querlage. In einer großen Anzahl von Fällen wurden Damm- und Scheidenrisse beobachtet, 2mal ein totaler Dammriß. Beim Wochenbett ist mehrfach mangelhafte Rückbildung notiert.

Auch der partielle Riesenwuchs (vgl. auch S. 187) kann bereits intrauterin in die Erscheinung treten. Er befällt dann am häufigsten Extremitäten und Kopf. In einigen Fällen handelte es sich um halbseitigen Riesenwuchs. Ferner können dabei nur die Weichteile an irgend einer Körperstelle, an den Extremitäten, Rumpf, am Gesicht usw. in einer Weise zunehmen, daß auffallende Verunstaltungen entstehen, die man als Elephantiasis bezeichnet. An dieser Zunahme kann das Bindegewebe, Fettgewebe, Blut- und Lymphgefäßgewebe beteiligt sein (über Lymphangiome und dadurch bedingte Geburtsstörungen vgl. S. 90). Ganz umschriebene derartige Bildungen werden zu den Tumoren gerechnet und je nach der Hauptbeteiligung bestimmter Gewebe als Lymphangiome, Fibrome, Angiome usw. bezeichnet. Einen schönen Fall von kongenitaler Elephantiasis im Bereich der ganzen unteren rechten Extremität bildet Ballantyne ab (S. 302), vgl. auch Cusson, Guinon, Lindner u. a.

Literatur.

Ziegler, Allg. Pathologie. — Kaufmann, Spez. Pathologie. — Kleinhans in v. Winckels Handb. d. Geburtsh. — Küstner in Müllers Handb. d. Geburtsh. — Spiegelberg-Wiener, Geburtshilfe. — Olshausen-Veit, Geburtshilfe. — Runge, Geburtshilfe. — Ahlfeld, Geburtshilfe. — Derselbe, Mißbildungen. — Thoyer-Rozat und Schwab, Riesenwuchs. Geb. Ges. Paris, 19. III. 1903. Ref. Zentralbl. f. Gynäk. 1903. S. 1307. — Ballantyne, Problem der überreifen Frucht. Journ. of obstet. gyn. brit. empire. 1902. Dezember. — Fuchs, Riesenwuchs und Partus serotinus. Münchner med. Wochenschr. 1903. Nr. 33 u. 34. — v. Herff, Kleidotomie. Arch. f. Gynäk. 53. S. 542. — v. Winckel, Dauer der menschlichen Schwangerschaft. Samml. klin. Vortr. (Volkmann). Nr. 292 u. 293. — Eltze, Geburten von Kindern über 4000 g. Diss. München 1903. — Fresling, Partus serotinus und Riesenwuchs. Diss. Groningen 1904. — Moisnard, Schwangerschaft und Geburt bei übermäßig großem Kinde. Diss. Paris 1903. — Lütjens, Diss. Greifswald 1903. (Kasuistik.) — Jakoby, Riesenwuchs. Arch. f. Gynäk. 74. 3. — Guéniot und Pierra, Atonische Nachblutungen bei Riesenwuchs. L'obstétrique. Jahrg. 9, 5. — Starcke, Riesenwuchs und Dauer der Gravidität. Arch. f. Gynäk. 74. 3. — Grube, Übertragung und Riesenwuchs. Geb. Ges. Hamburg, 18. IV. 1906. Ref. Zentralbl. f. Gynäk. 1906. S. 773. — Rieck, ebenda. — Schubert, Riesenwuchs. Monatsschr. f. Geburtsh. u. Gynäk. 23. 4. — Vaccari, Riesenwuchs, Becken und Dauer der Schwangerschaft. Monatsschr. f. Geburtsh. u. Gynäk. 24. 1. — Ballantyne, Manual of Antenatal Pathology and Hygiene. S. 302. — Cusson, Kongenitale Elephantiasis. Diss. Paris 1905. — Guinon, Kongenitale Elephantiasis. Geb. Ges. Paris, 11. III. 1907. Ref. Zentralbl. f. Gynäk. 1907.

S. 1013. — Lindner, Kongenitale Elephantiasis. Geb. Ges. Wien, 22. IV. 1902. Ref. Zentralbl. f. Gynäk. 1903. S. 51. — Cyrille Panaiotoff, Ursache des Riesenwuchses. Diss. Montpellier 1907. — Maclean, Brit. Med. Journ. 1907. Febr. 23. — Lichtenstein, Geb. Ges. Leipzig, 17. II. 1908. Ref. Zentralbl. f. Gynäk. 1908. S. 677.

Kongenitale Hydropsien, emphysematische Fäulnis.

Über Geburtsstörungen durch enorme Ausdehnung der Blase, der Ureteren, der zystischen Nieren, Lebertumoren, Aortenaneurysma, Hodentumoren in der Bauchhöhle, Hydrometra vgl. die betreffenden Kapitel. Über Fœtus in fœtu vgl. unten S. 243.

Kongenitaler Aszites.

Der kongenitale Aszites gibt häufiger, als man früher annahm, die Ursache für Geburtsstörungen ab. Die Kasuistik derartiger Fälle ist schon eine recht reichliche. Reiner Aszites wird allerdings nur selten beobachtet. Meist findet er sich bei allgemeinen fötalen Hydropsien, auch bei Hydropsien der Mutter. Sehr häufig besteht gleichzeitig ein Hydrothorax. Aszites findet sich weiter bei Hydramnion, seltener beim Hydramnion eineiiger Zwillinge. Die häufigste Ursache für den fötalen Aszites gibt jedoch die Syphilis ab, und zwar ist es die syphilitische Gummose der Leber, welche zu schweren Stauungen im Pfortaderkreislauf führt. Als weitere Ursachen sind beschrieben schwere Störungen im Kreislaufsystem, Herzfehler, Fehlen des Ductus venosus Arantii (Paltauf), Kompression der großen Gefäße durch Tumoren im Bauch, wie auch durch die enorm ausgedehnte Blase, fötale chronische Peritonitis, Hypoplasien des Harnapparates (Opitz). Auch bei mazerierten Früchten werden zuweilen große Mengen freier Flüssigkeit in der Bauchhöhle gefunden. Die Ursache des fötalen Aszites ist also durchaus verschieden (vgl. auch Hohl, S. 285 ff.).

Die geburtshilfliche Bedeutung des fötalen Aszites liegt in der Tatsache, daß durch die zuweilen beträchtliche Ausdehnung des Leibes Störungen in der Austreibung des Kindes entstehen können, die eventuell eine Beseitigung durch Kunsthilfe erfordern. Die meisten derartigen Früchte werden allerdings spontan geboren, da sie einerseits häufig nicht ausgetragen sind, andererseits der mit Flüssigkeit gefüllte Bauch sehr kompressibel und adaptionsfähig ist. Selbst hochgradige Fälle führen nicht zu derartig schweren Folgen, wie man das z. B. beim Hydrokephalus sehr oft beobachten kann. So hat Küstner bei der Durchsicht der Literatur keinen Fall finden können, wo es durch die Ausdehnung des Leibes zu einer Uterusruptur gekommen wäre. Hohl hat 33 Fälle zusammengestellt, von denen allerdings nur 5 ohne Kunsthilfe verliefen. Doch sind es fast nur hochgradige Fälle. 5 mal wurde die Extraktion an dem geborenen Kopf oder an den Schultern, 1 mal an den Füßen, 9 mal durch die Öffnung des Bauches, 2 mal die Zange gemacht. In 11 Fällen kamen mehrere Operationen vor. Mehrfach zerrissen bei der Geburt die Bauchdecken. Hohl berichtet auch über mehrere Fälle der älteren Literatur, wo die Hebamme oder der Arzt den Kopf oder den Arm abgerissen hatten. Auch bei beiden Zwillingen wurde Aszites beobachtet. Mehrfach findet sich in den Fällen Hohls die Angabe Hydramnion. Die häufigste Lage bei derartiger fötaler Bauchwassersucht ist die Schädellage, doch wurde auch die Fußlage häufiger wie sonst beobachtet. Küstner fand sogar beim Durchsehen der Literatur etwa halb soviel Fußlagen wie Kopflagen. Querlage ist nur selten verzeichnet. In einem von uns beobachteten Fall war Stirnlage vorhanden. Hohl verzeichnet schließlich noch eine Gesichtslage. Mehrfach wurde unter der Geburt Wehenschwäche infolge starker Ausdehnung des Leibes resp. des Uterus beobachtet. Bei den höheren Graden von fötalem Aszites verläuft die Geburt meist so, daß der Kopf resp. der Steiß leicht geboren wird und die weitere Austreibung des Kindes dann stockt. Seltener hindert die übermäßige Ausdehnung des Bauches bereits den Austritt des Kopfes aus dem Becken. In derartigen Fällen wird man zur Zange greifen und den Kopf entwickeln, worauf die Geburt dann definitiv stockt. Jetzt ist eine Untersuchung mit halber oder ganzer Hand, eventuell in Narkose, erforderlich. Wird das unterlassen und etwa brüsk weitergezogen, so kann die Halswirbelsäule zerreißen, oder aber der ganze Kopf reißt ab. Zu denken wäre jetzt an zu kurze Nabelschnur, Dikephalus oder andere Doppelmißbildungen, Spina bifida oder andere sackförmige Anhängsel und Tumoren, Verhakung von Zwillingen usw. Bei abgerissenem Kopf wird man wenden und extrahieren müssen. Sonst dürfte die Wendung außer bei Querlagen und seltenen Indikationen kaum in Frage

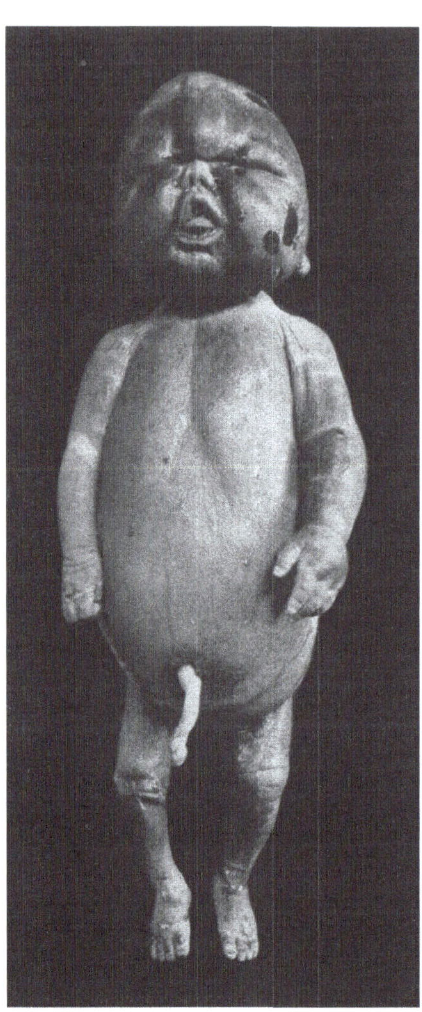

Abb. 40a. Fötaler Aszites und Anasarka.
Vorderansicht.
(Präparat aus der Sammlung der Göttinger Frauenklinik.)

kommen. Küstner ist auch bei abgerissenem Kopf gegen die Wendung und empfiehlt, die Extraktion des Rumpfes mit dem Kranioklast zu machen. Im übrigen wird man versuchen, immer erst mit einer vorsichtigen Extraktion an den Schultern bei Schädellagen auszukommen, da die Früchte im übrigen meist klein sind und die Flüssigkeit in der Bauchhöhle sehr adaptionsfähig ist. Bei hochgradigem Aszites sind die Bauchdecken, besonders bei abgestorbenen

mazerierten Früchten, zuweilen derartig gedehnt und verdünnt resp. zerreißlich, daß sie schon bei mäßigem Fingerdruck nachgeben und die
Flüssigkeit so abfließen kann. In erster Linie kann diese spontane Entleerung bei Hernia funiculi umbilicalis eintreten (Fall Kleinhans). In
einem unserer Fälle (siehe unten) kam es bei der Extraktion am Beckenende zu einer Perforation des Aszites in das Rektum in der Gegend des hinteren Douglas und also zur Entleerung der Flüssigkeit auf diesem Wege. Man kann sich die Extraktion erleichtern, wenn man versucht, den Bauch nach hinten in die Kreuzbeinhöhle oder nach der Seite zu zu drehen. Erweist sich eine vorsichtige Extraktion an den Schultern als unmöglich, so ist die Verkleinerung des Bauches notwendig. Das erreicht man meist mit der Punktion, die immer erst vor der Zerstückelung (Perforation, Eviszeration) zu versuchen ist, weil derartige Kinder, besonders bei fötaler Peritonitis, am Leben zu erhalten sind. Ganz besondere Schwierigkeiten dürften dann entstehen, wenn sich der Aszites mit Tumoren in der Bauchhöhle oder mit der überdehnten verschlossenen Blase vergesellschaftet. Bei Aszites und enormer Blasendilatation kann man gezwungen sein, erst den Aszites und dann die Blase zu punktieren. Auch bei Beckenendlagen ist zuerst die vorsichtige Extraktion zu versuchen und erst dann, wenn diese versagt, in der geschilderten Weise vorzugehen. Mehrere Autoren (P. Frank, Aubenas u. a.) haben mit Erfolg bei Fußlage das Skrotum punktiert, aus der Erwägung her-

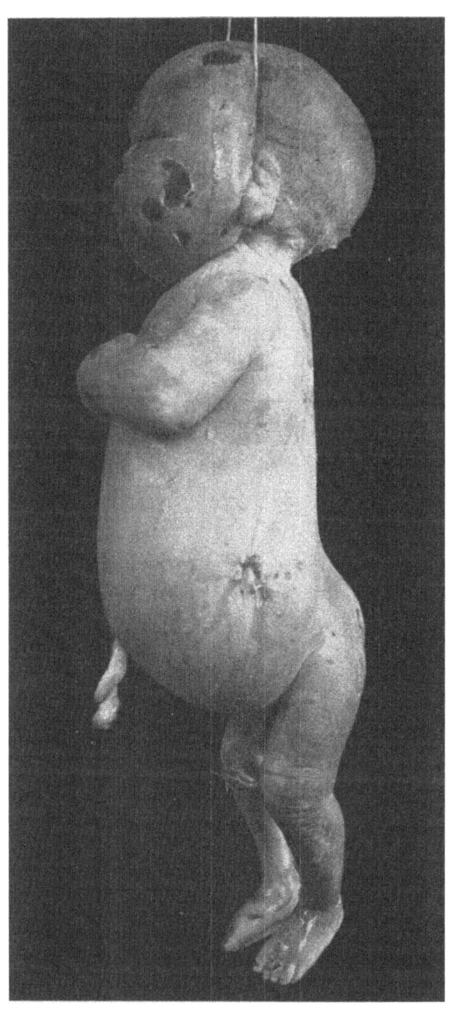

Abb. 40 b. Fötaler Aszites und Anasarka.
Seitenansicht mit Perforationsöffnung.
(Präparat aus der Sammlung der Göttinger
Frauenklinik.)

aus, daß der Processus vaginalis peritonei dabei meist offen ist. Es sei
schließlich noch hervorgehoben, daß hochgradiger fötaler Aszites eine genügende Ventilation der Lungen durch Hochstand des Zwerchfells verhindern kann (extrauterin erworbene Asphyxie).

In der Göttinger Frauenklinik haben wir zwei Fälle von ausgedehntem
Aszites mit Geburtsstörung beobachtet. Beidemale handelte es sich um

dieselbe Frau. Gleichzeitig bestanden allerdings allgemeine Ödeme, doch sprang der starke Aszites am meisten in die Augen. Beidemale konnte als Ursache eine syphilitische Lebererkrankung nachgewiesen werden. Die erste Geburt war am 27. Juli 1907. Vorher waren bereits mehrere Fehlgeburten zu verzeichnen. Bei der Aufnahme am 2. Juli bestanden an beiden Unterschenkeln mäßige Ödeme. Herz und Lungen erwiesen sich als gesund, es bestand nur eine ausgesprochene Kurzatmigkeit durch die starke Ausdehnung des Leibes resp. den dadurch hervorgerufenen hohen Zwerchfellstand. Umfang des Leibes 119 cm. Urin frei. Unter der Geburt Wehenschwäche. Wegen Schwankens der kindlichen Herztöne wird bei vorhandener vollkommener Fußlage zu extrahieren versucht. Dabei große Schwierigkeiten. Plötzlich, als der Steiß sichtbar wird, entleert sich aus dem Anus des Kindes, während des starken Zuges nach abwärts eine große Menge, etwa 2 Liter gelblicher Flüssigkeit, worauf die weitere Extraktion leicht gelingt. Frucht abgestorben. Bauch nunmehr zusammengefallen. Allgemeine Ödeme. Aus dem kindlichen After läuft noch lange Zeit hindurch die erwähnte Flüssigkeit ab. (Erklärung siehe oben.) Plazenta enorm ödematös, wiegt 2200 g. Mäßige atonische Nachblutung, die auf Kornutininjektionen steht. Gewicht des weiblichen Kindes (ohne Aszites) 2800 g, Länge 47 cm.

Die zweite Entbindung war am 24. Juni 1908. Patientin wird wegen Blutabgangs (vorzeitige Lösung der Plazenta) bei tiefem Sitz gelagert. Die Untersuchung ergibt Stirnlage. In der Eröffnungszeit Wehenschwäche. Abends setzt eine starke Blutung ein. Es wird deswegen, ferner wegen Stirnlage und Sinkens der kindlichen Herztöne die innere Wendung auf beide Füße gemacht, die leicht gelingt. Beide Füße ödematös, Gewebe sehr zerreißlich. Die weitere Extraktion mißlingt wegen des starken Aszites. Da das Kind bereits abgestorben ist, wird der Aszites in einer Menge von 3,4 Litern nach Perforation des Bauches abgelassen. Darauf leichte weitere Extraktion. Die Plazenta ist wieder enorm ödematös, sie wiegt 2360 g. Starke atonische Nachblutung, die auf Kornutin steht.

Literatur.

Küstner in Müllers Handb. d. Geburtsh. — Ahlfeld, Lehrb. d. Geburtsh. — Olshausen-Veit, Lehrb. d. Geburtsh. — Ballantyne, Antenatal Pathology and Hygiene. — Kleinhans in v. Winckels Handb. d. Geburtsh. — Spiegelberg-Wiener, Geburtsh. (Lit.) — Hohl, Geburten mißstalteter usw. Kinder. — Eden, Geb. Ges. London. Ref. Zentralbl. f. Gynäk. 1903. S. 739. — Bochénski, Gynäk. Ges. Lemberg, 31. V. 1906. Ref. Zentralbl. f. Gynäk. 1907. S. 369. — Unger, Fötale Peritonitis. Monatsschr. f. Geburtsh. u. Gynäk. 29. 5.

Hydrothorax.

Der kongenitale Hydrothorax kommt sehr selten allein zur Beobachtung. Nur ganz spärliche Mitteilungen finden sich darüber in der Literatur (vgl. unten). Weit häufiger ist er mit Aszites und anderen hydropischen Zuständen kombiniert, z. B. bei schweren Kreislaufstörungen, Herzfehlern, mazerierten Früchten. Abgesehen von den Geburtsstörungen, die durch derartige Pleuraergüsse hervorgerufen werden, hat diese fötale

Anomalie insofern noch eine geburtshilfliche Bedeutung, als die damit behafteten Kinder nach der Geburt infolge der Kompression der Lungen sehr bald asphyktische Zustände bekommen (nach der Geburt erworbene Asphyxie), vgl. Fall Spiegelberg, S. 669. Die Dystokie tritt nach der Geburt des Kopfes bei Schädellagen resp. des Steißes bei Beckenendlagen ein, seltener schon vor der Geburt des Kopfes (Fall Hohl). In derartigen Fällen wird man zur Zange greifen und nach Entwicklung des Kopfes den wahren Grund der Geburtserschwerung eruieren. Die spezielle Diagnose dürfte nicht immer leicht sein. Folgt der Thorax auf die S. 213 geschilderten Maßnahmen nicht, so kommt die operative Eröffnung (Punktion, Perforation) in Frage. Bei Beckenendlagen könnte man zuerst die Bauchhöhle eröffnen und dann das Zwerchfell perforieren. Bei diesem Vorgehen wird man auch imstande sein, die Diagnose Hydrothorax durch den Nachweis der Fluktuation im Bereich des Zwerchfells zu stellen. Doch sind Fälle von reinem Hydrothorax, wie erwähnt, sehr selten. Der oben zitierte Fall Spiegelberg gehört hierher. Die Fälle aus der älteren Literatur bringt Hohl S. 282. Meist handelte es sich auch hier um gleichzeitige Bauch- und Brustwassersucht (Fall Severinus, Carus). Hohl berichtet über 3 Fälle von reinem Hydrothorax, eine eigene Beobachtung und zwei aus der Literatur (Fall Gottel und ein nicht mit dem Autor bezeichneter Fall). In dem einen Fall trat der Kopf in die obere Beckenapertur ein, rückte auch etwas tiefer, blieb aber trotz vorzüglicher Wehen hier stehen. Er wurde deshalb durch einen recht schweren Forceps entwickelt. Die schwierige Extraktion des Rumpfes gelang nach vielen Mühen endlich mit einem Finger und den Smellieschen Haken, die in die Achselhöhlen eingesetzt wurden. Bei dem so entwickelten toten Knaben fand sich ein enorm ausgedehnter Hydrothorax. In dem von Hohl selbst beobachteten Fall wurde wegen fehlerhafter Lage des Kindes und vorliegendem rechten Arm bei stehender Blase gewendet. Bei der nun eintretenden Dystokie wurde nach Eingehen mit der Hand der Hydrothorax entdeckt. Es wurde deshalb mit der Smellieschen Schere vom Bauch aus unter dem Rippenbogen das Zwerchfell eröffnet und eine große Menge Flüssigkeit abgelassen, worauf das Kind leicht spontan geboren wurde.

Literatur.

Hohl, Geburten mißgestalteter usw. Kinder — Küstner in Müllers Handb. d. Geburtsh. — Kleinhans in v. Winckels Handb. d. Geburtsh. — Spiegelberg-Wiener, Geb. — Ballantyne: The diseases and deformities of the Foetus. 1. — L. Seitz in v. Winckels Handb. d. Geburtsh.

Die Haut- und allgemeine Wassersucht.

Dieselbe kommt entweder als reines Anasarka, allgemeines kongenitales Ödem zur Beobachtung, häufiger jedoch kombiniert mit dem kongenitalen Höhlenhydrops. Es handelt sich hierbei meist um eine rein wässerige Ausschwitzung, seltener um eine wässerig-gelatinöse Infiltration des Unterhautbindegewebes. Zuweilen besteht sogar ein ausgesprochener hyperplastischer Zustand der Haut und des Unterhautzellgewebes. Noch seltener fanden sich elephantiastische Verdickungen der Haut, z. B. in dem berühmt gewordenen Fall von Steinwirker — Elephantiasis congenita cystica (vgl. Abbildung in Olshausen-Veit, S. 736). Neben den fötalen Hydropsien beobachtet man gelegentlich auch Ödeme und hydropische Zustände bei der Mutter, ferner Ödem der Plazenta und Hydramnion. Ob dabei die mütterlichen Ödeme primär und die fötalen Ödeme sekundär entstanden sind oder umgekehrt, läßt sich nicht immer mit Sicherheit entscheiden. Beide Möglichkeiten sind zuzugeben. Im übrigen werden als Ursachen angegeben hereditäre Syphilis, Anomalien der Herzostien (Verschluß des Foramen ovale, weite Durchgängigkeit des Ductus arteriosus Botalli u. a.), krankhafte Veränderungen des mütterlichen Blutes (Hydrämie, Leukämie), Zirkulationsstörungen der Nabelvene usw. Auch bei Chondrodystrophie und bei Akardiis werden recht häufig allgemeine Hydropsien gesehen. Über die ältere Literatur bis 1849 berichtet Hohl (S. 309 ff.). Die Früchte sind fast immer lebensunfähig und häufig bereits in der Schwangerschaft oder unter der Geburt abgestorben. Was die Geburtsstörungen durch derartige Früchte anbetrifft, so finden sich in der Literatur eine ganze Reihe von Fällen, wo derartige Störungen zu verzeichnen waren. Am seltensten sind Dystokien bei reiner Anasarka beobachtet (Fälle von P. Ruge, Fuhr, siehe Kleinhans, S. 1668). Im Fall Ruge machte die Extraktion der in Fußlage sich präsentierenden Frucht deshalb besondere Schwierigkeiten, weil es, ähnlich wie beim Rigor mortis durch die Muskelstarre, durch die ödematös infiltrierte Haut zu einer Steifigkeit der Frucht gekommen war, die bei der Austreibung der Frucht sehr hinderlich war. In dem Fall Fuhr wurde die Geburtsstörung erst dadurch beseitigt, daß das subkutane Ödem aus der bei der Extraktion mehrfach eingerissenen Haut absickern konnte. Die Erschwerung der Geburt resp. der geburtshilflichen Eingriffe tritt jedoch nicht nur durch die Vergrößerung der Frucht allein ein. Hinzu kommt die in manchen Fällen besonders ausgesprochene Zerreißlichkeit und Brüchigkeit der Gewebe infolge der ödematösen Infiltration. In dem von mir bereits oben erwähnten Fall (S. 218) von Aszites und universellem Ödem ging z. B. bei der durchaus nicht forcierten Extraktion des Kindes die Haut des Unterschenkels herunter wie eine Manschette. Derartige Beobachtungen sind zahlreich gemacht. Ganze Extremitäten sind ausgerissen, ferner z. B. der Kopf bei der Zangenextraktion und bei dem an ihm selbst manuell vorgenommenen, bekanntlich durchaus unerlaubten Zug. Es liegt auf der Hand, daß man infolgedessen bestimmte, für jeden Fall passende therapeutische Direktiven nicht geben kann. Da die Lebensfähigkeit hydropischer Früchte höchst illusorisch ist, empfehlen die meisten Geburtshelfer (Spiegelberg u. a.), die Geburt nicht durch manuelle Handgriffe, sondern auf instrumentellem Wege zu beenden. Auch dabei kann es jedoch, wie z. B. bei der Zangenextraktion, zum Abreißen des Kopfes kommen. In den ganz hochgradigen Fällen von Hydropsie dürfte dann weiter nichts übrig bleiben, als eine atypische Embryotomie, die unter diesen Umständen kaum noch als geburtshilfliche Operation bezeichnet werden dürfte. Oft wird man auf derartige hydropische Früchte bereits vorbereitet sein. Man wird die Ödeme, besonders wenn ein Teil des Kindes vorgefallen ist, an den durch Fingerdruck entstehenden Dellen erkennen. Ferner muß man bei hochgradigen Ödemen der Mutter immer auch auf Hydropsien der Frucht gefaßt sein.

Über die in der hiesigen Frauenklinik zur Beobachtung gekommenen Fälle von Aszites und allgemeinen Ödemen siehe S. 218.

Literatur.

Hohl, Geburten mißgestalteter usw. Früchte. — Kleinhans in v. Winckels Handb. d. Geburtsh. — Spiegelberg-Wiener, Geburtsh. — Ballantyne, The diseases and deformities of the Foetus 1. — Olshausen-Veit, Geburtshilfe (Lit.!). — Jatho, Diss. Marburg 1902. — Kreisch, Müncher med. Wochenschr. 1901. S. 1387. — Neelson, Berliner klin. Wochenschr. 1852. S. 36. — Betschler, Klin. Beitr. zur Gynäk. Breslau 1862. S. 260. — Steinwirker, Diss. Halle 1872. — Keiller, Edinb. med. and surg. Journ. April 1855. — Lindner, Geb. Gesellsch. Wien, 22. IV. 1902. Ref. Zentralbl. f. Gynäk. 1903. S. 51. — Seulecq, Geb. Gesellsch. Paris, 11. III. 1907. Ref. Zentralbl. f. Gynäk. 1907. S. 1013.

Das angeborene Myxödem, Myxidiotie ist, wie aus den spärlichen Literaturangaben hervorgeht, äußerst selten. Bei dieser Erkrankung, die durch den Mangel der Schilddrüse hervorgerufen wird, hat die Haut und das Unterhautzellgewebe einen geschwollenen, ödematösen resp. myxödematösen Charakter. Ob es sich dabei wirklich um Schleim, oder um eine muzinhaltige, ödematöse Flüssigkeit, oder nur um ödematöse Infiltration handelt, ist nicht ganz sicher (vgl. Ewald in Nothnagels Handb.). Ewald rechnet, wie mir scheint, die Fälle von sog. angeborenem Myxödem mit kongenitaler totaler Aplasie der Schilddrüse (Athyreosis, Thyreoaplasie) zum sporadischen Kretinismus, im Gegensatz zum endemischen Kretinismus, von dem er angibt, daß er überaus selten angeboren vorkommt. Kaufmann hält diese Bezeichnung (sporadischer Kretinismus) für wenig glücklich. Diese Fälle von sog. sporadischen Kretinismus bieten später das Bild von Zwergwuchs, Idiotie, myxomatöser Haut, wulstigen Lippen, dicker Zunge usw. Infolge der Hautveränderungen durch kongenitales Myxödem resp. der dadurch bedingten Volumenzunahme der Früchte kann die Austreibung der Kinder erschwert werden. In neuerer Zeit hat Weirich zwei Fälle von kongenitalem Myxödem mitgeteilt. In beiden Fällen war eine lange Geburtsdauer, die einmal die Anlegung der Zange erforderte, zu verzeichnen. Ebenso berichtet Sarabia über zwei Fälle von kongenitalem Myxödem. Im übrigen drängt sich bei Durchsicht der Literatur der Gedanke auf, daß hier mancherlei nicht zusammengehörende Dinge zusammengeworfen sind.

Literatur.

Kaufmann, Spez. Pathologie (Lit.). — Kleinhans in v. Winckels Handb. d. Geburtsh. — Ballantyne, Manual of antenatal Pathology and Hygiene, S. 305. — Ewald, Die Erkrankungen der Schilddrüse in Nothnagels Handb. d. spez. Path. u. Ther. 22. — Weirich, Diss. Jena 1901. — Sarabia, Verhandl. d. span. gynäk. Gesellsch. Ref. Zentralbl. f. Gynäk. 1904. S. 1174. — Charrière, Diss. Paris 1907.

Die emphysematische Vergrößerung der Frucht ist die Folge einer Fäulnis des Fruchtkörpers. Wenn die Fruchtblase gesprungen ist und somit Keime in das Cavum uteri gelangen können (durch den untersuchenden Finger, durch Instrumente, Aufwandern von Keimen aus Scheide und Cervix usw.), so verfällt der Inhalt des Uterus der Zersetzung, besonders wenn die Temperatur der Mutter stark erhöht ist. Diese Fäulnis tritt besonders schnell bei mazerierten, langsamer bei frischtoten Früchten ein. Sie wird in erster Linie beobachtet bei schweren, protrahierten Geburten, also hauptsächlich beim engen Becken, wo bekanntlich die Blase oft sehr früh springt und wo zuweilen zahlreiche Entbindungsversuche vorgenommen werden. Die Fäulnis selbst wird hervorgerufen durch Bacterium coli, B. aerogenes capsulatus, anaerobe Bazillen (Krönig, Lindenthal). Bei einer derartigen Fäulnis der Frucht entwickeln sich reichlich Gase im Uterus, was man als Tympania uteri oder Physometra bezeichnet. Diese Gase können perkutorisch an der höchsten Stelle des Uterus nachgewiesen werden. Infolge der Fäulnis hebt sich bei der Frucht die Haut in Blasen und Fetzen ab, die Nabelschnur nimmt eine grünlichgelbliche Färbung an, alles wird schließlich mißfarben und stinkt, auch das Fruchtwasser. Es kann ferner auch zur Gasbildung in den fötalen Geweben, besonders im Unterhautzellgewebe und den Körperhöhlen kommen (emphysematöse Fäulnis). Sehr oft ist man in der Lage, bei derartigen Früchten palpatorisch ein Knistern, d. h. also die Gasansammlung zu fühlen. In hochgradigen Fällen erscheint der ganze Körper wie aufgeblasen, die Haut ist prall gespannt und knistert selbst unter leichtem Fingerdruck, die Glieder sind voluminöser, der Rumpf aufgetrieben, beim Einstich und bei Einschnitten in die Weichteile sinken diese zusammen (Spiegelberg, S. 536). Diese emphysematöse Fäulnis der Frucht wird heute infolge der besseren Asepsis und der besseren geburtshilflichen Ausbildung der Ärzte und Hebammen und infolge der reichlich vorhandenen Ärzte sehr selten beobachtet. Früher, als diese Bedingungen noch nicht vorhanden waren, wurde sie recht oft gesehen (vgl. Hohl). Eine Erschwerung der Austreibung des Kindes wird durch diese Veränderung der Frucht nur sehr selten eintreten. Doch sind auch derartige Fälle bekannt geworden. Die Schwierigkeit kann dann allerdings leicht eintreten, wenn es zum Stillstand der Geburt gekommen ist, wie man das beim engen Becken in erster Linie beobachten kann (sekundäre Wehenschwäche, Wehenschwäche infolge Tympania uteri, Tetanus uteri usw.). In derartigen Fällen ist aber gerade die schleunigste Entfernung derartiger Früchte wegen drohender oder schon vorhandener Sepsis der Mutter geboten. Bei allen hierzu notwendigen Eingriffen zeigt sich dann das Gewebe morsch und zerreißlich. Bei der Beseitigung von Dystokien durch emphysematische Auftreibung wird man am besten so vorgehen, daß man, wenn nötig, Brust- und Bauchhöhle punktiert, um die Gase entweichen zu lassen. Im übrigen wird man alle Manipulationen vermeiden, bei denen es zum Abreißen fötaler Teile kommen kann, da man sonst gezwungen ist, immer wieder die Hand in die meist infizierten inneren Genitalien einzuführen und so sehr leicht der Propagation der Infektion Vorschub leistet. Spiegelberg empfiehlt: „Man fasse den Körper mit dem Kranioklasten, nachdem man durch die Perforation Brust- und Bauchhöhle vom Gase entleert hat." Schwieriger ist die Frage: wie soll man sich verhalten, wenn die mütterlichen Weichteile noch mehr oder minder unvorbereitet sind? Von der Dilatation mit dem Bossischen und ähnlichen Instrumenten ist in derartigen Fällen besser abzusehen, da bei ihrer Anwendung bekanntermaßen häufig Cervixrisse entstehen, die hier sehr leicht infiziert werden können und also für die zu fürchtende Allgemeininfektion neue Eintrittspforten sind. Dieselbe Gefahr besteht natürlich beim vaginalen Kaiserschnitt. Deshalb ist mehrfach empfohlen worden, im Anschluß an die Entwicklung des Kindes, so oder so, die Totalexstirpation des Uterus zu machen. Auch diese Operation dürfte eine durchaus dubiöse Prognose haben. Andere Geburtshelfer empfehlen deshalb ein mehr abwartendes Verfahren: Wiederholte Spülungen des Uterus mit dem Fritschschen Katheter, reichliche Jodoformierung der Uterushöhle usw.

H o h l bringt eine sehr ausführliche Bearbeitung dieses Kapitels (S. 329 ff.). Nach seinen Ausführungen war die Fäulnis der Frucht und die dadurch mögliche Dystokie bereits C e l s u s, S m e l l i e, M a u r i c e a u, R ö d e r e r u. a. bekannt. D u g è s meinte, die Fäulnis mache die Frucht zu einer Art Tampon, der die Geburtswege ausfüllt und verschließt, statt daß er den Bewegungen des gewöhnlichen Mechanismus folgt. Seine Anschauung ist insofern richtig, als man gleichzeitig mit Fruchtfäulnis nicht selten Tetanus uteri beobachtet. H o h l bringt auch eine reiche Kasuistik derartiger Fälle, wo es zu einer Geburtserschwerung gekommen war (S. 335 ff.).

L i t e r a t u r.

S p i e g e l b e r g - W i e n e r, Geburtsh. — W ä c h t e r, Diss. München 1875. — H o h l, Geburten mißgestalteter usw. Kinder. — S e i t z, Die Veränderungen von Fötus und Plazenta nach dem Tode der Frucht, in v. Winckels Handb. d. Geburtsh. 2. 2. S. 276. — R u n g e, Geburtsh.

Die wichtigsten kongenitalen Erkrankungen und Mißbildungen der Haut.

Hier wäre zuerst des A m n i o n s zu gedenken (siehe S. 3).

Die sog. S i m o n a r t schen Bänder können intrauterin oder unter der Geburt abreißen und es bleiben dann mehr oder minder lange Fäden an der Haut zurück. Die amniotischen Schnürfäden können ferner andere Veränderungen der Haut hervorrufen. Hierher gehören die amniotischen Schnürfurchen, die bis auf den Knochen gehen können, narbige Veränderungen in der Haut, Spontanamputationen mit frischeren oder älteren Veränderungen. In anderen Fällen bildeten die Amnionverwachsungen hohe zylindrische Schläuche zwischen Oberhaut der Frucht und Amnion. Beim Abreißen dieser Hohlschläuche resp. Fäden von der Oberfläche des Kindskörpers bleibt eine hautfreie Fläche zurück, die einen wunden Hautdefekt darbietet (A h l f e l d, Lehrb.). Derartige zirkuläre Hautdefekte, die je nach ihrem Alter vernarbt resp. frisch sein können, finden sich mit Vorliebe im Bereich des Hinterhaupts. Die Haut ist peripher von den erwähnten Schnürfurchen entweder ödematös oder atrophisch.

Diese Anomalien im Bereich der Haut haben insofern eine geburtshilfliche Bedeutung, als die Fäden, wenn sie noch unzerrissen sind, Anlaß zu Geburtsstörungen geben können. So hörte eine Hebamme bei der Geburt des Kindes das Zerreißen der Bänder als ein „Krachen". Ebenso ist ein Fall bekannt, wo eine Hebamme die amniotischen Bänder nach der Geburt des Kindes durchschneiden mußte, um die endgültige Trennung von Mutter und Kind vollziehen zu können (siehe Küstner, S. 636—637).

Es sind ferner Verkalkungen der oberen Hautschichten beobachtet worden, meist kombiniert mit Verkalkungen der Eihäute, wodurch eine Geburtsstörung zustande kommen kann (sog. Verwachsung des Fötus mit dem Uterus).

Von den angeborenen syphilitischen Erkrankungen der Haut erwähne ich kurz den syphilitischen Pemphigus, das makulo-papulöse Syphilid u. a.

Es sind weiter zu erwähnen die kongenitalen Pigmentatrophien, Leukopathie, Leukoderma. Dieselben sind entweder universeller Natur, Albinismus, Kakerlaken, oder nur partiell, Albinismus partialis. Die Albinos sind vollkommen pigmentlos. Die Haut ist hellweiß, rosig durchscheinend. Funktionell ist die Haut jedoch intakt. Die Haare sind gelblich-weiß, seidenartig. Auch Iris und Chorioidea sind pigmentlos. Albinismus findet sich gewöhnlich gleichzeitig bei mehreren Geschwistern.

Beim Albinismus partialis findet man vereinzelte pigmentlose Partien der Haut. Es sind weiße Stellen, die meist unregelmäßig begrenzt sind.

Im Gegensatz dazu besteht bei der angeborenen Pigmenthypertrophie eine umschriebene Vermehrung des Pigments. Dabei können aber auch andere Teile der Haut, der Papillarkörper und die Hornschicht hypertrophisch sein. Die pigmenthaltigen flachen Stellen bezeichnet man als flache Naevi, die übrigen als warzige Naevi (siehe Lesser).

Angeborene und bleibende Erweiterungen der Blutgefäße der Haut kommen vor als Teleangiektasien und Angiome; sie werden in der Regel als Naevi vasculosi bezeichnet (Feuermal). Die Größe derselben ist außerordentlich verschieden. Bekanntlich führt der Volksglaube sie auf das sog. Versehen der Schwangeren zurück (siehe auch Kaufmann, S. 1247 und 1251). Die angeborenen Angiome sind mitunter so umfangreich, daß sie eine ganze Extremität einnehmen können (Lesser, 160). Derartige Angiome können durch die Möglichkeit des Aufkratzens gerade für kleine Kinder eine große Gefahr werden. Ihre frühe Beseitigung ist deshalb geboten.

Auch angeborene Erweiterungen der Lymphgefäße, Lymphangiektasien, Lymphangiome werden nicht selten im Bereich der Hand beobachtet. Dieselben waren in einigen Fällen so umfangreich, daß sie z. B. eine ganze Extremität oder einen großen Teil des übrigen Körpers einnahmen. In dem bereits oben erwähnten Fall von Malcolm Mc. Lean (S. 90) bestand ein derartig großes Lymphangiom des einen Armes, daß ein Geburtshindernis entstand.

Auch die Elephantiasis congenita gehört hierher (siehe das betreffende Kapitel). Vor kurzem sah ich ein derartiges Kind mit einem etwa faustgroßen Lymphangiom in der rechten Achselhöhle, das unter der Geburt keine Störungen hervorgerufen hatte.

Eine sehr seltene angeborene Erkrankung der Haut ist die Ichthyosis congenita, Fischschuppenerkrankung, von den Pathologen als Hyperkeratosis diffusa congenita bezeichnet. Kaufmann beschreibt sie in folgendem:

Die Haut erscheint wie mit polygonalen, vielfach schüsselförmig gedellten Hornplatten bedeckt, welche durch in verschiedensten Richtungen sich kreuzende Risse und Furchen, die besonders auch die Gelenke umgeben, voneinander getrennt sind und aus dichten Lagen verhornter Epithelien bestehen, welche Wollhärchen einschließen. Auch in die erweiterten Haarbälge setzen sich Hornschichten fest. Die verdickte (6—10 mm) Epidermis berstet schilderartig auseinander. Daher auch der Vergleich mit der Haut eines halbgebratenen Spanferkels und die Bezeichnung Harlekinfötus. Infolge der Kürze der starren Haut bleiben Finger und Zehen kurz. Der starre Mund klafft. Augenlider und Lippen fehlen, die Augen sind nur von ektropionierter Konjunktivalschleimhaut bedeckt, und ebenso geht die mit Hornplatten bedeckte Haut unmittelbar in die Schleimhaut der Alveolarfortsätze über. Die Füße stehen in Klumpfußstellung (siehe Ballantyne, Abb. S. 310, Ziegler, Abb. S. 278.)

Derartige Kinder kommen gewöhnlich 1—2 Monate zu früh zur Welt, doch sind auch ausgetragene Kinder mit Ichthyosis beobachtet. Sie sterben meist nach einigen Stunden, spätestens am Tage nach der Geburt. Über die feinere Anatomie siehe Jarisch, S. 674 ff. Der Tod wird teils durch die hochgradigen Veränderungen der Haut, teils durch die enorme Erschwerung der Ernährung infolge der Verunstaltung des Mundes herbeigeführt. Die Ätiologie dieser seltenen Erkrankung ist noch völlig dunkel. Eine Vererbung ist nicht erkennbar, doch sind auch Fälle beobachtet, wo mehrere Kinder derselben Mutter an der Ichthyosis erkrankten. Man nimmt an, daß die Krankheit im 3.—4. Schwangerschaftsmonat beginnt. Nach der Geburt sinkt die Temperatur sehr schnell ab. Mehrfach fand sich bei Ichthyosis Fruchtwassermangel. Es läßt sich nicht sicher sagen, ob beide in ursächlichem Zusammenhang stehen; Ahlfeld ist geneigt, den Fruchtwassermangel für sekundär zu halten (Ahlfeld, Lehrb., S. 730). Die Behandlung ist, wie gesagt, machtlos. Es sind in erster Linie Bäder empfohlen, da sie den Kindern sichtlich gut tun. Für weniger ausgedehnte Fälle empfiehlt Ahlfeld Salben- und Fetteinreibungen (Lebertran).

Die Nägel zeigen sehr selten kongenitale Affektionen.

Unter Anonychia versteht man den totalen oder partiellen Defekt der Nägel. Zuweilen ist die Mißbildung bei mehreren Mitgliedern einer Familie angetroffen worden. Es können sämtliche Finger und Zehen oder nur ein einzelner betroffen sein. Nagelbett und Nagelwall können dabei gut ausgebildet sein.

Von den angeborenen Abnormitäten der Haare steht obenan die Alopecia congenita, die entweder allgemein oder partiell auftritt. Das Leiden kann dauernd stationär bleiben oder aber nach kürzerer oder längerer Zeit verschwinden. Zuweilen wurden gleichzeitig Anomalien der Zähne und Nägel beobachtet. Mehrfach wurde Erblichkeit nachgewiesen. Bei der kongenitalen partiellen Alopecie finden sich größere oder kleinere haarlose Partien, welche sich im späteren Leben nur wenig vergrößern. Dabei können auch die Talgdrüsen mangelhaft oder gar nicht entwickelt sein. Eine Reihe von Autoren nehmen als Ursache für die Entstehung der Alopecia congenita ein regelwidriges Verhalten des Amnion an.

Von den Anomalien der Haarfärbung ist beobachtet die Poliosis circumscripta, d. i. ein partieller kongenitaler Pigmentmangel, wobei sich weiße Haarbüschel ohne gleichzeitige Entfärbung der betreffenden Hautstelle durch viele Generationen fortzuerben vermag.

Verhältnismäßig häufig kommen angeborene Dermoide im Bereich der Haut zur Beobachtung. Sie entstehen durch embryonale Abschnürungen von Resten von Kiemengängen oder durch Inklusion von Haut oder epithelialen Teilen in der Tiefe des Coriums oder in dem subkutanen Gewebe (Kaufmann). Sie sitzen mit Vorliebe da, wo während der embryonalen Zeit Einstülpungen des Ektoderms oder fötale, mit Epidermis ausgekleidete Spalten und Gänge vorkommen. Mikroskopisch findet man in der Wand den Bau der Haut wieder.

Anhangsweise erwähne ich noch kurz die Veränderungen der Haut, wie wir sie bei der Mazeration (Blasen, freiliegende rote Unterhaut), Mumifikation (trockene, lederartige Haut), bei Frühgeburten (krebsrot durch den Mangel an Fett), bei angeborenem Ikterus (intensiv gelb und zuweilen mit Hautblutungen kombiniert), bei angeborenen Herzfehlern, weißer Pneumonie, Mißbildungen der Lungen usw. (blau, zyanotisch), bei angeborenen Infektionskrankheiten (Masern, Scharlach, Pocken), beim Lithopädion (Verkalkung der oberen Hautpartien), beim engen Becken (Druckmarken, Gangrän), bei operativer Beendigung der Geburt (Hautabschürfungen, Trennung der Weichteile), bei der Kopfgeschwulst (seröse Durchtränkung der Kopfschwarte und oberflächliche Blutungen und Exkoriationen), bei der Kopfblutgeschwulst (Emporwölbung der Haut durch den zwischen Periost und Knochen befindlichen Bluterguß) finden. Die Verwachsungen der Haut an einzelnen Stellen untereinander habe ich bereits früher erwähnt.

Literatur.

Jarisch, Hautkrankheiten, in Nothnagel. 24. 1. — Kaufmann, Pathol. Anatomie. — Küstner in Müllers Handb. 2. — Lesser, Hautkrankheiten. — Ahlfeld, Lehrbuch. — Ballantyne, The diseases of the foetus. 1. — Derselbe, Pathology and Hygiene. — Lenglet, Diss. Paris 1902 (Übersicht über angeborene Hautkrankheiten). — Döring, Diss. Erlangen 1901 (Angeborene Haarlosigkeit). — Böhler, Diss. Freiburg 1901 (Ichthyosis cong.). — Raclot, Diss. Paris 1903 (Alopecia cong.). — Macé (Ichthyosis), Geb. Gesellsch. Paris 1907. 17. I. C. B. 1907. S. 946. — Singer (Alopecia cong., Übersicht), Diss. Erlangen 1906. — Garipuy (Part. Alopec. cong.), Geb. Gesellsch. Paris, 25. III. 1907. C. B. 1907. S. 944.

Die Doppelmißbildungen, Monstra duplicia.

Eine ausführliche Bearbeitung dieses interessanten Kapitels, sowie eine erschöpfende Literaturübersicht bringen Schwalbe, Ahlfeld, Straßmann, Marchand, vgl. auch Ziegler, Küstner, G. Veit u. a.

Eine Definition des Begriffs Doppelmißbildung ist, darin muß man Schwalbe zweifellos recht geben, nicht leicht; schon eine scharfe Abgrenzung zwischen Doppelbildung und Einfachbildung ist unmöglich (vgl. parasitäre Doppelbildungen und Teratome). Schwalbe begnügt sich deshalb mit einer morphologischen Definition, welche die Genese nicht weiter berührt. Nach ihm bezeichnen wir als Doppelmißbildungen Körper, welche mindestens eine teilweise Verdoppelung der Körperachsen aufweisen. Durch diese Definition ist man in der Lage, die Doppelmißbildungen von den Verdoppelungen einzelner Glieder zu trennen. Die bei den Doppelmißbildungen miteinander vereinigten Fruchtkörper sind entweder vollständig oder unvollständig entwickelt, Duplicitas completa und incompleta. Die erste Gruppe ist die bei weitem häufigere. Zu der zweiten Gruppe, bei der Kopf- oder Beckenende in Frage kommt, gehören auch die Teratome, bei denen es sich um eine ganz verkümmerte parasitäre Form handelt (Ziegler).

Bei der Duplicitas completa können die verwachsenen Körper gleichmäßig oder ungleichmäßig entwickelt sein. Bei ungleichmäßig entwickelten Zwillingen bezeichnet man den entwickelten Zwilling als Autositen, den rudimentären Zwilling als Parasiten oder bigerminales Teratom. Da sich beim Parasiten kein Herz entwickelt, so wird seine Ernährung vom entwickelten Zwilling mit besorgt.

Sehr selten sind die Dreifachmißbildungen, Monstra triplicia. Wie Straßmann hervorhebt, sind die vollständigen Dreifachbildungen besonders selten. Meist handelt es sich vielmehr um eine Vereinigung einer vollständigen Doppelmißbildung mit einer unvollständigen.

Bei mehreren Mißbildungen, z. B. dem Dikephalus, Diprosopus, hat man den Eindruck eines einfachen Rumpfes. Das Röntgenbild zeigt uns jedoch die völlige oder partielle Duplizität der Wirbelsäule usw.

Eine allen Ansprüchen gerecht werdende Einteilung der Doppelmißbildungen zu geben ist nicht leicht. Früher und zum Teil auch heute noch folgte man in der Einteilung dem bekannten Schema von Förster.

1. Monstra duplicia katadidyma oder Duplicitas anterior (superior).

2. Monstra duplicia anadidyma, Duplicitas posterior (inferior).

3. Monstra duplicia anakatadidyma, Duplicitas parallela.

Eine weitere Gruppe, die Duplicitas cruciata, hat keine Anerkennung gefunden. Nach Straßmann geben die Bezeichnungen Monstra anadidyma und katadidyma Veranlassung zu Mißverständnissen, weshalb sie nach dem Autor besser aufzugeben sind. Ebenso hebt Schwalbe hervor, daß diese Ausdrücke in der Literatur eine „heillose Verwirrung" angerichtet hätten. So werden die Ausdrücke von verschiedenen Autoren in entgegengesetzter Bedeutung gebraucht.

Taruffi teilt die Doppelmißbildungen in 3 Gruppen ein:

1. Die Doppelmißbildung entsteht durch Zusammenwachsen zweier Körper im Bereich des Epigastrium und Thorax.

2. Die Früchte sind mit dem Kopf untereinander verbunden.

3. Die Verbindung ist im Bereich des Beckens vor sich gegangen.

An sein System schließt sich eine Einteilung von Ballantyne an.

Ahlfeld, der genetisch alles auf eine Spaltung zurückführt, gibt folgende Einteilung:

1. Totale Spaltung: a) gleichmäßig entwickelte Formen (homologe Zwillinge, Thoracopagus, Craniopagus); b) ungleichmäßig entwickelte Formen (Fötus papyraceus, Acardiacus, Epignathus, Sakralteratome, Inclusio foetalis, Transplantatio foetalis).

2. Partielle Spaltung: a) Spaltung am Kopfende beginnend (Duplicitas anterior: Diprosopus, Dikephalus, Ischiopagus, Pygopagus); b) Spaltung am Beckenende beginnend (Duplicitas posterior: Dipygus, Janiceps).

3. Mehrfache Spaltung.

Anhang: übergroße Bildung des ganzen Körpers (Riesenbildung).

Marchand gibt in der vortrefflichen Bearbeitung dieser Frage in Eulenburgs Realenzyklopädie folgendes System an (vgl. auch Straßmann):

1. A. Duplicitas symmetros. Beide Körper einer doppelten, ursprünglich gleichwertigen Fruchtanlage sind miteinander vereinigt, gleichmäßig ausgebildet (äqual), oder aber der eine von beiden in der Entwicklung zurückgeblieben (inäqual): Doppelmißbildungen, Gemini conjuncti, Monstra duplicia, Duplicitas completa.

a) Die Vereinigung beschränkt sich auf das untere Körperende: Monstra duplicia cum conjunctione inferiore.

b) Die Vereinigung beschränkt sich auf die Mitte des Körpers oder schreitet nach aufwärts fort: Monstra duplicia cum conjunctione media.

c) Die Vereinigung beschränkt sich auf das obere Körperende oder schreitet nach abwärts: Monstra duplicia cum conjunctione superiore.

B. Die Verdoppelung betrifft nicht die ganze Anlage, sondern nur einen Teil derselben: Duplicitas incompleta. Die Ausbildung kann gleichmäßig und ungleichmäßig sein.

a) Die Verdoppelung ist auf das untere Körperende beschränkt: Duplicitas incompleta inferior.

b) Die Verdoppelung ist auf das obere Körperende beschränkt: Duplicitas incompleta superior.

Anhang: Drillings- und Mehrfachbildungen.

2. Beide Körper sind aus zwei ursprünglich ungleichwertigen, asymmetrischen Anlagen hervorgegangen, von denen die eine, immer rudimentär entwickelte, mehr oder weniger von der anderen umschlossen und von ihr ernährt wird: Echte, parasitäre Doppelmißbildungen, Duplicitas asymmetros.

Anhang: Teratoide Geschwülste.

Straßmann führt diese Einteilung noch weiter aus.

Schwalbe gibt in seinem umfassenden Werk eine Einteilung, die auf rein morphologischen Gesichtspunkten aufgebaut ist:

1. „Freie" (bzw. nur durch die Plazenta verbundene) völlig voneinander gesonderte Doppelbildungen (Gemini).

a) Gleichmäßig entwickelte Embryonalanlagen, Gemini monochorii aequales (eineiige Zwillinge). Nach Schwalbe sind also die eineiigen Zwillinge Doppelbildungen, die nur durch die Plazenta verbunden sind.

b) Ungleichmäßig entwickelte Embryonalanlagen, Acardii (Gemini monochorii inaequales).

2. Nicht gesonderte Doppelmißbildungen.

a) Mit gleichmäßig, d. h. symmetrisch entwickelten Individualteilen, Duplicitas symmetros. (Hierher gehören die doppeltsymmetrischen und einfachsymmetrischen Formen.)

b) Mit ungleichmäßig, d. h. asymmetrisch entwickelten Individualteilen, Duplicitas asymmetros (Parasiten). Über die Beweggründe, von denen Schwalbe bei dieser Einteilung geleitet wurde, vgl. S. 106 und 107.

Die ältere Literatur findet sich bei Hohl, S. 75, 80, 83, 87 f.

Die Ausführungen Hohls über die geburtshilfliche Bedeutung der Doppelmißbildungen siehe weiter unten, über die G. Veitsche Einteilung der Doppelmißbildungen nach Gesichtspunkten, die für den Geburtsverlauf in Frage kommen, vgl. ebenfalls weiter unten.

Alle Doppelmißbildungen sind aus einem Ei hervorgegangen. Dementsprechend haben sie ein gemeinsames Chorion und eine gemeinsame Plazenta, ebenso haben sie das gleiche Geschlecht. Es ist nach Schwalbe theoretisch ein verschiedenes Geschlecht nicht unmöglich, man müßte ein derartiges Vorkommen dann als Analogie eines echten Hermaphroditismus auffassen. Pseudohermaphroditismus beobachtete Schwalbe bei einem Acardius. Im übrigen überwiegt das weibliche Geschlecht bei den Doppelmißbildungen ganz erheblich.

Sehr interessant ist nun weiter die Frage nach der speziellen Genese der Doppelmißbildungen. In frühester Zeit hatte man die naive Vorstellung, daß die Mißbildungen so entständen, daß zwei im Uterus befindliche, aus je einem Ei entstandene Früchte sich näherten, sich berührten und endlich miteinander verwüchsen (vgl. Ahlfeld, Schwalbe). Eine andere, ebenso naive Vorstellung nahm an, daß eine unrichtige Beschaffenheit des Samens derartige Mißbildungen hervorrufe. Späterhin und auch heute noch handelt es sich um die Frage: sind die Doppelbildungen durch Verwachsung oder Spaltung von Embryonalanlagen entstanden? Nach der Spaltungstheorie (Ahlfeld, Förster, Leuckart, Joh. Müller u. a.) entstehen also die Mißbildungen, indem sich eine ursprünglich einfache Embryonalanlage später teilt, nach der Verwachsungstheorie (Geoffroy St. Hilaire, Panum, Dareste, B. S. Schultze u. a.) entstehen die Doppelbildungen derart, daß von vornherein zwei getrennte Embryonalanlagen vorhanden sind, die aber bei der weiteren Entwicklung in mehr oder minder großem Umfang miteinander verwachsen. Nach Schwalbe läßt sich ein solcher Unterschied (Verwachsung oder Spaltung im Sinne zweier entgegenstehender, sich ausschließender Theorien) gar nicht aufrecht erhalten. Um zur Entscheidung dieses Streites zu kommen, kann man nach Schwalbe drei Wege betreten. Man kann Doppelbildungen aus früher und frühester Embryonalperiode untersuchen, man kann ferner den experimentellen Weg betreten oder man macht schließlich Retrokonstruktionen von den fertigen Mißbildungen und versucht die Bestimmung der teratogenetischen Terminationsperiode, vgl. darüber die ausführlichen und anschaulichen Ausführungen Schwalbes. Nur die Schlußfolgerungen des Autors seien hier wiedergegeben. Die Zeit, innerhalb welcher Doppelbildungen entstehen können, liegt zwischen der ersten Furche und der vollendeten Gastrulation, und zwar muß man für die getrennten Doppelbildungen einen sehr frühen, für die asymmetrischen einen späteren Terminationspunkt annehmen. Was die formale Genese anbetrifft, so kann man nach demselben Autor nur soviel allgemein sagen, daß eine Teilung des Eimaterials angenommen werden muß. Im übrigen sind jedoch die einzelnen Formen gesondert zu betrachten.

In neuerer Zeit hat sich außerdem P. Straßmann näher mit diesen Fragen beschäftigt. Die Zeit der Entstehung der Doppelbildungen ist nach diesem Autor in die ersten Furchungsstadien zu verlegen (v. Winckels Handb. d. Geburth. S. 1737). Was die Ursache der Doppelbildungen (ebenso der eineiigen Zwillinge) anbetrifft, so kommt das Eindringen mehrerer Spermien ebensowenig in Frage, als eine Teilung der Furchungskugel. Ebenso ist die Bedeutung der zweikernigen Eier sehr zweifelhaft. Straßmann führt weiterhin aus: „Wahrscheinlich sind die Doppelbildungen von vornherein nie vollkommen getrennt gewesen, sondern stets durch einen Bezirk von Keimmaterial verbunden geblieben und je nach der Ausbildung und nach der Möglichkeit des weiteren Auseinanderwachsens bilden sich äquale, inäquale, parasitäre Doppelbildungen. Die Art und die Möglichkeit des Auseinander- und Ineinanderwachsens hängt — abgesehen von der im Keime schlummernden Doppelanlage überhaupt — von der Stellung der Keimanlagen und ihrer nahen Lagerung in dorsaler, ventraler, lateraler, kranialer Richtung ab. Selbst eine ursprüngliche Lage der Fruchthöfe nebeneinander kann vermutlich sehr frühzeitig in andere Stellungen übergehen, die die definitive Art der Verbindung bedingen.“ Auch für die unvollständigen Verdoppelungen ist derselbe Autor geneigt, eine doppelte Embryonalanlage insoweit anzunehmen, als das „Doppeltwerden“ eben nur später und unvollkommen in Erscheinung tritt. Andere Autoren nehmen die Verdoppelung durch Spaltung aus einfacher Anlage, besonders für die vorderen Verdoppelungen an.

Unsere Kenntnisse über die letzten Ursachen der Doppelbildungen sind noch durchaus hypothetischer Natur (vgl. Ziegler, S. 532, Schwalbes Ausführungen über die experimentellen Erfahrungen). Heranzuziehen sind nach klinischen und experimentellen Erfahrungen in erster Linie Traumen. Ob physikalische, chemische und osmotische Einflüsse, wie beim Experiment, so auch beim Menschen eine Rolle spielen, ist mehr wie fraglich.

Was den Zusammenhang der Doppelbildungen anbetrifft, so kommt es immer zur Verwachsung gleichartiger Teile untereinander (Schädel mit Schädel, Becken mit Becken, Leber mit Leber, Gehirn mit Gehirn, Linse mit Linse, Sklera mit Sklera usw.). Geoffroy St. Hilaire hat das auch als „loi d'affinité de soi pour soi“ bezeichnet. Nach Straßmann führt die Bezeichnung „Verwachsung“ zu Irrtümern, da man sich bekanntlich hierunter die Vereinigung getrennter Körperteile in der Art der Wundheilung oder der Adhäsion vorstellt, während sich die Doppelbildungen bereits in inniger Verbindung entwickeln. Deshalb muß man sich nach demselben Autor diesen Vorgang besser als mangelhafte Trennung, gewissermaßen ein Ineinanderfließen doppelt sich entwickelnder Keime vorstellen. Er führt das in anschaulicher Weise bei einem Doppelarm, Symbrachius, aus. Das obenerwähnte Gesetz von Geoffroy St. Hilaire wird von Ahlfeld (S. 4) zurückgewiesen, weil er annimmt, daß Hilaire damit eine Anziehungskraft gleicher Organe meint, die, wie Ahlfeld mit Recht ausführt, gar nicht existiert. Doch muß man wohl Schwalbe recht geben, wenn er angibt, daß dieses Gesetz oft mißverstanden ist. Nach ihm muß es vielmehr als der Ausdruck einer Erfahrungstatsache aufgefaßt werden, wenn die Vereinigung der Doppelbildungen so vor sich geht, wie es oben auseinandergesetzt ist. Das „Gesetz" hat übrigens, allerdings selten, auch Ausnahmen (vgl. Schwalbe, S. 10).

Was die Größe der Doppelmißbildungen, speziell der symmetrischen Doppelbildungen, anbetrifft, so bleibt dieselbe bei den beiden Komponenten der Mißbildung meist hinter der Norm zurück, wie man das ja auch bei den eineiigen Zwillingen überhaupt häufig beobachten kann. Diese Tatsache ist, wie wir bei der geburtshilflichen Bedeutung derartiger Mißbildungen noch näher kennen lernen werden, für den Geburtsverlauf und die Prognose von großer Bedeutung. Doch kommt es auch nicht allzu selten vor, daß beide Individualteile (Schwalbe) die normale Größe haben. So konstatierte z. B. Schwalbe bei einem Ileoxiphopagus die Gesamtlänge eines jeden Fötus auf 55,5 cm, das sind also Maße, die die Normallänge noch beträchlich überschreiten. Auch in dem unten weiter ausgeführten, in der hiesigen Frauenklinik beobachteten Fall von Sternopagus hatte jeder Fötus resp. jeder Individualteil fast normale Länge und normales Gewicht.

Der Nabel kann einfach und doppelt sein, monomphale und diomphale Doppelmißbildungen. Ein einfacher Nabel wird in der Regel bei Vereinigung von Brust und Bauch und bei einfacher unterer Körperhälfte gefunden. Ein doppelter Nabel findet sich bei einer Vereinigung der Rücken, der Steiße oder nur der Köpfe. Bei einfachem Nabel findet man dementsprechend eine, bei doppeltem Nabel zwei Nabelschnüre. Jedoch kann auch bei doppeltem Nabel die Nabelschnur, wenigstens partiell, gemeinsam sein, dichotomisch geteilte Nabelschnur. Verhältnismäßig häufig sieht man bei doppelter Nabelschnur an der plazentaren Einmündungsstelle eine gemeinsame Insertion, besonders bei Pygopagen. Die bei einfachem Nabel äußerlich einfache Nabelschnur enthält jedoch meist vier Arterien und zwei Venen. Doch können Gefäße miteinander verschmelzen.

Sehr interessant ist nun weiter die Frage, inwieweit die zusammengewachsenen Wesen körperlich und seelisch voneinander abhängig sind. Ich beschränke mich hier nur auf einige wesentliche Tatsachen und verweise im übrigen auf die interessanten Ausführungen von Straßmann und Schwalbe. Die am Leben gebliebenen Doppelbildungen sind mehrfach nach dieser Richtung hin genau untersucht worden und es hat sich dabei herausgestellt, das diese Frage verschieden beantwortet werden muß, je nachdem es sich um Doppelbildungen mit gleichmäßiger oder ungleichmäßiger Entwicklung der beiden Fruchtkörper handelte. Bei gleichmäßiger Entwicklung beider Teile verhalten sich die Früchte wie zwei getrennte Individuen, d. h. also, sie sind, wie z. B. die Siamesischen Zwillinge, in ihren körperlichen und psychischen Funktionen voneinander unabhängig. Das lehrt uns auch der unten näher beschriebene Fall des Pygopagenpaares

Rosa und Josefa. Derselbe Fall zeigt uns aber auch, daß diese gegenseitige Unabhängigkeit doch nicht eine völlige ist. Mit Recht macht P. Straßmann darauf aufmerksam, daß die Selbständigkeit der Funktionen der zu einer Doppelbildung vereinten Geschöpfe in erster Linie von der verschiedenen innigen Vereinigung der Nervensysteme, in zweiter Linie von der Vereinigung der Kreislaufsysteme abhängt. Anders liegen naturgemäß die Verhältnisse bei den parasitären Doppelbildungen. Hier liegt es schon in der Nomenklatur, daß der Parasit von dem Autosit abhängig ist, in erster Linie in der Ernährung. Was die Lebenserscheinungen anbetrifft, so zeigt sich allerdings zuweilen eine geringe Selbständigkeit beider Parasiten. Schwalbe untersuchte z. B. einen Fall von Epigastrius parasiticus, bei dem der Parasit operativ entfernt war. Derselbe zeigte keine selbständigen Bewegungen. Das eine Knie des Parasiten war eitrig entzündet. Wurde dasselbe berührt, so schrie der Autosit und machte Abwehrbewegungen, so daß also ein Zusammenhang des sensiblen Nervensystems beider Individualteile angenommen werden muß. Bei den ganz niederen parasitären Doppelbildungen, den Teratomen, kann von besonderen physiologischen Lebenserscheinungen natürlich keine Rede sein.

Genauere Beobachtungen über das psychische und somatische Verhalten bei Doppelmißbildungen sind vor einiger Zeit von Henneberg und Stelzner mitgeteilt. Sie hatten Gelegenheit, die Pygopagen Rosa und Josefa, die sog. böhmischen Schwestern, genau zu untersuchen. Ich verweise hierüber auf die Originalarbeit. Nur einige interessante Punkte seien hier hervorgehoben. Heredität liegt in dem Falle nicht vor. Die Mutter hat außerdem 4 gesunde Kinder geboren. Die Geburt erfolgte am normalen Ende der Schwangerschaft, sie soll sehr leicht, in 5 Minuten, so vor sich gegangen sein, daß zuerst der Kopf der Rosa erschien, danach die zwei Beinpaare und zum Schluß Rumpf und Kopf der Josefa. Angeblich sollen zwei Nabelschnüre und zwei Plazenten vorhanden gewesen sein (?). Die Kinder waren von vornherein sehr kräftig. Im ersten Monat wurden sie mit der Flasche ernährt, dann erst soll sich die Milch bei der Mutter eingestellt haben und die Kinder noch zwei Jahre mit Muttermilch gesäugt sein. Mit einem Jahre lernten sie laufen, mit zwei Jahren sprechen. Als Schulkinder waren sie derartig beweglich, daß sie sogar auf Zwetschenbäume klettern konnten. Im 4. Lebensjahr machten beide ein nicht ganz klares Exanthem durch. Mit 12 Jahren bekam Rosa Diphtherie mit hohem Fieber und Delirien, Josefa blieb gesund. Während einer Chorea, an der Josefa allein erkrankte, cessierten bei beiden die Menses. Sonst verlief die Menstruation seit dem 14. Jahre bei beiden immer regelmäßig. Bei anderen Doppelmißbildungen trat die Menstruation übrigens zu verschiedenen Zeiten ein, ebenso wie Stuhl- und Urinentleerung. Die dabei eintretenden Schmerzen werden bald von Rosa, bald von Josefa empfunden. Später erkrankte Rosa an einem Darmkatarrh, der mit Leibschmerzen, Appetitlosigkeit und Durchfällen verlief. Da beide Schwestern Stuhldrang stets gemeinsam empfinden und einen gemeinsamen After und gemeinsames Rektum haben, so stammte der zwischen den Diarrhöen auftretende geformte Stuhl aus dem gesunden Darm der Josefa. Der Status ergibt folgendes:

Man unterscheidet ohne weiteres eine gemeinsame Vorder- und Rückseite. Stehen die Zwillinge, die gemeinsame Vorderseite dem Beschauer zugewendet, so befindet sich Rosa rechts (144 cm groß), Josefa links (142 cm groß). Beide wiegen zusammen 85 kg. Das rechte Bein der Rosa und das linke der Josefa finden sich vorn und innen, das linke Bein der Rosa und das rechte der Josefa hinten und außen. Betrachtet man die Zwillinge von hinten, so scheinen die Wirbelsäulen in einem Winkel von ca. 45° aufeinander zuzustreben. Die mittlere Brustwirbelsäule der Josefa zeigt eine mäßige seitliche Verbiegung nach rechts, während die der Rosa ziemlich gerade verläuft. Die Dornfortsätze lassen sich abwärts nur etwa bis zum 7. und 8. proc. spin. der Brustwirbelsäule palpieren. Ungefähr von dieser Gegend an beginnen die Wirbelsäulen in horizontaler Richtung abzubiegen und zu einer mächtigen Brücke zu verschmelzen, deren Mitte ca. 92 cm (beim Stehen) über dem Fußboden liegt. Sie ist etwa 23 cm lang; die Dicke derselben, d. h. der Umfang derjenigen Stelle, die man durchschneiden müßte, wenn man die beiden Zwillinge trennen wollte, beträgt 94 cm. Eine Palpation der dorsalen Fläche der Verschmelzungsstelle läßt ein sicheres Urteil über die Konfiguration der Knochen nicht gewinnen. Man fühlt nur ein einfaches, anscheinend normal gebildetes Steißbein durch die Haut hindurch. Von hinten betrachtet bilden die beiden hinteren und äußeren Oberschenkel (der rechte der Rosa, der linke der Josefa) ein Gesäß von annähernd normaler Konfiguration, auf dem die Zwillinge ohne Unbequemlichkeit sitzen und liegen. Ebenso benutzen sie auch ein gewöhnliches Klosett. Beide Becken erscheinen in abnormer Weise geneigt. Die äußeren Hälften stehen tiefer als die inneren. Die Untersuchung der Genitalorgane ergibt folgendes: Läßt man die sich in Rückenlage befindlichen Zwillinge die beiden mittleren Beine erheben, so erscheint eine den Raum zwischen dem vorderen, mittleren und dem hinteren äußeren Beinpaar einnehmende gemeinsame Vulva von ca. 14 cm Länge. Zieht man die Vulva auseinander, so erscheint dieselbe als ein von drei großen Schamlippen begrenztes gleichschenkliges Dreieck. Die nach vorn liegende Basis desselben wird von einer großen, 14 cm langen, mäßig behaarten Schamlippe gebildet. Die beiden nach hinten zusammenlaufenden Schamlippen sind etwa 10 cm lang. Außerdem sind zwei kleine, 4 cm lange Schamlippen vorhanden, die nach vorn zu der Clitoris zusammenlaufen. Außerdem eine Urethra, doppelter Introitus vaginae, doppelte Vagina, vollkommen getrennte Uteri, gemeinsamer Damm, Anus und Rektum.

Was die Fortbewegung des Körpers anbetrifft, so haben die Zwillinge verschiedene Möglichkeiten, die Füße beim Gehen zu benutzen. Meist kommt der Gang so zustande, daß gleichzeitig von ihnen die rechten bzw. die linken Füße vorgesetzt werden. Auf diese Weise können sie sich ziemlich schnell fortbewegen, z. B. auch Treppen steigen. Auskultation und Perkussion ergaben normale Verhältnisse, Situs inversus nicht vorhanden, wie z. B. häufig bei Thoracopagen. Iris- und Haarfarbe stimmen überein. Sensibilität normal. Es besteht nur eine geringe Zone gemeinsamer Sensibilität in der Gegend der Verwachsung. Sensibilität des Anus, Introitus vag., Orific. urethrae und der Clitoris gemeinsam. Beide Zwillinge empfinden den Stuhldrang gleichzeitig, ebenso den Abgang von Stuhl und Urin. Wenn eine von den Zwillingen mehr trinkt wie die andere, so tritt bei dieser auch häufiger Urindrang auf. Die Pulsfrequenz ist immer verschieden. Einschlafen und Aufwachen erfolgen nicht gleichzeitig. Appetit verschieden, ebenso verschiedenartige Vorliebe für bestimmte Speisen. Verschiedenheit der Körperkonstitution, des Temperaments, der Intelligenz. Oft bestehen Meinungsverschiedenheiten, infolgedessen Zank, der früher in Handgreiflichkeiten ausartete. Qualvoll ist ihnen die durch andere Personen bekannt gewordene Tatsache, daß der Tod des einen Zwillings auch den des andern bedinge. Konkordanz der Träume, Gedankenübertragung fehlen.

Die beiden Autoren geben ferner eine Übersicht über die Literatur der Pygopagen.

Über die rechtlichen Verhältnisse bei den Doppelmißbildungen vgl. S. 273. Andere, früher gewiß bedeutungsvolle Fragen, haben heute die vermeintliche Wichtigkeit nicht mehr. 1707 stellte z. B. Werther (zit. nach Henneberg-Stelzner) noch längere Erörterungen darüber an, ob die Doppelmißbildungen bei der Auferstehung des Fleisches getrennt oder vereinigt erscheinen, ob ferner die Seelen wie die Körper eine Monstrosität darstellen usw.

Von Interesse sind noch einige allgemein pathologische und physiologische Fragestellungen. Bei fieberhafter Erkrankung kann der erkrankte Zwilling eine um mehrere Grade erhöhte Temperatur haben (3 Grad und darüber). Das war z. B. der Fall bei den berühmt gewordenen, durch Doyen Februar 1902 getrennten Hindu-Xiphopagen Doodica und Radica. Doodica litt an einer tuberkulösen Peritonitis, dabei bestand hohes Fieber, die Temperatur der Schwester war normal. Ferner bei den brasilianischen Xiphopagen Rosalina und Maria. Rosalina bekam eine Influenza mit 40,2 Fieber, das andere Kind blieb völlig gesund.

Derartige Fälle widerlegen die Ansicht, daß die Entstehung des Fiebers auf Vorgänge im Blut zurückzuführen ist. Daß der Säfteaustausch zwischen beiden Früchten ein reger und rascher ist, beweisen Versuche mit Jodkali, Methylenblau, salizylsaurem Natron: Der von einem Zwilling eingenommene Stoff erscheint bald auch im Urin des anderen. Dieser Austausch erfolgt jedoch beim Blut nicht so rasch und ergiebig. So konnten Henneberg und Stelzner wiederholt konstatieren, daß, wenn man dem einen Pygopagenzwilling Mund und Nase fest schloß, während der andere weiteratmete, bereits nach 20 Sekunden Unruhe und Abwehrbewegungen einsetzten, während der andere Zwilling eine unverändert ruhige Respiration zeigte. Der Tod trat bei den Doppelmißbildungen meist kurz nacheinander oder sogar gleichzeitig ein. Doch sind auch Zwischenräume von mehreren Stunden beobachtet. Aller Wahrscheinlichkeit nach erfolgt der Exitus infolge der schon kurz vor dem Tode vom sterbenden zum gesunden Zwilling übertretenden Leichengifte.

Was die Lebensfähigkeit der Doppelmißbildungen betrifft, so leuchtet es ein, daß das Leben bei schweren Mißbildungen des Gehirns und innerer Organe, besonders der Brustorgane, unmöglich ist. Derartige Früchte sterben schon intrauterin oder sehr bald nach der Geburt. Begünstigt wird dieser Ausgang oft noch durch anderweitige schwere Mißbildungen, z. B. Hemikephalie, Hydrokephalus, Hernia funiculi umbilicalis u. a. Nach Schwalbe darf unter den symmetrischen Doppelbildungen denen die beste Prognose gestellt werden, bei welchen die beiden Individualteile durch einen möglichst geringen gemeinsamen Teil verbunden sind. Die asymmetrische Doppelbildung hindert das Leben des Autositen um so weniger, abgesehen vom Sitz des Parasiten (vgl. Epignathus, Sakralparasit), je weniger umfangreich der Parasit ist. So ist es erklärlich, daß in erster Linie Sternopagen, Ischiopagen, Dikephalen, Xiphopagen und Pygopagen sehr wohl am Leben bleiben und sogar ein hohes Alter erreichen können. Die große Mehrzahl dieser bedauernswerten Individuen fristete ihr allerdings gewinnbringendes Dasein in öffentlichen Schaubuden oder aber bereiste die Universitäten und die größeren Ortszentralen, um sich den Studierenden und Ärztevereinigungen vorzustellen.

Besitzen die beiden Früchte ausgedehnte gemeinsame Körperabschnitte, so ist die Lebensfähigkeit zu verneinen. Hierher gehören z. B. der Kephalothorakopagus (vgl. unten). In einigen Fällen ist auch die Trennung der Früchte, teilweise sogar mit, allerdings nur einfachem Erfolg (mit einer Ausnahme, Fall von König, vgl. Förster) gemacht worden. In der Mehrzahl der Fälle ist eine Trennung den Früchten, besonders deren Eltern, sicher nicht erwünscht, da dadurch gleichzeitig die Erwerbsquelle verloren geht. Doch erwies sich in einigen Fällen die Trennung wegen unheilbarer Erkrankung des einen Teils als notwendig. Eine absolute Indikation der Trennung besteht beim Ableben des einen Teils, da bekanntlich auch der sonst gesunde Teil sehr bald eingeht. Schwalbe vergleicht diese Indikation treffend mit der Indikation zum Kaiserschnitt an der toten oder moribunden Mutter. Früher geschah die Trennung durch Anlegen einer von Tag zu Tag mehr und mehr zusammengezogenen Ligatur. Heute kommt wohl nur die blutige Trennung in Frage. Am günstigsten liegen die Verhältnisse bei denjenigen Xiphopagen, bei denen nur eine Haut- und Knorpelbrücke vorhanden ist. Verhältnismäßig günstig ist die Prognose ferner dann, wenn nur noch eine dünne gemeinsame Leberbrücke vorhanden ist, die sehr gut mit einem Pacquelin durchtrennt werden kann. Bei den Sternopagen besteht meist eine derartige Verschmelzung lebensfähiger Organe (Herz, Darm u. a.), daß an eine operative Trennung nicht zu denken ist. Soweit ich aus der Literatur ersehe, ist die Trennung von symmetrischen Doppelmißbildungen 5mal versucht (Fall König, Böhm, Chapeau-Prévost, Doyen, ein Fall aus der Schweiz mit nicht angegebenem Operateur, vgl. Straßmann, S. 1746, und Schwalbe, S. 91).

Die Hauptformen der Doppelmißbildungen.[1]

A. Zusammengewachsene, gleichmäßig entwickelte Zwillinge.

1. Duplicitas anterior,

d. h. also vordere Verdoppelung mit Vereinigung der hinteren Körperteile (vgl. auch Ziegler, S. 571 ff.).

---

[1] Ich gehe auf die anatomischen Einzelheiten hier nicht näher ein, da dies dem Zweck des vorliegenden Buches nicht entspricht und weil dadurch der geplante Umfang

Pygopagus.

Bei dieser sehr seltenen Mißbildung sind die Zwillinge im Bereich der Beckengegend (Kreuzbein, Steißbein) vereinigt. Die beiden Körper sind meist seitlich einander zugewendet. Nach Straßmann findet sich wahrscheinlich immer nur ein Kreuz- und Steißbein, dagegen zwei Wirbelsäulen.

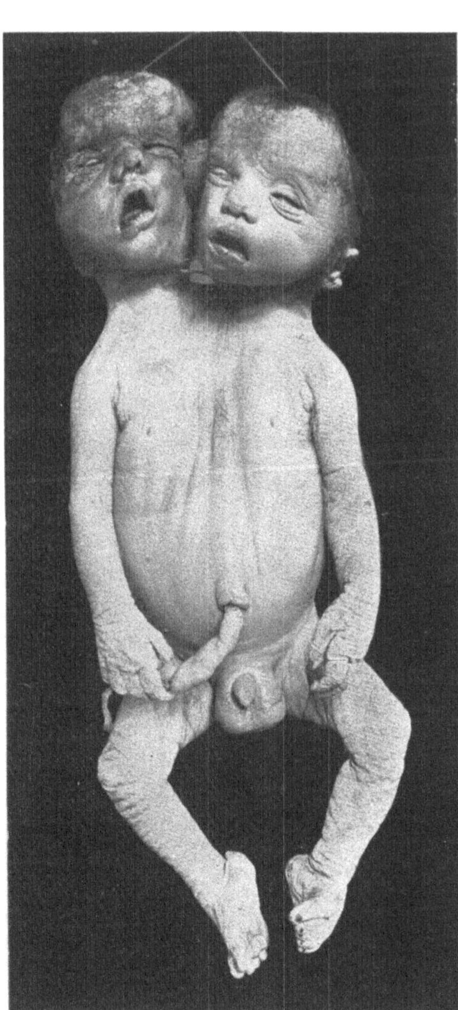

Die Genitalorgane und Darmenden haben meist eine gemeinsame Öffnung. Die Rückenmarke sind unten vereinigt, Aorta und Vena cava stehen in Verbindung. Wie bereits erwähnt, sind mehrere Mißbildungen dieser Art am Leben geblieben.

Ischiopagus.

Die Früchte sind in der Beckengegend miteinander vereinigt, und zwar so, daß die Körperachsen einen geraden oder stumpfen Winkel bilden. Die Kreuzbeine stehen sich gegenüber. Es ist nur ein Nabel vorhanden, die Beckenhöhle ist gemeinschaftlich, After, Endteil des Darmes und Genitalien sind einfach oder doppelt. Die unteren Extremitäten sind in zweifacher oder vierfacher Zahl vorhanden. Nach Straßmann bleiben diese verhältnismäßig häufigen Mißbildungen selten am Leben; so ist keine derartige Mißbildung über ein Jahr alt geworden. Einen interessanten Fall von Ischiopagus parasiticus mit Dystokie veröffentlichte kürzlich Schönbek. Die Geburtsstörung entstand, weil die vom Rumpf rechtwinklig ausgehenden Extremitäten sich an den Beckenwänden spreizten. Bei der Mutter bestand Eklampsie.

Abb. 41. Dicephalus dibrachius dipus.
(Präparat aus der Sammlung der Göttinger Frauenklinik.)

Dikephalus.

Man findet zwei getrennte Köpfe, doch kann die Verdoppelung auch auf den Hals (Dicephalus diauchenos, im Gegensatz zu Dicephalus mon-

---

desselben erheblich überschritten würde. Wer sich intensiver mit diesem interessanten Kapitel beschäftigen will, den verweise ich auf die grundlegenden Werke von Schwalbe (S. 104 ff.) und Ahlfeld.

auchenos), Thorax und Rumpf übergreifen. Röntgenaufnahmen zeigen uns am besten die Teilungen der Wirbelsäule (vgl. unten die Röntgenabbildungen).

Häufig kommt es bei dieser Mißbildung zu einer Vereinigung innerer Organe. Man unterscheidet den Dicephalus tetrapus, tripus, dipus, tetrabrachius, tribrachius, dibrachius. Dikephalen sind unter günstigen Umständen lebensfähig (vgl. Ahlfeld, S. 76).

Diprosopus.

Es besteht eine Verschmelzung resp. Verdoppelung am Kopf ohne völlige Trennung der Köpfe. Nur das Gesicht ist mehr oder weniger doppelt. Die Schädelhöhle ist einfach oder doppelt. Es handelt sich also um eine Mißbildung, die dem Dikephalus sehr nahe steht. Man unterscheidet Diprosopus triophthalmus, tetrophthalmus, diophthalmus, tetrotus, triotus, diotus, distomus, monostomus, tribrachius, dibrachius. Mehrfach wurde gleichzeitig Anenkephalie oder Hydrokephalie beobachtet (vgl. Abb. 43). Derartige Früchte sind wegen ausgedehnter Mißbildungen des Gehirns und der Rachenhöhle nicht lebensfähig (Ahlfeld, S. 74).

In seltenen Fällen findet man als geringste Grade von Duplicitas anterior eine Verdoppelung der Kiefer, des Mundes und der Nase (Ziegler, S. 572).

2. Duplicitas posterior.
Kraniopagus.

Der ganze Stamm ist verdoppelt, die Zwillinge sind am

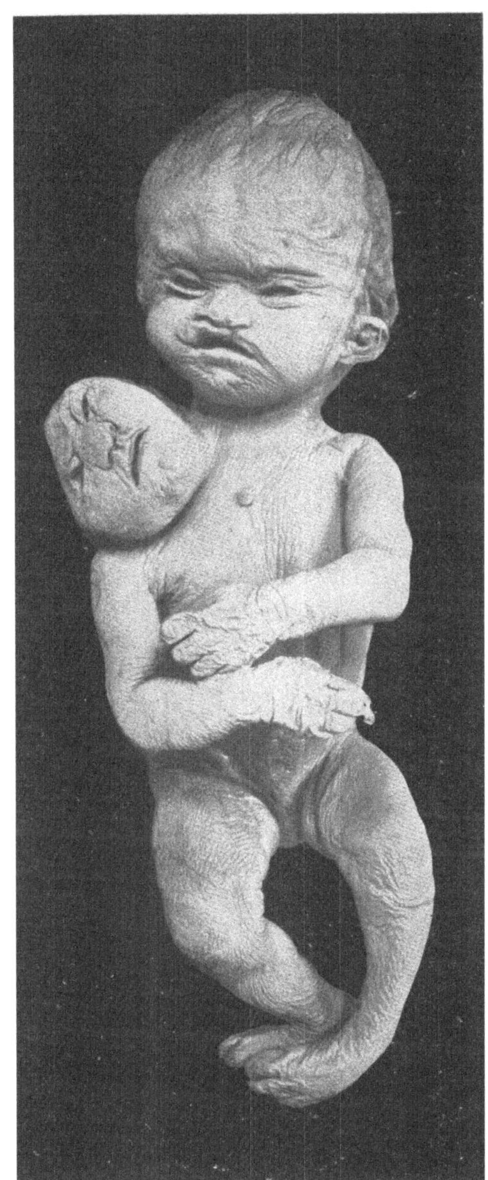

Abb. 42. Dikephalus mit Hemikephalus.
(Präparat aus der Sammlung der Göttinger Frauenklinik.)

Schädelteil des Kopfes verbunden. Je nach der Verbindungsstelle unterscheidet man den Craniopagus parietalis (vgl. Ziegler, Fig. 416), C. frontalis (Küstner, Abb. S. 686), C. occipitalis (Schwalbe, Abb. 302). Meist sind die Gehirne voneinander getrennt, doch kommen bei ergiebigen Verschmelzungen auch Verschmelzungen von Gehirnteilen vor. In der Regel befinden sich die Fruchtkörper in einer Achse. Doch ist der Winkel, den die beiden Früchte beim C. occipitalis bilden, meist oder sehr oft ein spitzer. Die Verschmelzung betrifft nicht immer die gleichen, entsprechenden Teile (Schädelknochen), so daß hier also eine Ausnahme des obenerwähnten „Gesetzes" von Geoffroy St. Hilaire zu verzeichnen ist. Mehrfach konnte auch beobachtet werden, daß z. B. der Bauch der einen Frucht nach der einen Seite, derjenige der anderen Frucht nach der anderen Seite gerichtet war. Die Lebensdauer der Kraniopagen ist meist kurz, doch ist sie bis zu 10 Jahren festgestellt. Eine operative Trennung derartiger Mißbildungen ist dann von Erfolg, wenn die Gehirne getrennt sind, wie das meist der Fall ist.

Als Epicomus wird die parasitäre Form dieser Mißbildung bezeichnet, daher auch Craniopagus parasiticus genannt. Man findet also einen Kraniopagus, von dem der eine Individualteil wohl entwickelt ist, während von dem anderen nur Fragmente, meist Kopf und Rumpf, oder nur der Kopf vorhanden ist (vgl. Abb. in Straßmann, S. 1752 und 1753 und die Ausführungen von Ahlfeld, S. 30).

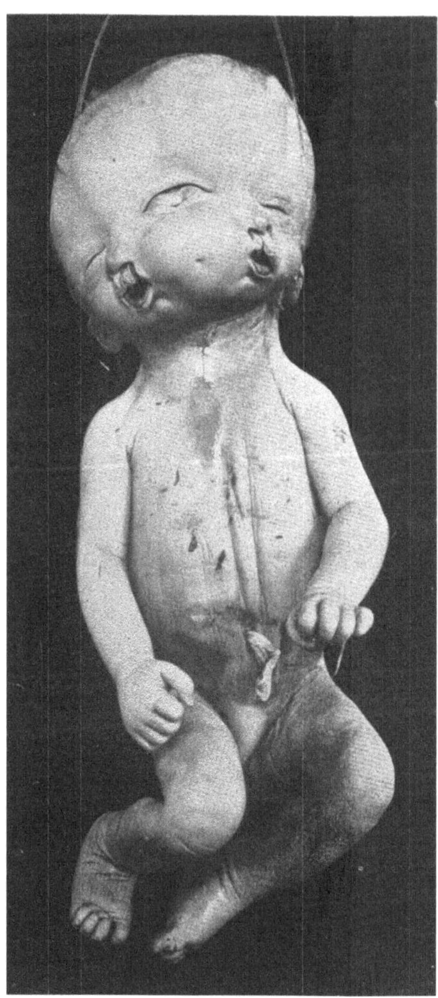

Abb. 43. Diprosopus distomus tetrophthalmus diotus. Hydrokephalus, Hasenscharte.
(Präparat a. d. Sammlung d. Göttinger Frauenklinik.)

Kephalothorakopagus, Synkephalus, Janus, Janizeps.

Es besteht eine Verschmelzung im Bereich der Stirn, des Gesichtes, der Brustbeine, sowie der inneren Organe von Hals, Thorax (seltener finden sich zwei getrennte Brusthöhlen) und zuweilen auch des Bauches. Das Großhirn ist meist einfach, Medulla oblongata, Kleinhirn, Pons und Corpora quadrigemina sind verdoppelt (vgl. über die Verhältnisse der Schädelknochen, des Gehirns und der inneren Organe die instruktiven Abbildungen von Schwalbe). Die Verschmelzung ist derart, daß die eine Hälfte zum einen, die andere Hälfte zum zweiten Zwilling gehört. Man unterscheidet den selteneren Syncephalus (Janus) symmetros, nach Schwalbe besser

Cephalothoracopagus disymmetros genannt, und den viel häufigeren Janus, Janiceps usw. asymmetros. Bei der ersten Form finden sich zwei wohlausgebildete Gesichter, ein vorderes und ein hinteres, die beiden Früchte berühren sich Brust an Brust, Gesicht an Gesicht. Jede Frucht hat ihr besonderes Hinterhaupt. Bei der zweiten asymmetrischen Form, nach Schwalbe besser Cephalothoracopagus monosymmetros genannt, findet sich nur ein wohlentwickeltes Gesicht. Zuweilen beobachtet man bei dieser Mißbildung Zyklopie (vgl. Ziegler, Abb. 417), Synotie, Verschluß der Mundspalte u. a. Röntgenbilder zeigen die Entstehung des Gesichts aus rechter und linker Hälfte der beiden Früchte deutlich (Straßmann, Abb. S. 1765). Derartige Mißbildungen werden meist tot geboren oder sterben sehr bald nach der Geburt. In seltenen Fällen wurde ein Janus parasiticus beschrieben (vgl. Ahlfeld, S. 93).

Dipygus.

Bei dieser sehr seltenen Mißbildung handelt es sich um eine Verdoppelung

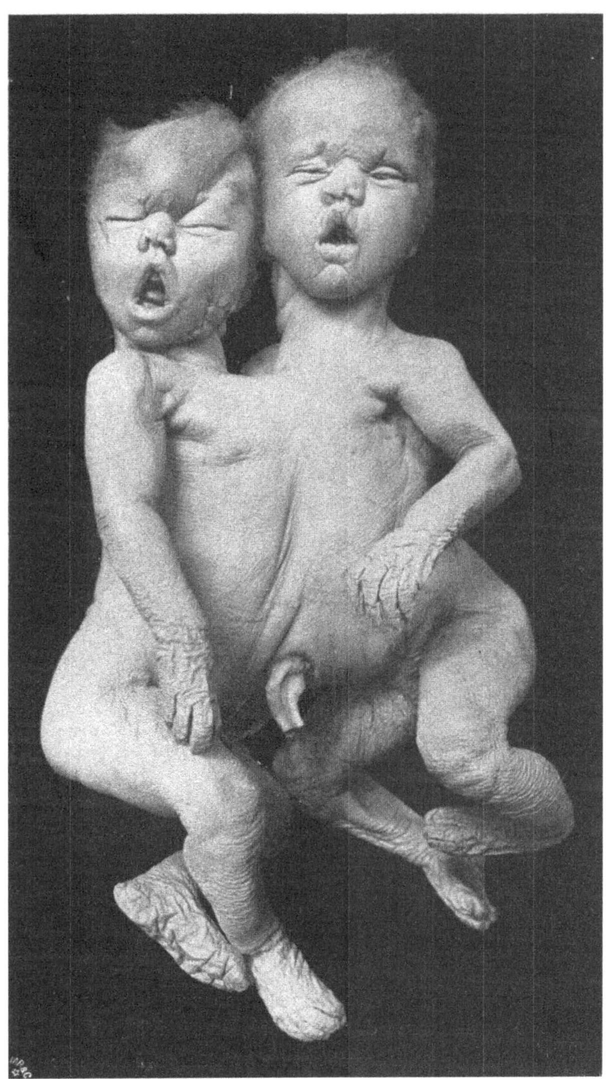

Abb. 44. Thoracopagus tetrabrachius tetrapus.
(Präparat aus der Sammlung der Göttinger Frauenklinik.)

der unteren Extremitäten und des Unterkörpers. Die oberen Teile sind meist ganz einfach, seltener zeigen sie unvollkommene Spaltungen. Man unterscheidet Dipygus dibrachius und tetrabrachius. Die Verdoppelung des Rückenmarkes kann in verschiedener Höhe desselben beginnen. Diese Mißbildungen sind oft mit den Prosopothorakopagen verwechselt worden

(Schwalbe, S. 237 Abb.). Häufiger ist der Dipygus parasiticus; dabei kann der Autosit am Leben bleiben.

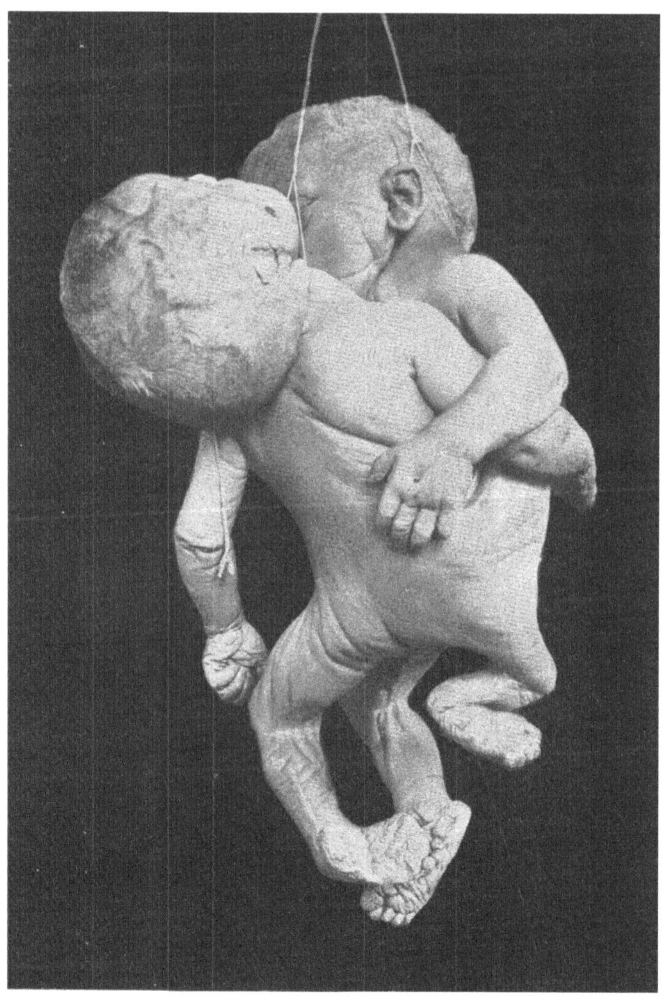

Abb. 45. Thoracopagus tribrachius tripus.
Die gemeinsame dritte untere Extremität ist verkümmert und ankylosiert.
(Präparat aus der Sammlung der Göttinger Frauenklinik.)

3. Duplicitas parallela.

Es handelt sich um eine Verdoppelung des ganzen Stammes resp. um eine Verdoppelung am vorderen und hinteren Körperende, wobei die Fruchtkörper parallel gelagert sind. Die Verbindung und Verschmelzung der Zwillinge liegt im Bereich der Brust, in manchen Fällen auch des Bauches.

Thorakopagus.

Es ist die beim Menschen häufigste symmetrische Doppelbildung.

Die Körper sind nur am Thorax verschmolzen und parallel zueinander gelagert. Nach dem Sitz und der Ausdehnung der Verschmelzung unterscheidet man den Sternopagus, d. h. die Körper sind im Bereich des Brustbeins miteinander verbunden. Die Brusthöhle ist gemeinsam, ferner das Zwerchfell. Die Herzen können getrennt, dabei häufig mißbildet, oder verschmolzen sein. Auch am Darm sind Verschmelzungen sehr häufig. (Vergleiche den in der hiesigen Frauenklinik zur Beobachtung gekommenen und von v. Oynhausen beschriebenen Fall von Sternopagus.) Meist ist es sehr schwierig, eine genaue Grenze äußerlich zwischen Thorakopagus und Sternopagus zu ziehen.

Xiphopagus.

Es ist eine meist nur strangförmige Verbindung im Bereich des Processus xiphoideus sterni vorhanden. Die Brücke besteht aus Haut, Knorpel, Gefäßen und oft auch einer Leberbrücke. Hierher gehören die bekannten siamesischen Zwillinge (die genaue Lebensgeschichte derselben sowie das Sektionsergebnis vgl. Ahlfeld, S. 18 ff., Schwalbe, S. 243 ff.). Xiphopagen, viel seltener Sternopagen sind nach diesen Ausführungen lebensfähige Doppelmißbildungen. Die chirurgische Trennung hat hier die meiste Aussicht auf Erfolg. Über die Trennung der Sternopagen Rosalina - Maria durch Chapot-Prévost vgl. Schwalbe, S. 247. Ebenso über die durch Doyen ausgeführte Trennung der Xiphopagen Radica-Doodica. Je nach der Anzahl der Extremitäten unterscheidet man den Thoracopagus tetrabrachius, tribrachius, dibrachius, tetrapus, tripus, dipus.

Prosopo-Thoracopagus, Cephalo-Thoracopagus diprosopus.

Hier sind außer Brust und Bauch auch Kopf und Hals miteinander verbunden. Die Mißbildung ist beim Menschen sehr selten vgl. (Schwalbe, Fig. 260 und 263). Über Thoracopagus parasiticus, Epigastrius, Inclusio foetalis usw. vgl. weiter unten.

Rachipagus

ist eine Mißbildung, die nach Schwalbe nur einmal beim Menschen, beim Schaf aber mehrfach beschrieben worden ist. Dabei sind Brust- und Lendenteil der Wirbelsäule verschmolzen.

B. Untereinander verbundene, ungleichmäßig entwickelte (asymmetrische) Doppelbildungen.

Alle diese Mißbildungen können bei der Duplicitas anterior, posterior und parallela beobachtet werden. Über die Bezeichnung Autosit und Parasit vgl. S. 227. Die Terminologie dieser Mißbildungen ist nicht einheitlich, ebensowenig ihre Klassifizierung. Ich gehe auf die wichtigsten kurz ein.

Dipygus parasiticus, Heteradelphus. Es ist das eine Mißbildung, die wohl der Duplicitas parallela zugerechnet werden muß. Doch gehören nach Schwalbe die infraumbilikalen derartigen Mißbildungen zum Teil zur Duplicitas posterior. Je nach der Insertion des Parasiten am Thorax oder Epigastrium wird die Mißbildung als Thoracopagus parasiticus

Abb. 46. Thoracopagus parasiticus.
(Präparat aus der Sammlung des Göttinger anatomischen Instituts.)

(Thoracomelos), Thoracopagus inaequalis oder aber als Epigastrius oder Omphalopagus (in der Nabelgegend) bezeichnet (vgl. Abb. 46). Es handelt sich also um eine Verschmelzung des Autositen mit dem Parasiten in der Gegend der Brust oder des Bauches. Der eine Zwilling ist meist wohlgebildet, der andere macht, wie Straßmann sich treffend ausdrückt, den Eindruck als ob sein Kopf in die Bauch- oder Brusthöhle des Autositen versenkt wäre. Doch kann diese „Versenkung" auch umgekehrt stattgefunden haben, so daß auf dem Autositen nur die mehr oder weniger wohlgebildete vordere Körperhälfte inseriert (vgl. Schwalbe, Fig. 367 u. 368). Eine rationelle Einteilung dieser asymmetrischen Mißbildungen der ventralen Rumpffläche gibt Schwalbe (S. 344).

A. Supraumbilikale Befestigung des Parasiten.

1. Der Parasit läßt sämtliche Hauptkörperteile erkennen — entsprechend dem Hemiacardius (Acardius anceps, vgl. unten). Duplicitas asymmetros ventralis supraumbilicalis cum Hemiacardio parasitico.

2. Der Parasit zeigt nur Teile der vorderen Körperhälfte. Duplicitas asymmetros supraumbilicalis cum acardio parasitico acormo.

3. Der Parasit zeigt nur Teile der hinteren Körperfläche. Duplicitas asymmetros supraumbilicalis cum acardio parasitico acephalo.

4. Der Parasit ist nur eine unförmige Masse. Duplicitas asymmetros supraumbilicalis cum acardio parasitico amorpho.

B. Infraumbilikale Befestigung des Parasiten.

Hier sind dieselben Unterabteilungen denkbar wie unter A.

Zu diesen Mißbildungen gehört der von Virchow beschriebene Inder Laloo (Straßmann, S. 1761). Bei seinem Parasiten, dessen obere Körperhälfte gewissermaßen in den Autositen infundiert ist, fehlt der After. Penis und Skrotum sind verkümmert, außerdem sind zwei lange Arme mit verkümmerten Händen und zwei teilweise mißbildete Füße vorhanden, deren Zehen sich weder spontan noch auf den Willen des Autositen hin bewegen. Von Zeit zu Zeit entleert der Parasit tropfenweise Urin. Zur Zeit der Abfassung der Straßmannschen Monographie (1905) war Laloo 32 Jahre alt. Hierher gehört ferner der Genuese Colloredo (vgl. Ahlfeld, S. 21). Colloredo, der 1617 in Genua geboren war, ließ sich jahrelang in Europa für Geld sehen. Am Processus ensiformis haftete ein Xiphopagus parasiticus von ziemlicher Ausbildung. Derselbe bestand aus Kopf, Brust, linker unterer Extremität, zwei Klumphänden mit je drei Fingern. Ob ein Herz vorhanden war, ist fraglich, Atembewegungen waren sichtbar. Augen geschlossen, Mund offen, zuweilen Speichelfluß. Der Parasit nahm keine Nahrung.

Schließlich erwähne ich noch einen interessanten, von Schwalbe untersuchten und ausführlich beschriebenen Fall (S. 346 ff.). Es handelt sich um einen Epigastrius, die Geburt verlief in Schädellage spontan. Der wohlgebildete Autosit brach nach jeder Mahlzeit und nahm nicht zu. Wegen einer Vereiterung eines Kniees wurde der Epigastriusparasit operativ entfernt. Er bestand aus einer unteren Rumpfhälfte (zwei untere Extremitäten, ausgebildeten männlichen Genitalien, Lumbalwirbelsäule, Kreuz- und Steißbein, Rudimenten der oberen Extremitäten). Bei der Operation ergab sich, daß beide Peritonealhöhlen in breiter Verbindung standen, die Bauchorgane des Parasiten lagen zwischen dem rechten und linken Leberlappen des Autositen, das Duodenum komprimierend und den Magen verdrängend. Bauchorgane des Autositen und Parasiten standen in keiner Verbindung, so daß die Operation einfach war. Der Autosit starb zwei Stunden nach der Operation infolge eines Kollapses. Beim Parasiten fanden sich Mißbildungen im Bereich des Darmtraktus und des uropoetischen Systems.

Einen anscheinend mit Erfolg bei einem 12 Wochen alten Kinde entfernten Epignathus (vgl. unten) demonstrierte kürzlich Menge.

Zu diesen Mißbildungen gehören auch jene Formen, wo nur überzählige Extremitäten oder ein rudimentärer Thorax ohne Extremitäten vorhanden sind. Ebenso die Bildungen, die als Teratome bezeichnet werden, und bei denen man rudimentäre Extremitäten oder andere fötale Körperteile eingeschlossen findet. Derartige Teratome können unter der Haut des Bauches oder des Thorax resp. zwischen den Thorax- oder Bauchwandungen gelegen sein. Man bezeichnet sie dann als Inclusio foetalis subcutanea, oder als Inclusio mediastinalis, wenn sie im Mediastinum anticum und posticum eingeschlossen sind. Doch vgl. hierüber Ahlfeld, S. 68. Schließlich spricht man von Inclusio abdominalis oder Engastrius, wenn die Bildungen in der Bauchhöhle liegen. Derartige fötale Rudimente liegen entweder frei in der Bauchhöhle zwischen den Organen oder in einer Zyste. Es sind einige Fälle bekannt geworden, wo die Träger derartiger Geschwülste sogar spontane Bewegungen im Leibe wahrgenommen haben (Straßmann, S. 1770, Fall Highmore). Meist sind die Früchte jedoch mazeriert oder mumifiziert. In vielen Fällen kommt es bei derartigen Geschwülsten nach kürzerer oder längerer Zeit zu Vereiterungen; die Abszesse können dann nach außen, in die freie Bauchhöhle oder in Hohlorgane (Blase, Darm usw.) durchbrechen. Bei der Diagnostik unklarer Abdominaltumoren muß man immer auch an diese Teratome denken. Die frühere Literatur rechnete, worauf Ahlfeld aufmerksam macht, zu diesen abdominalen Inklusionen allerlei andere, hierher nicht gehörende Dinge, z. B. einfache Dermoidzysten und sogar Tubargraviditäten. Häufig lagen die Teratome auch retroperitoneal oder intra- oder retromesenterial.

Weiterhin finden sich ähnliche parasitäre Bildungen am hinteren Körperende, in der Steiß- und Dammgegend. So findet man z. B. nur eine Vermehrung der unteren Extremitäten, die von der Vorder- oder Hinterfläche des unteren Rumpfteiles herunterhängen (vgl. Ziegler, Fig. 419 u. 420). Derartige Mißbildungen bezeichnet man als Polymelie, hier speziell als Pygomelus. Sie gehören zum Ischiopagus, Pygopagus oder Dipygus (daher auch als I. P. D. parasiticus bezeichnet). Den Parasiten selbst bezeichnet man auch wohl als Epipygus. Schließlich kommen auch am Steiß Teratome vor, die von der Haut des Autositen umschlossen sind und in denen sich Rudimente fötaler Organe und Skeletteile finden (Ausführliches siehe unter Steißgeschwülsten, S. 189).

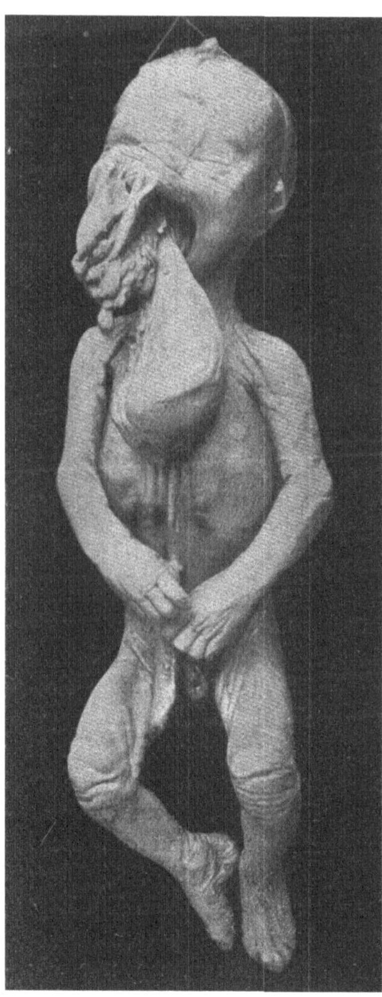

Abb. 47 Epignathus.
(Präparat aus der Sammlung des Göttinger anatomischen Instituts.)

Auch im Bereich des Kopfes kommen parasitäre Doppelbildungen zur Beobachtung. Am häufigsten entspringt der Parasit an der Schädelbasis und kommt als unförmliche Masse (vgl. Abb. 47, seltener sieht man ausgeprägte Körperteile) aus der Mundhöhle heraus, wobei er die Mundhöhle mehr oder weniger verlegen kann, so daß schon aus diesem Grunde die Entfernung anzustreben ist. Die erwähnte Masse besteht außen, in ihrem oberen Teil, aus Haut, im unteren Teil geht die Bedeckung der Geschwulst in die Mundschleimhaut über, ferner aus Bindegewebe, Knorpel, Knochen, Zähnen, Hirnteilen, Darmkanalanlagen, anderen Organteilen und Muskeln. Seltener findet man ausgebildete Extremitäten darin. Derartige Mißbildungen bezeichnet man als Epignathus, Prosopagus parasiticus, Sphenopagus oder Uranopagus.

Was die Genese der Epignathi anbetrifft, so galt und gilt auch heute noch bei vielen Autoren die von Ahlfeld aufgestellte Hypothese: Unter Epignathus versteht man einen Acardiacus amorphus, der mit der Mundhöhle, zumeist mit dem harten Gaumen seines Zwillingsbruders in Verbindung steht. Nach Schwalbe kann diese Hypothese, da sie die Ergebnisse neuerer entwicklungsgeschichtlicher Untersuchungen, insbesondere über das menschliche Amnion und den Bauchstiel, nicht berücksichtigt, nicht mehr aufrecht erhalten werden. Wahrscheinlich entstammt vielmehr der Epignathus einer Furchungszelle, Blastomere bzw. Keimmaterial, das in frühem Entwicklungsstadium aus der Entwicklung des Autositen ausgeschaltet wird (Marchand-Bonnetsche Hypothese, Schwalbe, S. 337). Einen interessanten Fall von Epignathus, der auf der Zunge beschränkt war und zur Makroglossie geführt hatte, beschrieb Rosenow und nannte ihn Epiglossus (vgl. unter Makroglossie, S. 76).

Handelt es sich schließlich um Einschlüsse derartiger parasitärer Mißbildungen in die Schädelhöhle hinein, so bezeichnet man das als Encranius. In ebenso seltenen Fällen sind derartige Einschlüsse bei Hygroma colli gesehen. Über Craniopagus siehe oben.

Die Drillingsmißbildungen, Trigemini conjuncti, und Mehrfachmißbildungen sind extrem selten. Sie entstehen in ähnlicher Weise wie die Doppelmißbildungen. Häufiger als beim Menschen sind sie im Tierreich. Verhältnismäßig häufig fand man dagegen doppelte Inklusionen in der Bauch- und Schädelhöhle (vgl. Straßmann, S. 1767, Schwalbe, S. 384, Ahlfeld, S. 99). Die ältere Literatur bringt Hohl (Trikephalus u. a. S. 98).

Die geburtshilfliche Bedeutung der Doppelmißbildungen.

Die Doppelmißbildungen, besonders die Thorakopagen und die mit Verdoppelung der oberen oder unteren Körperhälfte einhergehenden Formen, beanspruchen ein erhebliches geburtshilfliches Interesse. Es leuchtet ohne weiteres ein, daß die dabei vorhandene Volumenvermehrung den Durchtritt der Mißbildung durch das Becken erheblich erschweren, ja unter Umständen unmöglich machen wird. Wird die Diagnose vom Arzt oder der Hebamme nicht gestellt, so kommt es unter ungünstigen Fällen zur Uterusruptur, die allerdings auch bei den therapeutischen ärztlichen Maßnahmen nicht selten beobachtet ist, wenn die Geburt nicht lege artis geleitet wurde oder aber besondere Komplikationen vorlagen. Zwar verhindert der Umstand, daß die Früchte, wie so häufig Zwillingskinder, meist klein sind (Abkürzung der Tragzeit infolge starker Ausdehnung des Uterus, nicht genügende Mengen Nährmaterial), sowie ferner die relativ häufige Beckenendlage (siehe über die Bedeutung derselben unter der geburtshilflichen Therapie), und die Tatsache, daß eine ganze Reihe dieser Mißbildungen schon intrauterin absterben und infolgedessen sehr kompressibel und adaptionsfähig werden, den ungünstigen Ausgang sehr oft. Doch gibt es auf der anderen Seite genügend Fälle, wo mit diesen Faktoren nicht gerechnet werden konnte, wo die Früchte einzeln die durchschnittliche Größe besaßen, nicht abgestorben waren und schließlich die Art der Einstellung ungünstig war (vgl. z. B. den aus der Göttinger Klinik von v. Oynhausen beschriebenen Fall). Dazu kommt, daß bei der Seltenheit derartiger Mißbildungen kaum ein Geburtshelfer eine größere Erfahrung auf diesem Gebiet besitzen dürfte. So kommen derartige Geburten denn meist überraschend, und alles weitere hängt nunmehr von dem technischen Geschick und nicht zum mindesten von dem, ich möchte sagen, geburtshilflichen Denken des betreffenden Geburtshelfers ab.

Die Erscheinungen, die in der Schwangerschaft durch derartige Mißbildungen hervorgerufen werden, sind durchaus nicht charakteristisch. Sehr häufig ist in den Geburtsgeschichten Hydramnion notiert. Im übrigen wird man — meine Ausführungen beziehen sich natürlich in erster Linie auf die symmetrischen Mißbildungen — alle jene Symptome in geeigneten Fällen nachweisen können, wie wir sie von der normalen Zwillingsschwangerschaft her kennen: Ödeme der unteren Extremitäten, häufig auch der Schamlippen, stark aufgetriebenen Leib, Schwerfälligkeit, Atemnot resp. Kurzatmigkeit, Herzklopfen und vermehrte Kindsbewegungen.

Bei mehrfacher Schwangerschaft sollen derartige Mißbildungen nach einigen Autoren häufiger sein, als bei Erstgeschwängerten. Wie ferner Hohl (S. 91) angibt, ist die Form des Leibes in einigen Mitteilungen als nach vorn spitz, Lenden- und Hüftgegend wie leer beschrieben. Viel dürfte hiermit bei der Diagnose derartiger Mißbildungen in der Schwangerschaft nicht anzufangen sein. In einer Reihe von Fällen, etwa in 25 bis 30 Proz. der Fälle, erreichte die Schwangerschaft nicht das normale Ende. Die Lage war zumeist eine Kopflage (vgl. auch die Ausführungen Hohls auf S. 156 und 188f.).

Um nun auf den Geburtsverlauf zu kommen, so muß zunächst hervorgehoben werden, daß derselbe nicht selten spontan verläuft (vgl. meine Bemerkungen im Eingang dieses Kapitels). Nach einer Statistik Hohls (S. 148) verlief die Geburt unter 119 Fällen 73 mal spontan, nach Playfair unter 31 Fällen 12 mal (vgl. Spiegelberg). In zwei der von Hohl angegebenen Fälle war die Zange notwendig, 1 mal der Haken, Wendung 3 mal, Wendung und Extraktion 8 mal, Extraktion am Kopf und Arm 1 mal, Lösung eines Armes 1 mal, Öffnung von Brust und Bauch 1 mal, Extraktion 12 mal, Embryotomie 1 mal, Kaiserschnitt 2 mal, 14 mal mehrere Operationen (Zange, Perforation, Wendung usw.). Von den Müttern starben bei angewandter Kunsthilfe 4, 29 blieben gesund, 11 mal ist der Ausgang nicht angegeben. Bei natürlichem Verlauf der Geburt blieben 47 gesund, aber in 26 Fällen ist der Ausgang nicht angegeben. Von den Kindern, welche durch Kunsthilfe zutage gefördert wurden, kamen 27 tot, 5 lebend auf die Welt. Bei natürlichem Verlauf der Geburt kamen 22 tot, 29 lebend, bei 22 ist der Ausgang nicht mitgeteilt. Aus diesen Statistiken geht hervor, daß der Ausgang für die Mutter besser ist, als man a priori annehmen könnte.

Die Diagnose wurde auch unter der Geburt fast immer erst dann gestellt, wenn die Austreibung des Kindes stockte, also bei Schädellagen nach der Geburt des Kopfes. In mehreren Fällen war vorher auf Grund der äußeren Untersuchung die Diagnose Zwillingsschwangerschaft gestellt worden. Nach G. Veit, dem wir die beste Zusammenstellung der Doppelbildungen nach ihrer geburtshilflichen Bedeutung hin verdanken, kann man Doppelmißbildungen mit aller Sicherheit dann ausschließen, wenn zwei getrennte Fruchtblasen sicher nachgewiesen werden, oder wenn ein Kindsteil frei neben einem noch von Eihäuten überkleideten gefühlt wird. Präsentieren sich bei der Geburt ungleichnamige Körperenden, z. B. Kopf neben einem Steiß, so kämen höchstens Xiphopagen in Frage, denn nur bei diesen ist infolge der dünnen, strangartigen Körperverbindung eine derartige Verdrehung der Körperachsen möglich. Auch wenn sich gleichnamige Fruchtpole zur Geburt einstellen, muß man immerhin an die Möglichkeit einer Doppelbildung denken.

Liegt ferner das erste Kind bei angenommener Zwillingsschwangerschaft quer, so soll man nach G. Veit gleichfalls auf eine Doppelbildung gefaßt sein, da Querlage des ersten Zwillings bei normaler Zwillingsgeburt sehr selten ist. Küstner gibt folgende sehr beachtenswerte Regel: Muß man bei erkannter Zwillingsschwangerschaft aus irgendwelchen Gründen mit der Hand in den Uterus eingehen, so soll man nie diese Gelegenheit vorbeilassen, die Körper auf eine mögliche Verwachsung hin zu betasten. Derselbe Autor macht ferner darauf aufmerksam, daß bei den Doppelmißbildungen die größten Planlosigkeiten bei den therapeutischen Maßnahmen beobachtet werden: Abschneiden allerhand geborener Glieder, rohe Zangenversuche beim Diprosopus (genau so falsch wie die Zange beim ausgeprägten Hydrokephalus), forcierte Extraktionsversuche am Beckenende bei unterer Verdoppelung usw. usw. Wenn überhaupt bei Eintritt von Dystokien, so gilt hier ganz besonders die goldene Regel: Stockt die Geburt, so muß mit halber oder ganzer Hand ev. in Narkose eingegangen und der Grund eruiert werden. Die eingeführte Hand wird die Verschmelzung bald erkennen, ebenso die Ausdehnung derselben und ihren Sitz. Da dringende Eile kaum je bei Doppelmißbildungen geboten ist, so kann auch eine übereilige Therapie durchaus vermieden werden. Gerade wenn sich jemand bei derartigen Situationen, so z. B. Stockung der Geburt nach geborenem Kopf, auf die forcierte Extraktion usw. kapriziert, passieren meist die immerhin nicht seltenen Unglücksfälle. Am günstigsten ist es für Mutter und Kind, wenn die Entwicklung der Doppelkörper eine möglichst vollkommene, die Verschmelzung eine möglichst geringe ist (vgl. Straßmann u. a.).

Wie bereits kurz erwähnt wurde, gelingt die Geburt gewisser Doppelmißbildungen durch die natürlichen Kräfte verhältnismäßig oft. Dabei ist man häufig in der Lage, einen bestimmten Geburtsmechanismus zu beobachten. Die Kenntnis dieser Tatsache ist für die Behandlung derartiger Doppelbildungen sehr wichtig. Da die Prognose für die Kinder nach den gemachten Ausführungen ungünstig ist, so fällt die Rücksichtnahme auf das kindliche Leben fast gänzlich fort. Nach einer Statistik von Conradi lebten von 81 geborenen Doppelmißbildungen fünf 40 Tage bis 8 Monate, 2 kamen ins zweite Jahr, 1 kam in das erwachsene Alter. Alle anderen waren bald nach der Geburt oder unter der Geburt gestorben. Straßmann erwähnt den Roman von Holtei „die Vagabunden", wo in drolliger Weise die Freude eines Elternpaares, armer Artisten, geschildert wird, denen eine Doppelmißbildung geboren wird, und deren Gram, als nach kurzer Lebensdauer ihnen diese Einnahmequelle wieder entrissen wird. Vgl. auch Saltarino, der in einem interessanten Buche das Leben derartiger Mißbildungen schildert.

G. Veit hat das Verdienst, die Doppelmißbildungen für den Geburtsverlauf in ein gewißes System gebracht zu haben.[1]) G. Veit teilt sämtliche Doppelbildungen mit Rücksicht auf die Möglichkeit eines Geburtsmechanismus in 3 große Gruppen ein.

1. Gruppe.

Sie umfaßt alle unvollständigen Doppelbildungen am oberen oder unteren Körperende (Duplicitas anterior und posterior). Die Verschmelzung ist hier eine sehr innige und die Verdoppelung wenig umfänglich. Hierher gehören Diprosopus, Dipygus, Kephalothorakopagus,

2. Gruppe.

Sie umfaßt jene Früchte, welche mit ihrem oberen oder unteren Körperende (Duplicitas anterior und posterior) untereinander zusammenhängen. Hier ist die Verschmelzung weniger innig, die Verdoppelung daher sehr vollkommen. Sie können sich also unter der Geburt in eine Linie spontan lagern oder aber lassen sich in eine solche bringen. Kraniopagus, Pygopagus, Ischiopagus.

3. Gruppe.

Hierzu gehören nach Veit bestimmte Formen der Duplicitas anterior und parallela. Es sind Früchte, die am Rumpf miteinander zusammenhängen. Thorakopagus, Dikephalus.

1. Gruppe.
Diprosopus, Dipygus, Kephalothorakopagus.

Hier kommt es bei der Geburt zu mechanischen Schwierigkeiten durch den Umfang des verdoppelten Teils. Es spielen hier also ähnliche Verhältnisse eine Rolle, wie bei exzessiver Vergrößerung eines Kindsteiles aus anderen Gründen (Hydrokephalus, Hernia cerebri, Spina bifida, Steißteratom usw.). Beim Diprosopus fühlt man bei der inneren Untersuchung auffallend viel Nähte und Knochen. Beim Hydrokephalus, mit dem diese Mißbildung mehrfach verwechselt ist, findet man weite Nähte und Fon-

---

[1]) Vgl. auch Straßmann, der dem Geburtshelfer bestimmte Verhaltungsmaßregeln gibt in einem Schema, das in großen Zügen alle Situationen enthält, welche dem Geburtshelfer bei der Geburt von Doppelbildungen entgegentreten können.

tanellen und papierdünne Knochen. Doch wird auch eine Kombination von Diprosopus und Hydrokephalus zuweilen beobachtet (Fig. 43).

Beim Dipygus fühlt man, wenn sich das untere Körperende zur Geburt einstellt, 3 oder 4 untere Extremitäten, aber bei der Palpation nach oben zu nur einen Fruchtkörper.

Bei nicht zu ausgedehnter Vergrößerung der Teile, weitem Becken, guten Wehen und günstiger Einstellung können derartige Geburten spontan, wenn auch erst nach längerer Austreibungszeit verlaufen, besonders wenn es sich um vorzeitig ausgestoßene Früchte handelt. Dabei ist es für den Diprosopus und Kephalothorakopagus günstiger, wenn sie in Beckenendlage geboren werden, da der vergrößerte Kopf leichter nachfolgend als vorangehend geboren wird. Kommt es zum Stillstand der Geburt, weil die natürlichen Kräfte versagen, so ist Kunsthilfe durchaus geboten. In einigen Fällen, wo der Umfang des Kopfes nicht zu beträchtlich war, kam man mit der Zange aus. Doch ist vor der Zange, wie beim Hydrokephalus, besser zu warnen. In den meisten Fällen macht man von vornherein, sobald die Vorbedingungen einigermaßen erfüllt sind, besser die Perforation und im Anschluß daran die Kephalothrypsie oder Kranioklasie. Selbstverständlich kommt bei abgestorbenen Früchten nur die Perforation usw. in Frage. Von der prophylaktischen Wendung ist, wenn auch der nachfolgende Kopf besser durch das Becken geht, hier besser abzuraten. Bei Kephalothorakopagen kann bereits der Eintritt des Kopfes in das Becken erschwert sein, weil die breiten Schultern mit den 4 Armen zu umfangreich sind. Wir finden hier ähnliche Verhältnisse, wie bei Riesenkindern und Früchten mit Hydrothorax (vgl. dort). Unter derartigen Umständen käme die Perforation, Kleidotomie und ev. Eviszeration in Frage. Bei den Kephalothorakopagen ist auch mehrfach Hemikephalie beschrieben, wodurch für die Diagnose und Therapie weitere Schwierigkeiten entstehen, besonders auch durch das so oft bei Hemikephalie vorhandene Hydramnion (Erklärung siehe oben).

Die Geburt des Dipygus bietet in Schädellagen meist keine Schwierigkeiten, es sei denn, daß bei nur vorhandenen drei Extremitäten die eine schief angewachsen resp. ankylotisch ist. Bei Beckenendlage und Dipygus kann die Verdoppelung des Steißes sehr leicht Dystokien hervorrufen. Dann tut man am besten, alle unteren Extremitäten herunterzuholen, resp. man macht bei Quer oder Schieflagen die Wendung auf sämtliche unteren Extremitäten. Dadurch wird naturgemäß der Umfang des Steißes erheblich verringert. Beim Dipygus tripus ist nach dem Gesagten auch die verschmolzene untere Extremität herunterzuholen, sonst könnte sie sich quer über den Beckeneingang legen und so die weitere Austreibung erschweren oder unmöglich machen.

2. Gruppe.
Kraniopagus, Pygopagus, Ischiopagus.

Wie Veit hervorhebt, vollzieht sich die Geburt bei diesen Früchten meist leicht, indem die verwachsenen Fruchtkörper sich von vornherein

in eine Linie lagern resp. sich leicht in eine solche dirigieren lassen, so
daß sie also den Geburtskanal nacheinander passieren. Daraus ergibt sich
auch die Therapie. Bei Kraniopagen und Schädellage muß man aus den
den erörterten Gründen immer auf die Füße wenden, mag es ein Craniopagus frontalis, parietalis oder occipitalis sein. Denn auch bei der Verschmelzung beider Früchte an der Stirn oder am Hinterhaupt und dadurch
bedingter winkliger Stellung der beiden Fruchtachsen ist es ratsam, die
Extraktion des zweiten Kindes am ersten zu machen. Wenn sich beim
Kraniopagus beide Früchte in Fußlage bei der Geburt präsentieren, so ist
bei geringer Größe der Früchte eine spontane Geburt infolge der möglichen Verschieblichkeit auch so zu erwarten, denn wie Küstner hervorhebt, müssen dabei nicht notwendigerweise gleichnamige Teile das Becken
passieren. So traten in dem von Hochstetter (Küstner, S. 689) beschriebenen Fall beide Früchte in Fußlage ein. Die Lösung der vier Arme
machte große Schwierigkeiten. Die Geburt der Köpfe erfolgte hintereinander sehr schnell. Geht beim Kraniopagus der Doppelkopf voran, so
ist die Wendung auf die Füße indiziert, die kaum jemals größere Schwierigkeiten bieten dürfte.

Auch beim Pygopagus und Ischiopagus ist es besser, wenn das freie
Körperende, also der Kopf, vorangeht. Nur muß vermieden werden, daß
sich die unteren Extremitäten neben dem noch ungeborenen Kinde in die
Höhe schlagen. In dem Fall Schönbeck (Ischiopagus parasiticus, vgl.
oben) trat eine Geburtsstörung dadurch ein, daß sich die rechtwinklig
vom Rumpf abgehenden unteren Extremitäten an den Beckenwänden
spreizten. Dabei betrug das Gewicht der Mißbildung nur 2300 g ohne
Gehirn. Schlagen sich sämtliche Arme in die Höhe, so müssen sie vor
dem Eintritt der Schultern in das Becken gelöst werden. Geht beim
Ischio- und Pygopagus das verwachsene Körperende voran, so soll man, wie
beim Dipygus, besser alle vier unteren Extremitäten entwickeln. Doch
können die Früchte, wenn sie klein oder von mittlerer Größe sind, auch
so spontan geboren werden. So erwähnte B. S. Schultze auf dem zweiten
Gynäkologenkongreß in Halle einen Fall von Ischiopagus, wo die Früchte
mit den verwachsenen unteren Enden zugleich den Geburtsweg passierten
und lebend geboren wurden, wobei der Kopf der hinteren Frucht mit
dem Hals der vorderen zur Entwicklung gelangte.

3. Gruppe.
Dikephalus, Thorakopagus, Sternopagus, Ileopagus.

Bei dieser Gruppe ist es schwer, die einzelnen Formen unter gemeinsame therapeutische Gesichtspunkte zu bringen. Wie Küstner hervorhebt, haben wir bei der Geburt derartiger Mißbildungen nur das eine Gemeinsame und Charakteristische, daß, wenn der Kopf der einen Mißbildung
geboren ist, die Möglichkeit und Wahrscheinlichkeit dafür vorliegt, daß
der noch im Uterus befindliche Teil der Frucht entweder in seiner Ganz-,
oder, wenn er wie bei Dikephalus verschmolzen ist, Halbheit quer über
den Beckeneingang sich legt und dadurch die weitere Geburt unmöglich

macht. Die Therapie ist aber bei den einzelnen Formen dieser Gruppe eine verschiedene. Besteht z. B. zwischen dem geborenen Kopf und dem übrigen Kindskörper eine ausgesprochene Verschiebbarkeit, wie beim Thorakopagus und Dikephalus tetrabrachius, so ist die Möglichkeit vorhanden, daß dieser über dem Becken querliegende Teil in die günstige Längslage gebracht werden kann. Dann ist die spontane Geburt oder aber die Wendung auf die Füße möglich. Anders dagegen, wenn z. B. beim Dicephalus dibrachius der geborene Kopf so kurz an dem über dem Becken quer liegenden Körper angeheftet ist, daß eine Verschiebbarkeit so gut wie ausgeschlossen ist.

Günstig ist beim Dikephalus die Einstellung in Beckenendlage. Häufig passieren dann die beiden Köpfe nacheinander den Geburtsweg. Es empfiehlt sich dabei, den geborenen Rumpf stark gegen den Bauch der Mutter zu erheben, um den hinteren Kopf zuerst in die Kreuzbeinhöhle zu bringen. Dabei weicht der andere Kopf über den Beckeingang nach vorn in die Höhe und bleibt zurück. Dieser Mechanismus wird auch bei diesen Mißbildungen häufig dadurch begünstigt, daß die Früchte unter dem Durchschnitt entwickelt sind. Beim Dikephalus und Schädellage bestehen folgende Möglichkeiten unter der Geburt: Es kann bei weitem Becken und kleinen Köpfen nach Geburt des ersten Kopfes auch der zweite schließlich noch, ev. mit der Zange in und durch das Becken getrieben werden. Dann folgt der Rumpf, ev. kommt es dabei auch zur Selbstentwicklung. Oder aber der zweite Kopf bleibt über dem Becken liegen. Er kann trotz guter Wehen und weitem Becken nicht in das Becken eintreten (Küstner, S. 690, Fig. 68). Unter derartigen Verhältnissen kann infolge der kurzen straffen Verbindung auch die Wendung unmöglich sein. Ja, selbst die innere Untersuchung kann sehr erschwert sein. Doch kann der zweite Kopf auch zuweilen von außen gefühlt werden. Da die Schultern in das Becken nicht eintreten können, dreht sich der geborene Kopf auch nicht zur Seite, er steht eingepreßt in der Vulva. Die Applikation der Zange am geborenen Kopf ist ohne Erfolg, ev. käme jetzt auch die Eviszeration in Frage. In diesen Fällen macht man am besten die Dekapitation und im Anschluß daran die Wendung auf die Füße, weniger gut auf den zweiten Kopf. In geeigneten Fällen, kleines Kind und weites Becken, könnte man jetzt auch die Entwicklung der übrigen Frucht nach dem Modus der Selbstentwicklung begünstigen (Zug am Arm usw.), doch ist dieser Versuch nicht ganz ungefährlich (Gefahr der verschleppten Querlage, Uterusruptur), da das untere Uterinsegment in derartigen Fällen meist schon sehr gedehnt ist. Ist der Schulterumfang erheblich vermehrt, so kommt ev. die ein- oder doppelseitige Kleidotomie in Frage. Beim mehrarmigen Dikephalus ist infolge der Trennung der oberen Rumpfhälfte die Verschiebbarkeit eine viel bessere, so daß man nach geborenem Kopf die Wendung auf die Füße machen kann. Bei mehrfüßigen Doppelköpfen und Steißlage muß man alle unteren Extremitäten herunterholen. Dasselbe ist der Fall bei vorhandener dritter, verschmolzener und häufig ankylosierter unterer Extremität. In einigen wenigen Fällen sind Früchte mit Dikephalus am Leben geblieben.

Beim Thorakopagus und Xiphopagus finden wir ähnliche, nur noch günstigere Verhältnisse wie beim Dicephalus tetrabrachius. Küstner macht darauf aufmerksam, daß selbst bei breiter Verbindung der Xiphopagen, selbst wenn z. B. Teile der Leber darin liegen, die Verschiebbarkeit beider Individualteile doch sehr ergiebig ist, so daß die meisten Thorakopagen und Xiphopagen ohne Zerstückelung entwickelt werden konnten. Nach einer Bemerkung Playfairs wurden von 18 Thorakopagen 8 spontan geboren, 5 mal war Wendung und Extraktion notwendig, 4 mal instrumentelle Hilfe. Eine Frau starb unentbunden. Handelt es sich um eine breite und kurze Verbindung bei den Früchten, so ist die Prognose durchaus nicht so günstig, wie das nach den eben gemachten Ausführungen scheinen möchte, besonders, wenn die einzelnen Individualteile stark entwickelt sind, wie in dem in der hiesigen Klinik beobachteten Fall von Thorakopagus, wo die Verbindung infolge gemeinsamer Thoraxhöhle, gemeinsamen Sternums und eng verwachsener Rippen sehr starr war.

Ist bei Schädellage der eine Kopf ein- oder ausgetreten, so ist die spontane oder unter leichter Nachhilfe erfolgende Geburt so möglich, daß der Kopf des zweiten Kindes neben dem Thorax des ersten, oder eingedrückt in den Bauch desselben in und durch das Becken tritt. Bei Xiphopagen ist die oft erwähnte Verschiebbarkeit infolge der meist bandartigen Verbindung derartig, daß die Früchte sogar in umgekehrter Richtung geboren werden können, wie z, B. die siamesischen Zwillinge.

Schönfeld nahm die Trennung von Xiphopagen mit einem leinwandumwickelten Messer in utero vor. Die Früchte wurden tot geboren. Sehr günstig für den Geburtsverlauf ist die Einstellung beider Früchte in Fußlage. Es ist das eine Erfahrungstatsache, die man sich dann auch therapeutisch zunutze machte. Man soll deshalb, wenn die Diagnose frühzeitig gestellt wird, was allerdings selten der Fall ist, die Wendung machen und alle Füße herunterholen. Dementsprechend wird man auch, wenn beide Früchte in Steißlage liegen, sämtliche Füße herunterstreifen. Ja auch, wenn der eine Kopf der in Schädellage sich befindlichen ersten Frucht bereits geboren ist und der zweite Kopf über dem Becken bleibt, soll man immer erst die Wendung beider Früchte versuchen. Man holt alle vier Füße herunter und entwickelt den zweiten Kopf zuletzt. Zögern die Köpfe in das Becken einzutreten und ist die Wendung nicht mehr möglich, so ist nach fehlgeschlagenem vorsichtigen Zangenversuch die Perforation angezeigt. Bei der Extraktion soll man nach Spiegelberg, um Platz zu gewinnen, die Rümpfe möglichst in einen der schrägen Beckendurchmesser bringen, wodurch vielleicht auch das Hängenbleiben der Köpfe über dem Promontorium oder der vorderen Beckenwand vermieden wird. Um den hinteren Kopf zuerst in das Becken, in die Kreuzbeinhöhle zu bringen, muß man, wie beim Dikephalus, die geborenen Rümpfe stark gegen den Bauch der Mutter erheben, wobei der andere Kopf über den Beckeneingang nach vorn in die Höhe geht und zurückbleibt. Dabei kann es nötig werden, den vorderen Rumpf vom geborenen Körper abzutrennen, um erst den hinteren Kopf auf die geschilderte Weise zu entwickeln. Hierbei kann auch die Zange nötig werden. Bei großen Früchten und Beckenendlage kann bei der Extraktion auch die Eviszeration der einen Frucht in Frage kommen. Die letzte Möglichkeit ist die, daß das eine Kind in Schädel- oder Beckenendlage geboren ist und das andere sich quer über das Becken legt. Dann wird bei Fußlage die Wendung der zweiten Frucht gemacht. Bei Kopflage der ersten und Querlage der zweiten Frucht kann man drei Wege einschlagen. Entweder man holt, wie bereits oben erwähnt, außer den Füßen der querliegenden Frucht, auch die Füße des bereits zum Teil geborenen Kindes jetzt noch herunter und macht die Extraktion in der beschriebenen Weise. Wie Straßmann hervorhebt, werden bei der Wendung die Füße des ungeborenen Kindes leichter erreicht, als die des halbgeborenen. Oder man holt die Füße des ersten halbgeborenen Kindes herunter und zieht vermittels des Verbindungsstückes beider Körper das zweite in Schädellage oder Steißlage nach. Diese Methode ist kaum, oder nur bei breiter und starrer Verbindung, zu empfehlen, denn es besteht dabei die Möglichkeit der Zerreißung des Verbindungsstückes.

Schließlich kann man auch so vorgehen, daß man neben dem geborenen Kopf die Füße der in Querlage befindlichen Frucht herabschlägt, beide Rümpfe nebeneinander entwickelt und zuletzt den Kopf des zweiten Kindes. Führen diese drei Wege nicht zum Ziel, so schreite man zur Exenteration. Die Dekapitation des geborenen Kopfes ist überflüssig, denn sie erleichtert die Geburt in keiner Weise. Sie käme nur dann in Frage, wenn der Kopf nur eben geboren wäre und ein weiteres Vorrücken ausbleibt. Dann könnte von der Dekapitationsfläche aus mehr Zugang für die Eviszeration geschaffen werden. Ist der eine Kopf geboren, der zweite in das Becken eingetreten und steht die Geburt nunmehr still, so kann man versuchen, den im Becken eingekeilten Kopf mit der Zange zu entwickeln. Mißlingt die Zangenextraktion, so muß perforiert werden. Ähnlich geht man vor, wenn der vorangehende Kopf nicht austreten will: Zangenversuch, eventuell Perforation. Nach Entwicklung des perforierten resp. mit der Zange entwickelten Kopfes könnte man auch versuchen, die Füße herunterzuholen.

Geburten mit Dreifachbildungen sind extrem selten zur Beobachtung gekommen. Die spontane Ausstoßung derartiger Früchte ist natürlich nur dann möglich, wenn die Früchte nicht ausgetragen sind. So war die Mißbildung im Falle Facello (Trikephalus) sehr klein, lebte aber zwei Tage. Sie schrie und saugte angeblich mit allen drei Mündern. In einem anderen von Reina mitgeteilten Fall von Tricephalus tribrachius dipus (vgl. Küstner, Fig. 70, S. 693) kam es zur Dystokie. Reina perforierte nach dreitägiger Geburtsarbeit und vergeblichen Zangenversuchen den vorliegenden Kopf und entdeckte dahinter noch einen Kopf, weshalb er den geborenen Kopf amputierte. Auch jetzt mißlang die Zange und es war die Perforation notwendig. Nach der Amputation auch dieses Kopfes mußte auch der dritte Kopf amputiert werden. Erst dann gelang die Extraktion des Kindes. Ich glaube, man muß Küstner und Straßmann nur recht geben, wenn sie sich mit diesem Verfahren nicht einverstanden erklären.

Die Geburt bei den parasitären Doppelmißbildungen verläuft meist spontan. Wenn auch z. B. die Epignathi unter Umständen sich zu großen Tumoren entwickeln, so sind sie doch unter der Geburt sehr verschieblich und kompressibel. Immerhin kann man in die Lage kommen, die Punktion oder Abtragung der Geschwulst zu machen. Da derartige Geschwülste bei nachfolgendem Kopf besser durch das Becken gehen, so käme bei Schädellage auch die Wendung in Frage, wodurch man sich auch eine gute Handhabe zur Extraktion schafft.

Dagegen kommen bei den echten fötalen Inklusionen Geburtsstörungen häufiger vor (Fall Schaumann, vgl. Küstner, Buhl, Schönfeld). Bei derartigen Geburtsstörungen wird man in bezug auf die Diagnose und Therapie nach den mehrfach angegebenen Regeln verfahren. Therapeutisch kommen Perforation, Punktion und Eviszeration in Frage.

So war in dem von Schaumann mitgeteilten Fall von Inclusio foetalis abdominalis die Punktion des stark aufgetriebenen Leibes notwendig. Über eine Geburtsstörung bei einem Ischiopagus parasiticus vergleiche den oben zitierten Fall Schönbek (S. 236).

Wenn ich am Schluß dieses Kapitels meine Ausführungen noch einmal kurz zusammenfasse (vgl. auch Hohl, S. 216 ff.), so ist bei allen Doppelbildungen in erster Linie der Rat zu geben, unter keinen Umständen brüsk vorzugehen, da Eile meist nicht nötig ist. Nur so werden die eingangs erwähnten therapeutischen Planlosigkeiten vermieden werden. In der großen Mehrzahl der Fälle kommt man ohne zerstückelnde Operationen aus. Man nehme stets auf den bei den einzelnen Gruppen oft vorhandenen geschilderten Mechanismus Rücksicht. Da die Geburt erfahrungsgemäß in Beckenendlage beider Früchte am günstigsten verläuft, so sei man möglichst bestrebt, sämtliche Füße herunterzuholen. Stets muß im Interesse der Mutter gehandelt werden und die Geburt für dieselbe so schonend als möglich verlaufen. Nur selten sind die Früchte lebensfähig, um so weniger, als sie häufig mit anderweitigen Mißbildungen kompliziert sind. Aus diesem Grunde verwerfen auch fast alle Geburtshelfer einmütig den Kaiserschnitt, selbst wenn die Früchte sicher leben. Wie Spiegelberg mit Recht betont: Man darf wegen ihrer problematischen Erhaltung nicht auch das mütterliche Leben aufs Spiel setzen. Ebenso will Straßmann (S. 1772) Kaiserschnitt, Symphyseotomie, ja selbst Inzisionen irgendwelcher Art vermieden wissen. Nicht ganz so schroff drückt sich Küstner aus (S. 694): Man darf bei Doppelmißbildungen allerhöchstens nur dann an die Ausführung des Kaiserschnittes denken, wenn eine genaue Abtastung der Körperoberfläche der Doppelmißbildungen ergeben hat, daß die weitere Lebensfähigkeit sicher ist. Küstner fährt dann aber fort: Solange eine solche diagnostische Abtastung der Oberfläche noch möglich ist, werden meist andere stumpfe geburtshilfliche Operationen, in erster Linie die Wendung, möglich sein, es sei denn, der Kaiserschnitt sei unter den bestehenden Bedingungen für die Mutter das Schonendste. (Vergleiche auch Hohl über die Frage, ob der Kaiserschnitt bei Mißgeburten erlaubt ist oder nicht S. 170 ff.). Im Prinzip muß man den klassischen Kaiserschnitt nach unserer Ansicht ablehnen, da es sich, abgesehen von der meist vorhandenen Lebensunfähigkeit der Früchte, nicht um reine Fälle handelt (Blase lange gesprungen, wiederholte Entbindungsversuche usw.). Anders verhält es sich mit dem in neuerer Zeit, besonders von Sellheim empfohlenen extraperitonealen Kaiserschnitt, der in geeigneten Fällen (große Früchte, breite und starre Verbindung) wohl einmal indiziert sein kann, eventuell in Verbindung mit zerstückelnden Operationen oder Trennung der Früchte.

Die intrauterine Trennung der Früchte, wie sie z. B. in dem erwähnten Fall Schönfeld vorgenommen wurde, ist nur in den allerseltensten Fällen gerechtfertigt, da die Früchte dadurch getötet werden und durch ein derartiges Operieren im Dunkeln unter Umständen eine schwere Verletzung der Mutter hervorgerufen werden könnte. Außerdem ist dann, wenn man zu diesem Zweck bis zur Verwachsungsstelle vordringen kann, auch die Wendung auf die Füße noch möglich. (Vergleiche auch Hohl über die intrauterine Trennung der verwachsenen Zwillinge.)

Recht bemerkenswert sind für den Praktiker die Ausführungen Ahlfelds über die Therapie bei Doppelmißbildungen (S. 628). Für „verzweifelte" Fälle empfiehlt der Autor warm das Morcellement, die schrittweise Zerstückelung und Wegnahme, weil dieses Verfahren am schonendsten für die Mutter ist, wenn schon diese schrittweise Zerstückelung eines Fruchtkörpers nicht gerade ein schöner Anblick sei. Ahlfeld schließt seine diesbezüglichen Ausführungen mit den Worten: „Danach würde der Arzt bei der verschleppten Geburt einer Doppelmißbildung die Teile, die im Becken liegen und am leichtesten zu erreichen sind, verkleinern, teils durch Entleerung erreichbarer Körperhöhlen, teils durch Wegnahme einzelner Gliedmaßen, teils durch die Dekapitation." Seine Ausführungen stehen mit den obigen Ausführungen in einem gewissen Widerspruch. Doch wird der Arzt, dessen Kenntnisse auf diesem schwierigen Gebiete meist mangelhaft sind, bei ihrer Nutzanwendung im Interesse der Mutter besser fahren, als wenn er die Geburt blindlings forciert. Es liegt auf der Hand, daß sich der Praktiker derartige kurze therapeutische Regeln leichter merkt, als die oben gegebenen detaillierten Vorschriften, die gewiß dann besser zu befolgen sind, wenn man mit ihnen vertraut ist.

In der hiesigen Frauenklinik kam vor kurzer Zeit ein Fall von Thorakopagus tetrabrachius tetrapus zur Beobachtung. Der Fall ist von v. Oynhausen ausführlich beschrieben (Diss. 1908. Arch. f. Gynäk. **86.** H. 1).

38 jährige Arbeiterfrau, 7 Kinder leben. Die Kreißende gibt bei der Aufnahme abends 8 Uhr an, seit morgens früh Wehen zu haben. Leib stark ausgedehnt 124 cm, Hängeleib. Äußere Untersuchung durch die stark gespannten Bauchdecken sehr erschwert. Herztöne unterhalb des Nabels deutlich vorhanden. Nach dem Blasensprung wird der Kopf mit wenigen kräftigen Wehen geboren. Der übrige Kindskörper folgt nicht, auch nicht bei Zange von unten und Druck von oben. Das Kind macht einige schnappende Atembewegungen. Einleitung der Chloroformnarkose. Bei der äußeren Untersuchung fühlt man jetzt einen zweiten Kindskörper in Schräglage, den Kopf desselben über der rechten Darmbeinschaufel. Bei der inneren Untersuchung mit der ganzen Hand fühlt man eine breite verbindende Brücke zwischen beiden Körpern, die sich hinter die Symphyse angestemmt hat. Es wird nun die Diagnose auf Doppelmißbildung gestellt. Zunächst wird versucht, das zweite Kind in Längslage zu bringen, um

womöglich beide Körper ungetrennt zu extrahieren. Ein Fuß des zweiten Kindes wird heruntergeholt und angeschlungen. Der Wendungsversuch mißlingt jedoch. Es wird nun die Brusthöhle des vorliegenden Kindes mit dem Perforatorium eröffnet und schließlich der Kopf und ein Teil der Brust mit der Sieboldschen Schere abgetrennt. Ein erneuter Versuch, das zweite Kind auf die Füße zu wenden, gelingt jetzt mühelos. Der sich anschließenden Extraktion bieten sich jedoch erhebliche Schwierigkeiten, da sich der Torso des embryotomierten Kindes über der rechten Beckenschaufel festklemmt. Es wird deshalb der heruntergeholte Unterkörper von Kind Nr. 2 abgesetzt und nun gelingt es mühelos, den restierenden Stumpf, bestehend aus der unteren Körperhälfte von Kind Nr. 1 und oberen Körperhälfte von Nr. 2 an den Füßen des ersten Kindes zu extrahieren. Die Plazenta folgt sofort.

Während des vergeblichen Wendungsversuches hatte eine erhebliche Blutung eingesetzt, infolge deren bedrohliche, durch reichliche Kampferdosen auf die Dauer nicht zu hebende Kollapserscheinungen auftraten. Der Uterus kontrahiert sich trotz Kornutingaben nur ganz mäßig. Die Untersuchung ergibt einen hochgelegenen breiten Cervixriß rechts, der sich weit hinauf in das Ligament fortsetzt, aber offenbar nicht mit der freien Bauchhöhle kommuniziert. Der Uterus wird tamponiert, ebenso der Riß und die Scheide. Um den Leib wird ein Kompressionsverband angelegt. Die Frau liegt in tiefem Kollaps, Kochsalzinfusion und reichliche Kampferdosen bessern den bedrohlichen Zustand nur vorübergehend. Nachblutung nach außen ist nicht vorhanden. Unter Zeichen allgemeinen Verfalls und Dyspnoe tritt 4 Stunden nach der Geburt Exitus letalis ein.

Die Sektion bestätigt die Diagnose des inkompletten Cervixrisses. Die Entstehung desselben ist kaum auf die Wendung zurückzuführen, als vielmehr auf Verletzung durch die zackigen Stümpfe. Nachblutungen waren nicht vorhanden. Der Uterus stellt sich als weiter schlaffer Sack dar. Lungenödem. Der unglückliche Ausgang liegt teils in der Größe der Früchte, teils in der breiten und starren Verschmelzung begründet. Ein therapeutisches Vorgehen nach den obenerwähnten Regeln war nicht angängig.

Die Sektion der Frucht hatte folgendes Ergebnis:

Die Länge des Thorakopagus beträgt 45 cm, die Früchte sind männlichen Geschlechts, gleich lang und äußerlich gleichmäßig entwickelt. Das Gewicht der ganzen Frucht beträgt 4010 g. Das Gewicht ist der Wirklichkeit nicht ganz entsprechend, da durch die geburtshilfliche Operation der größte Teil des Blutes abgeflossen war. Der fronto-okzipitale Umfang der runden, wenig konfigurierten Köpfe bei beiden Früchten 35 cm, das Gewicht der Plazenta 750 g, ihre Größe 24×28 cm. Die Frucht hat vier obere und vier untere Extremitäten, bei einem Fötus finden sich Klumpfüße, ein Arm des anderen Fötus ist im Ellenbogengelenk kontrakturiert. Die Früchte zeigen außer der Länge und dem Gewichte noch andere Zeichen der Reife. Auf der äußeren Haut ist mit Ausnahme der Schulter- und Kreuzbeingegend die Lanugo-Behaarung verschwunden. Die Kopfhaare sind etwa 1 cm lang, die Nägel sind hornig und erreichen die Kuppen ihrer Phalangen. Auch das kutane Fettpolster ist dem einer ausgetragenen Frucht entsprechend. Indessen ist bei beiden Früchten der Descensus testiculorum noch nicht eingetreten, immerhin kein völliger Beweis gegen die Reife der Früchte.

Die Fötus sind nun in der Weise zusammengewachsen, daß sich die beiden unteren Thoraxaperturen gegeneinander aufgerichtet haben und mit ihren Brustbeinen verwachsen sind. Nach unten reicht die Verwachsung bis zu dem gemeinschaftlichen Nabel, doch stehen sich die beiden Früchte nicht genau mit ihren Medianlinien gegenüber, sondern mehr ventrolateral.

Nach Entfernung der Weichteile über dem Brustkorbe zeigt es sich, daß von einem Fötus zum anderen in einem nach oben konkaven Bogen ein gemeinsames Brustbein zieht, das in seinem ganzen Verlaufe keine Spur einer Zweiteilung erkennen läßt. Zu diesem Brustbein ziehen von jedem Fötus die besonders an der Hinterseite stark gebogenen Rippen bzw. Rippenknorpel hin. Die Knorpel der letzten echten Rippen sind miteinander bindegewebig verwachsen. In den von den letzten Rippen gebildeten Winkeln auf der Vorder- und Hinterseite findet sich je ein knorpeliger Fortsatz, der Ähnlichkeit mit einem Schwertfortsatz hat. Die Berechtigung, diese Fortsätze als die Schwertfortsätze anzusprechen, ist um so größer, als der auf der Vorderseite, seiner Art des Ansatzes nach, zu dem Fötus 2, der auf der Hinterseite dem Fötus 1 anzugehören scheint. Jeder Fötus hat zwei an normaler Stelle befindliche Schlüsselbeine. Um die Brustorgane sichtbar zu machen, wurde die gemeinsame vordere Brustwand aufgeklappt. Es findet sich ein gemeinsames Pericardium und in ihm ein — äußerlich — gemeinsames Herz von $3\,{}^1/_2$ cm Höhe und $5\,{}^1/_2$ cm Breite. Es liegt mit der Seite seiner Gefäße nach hinten und oben, mit seiner Spitze, besser gesagt Kante, nach vorn und unten gerichtet. Auf der Vorderfläche des Herzens zieht eine flache Vertiefung in sagittaler Richtung herab, die das Organ äußerlich in zwei ungleich große Teile teilt, derart, daß der größere Teil dem 2. Fötus zu gehören scheint. Die Betrachtung des Herzinnern bestätigt diese Annahme, wie später gezeigt werden wird.

Zu jeder Frucht gehören zwei Vorhöfe, die durch ein weit offenes Foramen ovale miteinander in Verbindung stehen. Ferner steht der rechte Vorhof des einen Fötus mit dem rechten des anderen in so weit offener Verbindung, daß man von einer gemeinsamen Höhle sprechen kann. Die beiden linken Vorhöfe sind durch ein Septum voneinander getrennt. Es finden sich im ganzen vier Herzohren.

Der Stelle der äußeren Zweiteilung des ganzen Organs durch die genannte Vertiefung entspricht die innere Teilung in zwei Herzen, und zwar hat der 2. Fötus zwei nicht kommunizierende Ventrikel, der 1. Fötus nur einen, der mit dem linken Ventrikel des 2. Fötus in weit offener Verbindung steht. In den einzigen Ventrikel des 1. Fötus münden dicht nebeneinander je eine Klappe aus dem rechten und dem linken Vorhof. Aus dem linken Ventrikel des 2. und dem einzigen des 1. Fötus geht je eine Aorta ab, aus den linken Vorhöfen je eine Pulmonalis. Diese Gefäße stehen bei dem 2. Fötus durch einen weiten, bei dem 1. Fötus durch einen ganz engen Ductus Botalli in Verbindung. In den rechten Vorhof mündet eine gemeinsame Vena cava inferior, die Venae cavae superiores verlaufen bis zur Einmündung in den gemeinsamen rechten Vorhof getrennt.

Jeder Fötus hat zwei Lungen, die ihrer Lage nach und in bezug auf ihre Blutgefäße nichts Besonderes bieten. Die Lunge des 1. Fötus, dessen Kopf spontan geboren wurde, ist lufthaltig, die des 2. atelektatisch. Es besteht bei keinem Fötus Situs inversus, ebenso zeigen die Hals- und die übrigen Brustorgane beiderseits kein vom normalen abweichendes Verhalten.

Die Lage der Baucheingeweide ist folgende: Es besteht ein gemeinsames Zwerchfell und eine gemeinsame Bauchhöhle, bei keinem der Fötus liegt Situs inversus vor. In jedem rechten Hypochondrium liegt eine Leber, diese beiden Organe hängen durch eine große Brücke aus Lebergewebe miteinander zusammen. Es finden sich zwei Gallenblasen, die beiderseitigen Lebergefäße und die Gallengänge sind bei jedem Fötus gesondert vorhanden. Zwischen ihnen liegt das gemeinsame Duodenum von ca. 3 cm Länge, an dessen Mitte mit einer trichterförmigen Erweiterung sich das gemeinsame Jejunum ansetzt, etwa 50 cm lang. Gegen sein Ende erweitert sich das Jejunum ampullenförmig und geht nun in zwei gesonderte Intestina ilea über, die nach einem Verlauf von etwa 25 cm jederseits in die Blind- und Dickdärme übergehen. Beiderseits ist ein Processus vermiformis von etwa 3 cm Länge vorhanden. Man vermißt eine Gliederung der Dickdärme in die einzelnen Kolon-Abschnitte und Flexuren. An der Rückseite des gemeinsamen Jejunum, an der ampullenförmigen Erweiterung befindet sich ein Meckelsches Divertikel, dessen blindes Ende mit dem Mesenterium des 1. Fötus in fadenförmiger Verbindung steht.

Die beiden gleichmäßig ausgebildeten Bauchspeicheldrüsen vereinigen ihre Ausführungsgänge zu einem ganz kurzen gemeinsamen Gang, der in das Duodenum mehr auf der Seite des 1. Fötus einmündet. Alle übrigen Baucheingeweide sind bei jedem Fötus gesondert vorhanden und von normaler Entwicklung.

Ein besonderes Verhalten zeigen nur noch die Nabelgefäße. Der mikroskopische Durchschnitt durch die Nabelschnur zeigt zwei Arterien und zwei Venen. Vom Nabel aus zieht je eine Arterie zu den beiden Becken und sendet ihrerseits zwei Äste in die beiden Hypogastricae jedes Fötus. Die beiden Nabelvenen ziehen vom Nabel zu den beiden Lebern. Die beiden Urachus sind bis auf eine kurze Strecke dicht an der Blase beiderseits obliteriert, im Nabelstrang findet sich, auch mikroskopisch, keine Spur mehr davon. Die einzige Insertion des Nabelstranges in die Plazenta ist nicht ganz zentral, ein Dottergang und Dotterbläschen ist nicht aufzufinden.

Zusammenfassung: Es handelt sich um einen bis zur Geburt am Leben gewesenen reifen monomphalen, autositären Thoracopagus tetrabrachius. Eine Ausnahme hiervon macht nur das Herz. In bezug auf das Herz ist der 1. Fötus seinem Bruder gegenüber zu kurz gekommen, er hat nur einen Ventrikel, von dem aus er nur gemischtes Blut in seinen großen sowohl als auch kleinen Kreislauf zu senden vermag. Die Lebensfähigkeit einer Doppelmißbildung hängt im wesentlichen, wie bereits weiter oben erwähnt, von den gegebenen Respirations- und Zirkulationsbedingungen ab. Im vorliegenden Fall muß die Frage, ob der komplizierte Bau des

Herzens eine zum Leben nötige Menge sauerstoffhaltigen Blutes in den großen Kreislauf des Herzens zu schicken zuläßt, mit Sicherheit verneint werden.

Die übrigen Mißbildungen, die Klumpfüße und der im Ellenbogengelenk kontrakturierte Arm — bei der ventrolateralen Stellung der Fötus kann man ihn als einen der beiden inneren bezeichnen — sind wohl als akzidentelle anzusehen und erklären sich zwanglos aus der Raumbeengung im Uterus.

Die Art und Weise des Zusammenhanges der Fötus ist im großen und ganzen die gewöhnliche bei Thorakopagen, wie wir aus den Beschreibungen von Virchow, Veit, Marchand, Ahlfeld, Dönitz, Kortüm, Völker, Kamann u. a. ersehen. Gemeinsames Brustbein, gemeinsame Brust- und Bauchhöhle, gemeinsamer Nabel. Ferner ein Zwerchfell und ein Perikardium. Das Herz besteht meistens aus zwei einzelnen mehr oder weniger miteinander verwachsenen Organen; insofern ist der vorliegende Fall von Interesse, als es sich hier um einen Übergang handelt zu einem gemeinsamen Herzen. Äußerlich nur durch eine seichte Rinne geschieden, zeigen sie innerlich einen gemeinsamen rechten Vorhof und zusammen drei Ventrikel. Nach Ahlfeld (Mißbildungen des Menschen) sind es die Parasiten, die meistens kein Herz haben, aber bei der sonst so gleichmäßigen Anteilnahme beider Fötus an der Entwicklungsstörung kann man im vorliegenden Falle kaum von einer parasitären Doppelmißbildung sprechen. Der gemeinsame Verlauf des Jejunum findet sich auch bei den meisten beschriebenen Thoracopagi, ferner ist auch das Auftreten des Meckelschen Divertikels am Ende des gemeinsamen Darmstückes kein Ausnahmebefund. Marchand fand, daß der gemeinsame Verlauf des Dünndarms stets nur bis zur Insertion des Ductus omphalomesentericus reicht. Auch die oben als Processus ensiformes angesprochenen Fortsätze werden von Marchand erwähnt. Eine Brücke zwischen den Lebern wird stets gefunden, oft sogar schon bei Doppelmißbildungen mit weniger ausgedehnter Verwachsung, z. B. bei den Xiphopagen.

Die Behauptung einiger Autoren (Schultze, Förster u. a.), daß bei monomphalen Doppelmißbildungen bei dem rechts gestellten Fötus stets Situs inversus vorliege, ist von Perls, Taruffi und andern bereits widerlegt (zitiert nach Marchand). Auch die Behauptung Eichwalds, daß mindestens die Leber des einen Fötus stets Situs inversus zeige, hat sich nach neueren Untersuchungen von Martinotti und Lochte (Zieglers Beiträge zur path. Anatomie 1874, XVI) als nicht stichhaltig erwiesen und findet auch im vorliegenden Falle eine Widerlegung.

In der Sammlung der Göttinger Frauenklinik finden sich noch folgende, der Klinik von praktischen Ärzten überwiesene Präparate von Doppelmißbildungen.

1. Nr. 129 des neuen Katalogs. Dicephalus dibrachius dipus. Gewicht etwa 7—8 Pfund. Geschlecht weiblich. Das Monstrum zeigt einen Hydrokephalus mittlerer Größe, daneben einen ausgesprochenen Mikrokephalus mit ausgedehnter Spaltung der Wirbelsäule. Die Doppelmißbildung kam laut Bericht in Steißlage zur Geburt. Die Extraktion nach Herunter-

holen der Füße war sehr schwer und gelang erst nach spontaner Ruptur des Hydrokephalus.

2. Nr. 153. **Dicephalus dibrachius dipus.** Gewicht etwa 6 Pfund. Geschlecht männlich.

Beide Köpfe wurden laut Bericht nebeneinander spontan geboren. Die Mißbildung lebte einige Stunden.

3. Nr. 164. **Diprosopus Hydrocephalus distomus, tetrophthalmus dibrachius diotus.** Gewicht etwa 6 Pfund. Geschlecht weiblich. Ziemlich ausgedehnter Hydrokephalus. Die mittleren Augen liegen in einer Höhle. Jedes zeigt eine genau entsprechende, einseitige Hasenscharte.

Durch Perforation entwickelt.

4. Nr. 112. **Sternopagus tetrabrachius, tetrapus.** Weibliches Geschlecht. Etwa 8 Pfund schwer. Sehr ausgedehnte Verwachsung bis herauf zum Jugulum. In der Nabelschnur 4 Arterien, 1 Vene. Bei der Geburt ist dem Befund nach die Dekapitation der einen Frucht gemacht, sonst findet sich nichts über den Geburtsverlauf.

5. Nr. 207. **Thoracopagus tetrabrachius tripus.** 1 p. Etwa 4—5 Pfund schwer. 4 wohlgebildete Arme, 3 Beine, davon das hintere verkürzt und verkrüppelt (Kontrakturen, Schwimmhautbildung). Weibliches Geschlecht. After fehlt.

Die Mißbildung wurde spontan bei guter Wehentätigkeit geboren. Nach Bericht des behandelnden Arztes wurde zuerst der stärkere Kopf mit dem Gesicht nach der Symphyse geboren. Die Hände folgten fast gleichzeitig. Sofort darauf wurde der zweite schwächere Kopf mit dem Gesicht nach dem Damm geboren. Auch hier folgten fast gleichzeitig die Hände. Die Nabelschnur war nach Entwicklung des Monstrums bereits abgerissen.

Literatur.

Schwalbe, Doppelbildungen, in Morphologie der Mißbildungen des Menschen und der Tiere. Jena, Fischer 1907. — Ziegler, Allgemeine pathol. Anatomie. — Olshausen-Veit, Geburtshilfe. — Küstner in Müllers Handb. d. Geburtsh. — Spiegelberg-Wiener, Geburtshilfe. — Straßmann in v. Winckels Handb. d. Geburtsh. — Kleinhans in v. Winckels Handb. d. Geburtsh. — Hohl, Geburten mißgestalteter Kinder. — Ahlfeld, Mißbildungen. — Derselbe, Geburtshilfe. — Runge, Desgl. — Henneberg und Stelzner, Berliner klin. Wochenschr. 1903. Nr. 35 u. 36. — G. Veit, Volkmanns Samml. klin. Vortr. Nr. 164 u. 165, 1879. — Saltorino, Abnormitäten, Düsseldorf 1900. — Frorieps Neue Notizen. 3 u. 8. — v. Oynhausen, Diss. Göttingen. Arch. f. Gynäk. 86. 1. — Tieber, Dicephalus tribrachius. Prager med. Wochenschr. 1902. Nr. 28. — Zwinjatzki, Diprosopus syncephalus, hemicephalus, triophthalmus, thoracopagus, tetrabrachius. Ref Zentralbl. f. Gynäk. 1903. S. 1316. — Kamann, Zwei Thorakopagen, Arch. f. Gynäk. 68. 3. — Küstner, Vereinig. Breslauer Frauenärzte, 15. V. 1903. Thoracopagus. — Stanze, Epignathus. Diss. München 1902. — Rosenow, Epiglossus. Diss. Kiel 1901. — Leopold, Dicephalus dibrachius. Arch. f. Gynäk. 72. — Nickles, Dikephalus, Diss. Breslau 1903. — Diepgen, Zwei Thorakopagen, Diss. Freiburg 1902. — Guérin-Valmale u. Gagnière, Xiphodym, Derodym, Geb. Gesellsch. Paris, 17. XII. 1903. Ref. Zentralbl. f. Gynäk. 1904. — Straßmann, Über Zwillinge u. Doppelmißb. Geb. Gesellsch. Berlin, 28. X. 1904. Ref. Zentralbl. f. Gynäk. 1905. S. 146 ff. Diskussion dazu 25. XI. 1904. Zentralbl. f. Gynäk. 1905. S. 146 ff. — Jolly, Geburt und Trennung von Xiphopagen. Festschr. f. Olshausen, Enke, Stuttgart 1905. — Weinberg, Diprosopus Actrotus hemicranius cum rachischisi totali anencephalus et amye-

lus. Württemberg. med. Korrespondenzbl. 1905. — Förster, Die Entstehung der
Doppelbildungen. Verhandl. d. phys. med Gesellsch. in Würzburg, 37. Nr. 6. —
Scharpenak, Geb. Gesellsch. in Leipzig, 24. X. 1904. Ref. Zentralbl. f. Gynäk. 1905.
S. 174. — Ostrcil, Thoracopagus. Ref. Zentralbl. f. Gynäk. 1905. S. 191. — Bokel-
mann, Dikephalus mit Anenkephalus. Geb. Gesellsch. Berlin, 27. X. 1905. Ref.
Zentralbl. f. Gynäk. 1906. S. 33 u. 59. — W. Freund, Entstehung der Embryome.
Naturforscher. Vers. Stuttgart, 16.—22. IX. 1906. Ref. Zentralbl. f. Gynäk. 1906.
S. 1214. — R. Meyer, Embryonale Gewebseinschlüsse usw. Ergebnisse d. allg. Path.
u. path. Anat. d. Menschen u. d. Tiere. 9. Jahrg. 2. Abt. 1905. S. 517—705. —
Nádosy, Syncephalus triotus thoracopagus tetrabrachius et tetrapus. Gynäk. Gesellsch.
Budapest, 29. V. 1906. Ref. Zentralbl. f. Gynäk. 1907. S. 1342. — Schönbek,
Ischiopagus parasiticus mit Geburtsstörung. Zentralbl. f. Gynäk. 1908. S. 707. —
Menge, Fränk. Gesellsch. f. Geburtsh. u. Gynäk., 3. II. 1907. Ref. Zentralbl. f. Gynäk.
1908. S. 265. — Sellheim, Extraperitonealer Kaiserschnitt. Hegars Beitr. z. Ge-
burtsh. u. Gynäk. 14. 1 (1909). — Henke, Craniopagus frontalis. Monatsschr. f.
Geburtsh. u. Gynäk. 29. 5. S. 655.

Acardiacus, Acardius, herzlose Mißgeburt.

Der Acardiacus ist eine seltene Mißbildung. Zahlreiche, auch be-
schäftigte Geburtshelfer haben ihn nie beobachtet. Er findet sich immer
bei voneinander getrennten Zwillingen, die innerhalb eines gemeinsamen
Chorion liegen, also bei homologen, eineiigen Zwillingen und gemeinsamer
Plazenta. Der eine Zwilling ist, in der Regel wenigstens, durchaus wohlgebildet, der andere ist in der gleich zu beschreibenden Weise mißbildet.
Der Name Acardiacus ist eigentlich nicht ganz zutreffend, da man nicht
allzu selten wenigstens Herzrudimente findet. Auf der andern Seite findet
man auch viele von den sog. Parasiten herzlos. Ein funktionierendes Herz
ist allerdings niemals vorhanden.

In der großen Mehrzahl der Fälle wird immer erst der wohlgebildete
Zwilling geboren, nur ganz ausnahmsweise der Acardius zuerst. Bei diesem
seltenen Vorkommnis muß man dann immer auf eine zweite Frucht gefaßt
sein. Doch mag hier kurz darauf hingewiesen werden, daß Akardie bei einem
Einzelindividuum durch „intrauterine Selbstköpfung" immerhin nicht ausgeschlossen ist (vgl. den sehr interessanten Fall von Landau unter Amnionanomalien S. 9). Die Mißbildung kommt durch die ausgedehnten, breiten
Anastomosen des Gefäßsystems der beiden Früchte zustande. Der Blutdruck
überwiegt in dem Gefäßsystem des einen Zwillings derart, daß das Herz dieses
kräftigeren Zwillings die Blutzirkulation allein übernimmt und die Richtung
des Blutstromes in dem anderen schwächeren sich umkehrt, das arterielle
Blut also zentripetal (zum Acardiacus verlaufend) in den Nabelarterien
strömt. Dabei kommt es zu einer mehr oder minder vollständigen Verödung des Herzens, der Lungen, des Rumpfes u. a. Der mißbildete
Zwilling wird also von dem normal entwickelten weiterernährt. Häufig
kommt es dabei zu einer bedeutenden Stauung in der aus dem Acardiacus
zurückkehrenden Nabelvene, zu einer Insuffizienz des venösen Abflusses,
deren Folge dann eine Hypertrophie und ödematöse Durchtränkung
des Unterhautbindegewebes ist. Daraus erklärt sich die weiter unten
zu besprechende, manchmal erhebliche Geburtsstörung bei diesen Mißbildungen. Man teilt die Acardii, denen also gemeinsam die Herzlosigkeit

(mit der oben gemachten Einschränkung) ist, in der Regel folgendermaßen ein:[1])

1. Acardius acephalus, Holoacardius acephalus.

Es ist dies die häufigste Form. Dabei fehlt der Kopf und meist auch
die Arme, Brustkorb, Herz, große Gefäße und Lungen, die Leber, die

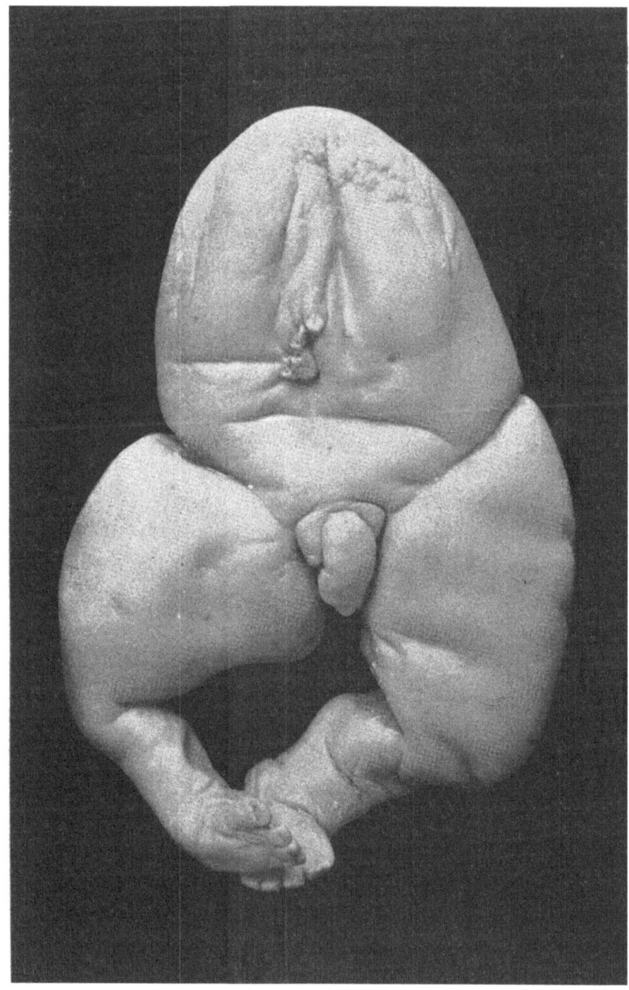

Abb. 48. Acardius acephalus.
(Präparat aus der Sammlung des Göttinger anatomischen Instituts.)

nur sehr selten in rudimentärer Form vorhanden ist, während die Unterleibsorgane, Becken und unteren Extremitäten meist gut gebildet sind.
Doch können auch Teile des Darmes, das ganze Pankreas, Milz, Nieren,

---

[1]) Anm. Vgl. die ausführlichen Bearbeitungen dieses Kapitels von Ahlfeld,
Schwalbe, Straßmann, Küstner u. a. Siehe auch Hohl, S. 70—71.

Blase u. a. fehlen. Sehr häufig sind, wie bereits erwähnt, besonders die unteren Extremitäten ödematös. Kopfskelett, Halswirbelsäule und obere Extremitätenknochen fehlen meist gänzlich, ebenso das Gehirn und der obere Teil des Rückenmarkes mit den von ihm abgehenden Nerven.

Als Acardius paracephalus bezeichnen einige Autoren diejenigen dieser

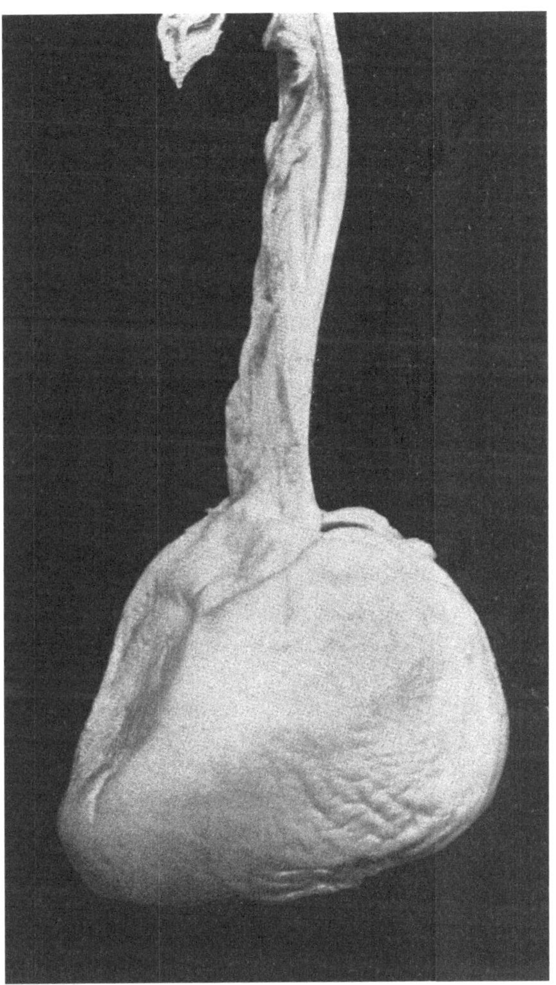

Abb. 49. Acardius amorphus.
(Präparat aus der Sammlung des Göttinger anatomischen Instituts.)

Mißbildungen, die eine rudimentäre Kopfbildung zeigen. Doch gehören sie wohl besser zum Acardius anceps (vgl. unten).

Je nach der Anlage der Extremitäten unterscheidet man noch folgende Unterarten: Acardius acephalus sympus, monopus, dipus, apus, monobrachius, dibrachius, abrachius (vgl. Abb. eines A. monopus bei Küstner, S. 681).

Baart de la Faille hat einen Fall von Epignathus beschrieben, mit dem zwei Akephalen durch eine Nabelschnur in Verbindung standen (nach Schatz).

2. Acardiacus amorphus.

Hier hat man den Eindruck eines meist runden, oft faustgrossen, von Haut überzogenen soliden Tumors, resp. eines formlosen Klumpens, an den sich eine Nabelschnur mit häufig velamentöser Insertion und mit nur einer Nabelarterie (wie bei den meisten Acardiis überhaupt) ansetzt. Es handelt sich um eine Form, die auf einer sehr frühen Stufe der Entwicklung stehen geblieben ist. In seltenen Fällen sind die Extremitäten durch kleine Höcker angedeutet. Auf dem Durchschnitt dieser formlosen, manchmal behaarten Klumpen kann man neben Bindegewebe und Fett meist schon makroskopisch, sonst sicher mikroskopisch, Rudimente von Organen (Wirbel, Muskel, Darm, zystöse Hohlräume u. a.) nachweisen. Schwalbe (S. 152 ff.) hat einen Fall von A. amorphus beschrieben, in dem sich neben einem völlig entwickelten Femur, der die Größe eines Femur von einem 8—9 monatlichen Fötus hatte, noch deutliche Rudimente eines Unterschenkelknochens, des Beckens, der Wirbelsäule, des Gehirns fanden. Die ganz formlosen A. amorphi bezeichnet man wohl auch als Anideus ($\varepsilon \tilde{\iota} \delta o \varsigma$ Gestalt) in Gegensatz zu dem besser entwickelten Mylakephalus ($\dot{\eta}$ $\mu \dot{\upsilon} \lambda \eta$ = mola, $\varkappa \varepsilon \varphi a \lambda \dot{\eta}$ Kopf), der also einen etwas höher entwickelten, schon mehr eine menschliche Form zeigenden Amorphus darstellt. Der A. amorphus ist seltener als der A. acephalus.

3. Acardiacus acormus, pseudacormus ($\varkappa o \varrho \mu o \varsigma$ Rumpf).

Diese Form ist am seltensten und bisher nur in einigen wenigen Exemplaren zur Beobachtung gekommen (vgl. die Abb. in Schwalbe, S. 148). Es handelt sich um eine Mißgeburt, bei der nur der Kopf entwickelt, der übrige Körper aber ganz rudimentär ist. Die Nabelschnur inseriert in der Gegend des Halses. Ahlfeld unterscheidet noch eine weitere Form, den

4. Acardiacus anceps (Hemiacardius, Schatz).

Diese Form ist nach Ahlfeld am besten ausgebildet, Kopf und Oberarme sind rudimentär vorhanden. Meist findet sich ein rudimentäres Herz, ferner rudimentäre Lungen, Kehlkopf, Zwerchfell. Diese Mißbildung bildet den Übergang von den eigentlichen Acardiis zu den normal entwickelten Zwillingsfrüchten.

Was die Genese der Acardii anbetrifft, so gehen auch heute noch die Ansichten darüber weit auseinander. Die ursprüngliche Anschauung (die, wie wir unten sehen werden, in modernem Gewande wieder aufgelebt ist) über die Entstehung der Acardii war die, daß der künftige Acardius als Zwilling schon in seiner ersten Anlage mangelhaft entwickelt ist, wodurch die Bildung des Herzens ausbleiben sollte. Die bei diesen Mißbildungen vorhandenen Defekte sind danach also primär schon vorhanden und nicht als Folge der mangelhaften Zirkulation anzusehen (Dareste, H. Meckel, Panum, vgl. Schatz, Die Acardii und ihre Verwandten).

Als erster erkannte Claudius die Umkehr des Blutkreislaufs als das wichtigste Moment in der Genese der Acardii. Seine Hypothese, daß das Herz des gesunden Zwillings das des anderen allmählich zum Stillstand bringt, ist allerdings falsch. Ebenso irrig ist, daß er die Entstehung der Mißbildung auf eine Zeit der Entwicklung zurückführt, in der das Herz bereits ausgebildet ist. Das Herz soll nach seiner Anschauung erst sekundär durch Thrombose der A. coronaria cordis infolge der dadurch bedingten mangelhaften Ernährung atrophieren. Ahlfeld zeigte jedoch, daß die Entstehung dieser Mißbildung in eine viel frühere Zeit zu verlegen ist. Er läßt sich darüber in folgendem aus (vgl. sein Lehrb. d. Geburtsh. S. 431): Am Ende der ersten Entwicklungswoche umwächst das Allantoisbindegewebe von der Insertion des Bauchstiels aus mit großer Schnelligkeit die Innenfläche des Chorion und sendet seine bindegewebigen Ausläufer mit dem fötalen Gefäßchen in die Chorionzotten hinein. Liegen zwei Früchte innerhalb des Chorion, so teilen sich die beiden Allantoiden ungefähr gleichmäßig in den Bezirk und es bilden sich homologe Zwillinge, die an der Plazenta in gleichen oder nahezu gleichen Teilen partizipieren. War aber die Allantois des einen nur eine geringe Zeit in der Entwicklung der des andern voraus, so nimmt die erste den Plazentarbezirk ganz oder zum größten Teil für sich ein. Die zweite Allantois trifft bei ihrem Wachstum entweder gar keine freie Stelle des Chorion mehr, dann muß sie sich mit der ersten Allantois verbinden, oder sie erwirbt noch einen kleinen Zottenbezirk des Chorion, der übrige Teil aber inseriert in die erste Allantois. Der zweite Fötus mit seiner mangelhaft angelegten Ernährungsfläche würde unfehlbar verkümmern (und wahrscheinlich gehen nicht selten derartige Anlagen unter), wenn nicht die Allantoisgefäße der ersten Frucht den Weg in den Amnionnabel der zweiten Frucht fänden, sei es, indem dies auf den Bahnen der durch Kommunikation miteinander in Verbindung getretenen Allantoisgefäße geschieht, sei es, daß diese Umkehrung des Kreislaufes im Allantoisbindegewebe neben den bestehenden Gefäßen von Fötus 2 vor sich geht. So dringen die Gefäße von Fötus 1 in den Körper von Fötus 2 ein, und die Ernährung von Fötus 2 wird vielleicht in diesem Stadium durch zwei nebeneinander herlaufende Allantoiskreisläufe besorgt, bis der ungenügend ernährte Kreislauf 2 zugrunde geht und der Fötus 2 allein noch vom Fötus 1 aus erhalten wird. Das Herz des Fötus 2 ist dabei nur soweit zur Ausbildung gekommen, als noch ein eigener Kreislauf bestand. Dann ging es zugrunde und fehlt später ganz oder ist rudimentär vorhanden. Ebenso haben sich nicht ausbilden können die um das Herz herum liegenden Organe, Lungen, Zwerchfell, Leber usw., hingegen sind gut ausgebildet alle die Organe, die an der Eintrittsstelle der Allantoisgefäße in dem Körper des Fötus 2, also am und im Becken liegen, und so sehen wir Becken, Genitalien, Nieren, Darm, untere Extremitäten in der Mehrzahl der Fälle verhältnismäßig gut ausgebildet. Nach dieser Anschauung Ahlfelds ist also der Acardiacus als Allantoisresp. Plazentarparasit (Gemellus placento-parasiticus) aufzufassen. Ich bin auf die Ahlfeldsche Hypothese ausführlicher eingegangen, weil sie wohl die meisten Anhänger gefunden hat.

Schatz, der diese Fragen in zahlreichen Publikationen auf Grund teilweise recht mühseliger Untersuchungen ventiliert hat, hält diese Anschauung nicht für richtig. Auch ihm haben sich zahlreiche Autoren angeschlossen. Nach Schatz ist die Vorstellung von Ahlfeld, daß die Überwindung des einen Herzens in den massenhaften kapillären Verbindungen beider Allantoiden stattfinden soll, physikalisch und physiologisch unzulässig. Er führt das auch weiter aus (S. 5 ff., 10 ff.).

Schatz kommt zu einer wesentlich abweichenden Anschauung, die auf der von demselben Autor ebenfalls begründeten Lehre vom intermediären, dritten, gemeinsamen Kreislauf, der auch bei der Ätiologie des Hydramnion eine Rolle spielt, aufgebaut ist. Ohne auf die Polemik Schatz-Ahlfeld hier näher einzugehen, sei nur das Wichtigste seiner Hypothese hervorgehoben. Dieser dritte Kreislauf bildet sich bei eineiigen Zwillingen an der Berührungsstelle der beiden fötalen Blutkreisläufe auf der gemeinsamen Plazenta. In diesem Bezirk ist eine Reihe von Zottenbäumen, eine Anastomosenzone, beiden Zwillingen gemeinsam. Hier spielen sich die Vorgänge ab, die zur Umkehr des Blutstromes gegen den passiv beteiligten Zwilling hinführen, wodurch dessen Gefäßsytem ein Anhang des aktiv tätigen Zwillings wird (vgl. Ahlfeld, Lehrb., S. 432). Die eigentliche Schatzsche Hypothese läßt sich in folgenden Sätzen niederlegen. Das erste Postulat für die Entstehung des Acardiakus ist ein Stromhindernis im venösen Zufluß des Zwillings A (im Fötus selbst oder in der Nabelschnur). Das gestaute Blut findet einen Ausweg durch venöse Bahnen zum Zwilling B. A erhält infolgedessen eine geringere Menge Blut, während der Kreislauf B sich füllt. Herz B treibt von seinem Übervorrat durch arterielle Anastomosen sein Blut in das Arteriensystem des herzschwachen Zwillings A und bringt dessen Herz mehr oder weniger schnell zum Stillstand. Die Acardii (auf ihre Verwandten Macrocardii, Microcardii, Hemicardii, heteromorphe Microcardii und Macrocardii gehe ich hier nicht näher ein) entstehen nach Schatz:

1. Durch den sehr seltenen primären Herztod infolge einer arteriellen und einer venösen Anastomose auf der Plazenta.

2. Die bei weitem große Mehrzahl der Acardii entsteht durch sekundären Herztod auf dem Wege und durch Schuld des Blutgefäßsystems (Schatz, S. 22), resp. durch ein Stromhindernis, welches in dem venösen Rückfluß von der Plazenta zum Herzen des künftigen Acardius, also in der Nabel- oder in der Nabelschnurvene auftritt. Schatz stellt auf S. 46 u. 47 einen ausführlichen Stammbaum der Acardii und ihrer Verwandten auf.

In neuerer Zeit nehmen Marchand u. a. dagegen an, daß der Acardius durch einen primären Defekt zustande kommt. Danach ist die Anlage zum Acardius schon vorhanden, ehe von Gefäßanastomosen die Rede sein kann. Die Ahlfeldsche Hypothese kann nach Marchand heute deshalb keine Gültigkeit mehr haben, weil sie die Fortschritte auf dem Gebiet der Entwicklungsgeschichte nicht berücksichtigt, weil insbesondere eine freie Allantois beim menschlichen Embryo überhaupt nicht existiert. Die Marchandsche Hypothese sieht die Ursache in einer ungleichmäßigen Sonderung der Furchungszellen der beiden Embryonalanlagen, welche eine ungleichmäßige Verteilung des Dottermateriales und ein Zurückbleiben der Entwicklung des Gefäßblattes des einen Embryo zur Folge hat.

Nach Schwalbe läßt sich die Frage nach der Genese der Akardii nicht einheitlich beantworten. Für jede Form, ja, für jeden einzelnen Fall muß eine Spezialuntersuchung eintreten. Allgemein kann nach diesem Autor nur so viel gesagt werden, daß zwar Acardii durch primären Bildungsdefekt entstehen können, daß aber auch sekundäre Degenerationen hier sicher eine ätiologische Rolle zu spielen vermögen. Bei allen hochgradigen Defekten muß eine sehr frühe Entstehungszeit angenommen werden.

Doch schreibt Schwalbe der Theorie des primären Defektes eine größere Bedeutung zu, indem er sagt: Für die Holoakardier und einen großen Teil der Hemiakardier muß ein primärer Defekt oder eine sehr frühzeitige teilweise Zerstörung einer Anlage angenommen werden.

Von den Gynäkologen hat sich in jüngerer Zeit Bauermeister mit dieser Frage beschäftigt. Er kommt zu dem Resultat, daß das von Schatz konstruierte natürliche System der Akardii und ihrer Verwandten auf nicht bewiesenen Voraussetzungen gegründet ist. Auch nach Bauereisen muß man für die meisten Acardii eine primäre Mißbildung, eine primäre Akardie annehmen.

Eine ganz andere Ansicht vertritt v. Winckel. Ihm hat sich Benda u. a. (vgl. unten) angeschlossen. Nach ihm entstehen derartige Mißbildungen durch amniotische Abschnürungen. Die Aplasie des Herzens tritt infolge der dann geringeren Arbeitsleistung für die obere Rumpfhälfte ein. Wenn sich auch diese Anschauung wohl nicht verallgemeinern läßt, so ist die Möglichkeit der Entstehung der Acardii auf diesem Wege doch, nach meiner Ansicht wenigstens, zuzugeben.

Auch bei Drillingsschwangerschaft sind Acardii mehrfach beobachtet. Die Fälle sind von Br. Wolff zusammengestellt. Nach dieser Zusammenstellung sind 11 Drillings- und 2 Vierlingsgeburten beschrieben, wo 1 oder 2 Acardii neben den normalen Mehrlingen geboren wurden.

Die Acardii können unter Umständen schwere Geburtsstörungen machen. Hohl (S. 61, 145, 174) läßt sich, unter Berücksichtigung der älteren Literatur, besonders ausführlich darüber aus. Die Akardie kommt nach ihm bei Erst- und Mehrgebärenden zur Beobachtung. Die Mütter derartiger Früchte sollen fast immer sehr fruchtbare Frauen sein. Nach I. F. Meckel erreicht die Schwangerschaft fast immer ihr regelmäßiges Ende und der mitgeborene Zwilling ist vollkommen reif. In den von Hohl gesammelten 22 Fällen ist 11 mal die Zeit der Niederkunft angegeben und hier erreichte die Schwangerschaft 3 mal den regelrechten Endtermin, 8 mal wurde sie zu früh unterbrochen, 1 mal im 6. Monat, 4 mal im 7. Monat, 1 mal im 8. und 9. Monat und 1 mal ist kein genauer Termin angegeben. Nach einer Statistik Tiedemanns wurden 14 zur rechten Zeit geboren, 33 zu früh. Die häufigste Lage bei den Acardiis ist die Fußlage. In Hohls Fällen ist 8 mal die Lage notiert, in sämtlichen bestand Fußlage. Der gut gebildete Zwilling wird, wie bereits angedeutet, fast immer zuerst geboren, der Acardius $^1/_2$—3—12 Stunden später. In einem Fall wurde ein Amorphus erst nach 3 Tagen ausgestoßen (Hohl,

S. 71). Hohl gibt für die Diagnose des Acardius unter der Geburt folgende bemerkenswerte Zeichen an:

1. Die verschiedenen und eigentümlichen Rudimente des Kopfes oder seinen gänzlichen Mangel.
2. Die mangelhaften oder ganz fehlenden oberen Extremitäten.
3. Das von dem Nabel mehr oder weniger entfernte obere kegelförmige oder runde Ende des Rumpfes mit oder ohne Rippen.
4. Die vorangegangene Geburt eines gesunden Kindes.
5. Die fehlenden Bewegungen nach der Geburt des ersten Kindes.
6. Das Einstellen mit den Füßen, die häufig von unregelmäßiger Beschaffenheit sind.
7. Die gewöhnlich unvollkommen entwickelten Geschlechtsteile.

Kleinhans fügt mit Recht hinzu

8. das Fehlen fötaler Herztöne, den 4. Punkt natürlich vorausgesetzt. Punkt 4, 6 und 7 bedürfen nach den gemachten Ausführungen einer geringen Einschränkung.

Weiterhin muß für die Diagnose beachtet werden das sehr oft vorhandene allgemeine Ödem derartiger Früchte, besonders der unteren Extremitäten: Fingerdruck bleibt also in Form einer Delle bestehen.

In einem der von Hohl gesammelten Fälle, wo der Truncus mit den Rückenwirbeln aufhörte, wurde die vergrößerte Leber beim Touchieren gefühlt.

Schwierig kann die Diagnose unter der Geburt dann sein, wenn sich der Acardiacus, was immerhin sehr selten ist, nicht in Beckenendlage zur Geburt einstellt. Dann kann man an Aszites der Frucht, enorm dilatierte Blase, an den Steiß, an der Oberfläche aufsitzende Geschwülste, sackförmige Anhänge usw. denken. In einem von Raether beschriebenen Fall wurde sogar ein submuköses Myom angenommen. In der Schwangerschaft dürften kaum sichere Anhaltspunkte für diese Mißbildung vorhanden sein. Zuweilen besteht Hydramnion. Die Fruchtwassersäcke sind im übrigen stets verschieden groß, und zwar hat der Acardiacus immer die geringere Menge Fruchtwasser (Ahlfeld, Mißbildungen, S. 45). Ob wirklich, wie Kleinhans meint, der Nachweis von nur einerlei Herztönen einen gewissen Fingerzeig für die Diagnose des Acardiacus in der Schwangerschaft gibt, erscheint mir fraglich.

Die Geburt verlief in den von Hohl gesammelten 14 Fällen 7 mal spontan, 7 mal mußte operativ eingegriffen werden, 2 mal Anlegung der Zange, 5 mal Extraktion des Acardiacus acephalus. Die Mutter starb in 2 Fällen, 1 mal an Sepsis, 1 mal an Konvulsionen. Die Extraktion war durch die bedeutende Anschwellung und „umfangreiche Abrundung" des Rumpfes, der Dicke des Bauches 6 mal sehr erschwert. In anderen Fällen erwies sich die Wendung und Extraktion als notwendig (Pasquali u. a.), ferner auch die Eviszeration, schließlich kam es auch zu ganz atypischen Operationen, die den Namen einer solchen kaum noch verdienten. Die Zange ist, wenn das kopflose Fruchtende sich in die obere Beckenapertur einstellt, kein geeignetes Instrument zur Extraktion des Kindes, darin muß man Hohl zweifellos recht geben. Sie gleitet sehr leicht ab, weil die

Enden der Löffel nicht übergreifen, somit also auch ein Schließen der Zange nicht möglich ist. Verschiedene Geburtshelfer, welche die Zange anzulegen versuchten, mußten aus diesem Grunde doch noch die Wendung und Extraktion machen. Man wird also besser tun, diese Eingriffe von vornherein vorzunehmen, wenn sich das kopflose Fruchtende einstellt. Da die fötalen Körperteile infolge des oft vorhandenen Ödems bei der Extraktion sehr zerreißlich sind, so empfiehlt sich noch mehr die Applikation des Kephalotriptor. Bei der am häufigsten Fußlage wird bei eintretender Indikation extrahiert. Die Extraktion ist meist leicht, doch sind mehrere Fälle bekannt geworden, wo teils durch allgemeine Anasarca, teils durch Aszites schwere Geburtsstörungen eintraten. So erlebte C. Mayer (zitiert nach Hohl, S. 175) einen derartigen Fall, den er als die schwerste, mindestens zwei Stunden dauernde Operation in seiner 28jährigen geburtshilflichen Praxis bezeichnete. Mayer hatte das erste wohlgebildete Kind mit der Zange entwickelt. Bei wiederholter Untersuchung fand er einen rechten Fuß vorliegend, und da die Extraktion indiziert war, wollte er sie an diesem Fuß vornehmen. Da sich ein Widerstand zeigte, wurde der zweite, gegen den Bauch hinaufgeschlagene Fuß herabgeleitet und bei dieser Gelegenheit der Bauch von großem Umfange gefunden. Mayer fand darin eine Bestätigung seiner durch die ödematöse Beschaffenheit des ersten Fußes gewonnene Vermutung, daß das Kind wassersüchtig sei. Ein neuer Zug hatte keinen Erfolg, deshalb wurde das Perforatorium in die Bauchhöhle gestoßen, aber es floß nur wenig Flüssigkeit ab. Der stumpfe Haken, durch die gemachte Öffnung in die Bauchhöhle geschoben und gegen die Schambeine des Kindes gedrückt, unterstützte den Zug an den Füßen. Da auch dieses Verfahren nicht zum Ziele führte, ging Mayer mit der linken Hand in den Uterus ein und fand den oberen Teil des Rumpfes von enormem Umfange, ohne Kopf und ohne Arme. Unter Leitung der linken Hand wurde das Perforatorium bis zum oberen Teil des Rumpfes vorgeschoben, daselbst eingestoßen, eine beträchtliche Menge Flüssigkeit entleert und dann mit dem Haken und der Hand die Extraktion bewirkt.

Einen ähnlichen Fall hat Walther beschrieben. Er wurde zu einem Fall von Hydramnion bei eineiigen Zwillingen gerufen, Frühgeburt im 8. Monat. Nach der spontanen Geburt des ersten Zwillings gab ein ödematöser, exzessiv großer Acardiacus den Anlaß zu einer schweren Geburtsstörung. Der zuerst behandelnde Arzt hatte bei den verschiedenen vergeblichen Entbindungsversuchen die unteren Extremitäten ausgerissen. Das untere Uterinsegment war bedenklich ausgezogen. Die von Walther vorgenommene Eröffnung des kindlichen Abdomens und partielle Eviszeration führte nicht zum Ziel. Ebenso versagte das Einsetzen eines Hakens in die Wirbelsäule und die gleichzeitige Drehung der oberen Rumpfhälfte. Erst die Kephalotripsie mit gleichzeitiger Drehung um die Längsachse der Frucht, die Walther für derartige Geburtsstörungen warm empfiehlt, führte, wie in dem Raetherschen Falle, zum Ziel (vgl. unten).

Einen sehr schwierigen Fall erlebte auch Nacke (gemeinsam mit Benda beschrieben). Nach Ausstoßung des ersten frühgeborenen Zwillings waren Herztöne nicht zu hören. Bei der inneren Untersuchung fühlte man einen weichen Teil, das obere Fruchtende, das von dem zuerst behandelnden Arzt für den Steiß gehalten wurde. Nacke, der hinzugezogen wurde, konnte die Diagnose Acardiacus stellen. Die Oberschenkel waren derartig ödematös und voluminös, daß sie zusammen so groß wie der Rumpf waren. Wegen Gefahr der Uterusruptur (der Uterus hatte sich fest um das Kind gelegt) wagte Nacke nicht, die Füße herunterzuholen. Es wird deshalb der stumpfe Haken in den vorliegenden Teil des Rumpfes eingesetzt und mit allmählich gesteigertem Kraftaufwand gezogen. Der Haken reißt mehrfach aus. Ein Versuch, die Bauchhöhle zu eröffnen, mißlingt. Schließlich gelingt es nach $1^1/_2$ stündigem Bemühen, die Mißbildung mit dem stumpfen Haken, der an immer höheren Stellen eingesetzt wird, zu entwickeln. Die anatomische Untersuchung der Frucht (Benda) ergibt das Vorhandensein eines Herzrudimentes, erhebliche Mißbildungen an den Füßen usw. Benda schlägt für die von ihm beschriebene akardische Miß-bildung den Namen Hemitherium posterius vor und schließt sich, was die Ätiologie anbetrifft, der v. Winckelschen Anschauung von der Entstehung der Acardii durch amniotische Schnürfäden an.

Weitere interessante Fälle von Akardie mit Dystokie sind von Pasquali, Raether, Albert u. a. beschrieben. Pasquali machte die Wendung auf den Fuß bei einem Fall, wo sich das obere Rumpfende zur Geburt eingestellt hatte. Bei der Extraktion riß ein Fuß bis zum Knie aus. Die Entwicklung gelang schließlich durch Einsetzen eines stumpfen Hakens in den Anus und Zug daran.

Raether nahm in seinem Fall ein submuköses Myom an (der Fötus hatte sich mit dem oberen Rumpfende eingestellt), da er nicht zu den Füßen kommen konnte. Er versuchte deshalb die Entfernung des angeblichen Myoms mit den gebräuchlichen Instrumenten. Die richtige Diagnose wurde erst nach der Entwicklung des Rumpfes gestellt.

Schließlich berichtet auch Albert über eine Dystokie bei Acardiacus. Es kam zur Eviszeration, trotzdem rissen bei der dann folgenden Extraktion die Füße aus.

Bei allen Dystokien infolge Akardie mit Beckenendlage gibt das meist gut entwickelte Becken, am besten in der Gegend der Symphyse, eine gute Handhabe zum Einsetzen eines stumpfen Hakens. Fast immer wird die Extraktion so gelingen.

Handelt es sich um einen Acardiacus amorphus oder acormus, so geht man ähnlich vor, wie bei der Entfernung eines abgetrennten und in den Geburtswegen stecken gebliebenen Kopfes. In Frage kommen kombinierte Handgriffe, der Kranioklast, die Zange.

In der Sammlung der Göttinger Frauenklinik befindet sich ein sehr schönes Präparat von Acardiacus amorphus (Nr. 134), das von einem Arzt der Umgebung der Klinik zugewiesen ist (vgl. Fig. 49). Es ist ein Amorphus mit velamentös verlaufender Nabelschnur, die eine Arterie und eine Vene enthält. Das Präparat stammte von einer 4 p., 26 Jahre alt, und wurde neben einem völlig wohlgebildeten sechsmonatlichen, lebenden und am

4. Tage nach der Geburt gestorbenen Zwillingsmädchen geboren. Die anderen Kinder waren gesund.

Literatur.

Schwalbe, Doppelmißbildungen. — Straßmann, v. Winckels Handb. d. Geburtsh. — Ahlfeld, Mißbildungen. — Derselbe, Geburtshilfe. — Hohl, Geburten mißgestalteter usw. Kinder. — Schatz, Die Acardii und ihre Verwandten. Berlin 1898, Hirschwald. — Olshausen, Geburtshilfe. — Derselbe, Arch. f. Gynäk. 53. S. 144. — Schatz, Sitzungsberichte d. naturf. Gesellsch. Rostock 1900, Nov. Nr. 5. — Spee, Referat über Acardiacus und dessen Genese, Schwalbes Jahresbericht f. 1898. S. 227. — Elben, Diss. Berlin 1821. — Claudius, Die Entwicklung der herzlosen Mißgeburten. Kiel 1859. — Breus, Wiener med. Jahrb. 1882. — Spiegelberg-Wiener, Geburtshilfe. — Ziegler, Allgemeine Pathologie. — C. Mayer, Verh. d. Gesellsch. f. Geburtsh. Berlin 1846. 1. S. 128. — Walther, Zeitschr. f. prakt. Ärzte 1903. Nr. 1. — Küstner in Müllers Handb. d. Geburtsh. — Runge, Geburtshilfe. — Kleinhans in v. Winckels Handb. d. Geburtsh. — Br. Wolff, Arch. f. Gynäk. 59. — Pasquali u. Bompiani, Ref. Zentralbl. f. Gynäk. 1886. S. 350. — Raether, Geb. Gesellsch. Hamburg. — Bretschneider, Drillinge und Acardiacus. Geb. Gesellsch. Leipzig, 16. II. 1903. Ref. Zentralbl. f. Gynäk. 1903. S. 668. — Bucura, Acardiacus, Wiener Geb. Gesellsch., 9. II. 1904. Ref. Zentralbl. f. Gynäk. 1904. S. 1411. — Hochheimer, Acardiacus, Diss. München 1904. — Bauereisen, Acardiacus, Arch. f. Gynäk. 77, 3. — Benda und Nacke, Zentralbl. f. Gynäk. 1907. S. 468. — Hunziker, Acardiacus amorphus, injiziert mit Quecksilber, Beitr. z. Geburtsh. u. Gynäk. 11, 3. — Schubert, Acardiacus. Gynäk. Gesellsch. Breslau 21. I. 1908 u. Mon. f. Geburtsh. u. Gynäk. 28, 3. — Kehrer, Acardiacus mit Lebergewebe, Arch. f. Gynäk. 85. H. 1 u. 2. — R. Meyer, Amorphus. Geb. Gesellsch. Berlin, 3. IV. 1908. Ref. Zentralbl. f. Gynäk. 1908. S. 1453.

Mißbildungen von ektopisch entwickelten Früchten.

Es liegt auf der Hand, daß auch Früchte, die außerhalb des Uterus sich entwickelt haben, in irgend einer Weise mißbildet sein können. Die Literatur über diesen Gegenstand ist allerdings nicht gerade sehr reichhaltig. Wir verdanken in erster Linie v. Winckel eine zusammenfassende Studie hierüber. Einige Aufzeichnungen sind ferner in der bekannten Monographie Werths über die Extrauterinschwangerschaft vorhanden. Was die Häufigkeit dieser mißbildeten Früchte betrifft, so gehen die Angaben darüber sehr auseinander. Einige Autoren halten sie für extrem selten, andere für nicht gerade häufig, wieder andere, wie v. Winckel, für recht häufig (mindestens 50 Proz.). 13 Präparate v. Winckels zeigten sämtlich ohne Ausnahme mehr oder minder bedeutende Mißbildungen. Meistens handelt es sich dabei um Difformitäten und äußere Verunstaltungen infolge äußerer Einflüsse. Erheblich seltener sind wirkliche Mißbildungen. In erster Linie ist nach den v. Winckelschen Untersuchungen der Kopf betroffen. Auch hier finden sich zumeist Gestaltsveränderungen, Verschiebungen, Abplattungen, Kompression, partielle Eindrücke, Frakturen, aber auch Hydrokephalus, Hydromeningozele, Hemikephalus usw. Unter 87 zusammengestellten Fällen fanden sich

Gestaltsveränderungen in 66,4 Proz.
Hydrokephalus usw. in 10,4 Proz.

v. Winckel führt die Hydromeningozele, die Enkephalozele, die Anenkephalie und die Spina bifida, die nach ihm nur verschiedene Stadien desselben

Leidens bilden, auf dieselbe Ursache zurück, nämlich auf die Folgen starker, langdauernder, allmählich wachsender Kompression der Venae jugulares externae und internae und der Kompression des Brustkastens, welche mit der zunehmenden Eindrückung des Kinns gegen den Thorax immer stärker werden muß. Danach wären also die genannten Erkrankungen als Stauungsphänomene zu betrachten. Nächst dem Kopf sind der Steiß und die Extremitäten am meisten befallen.

Am häufigsten ist Pes varus. Der häufig auch vorhandene Pes valgus ist meist eine Folge des Pes varus (siehe v. Winckel, S. 7). Ferner kommen an den unteren Extremitäten sowohl als auch an den oberen Infraktionen, Kontrakturen u. a. zur Beobachtung.

Im Bereich von Brust und Bauch sind beschrieben: Kyphose und Skoliose der Wirbelsäule, Nabelschnurbruch mit Eventration (Werth), Spina bifida. Hypospadie. In 5 Proz. der v. Winckel zusammengestellten Fälle fanden sich amniotische Schnürfäden.

Ätiologisch kommt nach v. Winckel neben der Raumbeschränkung in Betracht geringe Fruchtwassermenge, Veränderungen der Plazenta, transitorische Kontraktionen des Fruchtsackes.

Werth kann den Kontraktionen der Fruchtwand keine Bedeutung zuerkennen. Nach ihm genügen die andern genannten Momente vollkommen zur Erklärung.

Es verdient ferner die Tatsache hervorgehoben zu werden, daß sich die erwähnten, teilweise hochgradigen Deformitäten, besonders des Kopfes, zuweilen schon nach kurzer Zeit extrauterinen Lebens vollkommen ausgleichen können.

Was die Ätiologie der amniotischen Schnürfäden anbetrifft, so lehnt Werth die von v. Winckel gegebene Erklärung, daß mechanische Ursachen hier in Frage kämen, ab. Es glaubt vielmehr, daß hier ungünstige Ernährungseinflüsse eine Rolle spielen, d. h. das in der Tube eingebettete Ei leidet unter den ungünstigen Zirkulationsverhältnissen, den Blutungen und tiefer greifenden Gewebsnekrosen in der an die Eiperipherie angrenzenden Zone des Fruchtbettes usw.

Literatur.

v. Winckel: Über die Mißbildungen von ektopisch entwickelten Früchten und deren Ursachen. Wiesbaden 1902. Verlag Bergmann. — Werth, Die Extrauterinschwangerschaft in v. Winckels Handb. d. Geburtsh. 2. 2.

Die Rechtsverhältnisse der Mißbildungen.

Man findet über diese Frage in den einschlägigen Lehr- und Handbüchern sowie auch sonst irgendwo (juristischen Abhandlungen, geschichtlich-medizinischen Werken usw.) außerordentlich wenig. Das Los aller Mißbildungen war in früherer Zeit ein recht schlechtes. Die Römer konnten eine Mißgeburt, nach Ansicht derselben von fünf Nachbarn, töten. Dieses Zeugnis war sogar nach den zwölf Tafeln noch nicht einmal notwendig. Nach einer Bemerkung Hohls (S. 172) töten die amerikanischen Wilden, die Peruaner, alle mißgestalteten Kinder. Ob diese Behauptung, die nun bald 60 Jahre zurückliegt, auch heute noch zutrifft, konnte ich leider nicht eruieren. Nach den späteren Rechtsbegriffen war es nicht erlaubt, mißgebildete lebende Kinder zu töten. Auf Grund dieser Rechtsbestimmung bildete sich bei einer Gruppe von Geburtshelfern dann sogar die Ansicht, man müsse auch das mißbildete Kind im Mutterleibe möglichst schützen, d. h. die Perforation und andere Zerstückelungen vermeiden. Aus dieser Erwägung heraus empfahlen diese Geburtshelfer zur Rettung des mißbildeten Kindes den Kaiserschnitt. Diese geburtshilfliche Verirrung wurde glücklicherweise bald wieder rektifiziert.

In früheren Rechten unterschied man vielfach zwischen Monstra und Portenta. Als Monstra bezeichnete man Wesen, die zwar von einem Weibe geboren wurden, aber keinen menschlichen Kopf hatten. Sie wurden für keine Menschen gehalten und die Rechte derselben wurden ihnen vollkommen abgesprochen — sie galten also nicht als rechtsfähig. Im Gegensatz hierzu wurden als Portenta Wesen betrachtet, deren Kopf zwar menschliches Aussehen hatte, die aber doch auf irgend eine Art mißgestaltet waren. Diesen wurde volle Rechtsfähigkeit zugesprochen. Hierher gehört das Gros aller Mißbildungen, z. B. auch Früchte mit mißgestalteten Geschlechtsteilen und mehr oder weniger Gliedern. In dem vor Einführung des Bürgerlichen Gesetzbuches in Deutschland geltenden gemeinen (auf dem corpus juris Justinian. beruhenden) Recht nahm die herrschende Meinung an, daß es hinsichtlich der Frage, ob den Mißgeburten Rechtsfähigkeit zuzusprechen sei, darauf ankomme, ob die Mißgeburt wenigstens noch menschliche Gestalt habe oder nicht. Hatte die Mißgeburt keine menschliche Gestalt, so war sie als Monstrum nicht rechtsfähig. Auch nach Inkrafttreten des BGB. ist der Streit in der Wissenschaft nicht erloschen. Das BGB. enthält nur die Bestimmung (vgl. § 1): „die Rechtsfähigkeit des Menschen beginnt mit der Vollendung der Geburt". Während einige Schriftsteller (z. B. Cosach, Lehrbuch des bürgerlichen Rechts, 1. S. 60, Kuhlenbeck, Von den Pandekten bis zum BGB. 1. S. 80), annehmen, daß man bei der Geburt einer Leibesfrucht, die so unentwickelt ist, daß sie noch der menschlichen Gestalt entbehrt, nicht von einem Menschen reden und derselben daher auch keine Rechtsfähigkeit zuerkennen könne, steht die herrschende Meinung (vgl. z. B. Planck, Kommentar zum BGB. 1. S. 58, Gareis, Kommentar zum allgemeinen Teil des BGB. S. 6, Staudinger, Kommentar zum BGB. 1. Anm. zu § 1) auf dem Standpunkt, daß das BGB. die Möglichkeit der Geburt eines Monstrum nicht anerkennt. Vielmehr ist alles, was vom Weibe kommt, Mensch und daher auch rechtsfähig sowohl auf strafrechtlichem wie zivilrechtlichem Gebiet. Die Mutter, die also ihre Mißgeburt tötet, wird wegen Mordes bestraft (§ 211 StGB.). Stirbt die Mutter bei der Geburt, so wird sie von dem Monstrum beerbt, selbst wenn dieses gar nicht lebensfähig ist, sondern auch binnen kurzem stirbt. Das Monstrum wird in diesem Falle wieder von seinen Erben (Vater, Geschwister usw.) beerbt. Anders ist die Rechtslage natürlich, wenn die Frucht tot zur Welt kommt. In diesem Falle ist der Vorgang der Geburt juristisch bedeutungslos, die tote Frucht genießt keinen Rechtsschutz.

Was insbesondere die Mißbildungen im Bereich der Geschlechtsorgane anbetrifft (Hermaphroditen usw.), so kannten frühere Rechte (z. B. das Preußische Allgemeine Landrecht von 1794) sogenannte Zwitter, d. h. Personen, die keinem Geschlechte zugerechnet wurden. Nach dem BGB. werden sie dem vorwiegenden Geschlechte zugerechnet. Hierbei muß im Privatrecht derjenige, der ein bestimmtes Geschlecht behauptet, beweisen, daß er diesem zugehört. Im Privatrecht ist der Unterschied der Geschlechter und daher die Frage, ob jemand männlichen oder weiblichen Geschlechtes ist, abgesehen vom Familienrecht (gültiges Verlöbnis, gültige Ehe), nicht von großer Bedeutung; anders im öffentlichen Rechte (Strafrecht: z. B. Notzucht nur an Frauenspersonen möglich, Verführung eines Mädchens unter 16 Jahren alt; Staatsrecht: Wahlen zur Volksvertretung, Militärpflicht usw.).

Besonders zweifelhaft sind die Rechtsverhältnisse der sogenannten Siamesischen Zwillinge. Diese haben jedenfalls Rechtsfähigkeit, und zwar muß man annehmen, daß jeder gesonderte Rechtsfähigkeit hat. Der eine kann also Rechte erwerben (z. B. auf Grund Erbfolge), die der andere nicht erwirbt. Wenn einer körperlich verletzt wird, ohne daß zugleich die Integrität des andern verletzt ist, so genügt Strafantrag des ersten zur Strafverfolgung (§§ 223, 232 StGB.). Sehr interessant dürfte ferner die Frage sein: wie soll der Richter entscheiden, wenn der eine Zwilling ein Delikt begangen hat, auf das eine Freiheitsstrafe steht, oder wenn der eine von den Zwillingen einen Mord vorsätzlich begangen hat?

Zum Beweis dafür, daß rechtliche Fragen nicht ganz müßiger Natur sind, teilen Henneberg und Stelzner mit, daß bei einer Reise der Pygopagen Rosa und Josefa (siehe früher) der Impresario für die beiden Zwillinge nur ein Billett nahm. Die Verwaltung verlangte zwei. Der Impresario strengte einen Prozeß an, verlor aber und mußte die Kosten, etwa in Höhe von 1600 Fr., bezahlen.

Da beide Zwillinge einen lebhaften Austausch ihrer Säfte haben, so würde die Impfung des einen Zwillings genügen.

Die Taufe ist bei beiden vorzunehmen.

Sachregister.

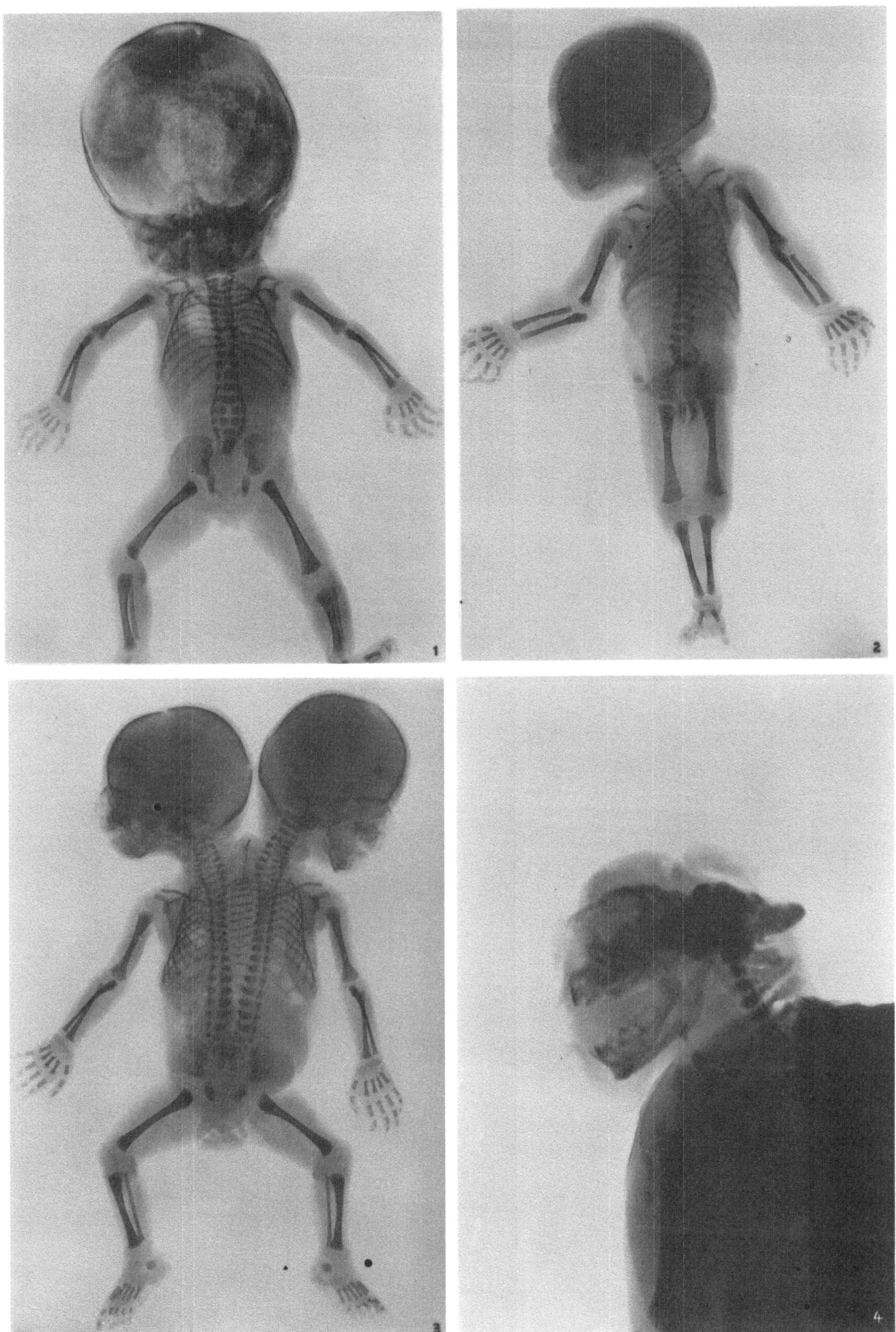

Verlag von Julius Springer in Berlin.